高等学校规划教材

机械工程实验综合教程

主　编　常秀辉　李宗岩
副主编　李运红　杜明华
参　编　张习加　于　江　姚桂艳　王家金
　　　　冯丽艳　裴未迟　林艳华
主　审　李占贤

北　京
冶 金 工 业 出 版 社
2010

内 容 提 要

本书为适应高层次创新人才培养的需要，按照教育部新世纪高等教育教学改革工程的要求，在教学改革和实践的基础上撰写而成。

书中系统地介绍了机械工程的基本实验技术，每一章节均对实验理论和实验方法做了比较系统的论述，对实验中常用的仪器，尤其是新型仪器设备的原理、构造、操作规程都有较详细的介绍。内容包括机械工程基础实验、专业实验，增加了创新设计性实验和综合性实验内容，且附有一些常用的国标、图表和数据，使学生（读者）可以方便掌握查找文献、数据的方法。

本书可作为高等工科院校机械类、近机类及非机类各专业的实验综合教材，也可供成人高等工科院校师生及有关工程技术人员参考。

图书在版编目（CIP）数据

机械工程实验综合教程/常秀辉，李宗岩主编．—北京：冶金工业出版社，2010.7

高等学校规划教材

ISBN 978-7-5024-5320-6

Ⅰ.①机…　Ⅱ.①常…　②李…　Ⅲ.①机械工程—实验—高等学校—教材　Ⅳ.①TH-33

中国版本图书馆 CIP 数据核字（2010）第 131683 号

出 版 人　曹胜利

地　　址　北京北河沿大街嵩祝院北巷 39 号，邮编 100009

电　　话　（010）64027926　电子信箱　yjcbs@cnmip.com.cn

责任编辑　李枝梅　美术编辑　李　新　版式设计　葛新霞

责任校对　刘　倩　责任印制　牛晓波

ISBN 978-7-5024-5320-6

北京兴华印刷厂印刷；冶金工业出版社发行；各地新华书店经销

2010 年 7 月第 1 版，2010 年 7 月第 1 次印刷

787mm×1092mm　1/16；16.75 印张；446 千字；258 页

32.00 元

冶金工业出版社发行部　电话：(010)64044283　传真：(010)64027893

冶金书店　地址：北京东四西大街 46 号(100010)　电话：(010)65289081(兼传真)

（本书如有印装质量问题，本社发行部负责退换）

前　言

21世纪要求高等工科院校培养更多高素质、高能力、有开拓进取精神的创新型人才,而实验教学是不可或缺的重要手段之一。

科学实验是人们认识客观世界的重要手段,是揭示研究对象的物理本质及周围因素对研究对象影响规律的具体方法。因此,实验教学不仅仅是学生获得知识的重要途径,而且对培养学生的学风、实际工作能力、科学研究能力和创新能力及工程师应具备的基本素质都具有十分重要的作用。

本书在收集了国内有关院校大量资料的基础上,并结合河北理工大学实验教学的经验和改革成果编写而成。按照教育部新世纪高等教育教学改革工程的要求,在教材的编写过程中,力求立意新颖,框架结构、章节层次安排合理,重点、难点处理得当。此外,还在处理好与理论课关系的前提下,建立了独立的实验教学体系,并大多自成章节,同时加大了设计性、综合性和创新性实验的比例。每一章,都对实验理论和实验方法做了比较系统的论述,对实验中常用的仪器,尤其是新型仪器设备的原理、构造、操作规程有较详细的介绍,且附有一些常用的国标、图表和数据,使学生既可以掌握查找文献、数据的方法,又可以在今后的工作中将本书作为参考书使用。

书中内容分为四部分:(1)机械工程基础实验部分;(2)机械工程专业实验部分;(3)机械工程综合实验部分;(4)机械工程创新设计实验部分,共12章。实验总学时约为150学时,从本科生二年级第一学期到四年级的第一学期分四学期开设。

本书由常秀辉、李宗岩担任主编,李运红、杜明华担任副主编,李占贤教授审稿。

参加本书编写的作者有:杜明华(第1章、第8章、第11章),常秀辉(第2章、第11章),姚桂艳(第3章、第11章),李宗岩(第4章、第7章、第11章、第12章),裴未迟(第5章),李运红(第6章、第12章),王家金(第8章),张习加(第9章),于江(第10章、第12章),冯丽艳(第12章),林艳华(第12章)。

系统地编写实验综合教材,对于我们也是新的尝试,书中不成熟、不完善之处在所难免,在此请专家、学者和读者给予批评指正。

编　者

2010年4月

目　　录

Ⅰ　机械工程基础实验

Ⅳ　机械工程创新设计实验

机械工程基础实验

1　工程材料及热加工工艺基础实验

1.1　概述

工程材料通常指用于工程结构和机械零件的材料，包括金属材料、高分子材料、无机材料和复合材料四大类。金属材料是主要的工程材料，尤以钢铁材料应用最广，特别是在机械工程中目前仍占绝对优势。因此，本章侧重于金属材料及其组织性能检测和实验方法。

材料的性能是由其内部的化学成分和组织结构所决定的，改变材料的化学成分或组织结构，可以改善和调整材料的性能。认识这些性能和变化规律，对于材料选择、材料处理以及故障诊断分析极为重要。而要认识这些规律，实验方法和手段则是必不可少的。

金属热加工方法有很多种，如铸造、锻造、焊接等。铸造目前主要用于制造毛坯和精度、表面质量要求不高的机械零件。铸造的实质是液态金属逐步冷却凝固而成形，它具有可以铸造出内腔、外形很复杂的毛坯，工艺灵活性大，铸件成本低等优点。因而在工业生产中得到广泛的应用。在机械工业中，铸件所占比重很大。

焊接是现代工业生产中不可缺少的一种金属连接方法。它是利用加热或加压使分离的两部分金属靠得足够近，原子互相扩散，形成原子间的结合。它主要用于制造金属结构，也用来制造机械零件、部件和工具等。

为了加强学生的动手操作能力，启发学生自己组织实验工作，在本章中重点介绍每个实验的测量原理和实验方法，要求学生在实验时根据具体情况自拟实验参数，从而使学生掌握实验的主动权，充分发挥独立工作能力。

本章的实验内容主要有铁碳合金显微组织分析，铸造应力的测试，焊接接头的组织和性能分析。

1.2　铁碳合金显微组织分析

1.2.1　实验目的

（1）观察和了解铁碳合金在平衡状态下的显微组织。

（2）分析含碳量对铁碳合金显微组织的影响，从而加深理解成分、组织和性能之间的相互关系。

（3）学会使用金相显微镜。

1.2.2　金相显微镜的结构和工作原理

由于被观察的物体是不透明的金属表面，因此，金相显微镜设有人工光源进行试样表面的照明，如图1-1所示。

由灯泡1发出一束光线，经过聚光镜2及反光镜7被汇聚在孔径光阑8上，随后经过聚光镜3、视场光阑9再度将光线聚集在物镜6的后焦面上，最后，光线通过物镜，用平行光照明标本，使其表面得到充分均匀的照明。从物体反射回来的光线复经物镜6、辅助透镜5、半反射镜4、辅助透镜10以及棱镜11、12，造成一个物体的倒立放大实像，该像被场镜13和接目镜14所组成的目镜放大。

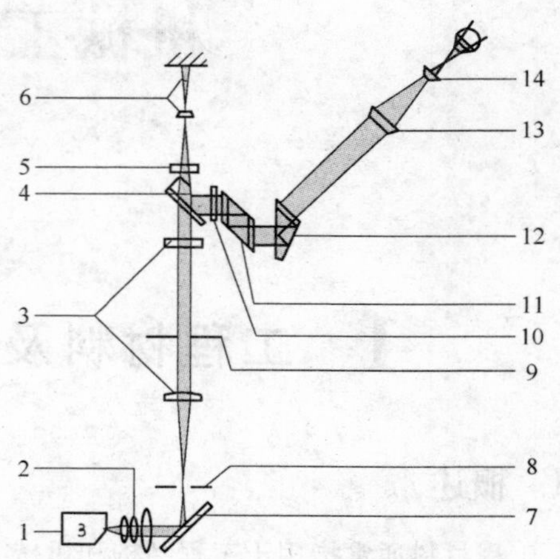

图1-1　金相显微镜的光学系统

1—灯泡；2，3—聚光镜；4—半反射镜；5，10—辅助透镜；6—物镜；7—反光镜；8—孔径光阑；9—视场光阑；11，12—棱镜；13—场镜；14—接目镜

1.2.3　实验原理

铁碳合金的平衡组织是指铁碳合金在极为缓慢的冷却条件下所得到的组织。可以根据铁碳相图来分析铁碳合金在平衡状态下的显微组织。

铁碳合金主要包括碳钢和白口铸铁，其室温组成相由铁素体和渗碳体这两个基本相组成。由于含碳量不同，铁素体和渗碳体的相对数量、析出条件及分布状况均有所不同，因而呈现出各种不同的组织形态，见表1-1。

表1-1　各种铁碳合金在室温下的显微组织

类型		含碳量（质量分数）/%	显微组织
碳钢	亚共析钢	0.02～0.77	铁素体+珠光体
	共析钢	0.77	珠光体
	过共析钢	0.77～2.11	珠光体+二次渗碳体
白口铸铁	亚共晶白口铁	2.11～4.3	珠光体+二次渗碳体+莱氏体
	共晶白口铁	4.3	莱氏体
	过共晶白口铁	4.3～6.69	莱氏体+一次渗碳体
工业纯铁		<0.02	铁素体

注：以上试样均由4%硝酸酒精溶液侵蚀。

从表1-1中看出，铁碳合金在金相显微镜下具有下面四种基本组织：

（1）铁素体（F）：它是碳溶解于α-Fe中的间隙固溶体。铁素体是体心立方晶格，有磁性，塑性好，硬度低。工业纯铁试样在金相显微镜下观察，可见白色等轴晶粒。随着含碳量的增加，铁素体减少，增加了新的组织（珠光体），铁素体呈块状分布。当碳的含量接近共析钢的质量分数时，铁素体呈断续的网状分布在珠光体周围。

（2）渗碳体（Fe_3C）：它是碳与铁形成的化合物，其碳的质量分数为6.69%，质硬而脆，耐腐蚀，显微镜下呈亮白色，而铁素体呈灰白色。渗碳体可以有多种形态：一次渗碳体直接由液体中结晶出，呈粗大的片状；二次渗碳体是由奥氏体中析出，常呈网状分布在珠光体的边界上；此外，还有球粒状、小条块状等形态的渗碳体，它们的硬度高，是硬而脆的相，强度和塑性差。

(3)珠光体(P)：它是铁素体和渗碳体的机械混合物。渗碳体中包括共晶渗碳体和二次渗碳体。两者相连无界线，无法分辨开。

(4)莱氏体(L_e')：在金相显微镜下观察，莱氏体的组织特征是在亮白色的渗碳体上分布着许多黑色点状或条状的珠光体。莱氏体硬度高，性脆。一般存在于碳的质量分数大于2.1%的白口铸铁中，高合金钢的铸造组织中也出现。在亚共晶白口铸铁中，莱氏体机体上分布着黑色树枝状和豆粒状的珠光体，其周围常有一圈白亮的二次渗碳体，但与L_e'中的渗碳体混为一体，分辨不清。在过共晶白口铸铁中，莱氏体基体上分布着宽直白条状的一次渗碳体。

根据含碳量及组织特点的不同，铁碳合金分为工业纯铁、钢和铸铁三大类。

1.2.4　实验内容

(1)用金相显微镜观察表1－2所列试样的显微组织。

(2)在ϕ36mm圆内绘制观察到的金相组织图，标明组织构成物名称，注明侵蚀剂名称、放大倍数。

表1－2　碳钢和白口铸铁的显微样品

序号	材料	热处理	组织说明
1	工业纯铁	退火	铁素体(白色等轴晶为铁素体，黑色网格为晶界)
2	亚共析钢45	退火	铁素体及珠光体(白色晶粒为铁素体，黑色块状为片状珠光体，由于放大倍数不够，珠光体的片状结构不明显)
3	共析钢T8	退火	珠光体(白色铁素体与黑色渗碳体成层状排列)
4	过共析钢T12	退火	珠光体与二次渗碳体(黑白相间的层片状基体为珠光体，晶界上的白色网格为二次渗碳体)
5	亚共晶生铁	铸态	珠光体与二次渗碳体及莱氏体(斑点状基体为莱氏体，黑色枝晶为珠光体，成大块黑色。二次渗碳体与莱氏体中的渗碳体连成一片，均为白色，不能分辨)
6	共晶生铁	铸态	共晶莱氏体(黑色圆粒及长条为珠光体，二次渗碳体与共晶渗碳体均为白色，连在一起，无法分辨)
7	过共晶生铁	铸态	一次渗碳体和共晶莱氏体(白色粗大的板条状为一次渗碳体，黑白相间的斑点状基体为共晶莱氏体)

注：表中试样所用侵蚀剂均为4%硝酸酒精溶液。

1.3　铸造应力的测定

1.3.1　实验目的

(1)熟悉铸造应力的测定方法。

(2)了解铸造应力的形成和分布。

(3)熟悉铸造应力对铸件质量的影响和减小铸造应力的方法。

1.3.2　实验内容

测定铝合金应力框铸件的残余应力,其尺寸见图1－2。

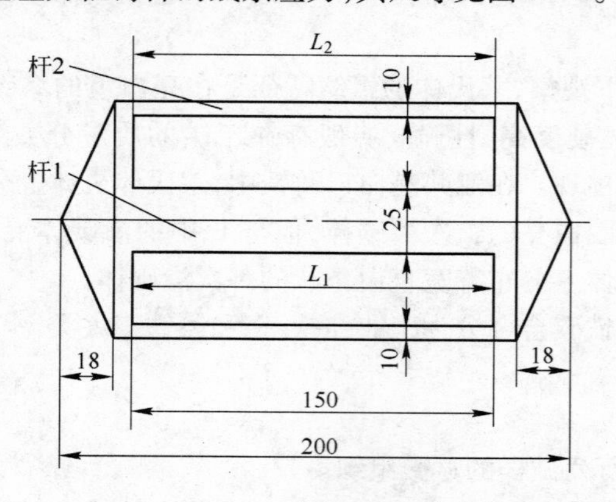

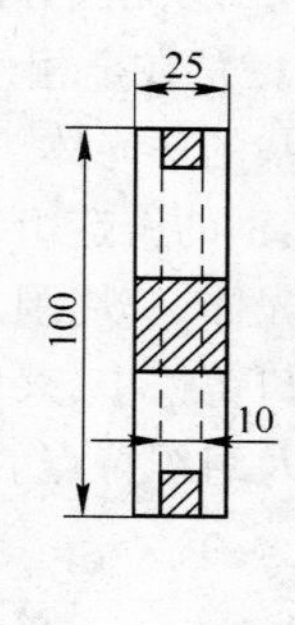

图1－2　应力框铸件图

1.3.3　实验原理

应力框外侧两杆2截面积较小,中间杆1截面积较大。冷却时,杆2率先进入弹性阶段,后进入弹性阶段的杆1收缩受到杆2的阻碍,于是,铸件内产生了残余应力,杆1受拉应力,杆2受压应力。如果将杆1从中间锯开,铸件内相互平衡受到破坏,应力框会产生变形,断口间隙加大。通过测量锯断前后的变形量,可近似地计算出杆1的拉应力和杆2的压应力。

1.3.4　实验方法和步骤

(1)测量应力框的有关尺寸。

(2)在杆1上锯两个缺口,测量两个缺口之间的距离 l_0。

(3)用钢锯锯断杆1,再测量两缺口之间的距离 l_1。

(4)计算应力框的应力值。

若杆的变形量为 Δl,则有:

$$\Delta l = l_1 - l_0$$

即变形量为杆1收缩量与杆2伸长量叠加之和,故总的应变量应为:

$$\varepsilon = \frac{\Delta l}{L_1 + L_2}$$

式中　L_1——杆1的长度;

L_2——杆2的长度。

由图可知:

$$L_1 = L_2$$

则

$$\Delta l = \varepsilon_1 L_1 + \varepsilon_2 L_2$$

因为　$\varepsilon = \dfrac{\sigma}{E}$,所以上式可以写成:$\Delta l = \dfrac{\sigma_1}{E_1} L_1 + \dfrac{\sigma_2}{E_2} L_2$,而 $E_1 = E_2$,因此:

$$E\Delta l = \sigma_1 L_1 + \sigma_2 L_2 \qquad (1-1)$$

当应力框中的残余应力处于平衡状态时:

$$\sigma_1 F_1 = 2\sigma_2 F_2 \qquad (1-2)$$

式中 F_1 ——杆 1 横截面积；

F_2 ——杆 2 横截面积。

由方程(1－1)和方程(1－2)联立解得：

$$\sigma_1 = E\frac{2F_2\Delta l}{L(2F_2 + F_1)}$$

$$\sigma_2 = E\frac{2F_1\Delta l}{L(2F_2 + F_1)}$$

式中 E——弹性模量，对于铝合金，$E = 68000 \sim 82000\text{MPa}$。

1.4 焊接接头的组织及性能分析

1.4.1 实验目的

(1)了解焊接接头试样的制作方法。

(2)观察低碳钢焊接接头组织形态，熟悉焊接接头的性能。

1.4.2 实验原理

熔化焊是局部加热的过程，焊缝及其附近的母材都经历了一个加热和冷却的过程。焊接加热过程将引起焊接接头的组织和性能的变化，从而影响焊接质量。在焊接加热和冷却过程中，焊接接头上某点的温度随时间变化的过程，称为热循环。焊接接头上不同位置的点所经历的热循环是不同的，主要是最高加热温度、加热速度不同，导致焊接接头各区域的组织不同。

焊接接头组织由焊缝金属和热影响区两部分组成。现以低碳钢为例，根据焊缝横截面积的温度分布曲线，结合铁碳合金相图(图 1－3)，对焊接接头各部分的组织和性能变化加以说明。

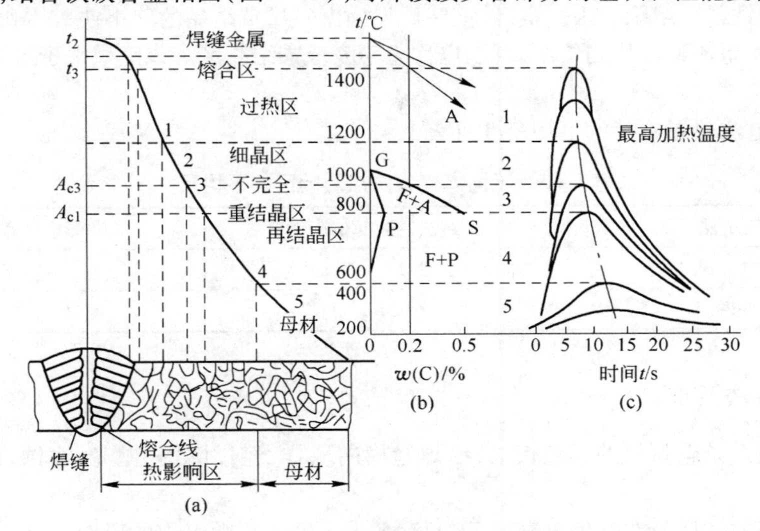

图 1－3 冷轧低碳钢焊接接头温度分布和各区划分

(a)接头组织图；(b)铁碳相图；(c)温度分布曲线

1.4.2.1 焊缝金属

焊缝金属的结晶是从熔池底壁上许多未熔化的半个晶粒开始的。因为结晶时各个方向冷却速度不同，垂直于熔合线方向冷却速度最大，所以晶粒由垂直于熔合线方向向熔池中心生长，最终呈柱状晶。

1.4.2.2 热影响区

在热影响区,由于各点的热循环不同,又分为熔合区、过热区、正火区和部分相变区。

A 熔合区

熔合区是焊缝金属和基体金属的交界区,相当于加热到固相线和液相线之间的区域。由于该区域温度高,基体金属部分熔化,所以也称半熔化区,熔化的金属凝固成铸态组织,未熔化的金属因温度过高而长大成粗晶粒。熔合区一般为2~3个晶粒宽。该区域虽窄,但强度、塑性和韧性都有所下降;同时,此处接头断面变化,将引起应力集中,它在很大程度上决定着焊接接头的性能。

B 过热区

它是加热温度在1100℃以上至固相线温度区间的区域,该区域在焊接时,由于加热温度高,奥氏体晶粒急剧长大,形成过热组织,也称粗晶区,冷却后形成粗大的铁素体和珠光体组织。因而使该区域的塑性和韧性大大降低。对渗透性好的钢材,过热区冷却后易得到淬火马氏体,脆性更大。所以它是热影响区中力学性能最差的部位。

C 正火区

它是指加热温度在A_{c3}到1100℃之间的区域,该区域温度虽较高,但加热时间短,晶粒不易长大,焊后空冷,金属将发生重结晶,得到晶粒较细的正火组织,所以称正火区或细晶区。该区的组织比退火(或轧制)状态的母材组织细小,其力学性能优于母材。

D 部分相变区

它是指加热温度在A_{c1}至A_{c3}之间的区域。焊接加热时,首先珠光体向奥氏体转变,随着温度的进一步升高,部分铁素体逐步向奥氏体中溶解。温度愈高,溶入愈多,至A_{c3}时,全部转变为奥氏体。焊接加热时,由于时间短,该区只有部分铁素体溶入奥氏体。而未溶的铁素体则晶粒长大,变成粗大的铁素体组织。焊后空冷,该区域得到由经过重结晶的细小铁素体和珠光体与未经重结晶的铁素体组成的不均匀组织,所以也称为不完全重结晶区。该区域由于组织不均匀,力学性能稍差。

不同焊接方法热影响区的平均尺寸见表1-3。

表1-3 不同焊接方法热影响区的平均尺寸

焊接方法	过热区宽度/mm	热影响区宽度/mm
手工电弧焊	2.2~3.5	6.0~8.5
气焊	21	27

1.4.3 实验方法及步骤

(1)取一块焊条电弧焊的焊接接头,沿焊缝横向取样,经过磨削、抛光、腐蚀,制成显微组织试样。

(2)把制好的试样放在金相显微镜下,观察各个小区的显微组织的形态。

(3)画出焊接接头各区域显微组织。

(4)标出每个区域的名称,并对显微组织加以说明。

(5)分析影响焊接接头性能的因素。

2 机械零件几何精度的测量与分析实验

2.1 概述

机械零件几何精度测量的基本内容包括长度测量、角度测量、形位误差测量、表面粗糙度测量、螺纹测量和齿轮测量。

在机械零件加工过程中以及在机械零件加工完成后，需要对机械零件的几何精度进行测量，其主要目的是：

(1)检查零件是否符合本工序或零件成品相关技术条件的要求，即评定零件是否合格。

(2)获取机械零件几何精度的原始数据，为工艺能力的分析、机械零件的质量控制等提供依据。

(3)在线测量得到的数据为机械加工系统的实时调整提供反馈信息。

另外，在机械零件的实物测绘、机械产品的鉴定等诸多场合，也需要对零件的几何精度进行测量。

机械零件几何精度的测量属于几何量测量的范畴。近年来几何量测量技术发展较快，主要表现在以下几个方面：

(1)光栅技术、磁栅技术、感应同步技术的应用。光栅、磁栅、感应同步器是新型的长度和角度基准元件，同时以其为基础，可组成长度和角度传感器，广泛用于长度量和角度量的静、动态测量。

(2)激光干涉技术的应用。激光干涉技术的应用使得长度测量的精度提高了1～2个数量级。

(3)计算机技术的应用。计算机技术的应用使得测量技术在众多方面发生深刻的变化。如计算机用于测量数据的处理，测量过程的自动控制，设计、加工和测量的集成。计量仪器的微机化已成趋势，虚拟仪器亦有望在几何测量中得到应用。三坐标机作为精密机械技术、测量技术、计算机技术的集成产品，其应用日益普及。

(4)现代传感技术、信号处理技术、显示技术得到应用。机械零件几何精度的测量日益向动态测量、在线测量、综合测量的方向发展，现代传感技术、信号处理技术、显示技术得到了应用，如光电转换技术、超声传感技术、CCD传感技术、图像处理技术、无线电信号传输技术、数字显示技术等。

机械零件几何精度的测量技术在生产、质检、计量、科研等部门有着广泛的应用。了解机械零件几何精度的基本概念，掌握其基本的方法和实验技能是十分必要的。

本章介绍机械零件几何精度的基本概念，长度测量、形位误差测量、表面粗糙度测量、螺纹测量的典型实验。

2.2 机械零件几何精度的基本概念

2.2.1 测量和测量要素

测量是确定被测对象的量值的实验过程，具体地说，是将被测量与一个作为测量单位的标准量进行比较，求其比值的过程。一个完整的测量过程应包含四个要素，即测量对象和被测量、测量单位和标准量、测量方法、测量精度。

2.2.1.1 测量对象和被测量

机械零件几何精度的测量对象是多种多样的，不同的测量对象有不同的被测量。如孔和轴的主要被测量是直径；箱体零件的被测量有长、宽和高以及孔间距等；螺纹零件的被测量有螺距、中径、牙型半角等；复杂的零件还有复合的被测量，如丝杠和滚刀的螺旋线误差等。但不论被测的参数如何复杂，从本质来说，均可归结为长度和角度以及它们的组合。

2.2.1.2 测量单位和标准量

几何量测量中常用的长度单位有米(m)、毫米(mm)、微米(μm)，角度单位有度、分、秒。在实际应用中，还必须建立光波长度基准到各种测量器具直至工件的尺寸传递系统，其中，量块和线纹尺(实物基准)是尺寸传递的媒介。对于角度来说，一个圆周360°是自然基准，任何精确等分圆周的实物，如各种角度块、多面棱体、光学度盘、光栅盘、磁栅盘、多齿分度盘、玛盘均可作为角度基准。

2.2.1.3 测量方法

测量方法是指完成测量任务所用的方法、量具或量仪，以及测量条件的总和。当没有现成的量具和量仪时，需要自行拟定测量方法，这就需要根据被测对象和被测量的特点(形体大小、精度要求等)，确定标准量，拟定测量方案，工件的定位，读数和瞄准方式及测量条件(如温度和环境要求等)。

2.2.1.4 测量精度

由于在测量过程中不可避免地总会存在或大或小的测量误差，使测量结果的可靠程度受到一定的影响。测量误差大，则测量结果的可靠性低；测量误差小，则测量结果的可靠性高。因此，不知道测量精度的测量结果是没有意义的。所以，对每一测量结果，特别是精密测量，都应给出一定的测量精度。

2.2.2 测量方法分类

可以从不同的角度对测量方法分类。

2.2.2.1 绝对测量与相对测量

(1)绝对测量：由仪器的示值读出被测量的整个量值。例如用游标卡尺、千分尺、测长仪等测量零件尺寸。

(2)相对测量：由仪器的示值只能读出被测量对某一标准量的偏差。由于标准量已知，因此被测量的整个量值就等于标准量与仪器示值的代数和。例如用量块调整比较仪零点后，测量零件直径，所得示值与量块尺寸的代数和，即为零件直径。

2.2.2.2 直接测量与间接测量

(1)直接测量：用仪器或量具直接测得被测量的整个量值或相对于标准量的偏差，无须进行其他换算。例如，用游标卡尺测量零件直径大小，用比较仪测量直径相对于量块尺寸的偏差，都是直接测量。

(2)间接测量：先测量与被测量有函数关系的其他量，然后经过换算，得出被测量的大小。例如欲测圆弧的半径，可先测量圆弧的弦长和对应的弦高，然后算出圆弧的半径。当被测量不便直接测量时，可用间接测量。

2.2.2.3 单项测量与综合测量

(1)单项测量：对一个多参数零件的各个参数，分别单独地进行测量。例如，分别测量螺纹的中径、螺距和牙型半角。

(2)综合测量:对多参数零件,测量某几个参数的综合效果。例如,用螺纹量规检查螺纹。这时,检查的是螺纹是否在规定的极限轮廓范围内。又如检查齿轮的运动误差,就是测量齿轮各参数对齿轮运动精度的综合影响。

2.2.2.4　接触测量与非接触测量

(1)接触测量:测量时仪器的测头与被测零件表面直接接触。接触测量时,应根据被测表面的形状选择不同形式的测头。

(2)非接触测量:测量时量仪的测量元件与被测零件的表面之间不发生机械接触,没有机械测量力存在。如用光学投影法、气动法进行测量就属于不接触测量。

接触测量时,有机械测量力存在,会对测量结果产生影响,测头会磨损,零件表面可能损伤。不接触测量无测量力引起的误差,也不会损伤被测工件的表面。

2.2.2.5　被动测量和主动测量

(1)被动测量:零件加工完以后进行测量。

(2)主动测量:在零件加工过程中进行测量。可根据主动测量的结果来控制加工过程,防止废品的产生。

2.2.2.6　静态测量和动态测量

(1)静态测量:测量时,被测表面与测量元件之间相对静止,例如用千分尺测量零件直径。

(2)动态测量:测量时,被测表面与测量元件之间有相对运动,例如,齿轮运动误差的测量,机床传动链传动误差的测量。动态测量能提高测量效率,获取较多的零件精度信息。

2.2.3　量具、量仪的基本度量指标

度量指标是选择量具、量仪的依据,基本的度量指标如下。

(1)刻线间距:量具、量仪标尺上两相邻刻线中心间的距离(对于圆周刻度为圆周弧度)。一般量仪的刻线间距在1~2.5mm。

(2)刻度值(分度值):量具、仪器标尺上一个刻线间距所代表的量值。如百分表的刻度值为0.01mm,千分表的刻度值为0.001mm。

(3)示值范围:量具、量仪上所能显示的最低值到最高值的范围。如机械式比较仪的示值范围为±0.1mm。

(4)测量范围:在允许的误差限内,量具、量仪所能测量的被测量值的范围。

(5)放大比(灵敏度):量仪指针或刻度标尺的移动量与引起此移动量的被测尺寸增量之比,亦即刻线间与刻度值之比。

(6)测量力:测量时量具、量仪的测头与被测表面之间的接触压力。

(7)示值误差:量具和量仪的指示数与被测量的真值之差。

(8)示值稳定性(示值变动):在外界条件不变的情况下,对同一尺寸进行多次重复测量,量具或仪器指示数值的最大变动范围。

(9)示值允许误差:量具或仪器的检定规程中所允许的最大示值误差。

(10)灵敏限:能引起量仪示值可察觉变化的被测尺寸的最小变动量。它决定于量仪传动元件的间隙、元件接触处的弹性变形及摩擦阻力。

(11)回程误差:被测量不变时,在相同条件下,量仪沿正、反行程在同一点上测得值之差的绝对值。它主要是由量仪传动机构中的间隙和惯性引起的。

(12)校正值:与示值误差值相等而符号相反,用以校正量具和量仪某点的示值。

(13)仪器不确定度:在规定条件下测量时,由于测量误差的存在,被测量值不能确定的程度。不确定度用误差限表示。

2.2.4 测量误差

在机械零件几何精度测量的结果中,不可避免地存在测量误差。

2.2.4.1 测量误差的来源

机械零件几何精度测量误差的主要来源大致有以下几个方面。

(1)测量方法引起的误差。这是指因所采用的测量方法不完善而引起的测量误差。例如,零件安装不正确,测量基准选择不当,所选用的测头形式不正确,测量长工件时支承点的位置不正确,间接测量时为了简化计算而采用了近似的换算等。

(2)计量器具的误差。

1)基准件的误差。例如相对测量时,由于量块的实际尺寸和名义尺寸有偏差而引起的测量误差等。

2)量具、量仪设计与制造不完善。例如在设计量具、量仪时,应遵守所谓"阿贝原则",即基准长度与被测长度在同一直线上,否则就会造成较大的理论误差。再如,设计量仪时,经常采用近似机构代替理论上要求的机构,这些都会造成理论误差。

3)量具、量仪的零部件的制造误差和装配调整误差。例如刻度尺、刻度盘等的刻度误差及安装时的误差,杠杆机构的制造及安装误差,齿轮的传动误差,测微螺旋的螺距误差,导轨、轴承等的配合间隙,光学系统的误差等。量具、量仪在使用过程中各部分的变形、摩擦、磨损等也都是引起测量误差的重要原因。对量具、量仪的示值系统误差可通过检定,列出校正值表,供测量时修正测量结果用。

4)测量力引起的误差。在接触测量中,由于有测量力存在,会引起工件的接触变形,产生的压陷量随测头形状、工件表面形状及工件材料的不同而变化。在一般测量中可以忽略,但在精密测量中,有时需要计算压陷量进行修正。此外,由于测量力变动,也会使量仪各部分的弹性变形发生变化,从而引起测量误差。

(3)环境条件引起的误差。所谓环境条件是指温度、湿度、气压、振动、光照、灰尘等。在测量过程对这些环境条件常有一定的要求,当它们不符合要求时,就会引起较大的测量误差。上述各条件中,最重要的是温度条件。为了减小因温度引起的测量误差,高精度的测量应在恒温条件下进行。

(4)测量人员引起的误差。测量过程中,测量人员的主观因素,会影响测量结果。为了减小测量误差,除提高测量人员的素质外,应采用各种技术来减少人为因素对测量结果的影响,如采用数显技术、光电自动瞄准技术、计算机辅助测量技术等。

2.2.4.2 测量误差的分类及处理

测量误差产生的原因虽然多种多样,但按其性质可归结为系统误差、随机误差和粗大误差。以下就机械零件几何精度测量中各类误差的特点及其处理作一简要介绍。

A 系统误差

系统误差是指在相同条件下,多次重复测量同一个量时,绝对值和符号保持不变的误差成分,或在条件改变时,按某种确定规律变化的误差成分。前者称为定值系统误差,后者称为变值系统误差。例如,在比较仪上用相对测量法测量零件尺寸时,调整仪器所用量块的误差会引起定值系统误差。而测量时由于温度的均匀变化,会引起线性变化的变值系统误差。

通常,在测量以前,应对所用测量方法和测量仪器进行分析。通过分析,发现是否存在系统误差并寻找其规律,以便采取相应的措施。可以通过对仪器(包括量块)的检定,确定仪器的示值校正值,测量时,从测量结果中减去相应的校正值。有时可采用异号法来消除定值系统误差。例如,在工具显微镜上测量螺纹的中径和螺距时,为了消除由于安装时螺纹轴线与测量轴线不重合而引起的定值系统误差,可以按螺牙轮廓的左边和右边各测一次,取其算术平均值作为测量结果。

B 随机误差

随机误差是指在相同条件下,多次重复测量同一个量时,绝对值和符号以不可预定的方式变化的那部分测量误差。随机误差是测量过程中随机出现的许多独立的、微弱的误差因素共同作用的结果。如量仪传动机构的间隙、摩擦力、测量力变动,温度等环境条件的波动等,都是引起随机误差的因素。未定系统误差亦可按随机误差处理。对于随机误差,应估计其极限误差的大小,需要时,可经过多次测量来减小极限误差。

通常假定,机械零件几何精度测量中的随机误差服从正态分布,测量的机械极限误差为 $\pm 3\sigma$,这里 σ 为随机变量的均方差。因此,若测得值为 x,则测得结果应表示为 $x_0 = x \pm 3\sigma$。极限误差的值,可根据相同条件下的历史数据用统计的方法得到,或由仪器说明书提供。对同一被测量作 n 次等精度测量,用其算术平均值作为测量结果时,测量结果应表示为 $x_0 = \bar{x} \pm 3\sigma_{\bar{x}}$。这里,$\bar{x}$ 为 n 次测量的算术平均值,$\sigma_{\bar{x}}$ 为 $\bar{x}$ 的均方差,$\sigma_{\bar{x}} = \sigma / n^{1/2}$。

对于间接测量,被测量 $Y = f(x_1, x_2, \cdots, x_m)$,$Y$ 的均方差 σ_y 可按下式计算:

$$\sigma_y = \sqrt{\sum_{i=1}^{m} \left(\frac{\partial f}{\partial x_i} \right)^2 \sigma_{x_i}^2}$$

C 粗大误差

粗大误差(也称过失误差)是在一定的测量条件下进行测量时,出现个别较大的、使测量值受到显著歪曲的误差。测量者的粗心大意,如读错数据;环境条件的突变,如冲击、振动干扰等都是产生粗大误差的原因。含有粗大误差的测得值应当剔除。

2.3 长度的测量

2.3.1 概述

长度是几何量中最基本的参数,也是最主要的参数之一。虽然被测对象可以是各种各样的,但概括起来,长度不外乎是面与面间的距离,线与线之间的距离,点与点间的距离,以及它们之间的组合。长度计量器具的种类繁多,大致可分成机械量仪、光学量仪、电动量仪和气动量仪几种类型。

2.3.2 用机械量仪测量轴径

2.3.2.1 目的与要求

(1)掌握长度尺寸的相对测量原理。

(2)了解机械比较仪的结构和使用方法。

2.3.2.2 测量原理

机械比较仪(机械量仪的一种)是利用机械结构将测量杆的直线位移经传动、放大后,通过读数装置表示出来,主要用于长度的相对测量(适用于工件外尺寸的测量)。用这类仪器测量时,首先根据被测工件的基本尺寸组成量块组,然后用此量块组将比较仪的标尺或指针调到零位。若从该仪器刻度尺上获得的被测长度对量块组尺寸的偏差为 ΔA,则被测工件的长度为 $L =$

$A+\Delta A$。

2.3.2.3　测量仪器

杠杆齿轮式机械比较仪如图2－1a所示，由工作台1、底座2、立柱3、横臂7及指示表10等组成。测量时松开螺钉8，转动螺母5可使横臂7带着指示表10沿立柱上下移动，使测量头14与量块接触。紧固螺钉12，松开螺钉13，然后转动偏心手轮6，细调测量头位置，使指针对准刻度尺零点。锁紧螺钉13后，转动标尺微调螺钉9，微动标尺使指针准确对零。按下拨叉4，使测量头抬起，取出量块或工件。

仪器的传动放大系统如图2－1b所示。其示值范围为±100μm，测量范围为0～180mm，仪器的放大比为：$k=\frac{R_1}{R_2}\cdot\frac{R_3}{R_4}$，标尺的刻线间距 $c=1$mm，仪器的分度值为 i（i 值应根据所选用测量仪器的精度来确定）。

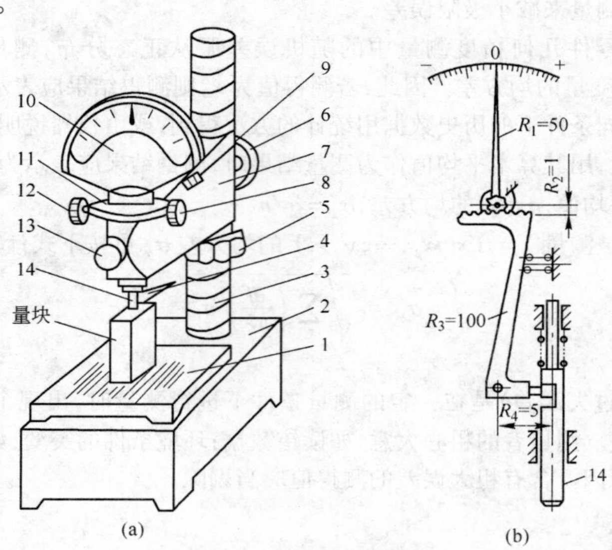

图2－1　机械比较仪

（a）结构图；（b）传动放大图

1—工作台；2—底座；3—立柱；4—拨叉；5—螺母；6—偏心手轮；7—横臂；8，13—螺钉；9—微调螺钉；10—指示表；11—微调框架；12—紧固螺钉；14—测量头

2.3.2.4　测量步骤

（1）按被测塞规的工程尺寸组合量块，并将其放在工作台上，调整仪器使测头与量块接触，将指针调到零位，按压测头提升杠杆2～3次，检查指针是否回零位，如不变，方可进行测量。

（2）上提测头，取下量块，将被测塞规放在工作台上，并在测头下缓缓滚动（或平移，注意不允许倾斜）。记下刻尺示值最大值，即为被测件相对量块的偏差值。

（3）对塞规同一部位尺寸连续测量10次，并计算出测量结果。

2.3.3　用内径指示表测量孔径

2.3.3.1　目的与要求

（1）用内径指示表采用相对测量法测量孔径，并计算该孔的直径误差。

（2）了解内径指示表的工作原理，掌握用内径指示表测量孔径的方法。

2.3.3.2　测量原理

内径指示表是测量孔径的通用量仪，一般以量块作为基准，采用相对测量法测量内径，特别适用于测量深孔。内径指示表又分为内径百分表和内径千分表，并按其测量范围分为许多挡，可根据尺寸大小及精度要求进行选择。

本实验选用内径百分表，其主要技术性能指标如下：

分度值：0.01mm；示值范围：0～1mm；测量范围：15～35mm

内径百分表结构示意图如图2－2所示。内径百分表是以同轴线上的固定测头和活动测头与被测孔壁相接触进行测量的。它具备一套长短不同的固定测头，可根据被测孔径大小选择更换。内径百分表的测量范围就取决于固定测头的尺寸范围。

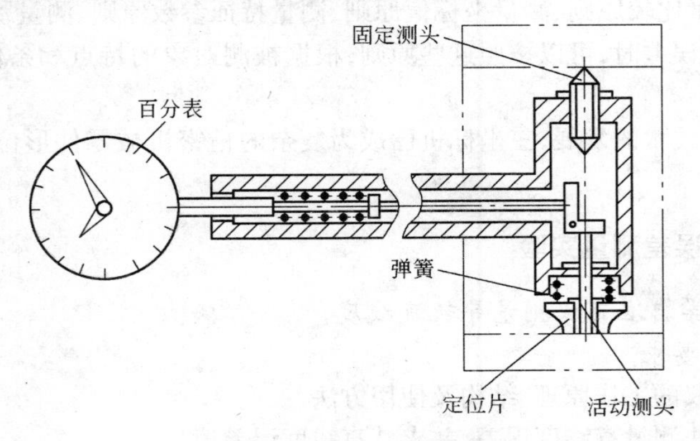

图2－2　内径指示表原理图

测量时，活动测头受到孔壁的压力而产生位移，该位移经杠杆系统传递给指示表，并由指示表进行读数。为了保证两测头的轴线处于被测孔的直径方向上，在活动测头的两侧有对称的定位片，定位片在弹簧的作用下，对称地压靠在被测孔壁上，从而达到上述要求。

2.3.3.3　测量方法与数据处理

(1)选择与被测孔径工程尺寸相应的固定测头装到内径指示表上。

(2)调整零位：

1)按被测孔径的工程尺寸调整组合量块，并将该量块组与量爪一起放入量块夹中夹紧。

2)将内径指示表的两测头放入两量爪之间，与两量爪平面相垂直(两量爪平面间的距离就是量块组的尺寸)，需拿住表杆中部微微摆动内径指示表，找出表针的转折点，并转动表盘使“0”刻线对准该转折点，此时零位已调好。

(3)测量孔径。将内径指示表放入被测孔中，微微摆动指示表，并按指示表的最小示值(表针转折点)读数。该数值为内径局部实际尺寸与工程尺寸的偏差。

如图2－3所示，在被测孔径的三个横截面、两个方向上测出6个实际偏差，并记入实验报告中。

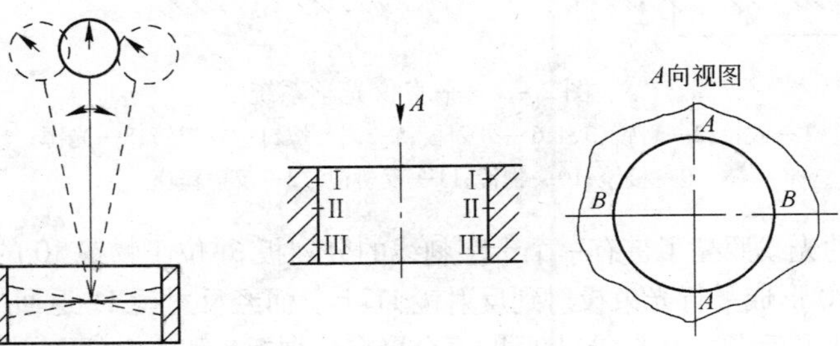

图2－3　孔径测量示意图

2.4　形状和位置误差的测量

2.4.1　概述

形状和位置误差的检测项目较多，其测量方法也是多样的。由于零件的具体结构不同、精度要求不同以及检测设备条件不同，同一形状误差项目又可以有多种不同的检测方法。因此，形位误差的检测方法种类繁多，国家标准《形状和位置误差检测规定》将常用的检测方法概括为五种检测原则：与理想要素比较原则、测量坐标值原则、测量特征参数原则、测量跳动原则和控制实效边界原则。检测形位误差时，可以按照这些原则，根据被测对象的特点和条件，合理地选择检测方法与器具。

随着三坐标测量技术的发展，三坐标机已成为复杂的精密机械零件形位误差检测及评定的重要手段。

2.4.2　形状和位置误差测量实验

2.4.2.1　用光学自准直仪测量导轨直线度

A　实验目的和要求

(1)了解自准直仪的工作原理、结构及使用方法。

(2)掌握用节距法测量直线度误差，并求其直线度误差值。

B　测量原理及测量仪器

用光学自准直仪测量直线度误差，就是将被测要素与平直仪发出的平行光线(模拟理想直线)相比较，并将所测得数据用作图法或计算法求出被测要素的直线度误差值。

本实验所用自准直仪，是一种测量微小角度变化量的精密光学仪器。除了测量直线度误差外，还可以测量平面度、垂直度和平行度误差等。该测量仪由仪器本体和反射镜座两部分组成，其光学系统如图2-4所示。

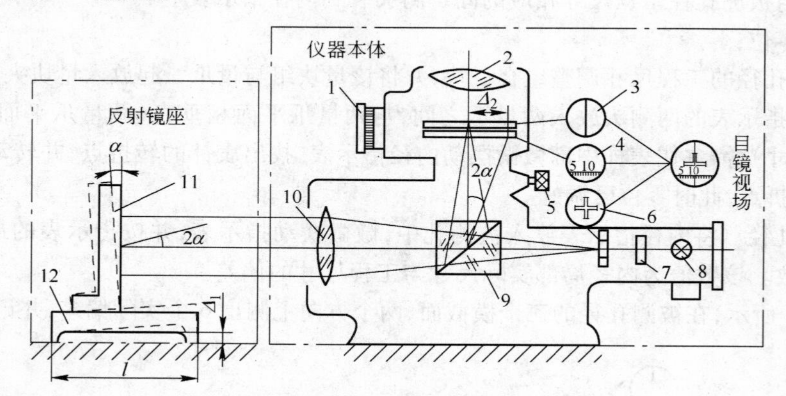

图2-4　平直仪光学系统

1—鼓轮；2—目镜；3,4,6—分划板；5—调节螺钉；7—透镜；8—光源；
9—棱镜；10—物镜；11—反射镜；12—反射镜座

由光源8发出的光线照亮了带有一个十字刻线的分划板6(位于物镜10的焦平面上)，并通过立方棱镜9及物镜10形成平行光束投射到反射镜11上。而经反射镜11返回的光线穿过物镜10，投射到立方棱镜9的半反半透膜上，向上反射而会聚在分划板3和4上(两个分划板皆位于物镜10的焦平面上)。其中4是固定分划板，上面刻有刻度线，而3是可动分划板，其上刻有一条指标线。

在目镜视场中可以同时看到可动分划线、固定分划线及十字刻线的影像(见图2-5)。

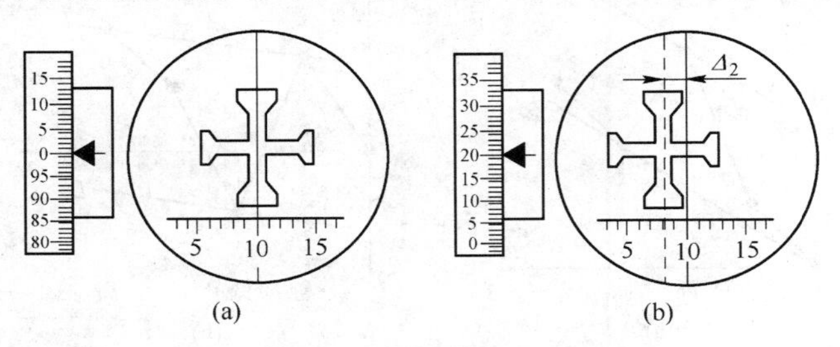

图2-5 目镜视场

(a)读数为1000格;(b)读数为850格

当反射镜镜面与主光轴的交角发生变化时,十字像的位置也随之变化。用丝杆测微机构推动可动分划板,使其上的指标线对十字像作跟踪瞄准,则可测出此位移量,从而测出了反射镜与主光轴的交角变化。

丝杆测微机构的鼓轮1上共有100个小格。而鼓轮每回转一周,分划板3上的指标线在视场内移动1个格,所以视场内的1格等于鼓轮上的100个小格。鼓轮上的1小格为仪器的角分度值1″。因角度变化而引起的桥板与导轨两接触点相对于主光轴的高度差的变化(线值)与桥板的跨距有关,当桥板跨距为200mm时,则分度值恰好为0.001mm。

C 测量步骤

(1)将自准直仪放在靠近导轨一端的支架上,接通电源。调整仪器目镜焦距,使目镜视场中的指示线与数字分划板的刻线均为最清晰。

(2)将导轨的全长分成长度相等的若干小段,调整桥板下两支点的距离L,使其刚好等于小段的长度;将反射镜固定在桥板上,然后将桥板安置在导轨上,并使反射镜面面向自准直仪的平行光管。

(3)分别将桥板移至导轨两端,调整光学自准直仪的位置,使"十"影像均清晰地进入目镜视场。调好后就不得再移动仪器。

(4)从导轨的一端开始,依次按桥板跨距前后衔接移动桥板。在每一个测量位置上,转动测微读数鼓轮,使指标线位于"十"字影像的中心,并记下该位置的读数。

D 数据处理

(1)对各测量位置的读数作累加生成,以获得各测点相对于0点的高度差。

(2)在坐标纸上,用横坐标x表示测点序号,用纵坐标y表示各测点相对于0点的高度差,作出误差折线。

(3)根据形状误差评定中的最小条件,分别作两条平行直线L_1和L_2将误差折线包容,并使两条平行直线之间的坐标距离(平行于y方向的距离)为最小。例如,如图2-6a所示的误差折线,可先作一条下包容线L_1(因为误差折线上各点相对于L_1的坐标距离符合低—高—低准则),然后过最高点作L_1的平行线,获得上包容线L_2;对图所示的误差折线,可先作一条上包容线L_2(因为误差折线上各点相对于L_2的坐标距离符合高—低—高准则)如图2-6b所示,然后过最低点作L_2的平行线,获得下包容线L_1。

(4)确定两平行直线L_1和L_2之间的坐标距离,并将其与实际分度值相乘,所得乘积即为所求直线度误差值。

例2-1 用光学自准直仪测量导轨的直线度误差,其读数如表2-1所列,桥板跨距$L=180$mm,求直线度误差值。

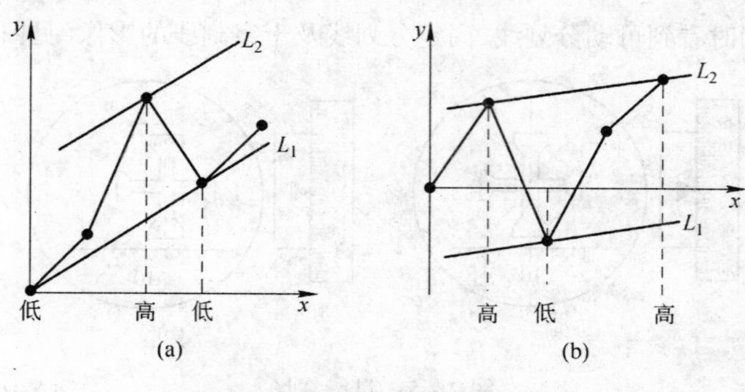

图 2 – 6　直线度误差评定准则

(a)低—高—低相间原则;(b)高—低—高相间原则

解:解法 1,首先按测点序号和直接累加值描点作误差折线图,如图 2 – 7a 所示,两条包容线之间的坐标距离 $d = 7.5$(格值),$i' = 0.005\text{mm/m} \times 0.18\text{m} = 0.9\mu\text{m}$,故直线度误差 $f = d \times i' = 7.5 \times 0.9 = 6.75\mu\text{m}$。

这种解法由于采用直接累加值描点,当每次测量的读数较大或测点较多时,最后一个累加值势必很大,从而降低了作图精度。为了解决这一问题,可采用另一种作图方法。

表 2 – 1　直线度误差测量数据处理

测点序号 i	0	1	2	3	4	5	6	7	8
读数(格)		+5	+10	+10.5	+4	+6	+4	+4.5	+12
直接累加值(格)	0	+5	+15	+25.5	+29.5	+35.5	+39.5	+44	+56
相对值(格)	0	0	+5	+5.5	−1	+1	−1	−0.5	+7
相对累加值(格)	0	0	+5	+10.5	+9.5	+10.5	+9.5	+9	+16

解法 2,将读数行中的每一个读数分别减去第一个位置的读数 +5,得到相对值,然后再将相对值累加。按测点序号和相对累加值描点作误差折线图,如图 2 – 7b 所示。两条包容线之间的坐标距离也是 7.5(格值)。故直线度误差亦为 6.75μm。

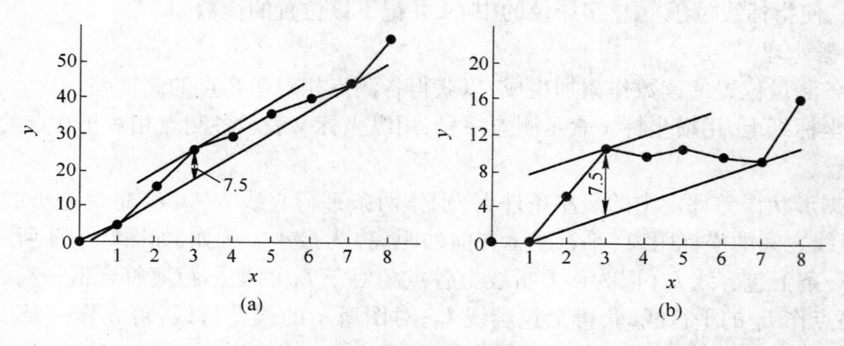

图 2 – 7　直线度误差折线

E　思考题

(1)为什么要根据累积值作图?

(2)根据实验所画曲线,按两端点连线法和最小包容区域法求得的误差值是否相同?

(3)在所画的误差图形上,应按包容线的垂直距离取值,还是按纵坐标方向取值?

2.4.2.2 平面度误差测量

A 实验目的与要求

(1)熟悉平板平面度误差的测量方法及其测量过程数据的处理。

(2)以大平板为基准,用指示表测量小平板的平面度误差,应用最小区域法评定其平面度误差值。

B 测量原理

平面度误差通常也是按与理想要素比较的原则进行测量,其测量原理与直线度误差测量原理基本相同,仅有的差别是:直线度误差的测量是在一条被测实际直线上,按节距法逐步连锁进行;而平面度误差的测量是在被测实际平面上,预先拟定若干条测量线,然后按节距法逐线逐步连锁进行。

C 测量步骤及数据处理

指示表是借助于齿轮传动或杠杆齿轮传动机构,将测杆的线位移变为指针的回转运动的指示量仪。在测量小平板平面的平面度误差时,将指示表夹于磁力表架上,磁力表架座置于大平板上(即以大平板为模拟测量基准平面)。然后按事先布置好的点,拖动表架依次测量,将各点的读数填在框格的相应位置上,如图 2-8 所示。

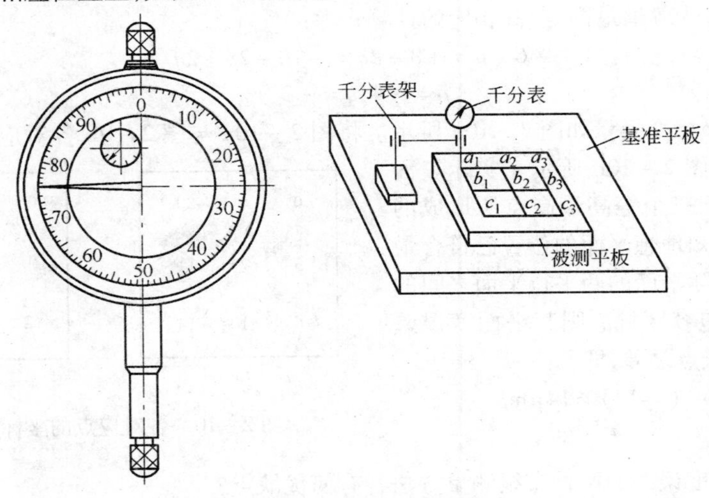

图 2-8 平面度测量示意图

测量步骤:

(1)用可调整支承将被测件顶起,将测量仪先放在被测表表面上互相垂直的位置上,调整支承,使被测表面大致成水平状。

(2)按选定的测量方法在被测表面上布线并做好标记(若测量平板,则四周的布线应离边缘10mm)。

(3)按事先布置好的点(本实验是以网格法布点),拖动表架依次测量,将各点的读数填在框格的相应位置上,如图 2-9 所示。

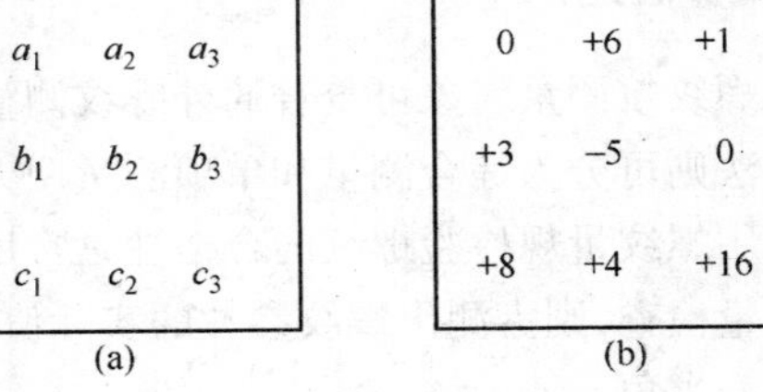

图 2-9 网格法布点

由于被测小平板表面的理想平面与测量基准平面的方向可能不一致,为求得其平面度误差,需要作必要的数据处理,即进行适当的坐标变换,使新的数据成为相对于小平面表面的理想平面的一组数据。坐标变换法的实质是在相对于测量基准的数据上加上对应的等差数列，即：

$$iq + jp \quad (i = 0,1,2,\cdots,m;\ j = 0,1,2,\cdots,n)$$

其等差数列的展开式见表2－2。

表2－2　等差数列展开式

0	p	$2p$	…	np
q	$q+p$	$q+2p$	…	$q+np$
$2q$	$2q+p$	$2q+2p$	…	$2q+np$
⋮	⋮	⋮		⋮
mq	$mq+p$	$mq+2p$	…	$mq+np$

按最小包容区域评定小平板表面的平面度误差值。

此种方法应使理想平面的位置符合最小条件，而该理想平面的位置是否符合最小条件，则需要按一定的判别准则加以鉴别。当实际平面为凸型或凹型时，应选用三角形准则；当实际平面为鞍形时，应选用交叉准则。经分析图2－9b中各点坐标值得知，实际平面近似为凹型的，所以应选用三角形准则确定理想平面的位置。此种考虑是否正确，须经试算而定。

试选 a_2、c_1、c_3 为等值最高点，其相应的计算式为：

$$+6 + p = +8 + 2q = +16 + 2p + 2q$$

解上式得

$$p = -4, q = -3$$

各对应点的坐标变换量如图2－10a所示。将图2－10a与图2－9b各对应点相加，即可得一组新的数据，如图2－10b所示。实际表面上最低点投影位于三个等高最高点所形成的三角形之内，则可知理想平面的位置已符合最小条件，即包容实际平面的两平行平面之间的区域已经为最小包容区域。则其平面度误差值为最高点与最低点之差，即

$$f_{\square} = +2 - (-12) = 14\mu m$$

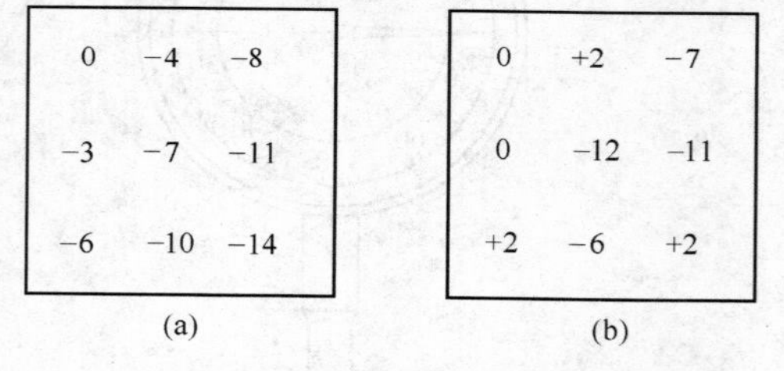

图2－10　各对应点的坐标变换量

D　思考题

(1)测量平面度误差的两种布线测量方法各有何优缺点？

(2)试对平面度误差的测量结果作精度分析。

2.5　螺纹测量

2.5.1　概述

螺纹按测量对象可分普通外螺纹测量、普通内螺纹测量、螺杆测量、圆锥螺纹测量等。按测量方法则可分为综合测量和单项测量两大类。

用螺纹量规检验螺纹的合格性是常用的方法。为了分析螺纹的加工误差，或对高精度螺纹做质量检查，则需测出螺纹参数的实际值。螺纹的主要参数包括螺纹中径 $d_2(D_2)$、螺距 P 和螺纹牙型半角 $\alpha/2$。

2.5.2　螺纹测量实验

用工具显微镜测量螺纹的螺距、中径和半角。

2.5.2.1　实验目的与要求

(1)了解工具显微镜的工作原理和结构特点,了解螺纹主要参数的测量方法。

(2)掌握工具显微镜测量螺纹的螺距、中径和半角及其误差。

2.5.2.2　测量原理

工具显微镜测量螺纹的方法有影像法、轴切法、干涉带法等。影像法测量螺纹,其原理是用目镜中的分划板米字线的虚线瞄准螺纹牙廓的影像,然后再用工具显微镜中的角度目镜和百分尺来测量螺纹。测量牙侧与螺纹轴线的垂直线之间的夹角得牙型半角;沿平行于螺纹轴线方向,测量相邻两同名牙侧之间的距离得螺距 P;沿螺纹轴线的垂直方向测量轴线上、下两牙侧之间的距离得螺纹中径 d_2。

2.5.2.3　测量仪器

工具显微镜分大型、小型、万能型和重型等不同的类型。不同类型工具显微镜的测量范围和测量精度不同,但工作原理基本相同,都是具有光学放大投影成像的坐标式计量仪器。本实验采用大型或万能型工具显微镜。

大型工具显微镜是一种光学机械量仪,适用于直线尺寸及角度的测量。利用纵、横向百分尺组成直角坐标系统,可测量螺纹、样板及内、外直径。可对零件的长度和角度进行测量,还可用来测量形状较为复杂的精密机械零件,如螺纹量规、丝杆、滚刀、成形刀具、凸轮及各种曲线样板等。

仪器主要组成部分有底座、工作台、立柱、横臂、工作台纵横移动的测微机构,以及各种可换目镜,如图2-11所示。

工作台3可在底座1的导轨上作纵横向移动,纵向和横向移动的测微机构实质为一千分尺,量程为25mm。放入块规,纵向的测量范围可增至150mm,横向可至50mm,刻度值为0.01mm(万能工具显微镜有螺纹读数显微镜,刻度值为0.001mm),工作台还可以绕垂直轴旋转360°,通过角度游标,可读出旋转角度值到3′。仪器的照明系统在后下方,光束照射被测件,并在显微镜中形成被测件轮廓的影像。

测量时,可利用手轮转动刻度盘,米字线的转动角度可从测角目镜5内观察出。

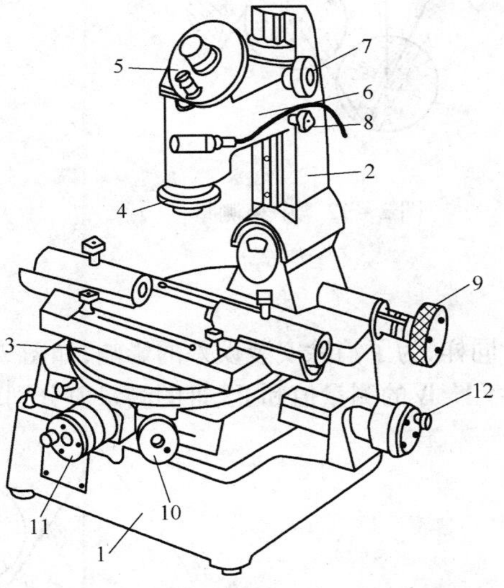

图2-11　大型工具显微镜结构图

1—底座;2—立柱;3—工作台;4—显微镜;5—测角目镜;6—横臂;7—横臂升降手轮;8—横臂锁紧旋钮;9—立柱倾斜手柄;10—工作台水平回转柄;11,12—横向与纵向移动测微器

2.5.2.4　测量方法

A　中径的测量

调节焦距,使被测工件轮廓清晰可见,然后移动工作台,使螺纹投影轮廓与目镜中米字线中间虚线对准,如图2-12所示。记下横向测微机构初读数,再作横向移动,使目镜中米字线中间虚线与对面螺纹投影轮廓对准,记下终止读数。两数之差,即为螺纹中径值。

为了消除工件安装时,由于工件轴线与工作台纵向移动方向不一致而产生的误差,应分别量出左右两侧的中径值,并取二者的平均值作为实际中径。即:

$$d_{2实} = (d_{2左} + d_{2右})/2$$

测量时,为使被测轮廓清晰,应将立柱顺着螺旋槽的方向倾斜一个角度 φ(φ 即螺纹中径处的升角)。工作台前后移动,立柱倾斜的方向是不同的。

B　螺纹半角的测量

螺纹半角用测角目镜(图2-13)来观察测量。转动测角目镜下方的手轮,使测角目镜中的刻度对准零点,这时,中央目镜中的米字线中间虚线垂直于工作台纵向移动方向。转动手轮,使虚线与螺纹轮廓对准,从测角目镜中可读出螺纹半角的大小。

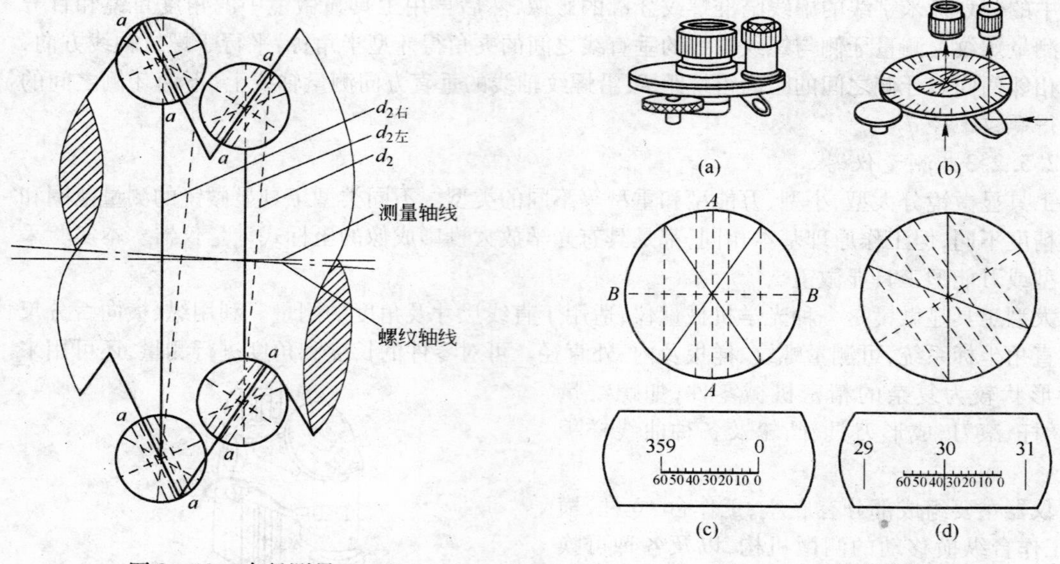

图2-12　中径测量

图2-13　测角目镜

(a)测角目镜外形;(b)测角目镜光路;
(c),(d)读数示例

同样,为了消除安装误差的影响,如图2-14所示,应分别量出Ⅰ、Ⅱ、Ⅲ、Ⅳ四个位置半角的值,将Ⅰ、Ⅳ的测量值和Ⅱ、Ⅲ的测量值分别取平均值作为左右侧牙型半角的测量结果:

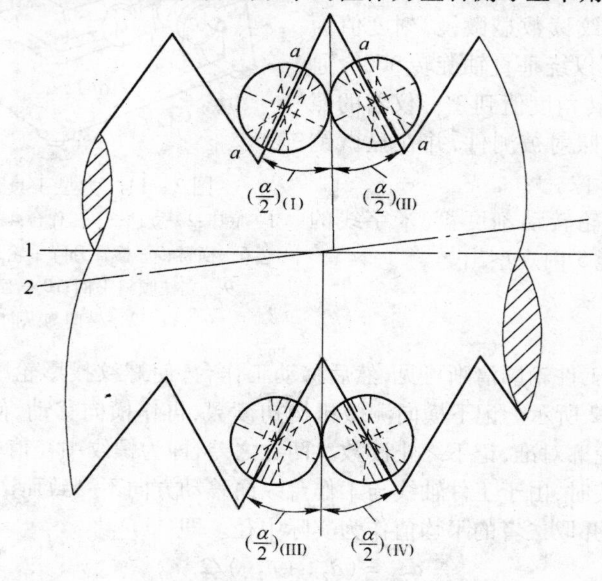

图2-14　半角测量

$$\left(\frac{\alpha}{2}\right)_{左}=\frac{\left(\frac{\alpha}{2}\right)_{(\text{I})}+\left(\frac{\alpha}{2}\right)_{(\text{IV})}}{2},\left(\frac{\alpha}{2}\right)_{右}=\frac{\left(\frac{\alpha}{2}\right)_{(\text{II})}+\left(\frac{\alpha}{2}\right)_{(\text{III})}}{2}$$

与公称螺纹半角相比较，即可得螺纹半角误差：

$$\left(\Delta\frac{\alpha}{2}\right)_{左}=\left(\frac{\alpha}{2}\right)_{左}-\frac{\alpha}{2},\left(\Delta\frac{\alpha}{2}\right)_{右}=\left(\frac{\alpha}{2}\right)_{右}-\frac{\alpha}{2}$$

C 螺距的测量

测量时，首先将螺纹投影轮廓的一边与刻度盘上相应的刻线或交点重合，记下纵向测微机构的初读数，然后移过一个螺距或几个螺距。仍使同侧相应边与刻线重合，记下终读数，这时就可由二数之差算出螺纹移过的距离。为了消除因螺纹轴线和测量轴线方向不一致所引起的测量误差，应取左右两侧螺距的平均值作为测量结果（见图2－15）。螺距实测值 $P_{\Sigma}=\frac{P_{\Sigma左}+P_{\Sigma右}}{2}$，螺距累积误差 $\Delta P_{\Sigma}=P_{\Sigma}-nP$。

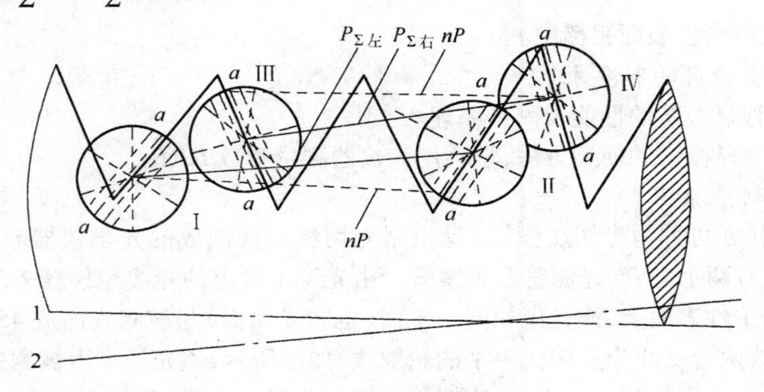

图2－15 螺距测量

D 作用中径计算

$$d_{2作用}=d_{2实}+1.732|\Delta P_{\Sigma}|+\frac{P}{2}\left[K_{左}\left|\left(\Delta\frac{\alpha}{2}\right)_{左}\right|+K_{右}\left|\left(\Delta\frac{\alpha}{2}\right)_{右}\right|\right]\times10^{-3}$$

式中 $d_{2实}$——实测中径尺寸；

$|\Delta P_{\Sigma}|$——n 个螺距累积偏差的绝对值；

P——螺距；

$\Delta\frac{\alpha}{2}_{左(右)}$——半角偏差；

$K_{左(右)}$——系数，

当 $\Delta\frac{\alpha}{2}_{左(右)}>0$ 时，$K_{左(右)}=0.291$

当 $\Delta\frac{\alpha}{2}_{左(右)}<0$ 时，$K_{左(右)}=0.44$

2.5.2.5 实验步骤

（1）将螺纹装夹在工作台上两顶尖之间。

（2）移动镜筒，调节焦距，使成像清晰（注意：镜筒应自下而上移动，避免碰坏镜头）。

（3）按上述方法分别测出该螺纹的半角、中径与螺距误差。

（4）将测量结果进行计算，按计算结果作出该螺纹适用性结论。

2.5.2.6　思考题

(1)测量螺纹参数时,为什么要取左、右两侧数据的平均值作为测量结果?

(2)测量平面样板时,应如何安置被测件,要不要倾斜仪器立柱?

2.6　表面粗糙度的测量

2.6.1　概述

常用的表面粗糙度的测量方法有比较法、针描法、光切法和干涉法等。比较法是将被测表面与粗糙度样板相比来确定表面粗糙度的一种测量法。针描法是利用轮廓仪的测针与被测表面接触并沿其表面移动来测量表面粗糙度的一种测量方法。光切法是指利用“光切原理”来测量表面粗糙度的一种测量方法。

2.6.2　表面粗糙度测量实验

用双管显微镜测量表面粗糙度。

2.6.2.1　实验目的和要求

(1)了解双管显微镜的性能及测量原理。

(2)掌握双管显微镜的使用方法,学会用该仪器测量参数 Rz、Ry。

2.6.2.2　测量原理

双管显微镜(亦可称为光切显微镜)是根据光切法原理制成的光学仪器。其测量原理如图2－16所示,仪器有两个光管,光源管及观察管。由光源1发出的光线经狭缝2及物镜3以45°的方向投射到被测工件表面上,该光束如同一平面(也叫光切面)与被测表面成45°相截,由于被测表面粗糙不平,故两者交线为一凹凸不平的轮廓线,如图所示,该光线又由被测表面反射,进入与主光源管主光轴相垂直的观察管中,经物镜4成像在分划板5上,再通过目镜6就可观察到一条放大了的凹凸不平的光带影像。由于此光带影像反映了被测表面粗糙度之状态,故可对其进行测量。这种用光平面切割被测表面而进行粗糙度测量的方法称为光切法。

由图2－16a可知,被测表面的实际不平度高度 h 与分划板上光带影像的高度 h' 的关系为:

$$h=\frac{h'\cos 45°}{M}$$

式中　M——物镜放大倍数。

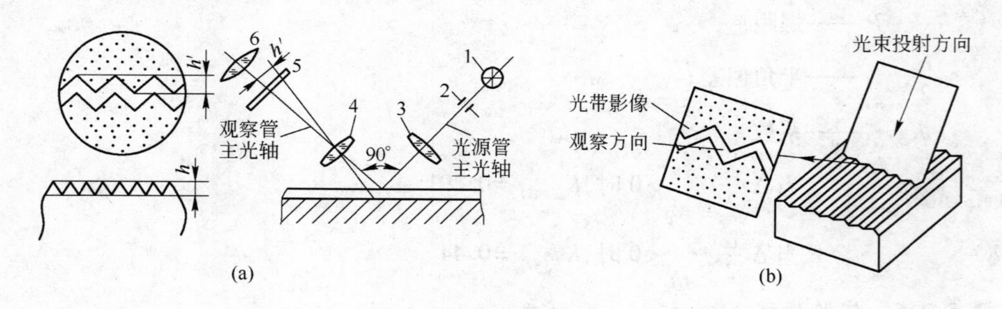

图2－16　双管显微镜测量原理图

1—光源;2—狭缝;3,4—物镜;5—分划板;6—目镜

2.6.2.3　测量仪器

双管显微镜的外形如图2－17所示。双管显微镜主要由照明管和观察管组成,两只可换物

镜的位置可以通过升降螺母及调节手轮调整，两物镜之间的相互位置用调节环及调节螺钉控制。在观察管的上方装有目镜测微器，也可装照相机。

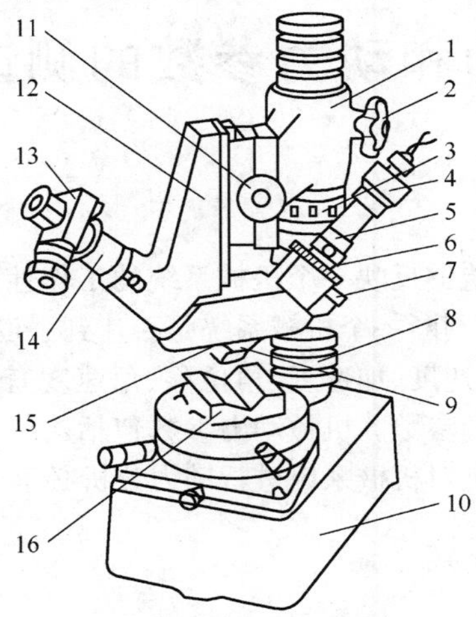

图2－17　双管显微镜

1—横臂；2—横臂固定螺钉；3—横臂升降螺母；4—光源；5—照明镜管；6—调焦手轮；7—调光线斜角螺钉；8—立柱；9—投影物镜；10—基座；11—支架升降手柄；12—支架；13—读数目镜；14—观察镜管；15—观察物镜；16—V形架

2.6.2.4　测量方法

测量微观不平度十点高度 Rz，按取样长度移动工作台的纵向千分尺，由目镜视场（读数目镜）中数出此长度内波峰的数目。转动刻度套筒，使十字线水平线在光带清晰一边分别和5个最高峰点及最低谷点相切（如图2－18所示），然后，读取10个读数（5个峰点读数及5个谷点读数）。根据微观不平度十点高度的定义，求出 Rz 值。

$$Rz = E\frac{(h_1+h_3+h_5+h_7+h_9)-(h_2+h_4+h_6+h_8+h_{10})}{5}$$

式中　h_i ——单位为格数；

E ——分度值。

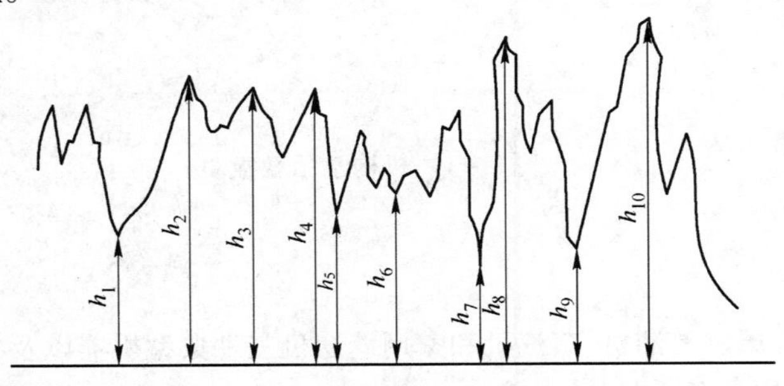

图2－18　5个峰和5个谷的读数示意图

2.6.2.5　思考题

（1）为什么只能用光带的同一边界上的最高点（峰）和最低点（谷）来计算 Rz，而不能用不同边界上的最高点和最低点来计算？

（2）在测量前，用标准刻尺对仪器刻度值进行标定有什么好处？

3 机械运动和动力参数的测试与分析实验

3.1 概述

机械运动参数和动力参数能够反映一个机械系统的工作性能，通过实验手段对机械运动和动力参数进行测试与分析，可以判断一个机械系统是否达到了设计要求或者设计是否合理。

机械运动参数包括线位移、速度、加速度、角位移、角速度、转速、角加速度等，它们都是机械系统运动分析和综合必不可少的参数。机械动力参数包括构件质心位置、构件绕质心的转动惯量、构件所受力或力矩等，它们是对机械系统进行动力分析必不可少的参数。

3.2 机械原理展示开放实验

3.2.1 实验目的

了解常见机构的类型、特点、用途、基本原理以及运动特性，对《机械原理》课程有一个全面的感性认识，培养对该课程的学习兴趣。

3.2.2 实验设备

本实验设备为 VCD 视盘机控制的机构学示教板，如图 3－1 所示。它由 10 个机构陈列柜组成，主要展示常见的各类机构，介绍机构的型式和用途，演示机构的基本原理和运动特性。

图 3－1 机构学示教板

3.2.3 实验内容

(1)序言，介绍了单缸汽油机、蒸汽机和家用缝纫机三种典型机器以及各种运动副。

(2)平面连杆机构。

(3)机构运动简图及平面连杆机构的应用。

(4)凸轮机构。盘形凸轮、移动凸轮、空间凸轮。

(5)齿轮机构。平行轴齿轮传动、相交轴齿轮传动、相错轴齿轮传动。

(6)渐开线齿轮的基本参数及渐开线、摆线的形成。

(7)周转轮系。

(8)间歇运动机构。棘轮机构、槽轮机构、齿轮式间歇机构、连杆停歇机构。

(9)组合机构。串联组合、并联组合、叠合组合。

(10)空间机构。空间四杆机构、空间连杆机构、空间五杆机构、空间六杆机构。

这十组机构基本包含了机械中常见的机构类型,使学生对机械原理课程有一个总体的认识和了解,对扩大学生的知识面很有帮助。

3.3 机构运动简图的测绘实验

3.3.1 实验目的

(1)学会依照实际的机器或机构模型,绘制机构运动简图。

(2)巩固和验证机构自由度的计算方法。

(3)分析机构具有确定运动的必要条件,加深对机构分析的了解。

3.3.2 设备和工具

(1)各种实际机器及各种机构模型。

(2)钢板尺、卷尺、内外卡尺、量角器等。

(3)自备铅笔、橡皮、草稿纸等。

3.3.3 实验原理和方法

由于机构的运动仅与机构中可动的构件数目、运动副的数目和类型及相对位置有关,因此,绘制机构运动简图要抛开构件的外形及运动副的具体构造,而用国家标准规定的简略符号来代表运动副和构件(可参阅 GB 4460—84《机构运动简图符号》),并按一定的比例尺表示运动副的相对位置,以此说明机构的运动特征。

机构运动简图用来分析机构的运动,在画图之前应该对机构的运动进行分析,由于其运动只与可动构件及两构件之间组成的运动副有关,而与构件的外形和运动副的具体构造无关,所以我们只对可动构件和运动副进行分析。在分析构件和运动副之前,应对零件和构件的概念非常清楚。

弄清楚机构的运动情况后,才可画图。由于机构的运动与运动副的位置有关系,画图时必须准确地体现出各运动副的位置,所以须采用一定的比例尺,按照国家标准规定的简略符号画图。机构运动简图中只包含采用国家标准符号规定的构件和运动副,而不能体现出构件的外形和运动副的具体构造。

画完机构运动简图以后,需计算机构的自由度。机构具有确定运动的条件是:原动件的数目等于自由度的数目,从而可以达到验证的目的。

3.3.4 实验步骤

(1)在机构缓慢运动中注意观察,搞清运动的传递顺序,找出机构中的所有可动构件。

(2)确定相邻两构件之间所形成的相对运动关系(即组成何种运动副)。

(3)分析各构件的运动平面,选择多数构件的运动平面作为运动简图的视图平面。

(4)将机构停止在适当的位置(即能反映全部运动副和构件的位置),确定原动件,并选择适当比例尺,按照与实际机构相应的比例关系,确定其他运动副的相对位置,直到机构中所有运动副全部表示清楚。

(5)测量实际机构的运动尺寸,如转动副的中心距、移动副的方向、齿轮副的中心距等。

(6)按所测的实际尺寸,修订所画的草图并将所测的实际尺寸标注在草图上的相应位置,按同一比例尺将草图画成正规的运动简图。

(7)按运动的传递顺序用数字1,2,3,…和大写字母A,B,C,…分别标出构件和运动副。

(8)按机构自由度的计算公式计算机构的自由度,并检查是否与实际机构相符,以检验运动简图的正确性。

3.3.5 注意事项

(1)对机构进行运动分析时要轻拿轻放轻转动,如果发现有缺少零件的机构及时向老师汇报。

(2)画完草图后把草稿纸拿到老师那里签字,回去整理成正式的实验报告,交实验报告时把签字的草稿纸一起交上来。

(3)实验完毕要将机构模型放回原处,把桌椅板凳摆放整齐。

3.3.6 思考题

(1)绘制机构运动简图为什么可以不考虑构件的外形结构,而只考虑构件上两运动副的中心距?

(2)如何选择机构运动简图的视图平面?

(3)正确的机构运动简图能说明哪些具体内容?

(4)如何区分机构中的零件和构件?

(5)在画图时如何确定转动副和移动副的具体位置?

3.4 回转构件的动平衡实验

3.4.1 实验目的

(1)巩固动平衡的基本理论知识。

(2)通过“补偿质径积式”动平衡实验机的平衡原理和实践,加深对动平衡理论的理解。

3.4.2 实验设备及工具

(1)JDK-1型“补偿式”动平衡实验机。

(2)实验专用转子。

(3)平衡用重块或橡皮泥。

(4)天平和砝码。

3.4.3 实验原理和方法

3.4.3.1 实验原理

理论上已经阐明,任何回转构件的动不平衡,都可以认为是分别由该构件上任意选择的两个回转平面 T' 和 T'' 的不平衡重量 m_0' 和 m_0'' 所产生的。因此,在进行动平衡实验时,便可以不管被平衡构件的实际不平衡量所在的位置及大小如何,只需要根据构件的实际外形的许可,任选两个回转平面作为平衡校正面,且把不平衡重量 m_0' 和 m_0'' 看作就处在被选定的两个平衡校正面上,然后针对 m_0' 和 m_0'' 进行平衡,就可以达到使整个构件平衡的目的。

3.4.3.2　实验机的结构概述和实验方法

本实验采用补偿式平衡实验机，又叫框架式平衡实验机。它是利用补偿质径积法测定两个平衡校正面的不平衡量 m_0'和 m_0''的大小和相位，其结构如图 3－2 所示。

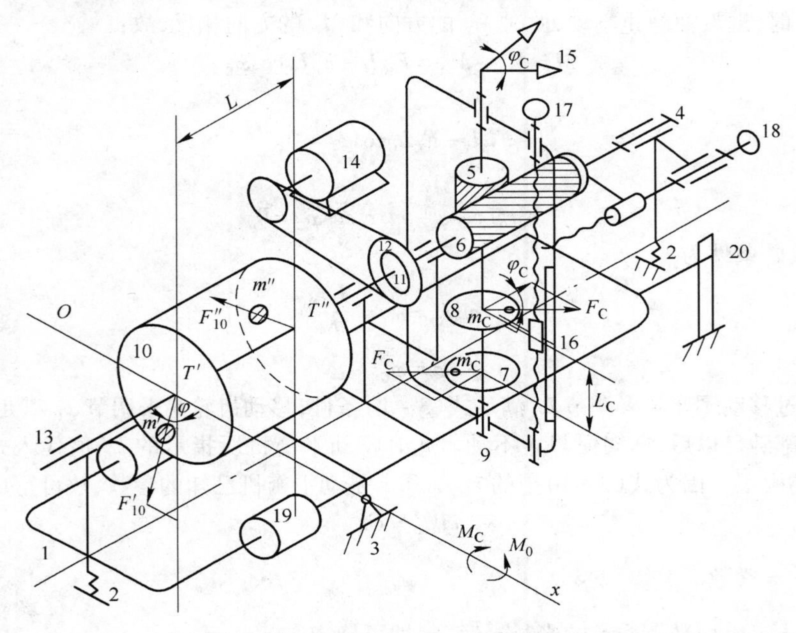

图 3－2　JDK－1 型动平衡实验台

1—框架；2—弹簧；3—固定机架；4—主轴；5，6—齿轮；7，8—圆盘；9—轴；10—转子；11—联轴器；12—带轮；13—支撑；14—电动机；15，16，20—指针；17，18—手轮；19—平衡块

框架 1 经弹簧 2 与固定机架 3 相连接，并被 $O-x$ 轴线以刀口的形式所支撑，构成了一个以 $O-x$ 轴线为支撑的振摆系统。在框架上装有主轴 4，由固定在机架上的电动机 14 通过皮带和带轮 12 所驱动。在主轴上还装有斜齿轮 6，它与齿轮 5 齿数相等并互相啮合，构成交错轴斜齿轮传动。齿轮 6 还可以沿主轴 4 做轴向移动，移动的距离和齿轮 6 的轴向宽度相等，略比齿轮 5 的基圆周长大一些，当调整手轮 18 时，可以使齿轮 6 左右移动，齿轮 5 和固定的轴 9 也可以同时回转。

齿轮 5 与圆盘 7 固定在轴 9 上，圆盘 8 除随轴 9 转动外，可以通过调节手轮 17 使之沿轴 9 上下移动，以改变两圆盘间的距离 L_C，L_C 值由指针 16 指示。圆盘 7、8 大小、质量完全相等，上面各装有一个质量为 m_C 的重块，其质心都与回转轴线相距 r_C，但相位差 180°。因此，当圆盘 7、8 转动时，m_C 的离心力 F_C 便构成了一个可调的力偶矩 F_CL_C，它与框架振摆面的夹角以 φ_C 表示，轴 9 上端的指针 15 即用来指示 F_CL_C 的作用平面和方向，指针的指向即为 F_CL_C 的转向，调节手轮 18 就可调节瞬时的 φ_C 值。

实验时，将待平衡的专门转子 10 架于两个滚动支撑 13 上，由主轴 4 带动。此时转子的不平衡质量可以看成在所选的两个平衡校正面 T'和 T''内，由向量半径分别为 r_0'和 r_0''的两个不平衡质量 m_0'和 m_0''所产生。平衡时可先令校正面 T''通过振摆轴线 $O—x$，如图中所示。当转子转动以后，T''面上的离心力 F_{10}''所产生的力矩为零，不引起框架的振动，而 T'面上的不平衡量 m_0'产生的离心力 F_{10}'对振摆轴线 $O—x$ 形成力矩 M_0，使框架发生振动，其大小为：$M_0=F_{10}'L\cos\varphi$。

振幅可由指针 20 指示，同时主轴 4 带动齿轮 5、6，因而圆盘 7、8 以相同的转速旋转。F_CL_C

对于 $O-x$ 轴也产生力偶矩 M_C，也直接影响框架的振动。这样就产生了补偿质径积 $m_C r_C$ 的力偶矩 M_C，其大小为 $M_C = F_C L_C \cos\varphi_C$。因此，使框架产生绕 $O-x$ 轴振动的合力矩大小为：

$$M = M_0 + M_C$$

当 $M=0$ 时，框架便静止不动，此时 M_0 的方向和 M_C 的方向相反，故：

$$M = M_0 - M_C = F'_{10}L - F_C L_C \cos\varphi_C$$

则

$$F'_{10}L - F_C L_C \cos\varphi_C = 0$$

即

$$m'_0 r'_0 L\cos\varphi - m_C r_C \cos\varphi_C = 0$$

满足上式的条件为：

$$m'_0 r'_0 = m_C r_C \frac{L_C}{L} \tag{3-1}$$

$$\varphi = \varphi_C \tag{3-2}$$

所以，通过移动圆盘 8 来调节 L_C 满足式(3-1)条件，移动齿轮 6 来调节 φ_C 满足式(3-2)条件，当两条件都满足以后，框架便静止不动。此时将动平衡机所指示的 L_C 值代入式(3-1)，便可求得 $m'_0 r'_0$ 的大小。因为式(3-1)中的 $m_C r_C$ 和 L 是动平衡机已知的参数，故可写成：

$$m'_0 r'_0 = CL_C$$

式中，$C = \frac{m_C r_C}{L}$ = 常数。

所以，当选定所加平衡质量的半径 r'_0 后，m'_0 即可确定：

$$m'_0 = \frac{L_C}{r'_0} C \tag{3-3}$$

根据式(3-3)即可确定平衡质量的大小。相位的确定是这样的：当满足机器平衡条件后使机器停止转动，将指针 15 转到与 $O-x$ 轴线垂直的方向上，此时 m'_0 的相位必定在 T' 校正面的垂直方向上，然后根据补偿力偶矩的已知方向，选择与力偶矩方向相反方向即为平衡重量 m'_0 所在的实际相位了。适当选择 r'_0，即可求得 m'_0，对 T'' 校正面的平衡也按同样的方法进行，从而完成对整个转子的平衡。

3.4.4　实验步骤

(1)充分了解试验机的整体结构和各部分的作用以及调整的方法和顺序。

(2)记录所用试验机的固有参数 C。

(3)调节手轮 17 使指针 16 所指示的 L_C 值为零，在无转子的条件下启动电机，此时框架应无振动，指针 20 所指示的振幅也应为零。

(4)将转子装在主轴 4 上，启动电机使转子转动，此时 T'' 校正面应与 $O-x$ 支撑轴在同一个垂直面内，框架只是在 T' 校正面内的不平衡重径积作用下开始振摆，此时的振摆是单一的 M_0 作用的结果。

(5)调节手轮 17，使圆盘 8 上升一初距 L_C，此时可产生一个补偿力偶矩 M_C，框架的振摆作用力矩就不是单一的，而是 M_0 和 M_C 的合成。

(6)调节手轮 18，改变补偿力矩 M_C 的相位，使 $\varphi_C = \varphi$，此时振幅指示应相对最小。

(7)仔细调节手轮 17，改变 L_C 的大小，直到振幅为零满足 $CL_C = m'_0 r'_0$ 的条件，此时记下 L_C 的值。

(8)计算 $m_0'r_0'$的值,$m_0'r_0' = CL_C$。

(9)选择 r_0'的大小(测量 T'面圆弧槽中心到转轴的距离),计算 m_0'的值。

(10)在天平上称得一份质量为 m_0'的重块(螺栓加橡皮泥的重),加在槽的中心并紧固。启动电机,此时框架又振动起来,这时的振动作用力矩完全是由 M_C 所致,因为 M_0 已被 $m_0'r_0'$所平衡。此时调节手轮 17,使 $L_C = 0$,框架应无振动。

(11)掉转专门转子方向,再用同样的步骤和方法平衡 T''面,整个转子才被完全平衡好。

3.4.5 注意事项

(1)要注意安全,安装转子及重块螺栓一定要装牢固,以免脱开伤人。

(2)框架的平衡指示 20 不可能一点不动,只要振幅小于 1mm 左右,即认为平衡。

(3)用天平称重时,应精确到 0.1g。

(4)填好实验报告,回答报告中的思考题。

3.4.6 思考题

(1)动平衡实验法的基本特点是什么,试件经动平衡后是否满足静平衡的要求?

(2)为什么实验时要使一个平衡校正面通过振摆轴线 $O-x$ 轴,当已平衡好一个平面再平衡另一个平面时是否也一定这样做,为什么?

(3)改变补偿力矩和改变相位这两个方面调整的有效顺序应该是怎样的?说明道理和原因。

4 机械性能和工作能力的测试与分析实验

4.1 概述

提高机械及其零部件的性能和工作能力是提高机械产品质量的关键。机械及其零部件的性能和工作能力的测试涉及运动学特性、动力学特性、精确度、承载能力、可靠性、安全性、人机工程、节能环保等,项目和内容十分广泛,其基本内容包括机械传动的效率、振动、噪声等,这些测试项目常常作为评定机械产品性能的基本质量指标。因此,掌握机械性能和工作能力的测试方法,对于研究、改进和创新机械以及对机械设备进行故障诊断具有重要的意义。

4.2 机械设计展示开放实验

4.2.1 实验目的

通过实验对各种机械零部件、各种传动装置的结构组成形式以及润滑与密封、零件的失效形式等有一个比较全面的认识与了解。

4.2.2 实验设备

机械设计示教板,由 18 个陈列柜组成,如图 4 - 1 所示。

图 4 - 1　机械设计示教板

4.2.3 实验内容

(1)螺纹连接 1:螺纹的类型、螺纹连接的基本类型、常见的各种螺纹连接件。

(2)螺纹连接 2:螺纹连接的防松、提高螺纹连接强度的措施、螺纹连接的装拆。

(3)键、销和花键连接。

(4)铆、焊、粘和过盈连接。

(5)带传动1:V带传动、平带传动、同步带传动及带传动的张紧装置。
(6)带传动2:平带的材料与接头形式、V带的结构与型号、其他带传动、各种带轮的结构。
(7)链传动:滚子链的结构与接头形式、齿形链、无级变速链、起重链、链传动的布置与张紧。
(8)齿轮和蜗杆传动:齿轮的结构、蜗杆的类型、蜗轮的结构。
(9)滑动轴承:轴瓦与衬的材料、滑动轴承的结构、动压滑动轴承油膜压力分布。
(10)滚动轴承1:滚动轴承的结构、常用类型与代号、尺寸系列、滚动轴承的装拆。
(11)滚动轴承2:内圈和外圈的固定方法、轴承的预紧与调整、密封、轴承座的形式。
(12)联轴器:刚性固定式、刚性可移式、弹性联轴器、安全联轴器。
(13)离合器:牙嵌离合器、摩擦离合器、安全离合器、离心式离合器、超越离合器。
(14)轴1:轴的承载类型、轴的结构类型、轴的结构设计。
(15)轴2:轴上零件的定位。
(16)弹簧:拉伸弹簧、压缩弹簧、扭转弹簧、组合弹簧以及弹簧的应用。
(17)润滑与密封:润滑装置、密封件、润滑剂。
(18)机械零件的失效形式:残余变形、断裂、磨损、胶合、点蚀、腐蚀。

4.3 带传动实验

4.3.1 实验目的

(1)通过实验观察弹性滑动现象和过载后的打滑现象。
(2)测试带传动过程中的负载变化规律,绘出皮带的滑动曲线和效率曲线。
(3)掌握悬架电机测定转矩的方法。

4.3.2 实验设备

DCSII型带传动实验台和微型计算机。

4.3.3 实验原理

4.3.3.1 机械结构

本实验台机械部分,主要由两台直流电机组成,如图4-2所示。其中一台作为原动机,另一台则作为负载的发电机。

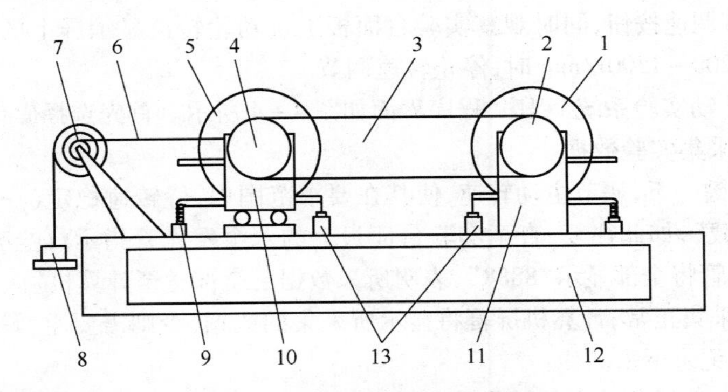

图4-2 带传动实验台机械结构

1—从动电动机;2—从动带轮;3—传动带;4—主动带轮;5—主动电动机;6—牵引线;7—滑轮;8—砝码;9—拉簧;10—浮动支座;11—固定支座;12—底座;13—拉力传感器

原动机由可控硅整流装置供给电动机电枢以不同的端电压,实现无级调速。

发电机,每按一下加载按键,即并上了一个负载电阻,使发电机负载逐步增加,电枢电流增大,随之电磁转矩也增大,即发电机的负载转矩增大,实现了负载的改变。

两台电机均为悬挂支撑,当传递载荷时,作用于电机定子上的力矩 T_1(主动电机力矩)、T_2(从动电机力矩)迫使拉钩作用于拉力传感器,传感器输出电信号正比于 T_1、T_2 的原始信号。

原动机的机座设计成浮动结构(滚动滑槽),与牵引钢丝绳、定滑轮、砝码一起组成带传动预拉力形成机构。改变砝码大小,即可准确地预定带传动的预拉力 F_0。

两台电机的转速传感器(红外线光电传感器)分别安装在带轮背后的环形槽中,由此可获得所需的转速信号。

4.3.3.2　电子系统

电子系统的结构框图如图 4-3 所示。

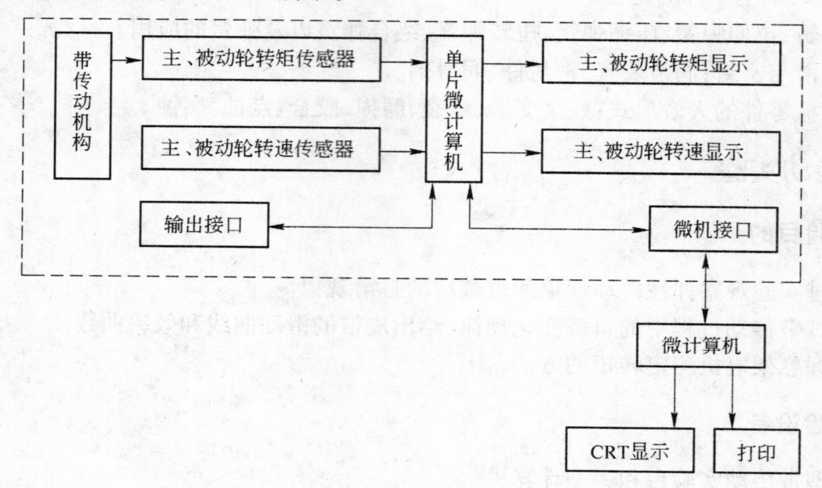

图 4-3　实验台电子系统框图

4.3.4　实验步骤

(1)根据要求加一预拉力,加减砝码。

(2)打开实验台电源,按一下清零,此时,主、被动电机转速显示为 0,力矩显示为“.”,当力矩显示为“0”时,调节调速按钮,同时观察实验台面板上主动轮转速显示屏上的转速,使主动轮转速达到预定转速 1200~1300r/min 时,停止转速调节。

(3)启动“带传动实验系统”程序,程序界面如图 4-4 所示。首先选择串口 1,执行菜单命令“数据采集”,开始采集实验数据。

(4)按“加载”键一下,调节主动转速,使其在要求范围内,待转速稳定(一般需 2~3 个显示周期)后,再按“加载”,如此往复,直至实验台面板上的八个发光管指示灯全亮为止。此时实验台面板上四组数码管将全部显示“8888”,表明所采数据已全部送至计算机。

(5)如果数据采集正常,计算机屏幕将显示所采集的数据,否则需要重新进行数据采集。将所采集的实验数据记录下来。

(6)在计算机上选择菜单中的数据分析功能,将显示本实验的曲线和数据。可以进行不同的数据拟合。

(7)实验结束后,将实验台电机调速电位器关断,关闭实验机构的电源。

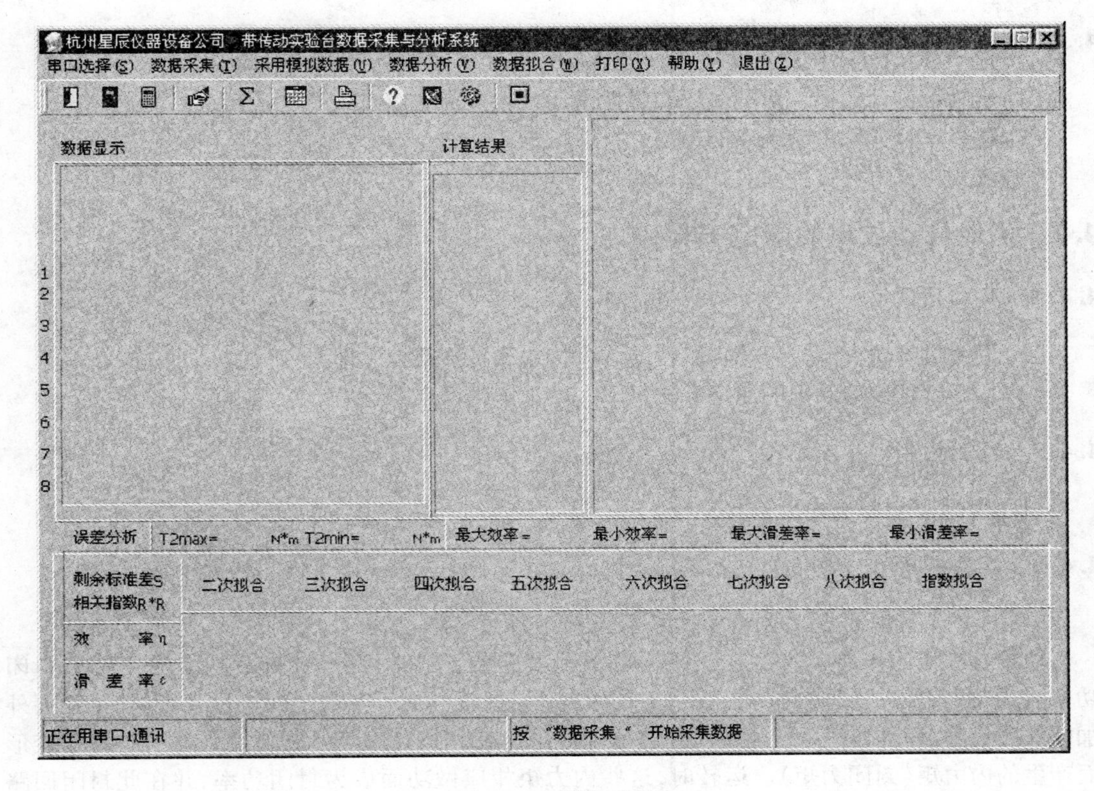

图4-4　程序界面

4.3.5　实验台主要技术参数

(1)直流电机功率:2 台 ×50W。

(2)主电机调速范围:0～1800r/min。

(3)额定转矩:$T=0.24\text{N}\cdot\text{m}\approx2450\text{g}\cdot\text{cm}$。

(4)电源:220V 交流。

4.3.6　实验台操作面板布置

实验台操作面板布置如图4-5 所示。

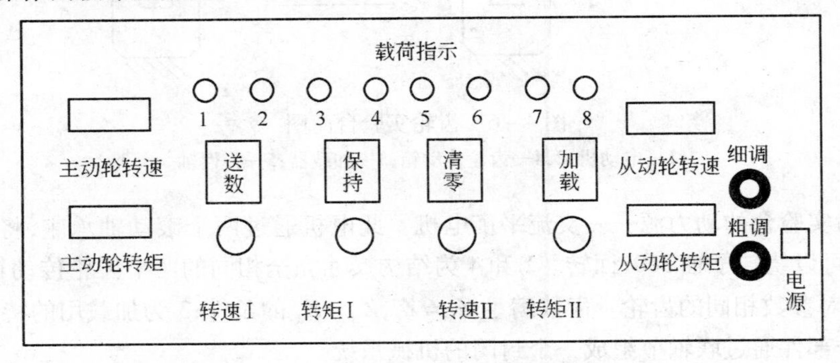

图4-5　带传动实验台操作面板

4.3.7　思考题

(1)绘制带传动效率-负载曲线和弹性滑动系数-负载曲线。
(2)解释产生弹性滑动现象的原因。
(3)改变初拉力对带传动有什么影响?

4.4　齿轮传动效率的测定实验

4.4.1　实验目的

(1)了解封闭功率流式齿轮实验台的结构特点和实验基本原理。
(2)掌握齿轮传动效率的测定方法。

4.4.2　实验设备

CHT 型封闭功率流式齿轮实验台。

4.4.3　实验原理

4.4.3.1　*封闭功率流式齿轮实验台结构原理及加载方法*

根据功率流的传递和加载方法的不同,齿轮实验装置通常可分为“开放功率流式”和“封闭功率流式”两大类。所谓“封闭式”,主要是将实验装置设计成一个封闭的机械系统,它不需要外加的加载设备,而是通过系统中的一个特殊部件来加载,用以获得为平衡此系统中弹性件的变形而产生的内力矩(封闭力矩)。运转时,这些内力矩相应做功而成为封闭功率,并在此封闭回路中按一定方向流动,如图 4-6 所示。

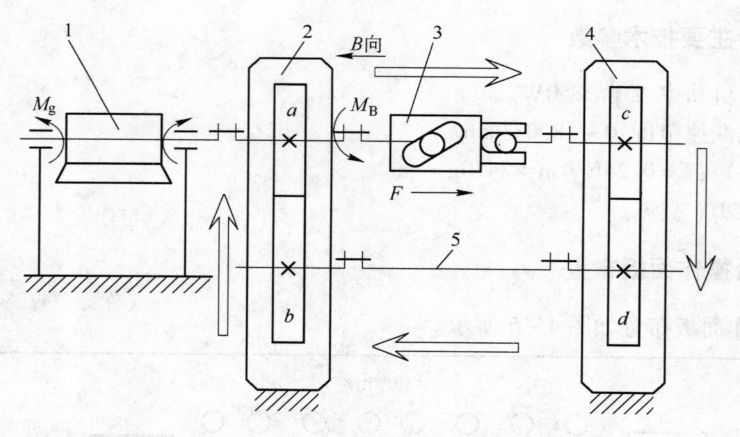

图 4-6　齿轮实验台简图

1—电动机;2,4—齿轮传动箱;3—加载器;5—弹性轴

图中 1 为实验台的动力源——交流平衡电机。此电机通过两个滚动轴承座,将整个电机悬挂起来,定子可以绕转子轴 360°回转。2 和 4 为结构尺寸完全相同的两个齿轮传动箱,分别装入 a、b 和 c、d 两对参数相同的齿轮。齿数满足 $Z_a = Z_c$,$Z_b = Z_d$ 的条件;3 为加载用的特殊部件;5 为弹性轴。五个部件通过联轴节组成一个封闭的机械系统。

加载装置为封闭式齿轮实验台的重要组成部分,具体结构形式很多。本实验台采用“轴移式斜面加载”。无论怎样改变结构形式,实质就是通过某种手段使齿轮啮合处工作齿面之间相互挤压,产生不同的负载。图4－7为轴移式斜面加载器的结构原理图。图中1为套筒,一端开有螺旋槽通孔,另一端开有长方形槽通孔,通过两端带有滚子的拔销轴2和3,将轴4和5联结起来。若使套筒1在力F的作用下有一轴向位移,则套筒通过螺旋槽面对销轴两端的滚子施加了一个力矩的作用,此力矩通过拔销轴作用在轴4上,使轴4和5产生扭转角位移,从而使弹性轴产生扭转变形,使两对齿轮在啮合处受到了载荷。引起套筒轴向移动的力F是靠砝码实现的。改变轴向力F的大小,就可改变弹性轴的扭转变形量的大小,从而也就改变了齿轮上载荷的大小。

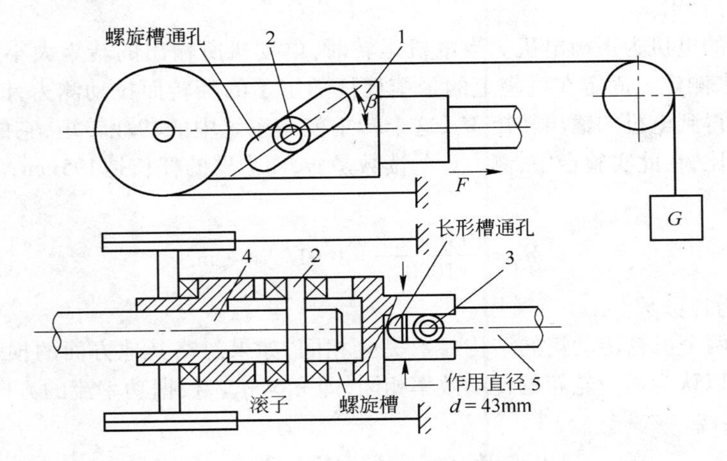

图4－7　轴移式斜面加载器结构原理图

1—套筒;2,3—拔销轴;4,5—轴

轴移式斜面加载器最大特点就是可以在运行当中改变载荷的大小,给实验带来了方便,无论是在系统静止时还是系统运转时,都可以根据需要任意改变载荷的大小。在这种情况下,由于载荷已体现为封闭系统的内力,因此,电动机所提供的动力,主要是用于克服系统中各传动件的摩擦阻力,其能量损耗相应比较小,因而可以大大地减小电动机的容量。封闭式实验台的这种优点,对于需要大批量、长时间、重载荷的齿轮试验显得尤为重要。

根据图4－7所示的加载器结构尺寸,可以计算出加载器作用在系统中的扭矩M_B。

$$M_B = G\frac{d\times 9.8}{1000\tan\beta} = G\frac{43\times 9.8}{1000\times\tan 11.14} = 2.14G \quad \text{N}\cdot\text{m}$$

式中　G——砝码质量,kg;

d——拔销轴滚子作用直径,mm,本实验台$d = 43$mm;

β——螺旋角,(°),$\beta = 11.14°$(实验台编号886)及$\beta = 15°$(实验台编号881)。

4.4.3.2　*效率的测定和计算*

效率η是评定齿轮传动质量的重要指标。齿轮效率测定一般是指齿轮箱的效率测定,其中包括轴承损耗、搅油损耗等,单纯的齿轮副效率测定是比较困难的。

效率η是输出功率$N_{出}$和输入功率$N_{入}$之比:

$$\eta = \frac{N_{出}}{N_{入}} = \frac{N_{入} - N_{耗}}{N_{入}}$$

对于封闭式齿轮试验装置,在测定效率时,需要首先判明齿轮的主动和从动关系,以及功率的流动方向。根据图 4 - 6 所示，当加载器在砝码的作用力 F 的作用下产生向右的位移时，齿轮 1 受到一力矩载荷 M_B，其方向为 B 向逆时针，但由于在系统中 b 齿轮的啮合阻力，a 齿轮的齿面受力为 B 向顺时针，由于电机的转向也是 B 向顺时针，所以，a 齿轮的受力方向和转动方向是一致的。根据齿轮的受力分析，从动齿轮切向力方向和转动方向相同，所以 a 齿轮是从动齿轮。那么与 a 齿轮同轴的 c 齿轮即为主动齿轮，所以功率流的方向就是从 c 齿轮到 d 齿轮，再从 b 齿轮到 a 齿轮，呈顺时针的流动方向，如箭头所示的流动方向。

在封闭式齿轮传动系统中，电机的输出功率基本上是补充系统中的损耗功率，其中主要是齿轮传动的功率消耗。如果我们能够知道电机的输出功率，即系统的损耗功率，又知道封闭的输入功率，其效率即可算出。

本实验台中的电机为平衡电机。当电机运转时，电动机所输出的转矩大小可通过定子（机座）上的反力矩来测定。固定在机座上的平衡杠杆随定子的翻转而拉动测力计，用测力计读数乘以杠杆臂长即得到电机的输出转矩 M_g，这个转矩就是系统中的功耗转矩，它的大小与电动机的输出功率成正比，在此实验台中，测力计的读数是 gf，而力臂的杆长是 195mm，所以功耗力矩可由下式求得：

$$M_g = \frac{195f \times 9.8}{1000} = 1.91f \quad \mathrm{N \cdot m}$$

式中　f——测力计读数。

由于实验中两个齿轮传动箱的结构参数完全相同，如果忽略其他方面的损耗（轴承、搅油、空气阻力等），可以认为两齿轮箱的传动效率相同，即 $\eta_1 = \eta_2$。根据功率流的方向以及加载方向可列出如下方程：

$$M_B \cdot \eta_2 \cdot \eta_1 = M_B - M_g$$

式中　M_B——加载封闭力矩；

　　　M_g——电机输出功耗力矩；

η_2, η_1——两齿轮箱传动效率。

进而推导出齿轮箱的平均传动效率 η 的计算公式：

$$\eta = \sqrt{\frac{M_B - M_g}{M_B}}$$

如果电机的转向改变，或者加载方向改变都会影响齿轮箱中齿轮的主、从动关系，进而影响封闭功率的流动方向，因此效率 η 的计算公式也会发生变化。

4.4.4　实验方法和步骤

（1）了解实验台封闭系统中各部件的名称和作用。

（2）开机前必须使测力计钩子与杠杆脱开，并事先判断好电机的转向（即要使杠杆向下翻转的电机转向），并在开机时用手按住测力杆在槽口上，以免启动时打坏测力计和测力杆。

（3）确认在未加砝码时，加载器的滚子应在螺旋槽轴向移动的起始点并离开一段距离（2mm），此时各处的间隙基本消除，然后在加载器部分加少许润滑油。

（4）开启电动机运转一段时间，大约 2min，然后钩上测力计的钩子。这时测力计的读数值为空载时功耗力矩的力，这部分功耗应是一个定量损失，且与载荷无关。

（5）按一定的砝码重量差逐渐加载，每加一次砝码，维持一段时间，然后记录砝码重量和测力计读数。

（6）停机前应缓慢地逐个卸下砝码，然后脱开测力计钩子。

(7)根据记录表格画出载荷－功耗曲线和载荷－效率曲线于同一坐标系中。

4.4.5　思考题

(1)绘制齿轮传动的效率曲线及功耗曲线。

(2)试分析封闭式齿轮实验台加载方法的特点。

(3)为什么要判明齿轮的主、从动关系?

(4)试推导加载方向与电机转动方向相同时的效率计算公式。

4.5　滑动轴承油膜压力分布及摩擦特性的测定实验

4.5.1　实验目的

(1)测定油膜压力周向分布曲线及轴向分布曲线,并观察影响油膜压力分布的因素。

(2)测定滑动轴承摩擦特性曲线,并考察影响摩擦系数的因素。

4.5.2　实验设备

(1)HZS－1动压轴承实验台。HZS－1动压实验台总体布置,如图4－8所示。

图中1为实验台轴承箱,由联轴器与变速箱7相连,6为液压箱,装于底座9内部,12为调速电机,8为调速电机控制器,5为加载油腔压力表,由溢流阀4控制油腔压力,2为轴承供油压力表,由减压阀3控制其压力,10为油泵电机开关,11为主电机开关,总开关位于实验台正面。

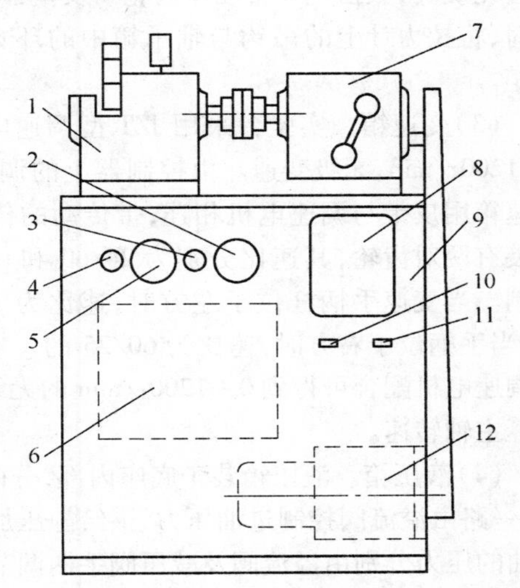

图4－8　HZS－1型动压轴承实验台总体布置图

1—轴承箱;2,5—压力表;3—减压阀;4—溢流阀;6—液压箱;7—变速箱;8—调速电机控制器;9—底座;10,11—开关;12—调速电机

(2)实验轴承箱,见图4－9。

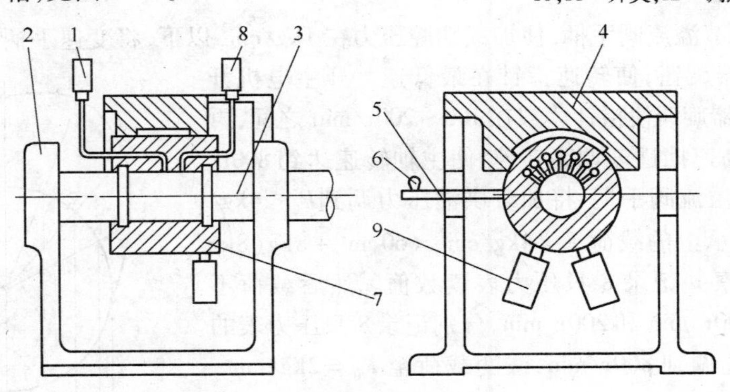

图4－9　轴承箱

1,8—压力表;2—底座;3—主轴;4—加载盖板;5—测力杆;6—环;7—轴承;9—平衡锤

图中3为主轴,由两个滚动轴承支承。7为实验轴承,空套在主轴上,轴承内径$d=60$mm,有效长度$L=60$mm,在有效长度1/2的断面上沿周向开有7个测压孔,在120°范围内均匀分布。距

中间断面$\frac{1}{4}L$处，即距周向测压孔15mm处，在垂直方向开有一个测压孔。图中1为七只压力表与七个周向测压孔相连，8为一只与轴向测压孔相连的压力表，4为加载盖板，固定在箱体上。加载油腔在水平面的投影面积为$60cm^2$，轴承外圆左侧装有测力杆5，环6装于测力杆上供测量摩擦力矩用，环6与轴承中心的距离为150mm，轴承外表面上装有两个平衡锤，用于轴承的静平衡。

箱体左侧装有一重锤式拉力计，其工作原理见图4－10。重锤7固定在圆盘2上，圆盘2与大齿轮6固定在同一轴上，小齿轮4与指针5同轴，3为表盘。工作时吊钩1受力，带动圆盘及大齿轮旋转，大齿轮6带动小齿轮4及指针5旋转。测量摩擦力矩时，将拉力计上的吊钩与轴承箱中的环6连接即可测得摩擦力矩。

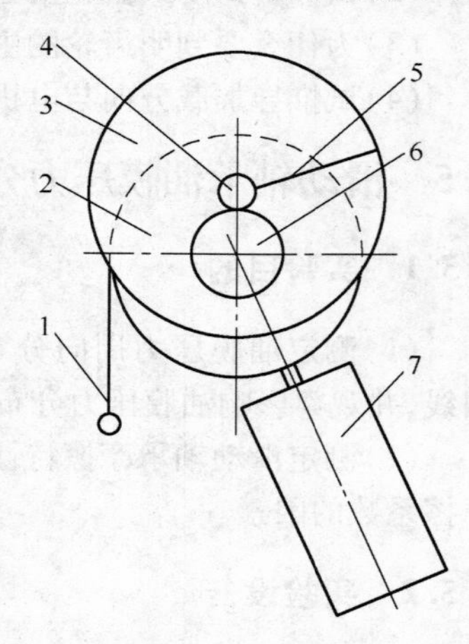

图4－10　拉力计原理图

1—吊钩；2—圆盘；3—表盘；4，6—齿轮；5—指针；7—重锤

(3)变速箱。实验台采用JZT型调速电机。其速度范围为0～1200r/min，无级变速。由控制器上的调速旋钮控制其转速。变速箱用皮带与调速电机相连，带传动的传动比为2.5，变速箱内装有两对齿轮，其速比分别为24/60和60/25，由摩擦离合器控制。当变速手柄杆位于左方时，速比为24/60的一对齿轮工作；当手柄位于右方时，速比为60/25的一对齿轮工作。变速箱与调速电机配合可得到0～1200r/min的无级变速。按速度标牌计算主轴转速。

(4)液压箱。液压箱装于底座内部，分两路对实验轴承箱供油：一路由溢流阀控制进油压力，供给静压加载油垫；另一路经减压阀减压后，供给实验轴承。两路油的压力分别由溢流阀及减压阀手柄调节，其压力可在相应的压力表上读出。

4.5.3　测试方法

4.5.3.1　油膜压力分布的测定

A　测试步骤

开启油泵，调节溢流阀手柄，使加载油腔压力在$1kg/cm^2$以下，将变速手柄放在低速挡上，调节电机转速控制器旋钮，使转速指针在最低速。开主电机开关，然后调节控制器旋钮使指针读数在100～200r/min之间，再将变速手柄放到高速挡逐渐调高转速，使主轴转速达到800r/min，加载荷，调节溢流阀手柄，将加载供油压力调到$P_0=4kg/cm^2$，此时，加到轴承上的载荷$F=4kg/cm^2\times60cm^2+8kg$(8kg为轴承自重)，观察并记录8只压力表读数值。然后载荷不变，改变转速至500r/min和200r/min，分别记录8只压力表的读数值。最后转速调到800r/min，改变载荷至$P_0=2kg/cm^2$，加到轴承上的载荷为$F=2kg/cm^2\times60cm^2+8kg$，记录8只压力表的读数值。

B　作周向油膜压力分布曲线

按图4－11作一圆，直径为轴承内径d，先在圆周上定出7只压力表的位置，通过这些点，沿半径沿长线方向按一定的比例尺标出所得的相应压力表读数，将各压力表值连成一条

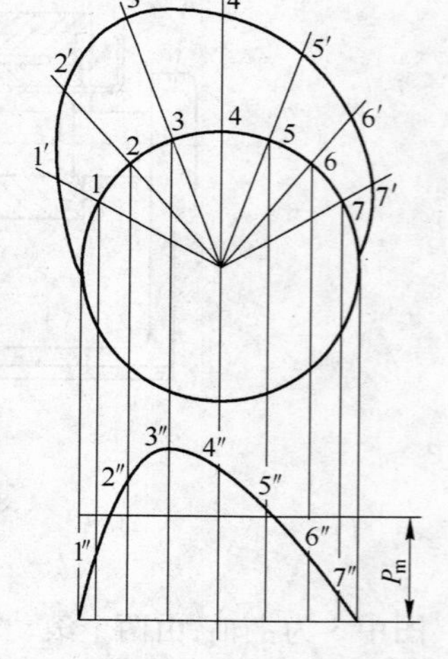

图4－11　周向油膜压力分布曲线

光滑的曲线，得到周向油膜压力分布曲线，如图 4－11 所示。

由油膜压力周向分布曲线可求出轴承中间剖面上的平均单位压力。将圆周上的 1，2，…，7 各点投影到一水平线上，在相应的压力值，将其端点 1″，2″，…，7″连成一光滑曲线，用数方格的方法近似求出此曲线所围面积，然后取 P_m 值是其所围矩形面积与所求得面积相等，此 P_m 值为轴承中间剖面上的平均单位压力。

C　作轴向油膜压力分布曲线

作一水平线取其长度为轴承有效长度 $L=60\mathrm{mm}$，在中点的垂线上按前面的比例尺标出该点的压力 P_4，在距两端 $\frac{1}{4}L=15\mathrm{mm}$ 处沿垂线方向各标出压力 P_8（图 4－9 中压力表 8 的读数），轴承两端压力均为 0，将 0、8′、4′、8′、0 五点连成一光滑曲线，即得轴承油膜压力轴向分布曲线，如图 4－12所示。

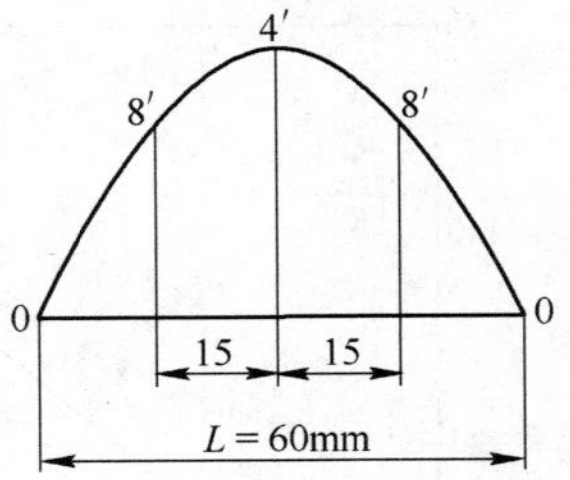

图 4－12　轴向油膜压力分布曲线

滑动轴承油膜实际承载量可按下式计算：

$$P'=K\cdot P_m\cdot l\cdot d$$

式中　K——沿轴承长度压力分布曲线的均匀性系数，$K=0.7\sim0.75$；

P_m——平均单位压力，$\mathrm{kg/cm^2}$；

l——轴颈长度，$l=60\mathrm{mm}$；

d——轴承内径，$d=60\mathrm{mm}$。

最后决定承载量误差：

$$\Delta=\frac{F-P'}{F}\times100\%$$

式中　F——轴承载荷，kg；

P'——轴承实际承载量，kg。

4.5.3.2　轴承摩擦特性曲线的测定

将加载压力调到 $P_0=4\mathrm{kg/cm^2}$，转速调到 $n=800\mathrm{r/min}$，移开测力杆限位铝钩，使拉力计吊钩连在测力杆吊环上，待拉力计指针稳定后记录其读数值，然后将主轴转速调到800，700，600，500，…，20r/min，记录各转速时拉力计读数。测量加载油垫回油温度作为进油温度 $t_{进}$，计算各转速时的轴承特性值 λ 及摩擦系数 f，做出轴承特性曲线（见图 4－13）。f 与 λ 计算公式：

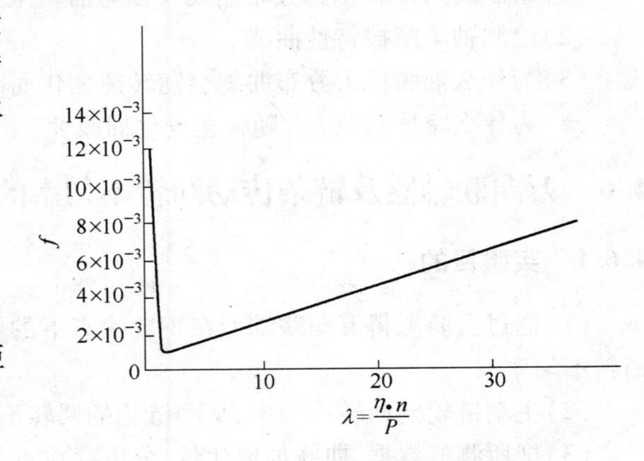

图 4－13　轴承特性曲线

$$f=GL/\frac{d}{2}F$$

式中　G——拉力计读数，g；

F——载荷，$F=P_0\times60+8\mathrm{kg}$；

L——测力杆吊环与轴承中心的距离，$L=150\mathrm{mm}$；

D——轴承内径，$d=60\mathrm{mm}$。

$$\lambda=\frac{\eta\cdot n}{P}$$

式中　η——润滑油绝对黏度，Pa·s，采用的 10 号机油，其值可根据实测进油温度 $t_{进}$ 由图4－14 查得近似的轴承平均油温 t_m，再根据 t_m 由图 4－15 查得油的黏度；

n ——转速，r/min；

P ——轴承比压，$P=\frac{F}{dl}$N/mm²；

l ——轴承宽度。

改变载荷，将加载油垫供油压力调到2kg/cm²，重复上述过程，两次做出的$f-\lambda$曲线基本重合，证明摩擦系数f仅与λ有关。

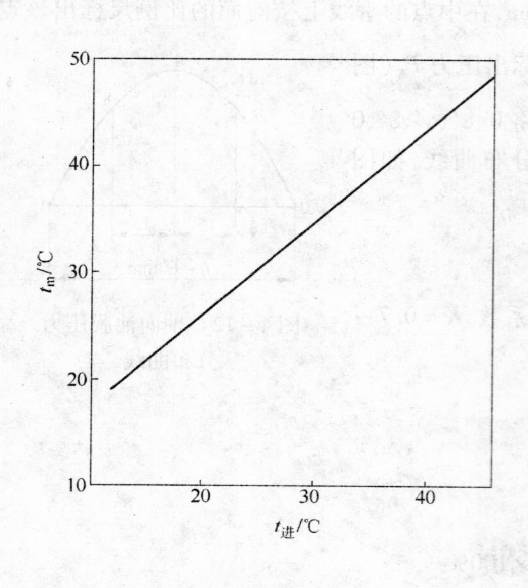

图4-14 进油温度$t_{进}$与平均油温t_m关系曲线(10号机油)

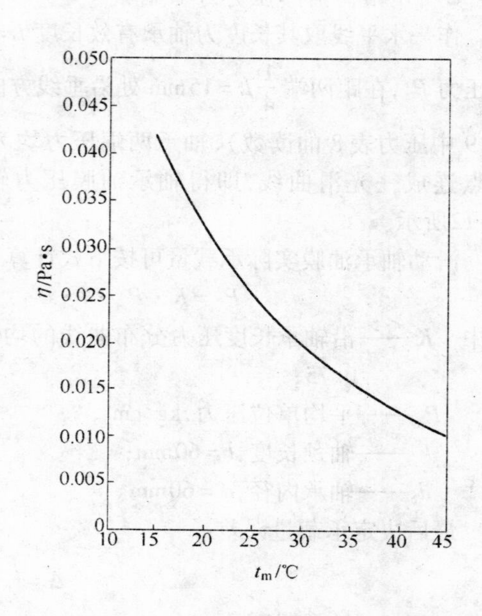

图4-15 平均油温与黏度关系曲线

4.5.4 思考题

(1)绘制周向油膜压力分布曲线及轴向油膜压力分布曲线。

(2)绘制轴承摩擦特性曲线。

(3)为什么油膜压力分布曲线会随转速变化而改变？

(4)为什么摩擦系数f会随转速变化而改变？

4.6 万向联轴器及链条传动回转不匀率的测定实验

4.6.1 实验目的

(1)通过实验测得万向联轴器在正置状态下的回转不匀率(即瞬时传动比)，偏置情况下的回转不匀率。

(2)主动链轮的回转不匀率，从动链轮的回转不匀率。

(3)把所测的数据、曲线加以比较，分析存在不匀率的原因。

4.6.2 实验设备

实验设备如图4-16所示。

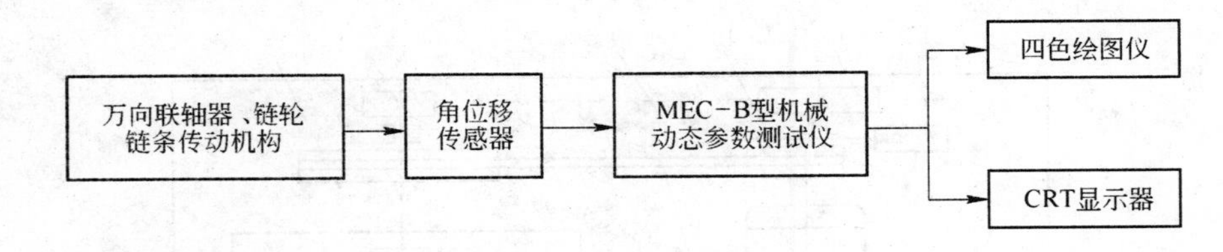

图4-16　测试系统的组成

4.6.3　实验原理

万向联轴器传动允许两轴有较大的夹角(夹角实际使用可达35°~45°),而且在机器运转时,夹角发生改变仍可正常传动。

这种传动当夹角过大时,传动效率会显著降低,当主动轴角速度为常数时,从动轴的角速度并不是常数,在一定范围内($\omega_1\cos\alpha \leqslant \omega_2 \leqslant \omega_1/\cos\alpha$)变化,因而在传动中将产生附加动载荷。为了改善这种情况,常将万向联轴器成对使用。只有这种双万向联轴器才可以得到$\omega_1=\omega_2$。

链条传动中链条的链节与链轮齿相啮合,可看作将链条绕在正多边形的链轮上。该正多边形的边长等于链条的节距t,边数等于链轮齿数Z。链轮每转一转,随之转过的链长为Zt,所以链的速度v为:

$$v=\frac{Z_1 n_1 t}{60\times1000}=\frac{Z_2 n_2 t}{60\times1000}\ \mathrm{m/s}$$

式中　Z_1,Z_2——主、从动链轮的齿数;
n_1,n_2——主、从动链轮的转速;
t——链的节距,mm。

而瞬时传动比:

$$i_{12}=\omega_1/\omega_2$$

式中　ω_1,ω_2——主、从动链轮的角速度。

根据分析已知,由于链传动的多边形效应,实际上链传动中瞬时速度和瞬时传动比都是变化的,而且是按每一链节的啮合过程作周期性变化。

4.6.4　工作原理

4.6.4.1　实验台传动机构

传动机构如图4-17所示。由传动简图可以看出,ZSY-L万向联轴器与链轮链条传动机构共用同一交流电机。

万向联轴器底板3可以转动,也可以根据需要测得从0°转到30°之间的回转不匀率(实验时底板3一般转3次即可,每10°为一等份)。

链轮链条采用的参数,主动链轮$Z_1=6$,从动链轮$Z_2=13$,节距$t=25.4\mathrm{mm}$,主动链轮的回转不匀率和转速等于万向联轴器0°时(正置)的回转不匀率和转速。

4.6.4.2　MEC-B型机械动态参数测试仪

该仪器是以机械运动量的测试为主,具有较强通用性的智能化仪器,它主要由中央处理器、键盘输入、CRT显示、A/D转换器、多路采样保持器、计数锁存器、四色绘图打印机等组成。在软件结构上,它是由多路信号采集显示、打印、绘图和面向常用机械运动参数测量的数据处理程序组成,测试结果能在荧屏上显示或由绘图机输出。

测试仪主机有四个脉冲信号输入口,用于外接配套的数字式位移传感器和转角传感器;四个

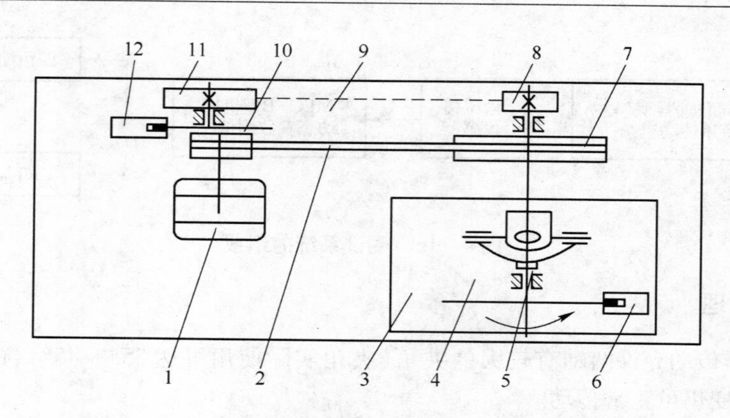

图 4 - 17　实验台传动简图

1—交流电机;2—传动带;3—万向联轴器底板;4—分度盘;5—万向联轴器传动轴;
6—角位移传感器;7—传动带轮;8—主动链轮;9—传动链条;10—分度盘;
11—被动链轮;12—角位移传感器

模拟信号输入口,可配接各种通用型模拟传感器;另备有一个转角兼同步传感器输入口。

数字式角位移传感器对光栅分度盘作无接触光电测量,能为采样提供每转多达 180 个触发信号,不但可测得转速瞬时值,并能经测试仪自动计算某一测量时间内的极大值、极小值、平均值和回转不匀率。

关于机械动态参数测试仪详见《MEC - B 型机械动态参数测试仪使用说明书》。

4.6.5　操作步骤

4.6.5.1　*万向联轴器回转不匀率测定*

(1)将四色绘图仪接入测试仪后板插座,启动面板电源开关,数码管显示“P”,适当调整 CRT 亮度与对比度。若环境温度超过 30℃应打开风扇开关。

(2)将链传动实验机构上主动链轮角位移传感器 6 的信号输出插头插入测试仪第 9 通道插口。拨动传动带,使光栅转动,光栅盘每转过 2°,即一个光栅距,测试仪上的绿色指示灯应闪烁一次,光栅盘每转一圈红灯闪烁一次,即分度盘上同步长光栅进入探头槽红灯不亮,其余位置都亮或者光栅进入探头槽红灯亮,其余位置都不亮。

(3)万向联轴器正置情况下回转不匀率测定。

当数码管在等待位置“P”时,键入指令:

3199T_1　EXEC

角度代码 T_1	1	2	3	4	5
采样角/(°)	2	4	6	8	10

如上表,若键入 $T_1=1$ 则表示每隔 2°触发采样一次转角值,所测各点速度值即为采样瞬时被测轴每转过 2°的平均值;若键入 $T_1=5$,则表示每转过 10°的平均值。显而易见,对同一被测轴,若存在回转不匀问题,则键入 $T_1=1$ 与 $T_1=5$ 所得结果是有所差别的。被测轴回转越不稳定,它们的差别一般越大。T_1 应取多少,由具体情况而定,在允许范围内 T_1 取值应尽可能小。

测试结束后,在 CRT 上显示回转不匀率动态曲线及特征值。

打印:按 PRINT。

(4)万向联轴器偏置情况下回转不匀率测定。把底板 3 转动一定角度就能测得偏置的曲线和数值(实验时一般转三次,每次转10°,就能得到不同偏置情况下大小不同的曲线和数值)。

打印:按 PRINT。

4.6.5.2 链传动回转不匀率的测定

(1)测主动链轮回转不匀率(万向联轴器正置所测得的数据)。

(2)测从动链轮回转不匀率:将被动链轮角位移传感器12的信号输出插头插入测试仪第9通道,键入回转不匀率测试指令,并打印出测试结果,方法同前。

(3)换不同节距链条,测出主动和被动链轮回转不匀率,并打印出测试结果,方法同前。

4.6.6 思考题

分析影响万向联轴器及链传动回转不匀率的因素。

5 微型计算机原理及应用实验

5.1 概述

5.1.1 微机原理实验特点与实验内容

微机原理实验是为配合《微型计算机原理及应用》课程而开设的学生实验。该实验以 BH－86 为典型实验设备，按教科书各章的内容来安排实验项目，既注重硬件连接的训练，又安排软件编写调试上机的过程。完成规定的实验可复习、验证相关知识的原理，亦可通过学生自主开发，扩大实验内容，提高动手能力。

本实验课程的内容包括三大部分：

(1)PC 系列机(8086/8088/80286/80386)的硬件及输出/输入接口电路实验。

(2)PC 系列机的程序(汇编语言、宏汇编语言等)设计调试及编辑练习。

(3)PC 系列机的综合应用(硬件系统的组成及程序开发的步骤等)及实用培训。

5.1.2 BH－86 通用微机实验培训装置

BH－86 实验装置是为配合该课程实验而开发的专用实验设备，其特点是采用了“单板积木式”的设计思想，表现方式为在一块印刷电路板上分出 19 个独立的印刷电路块，根据不同实验要求选择其中一块或多块电路组成一个完整的实验系统，所以称其为“积木”。19 个电路块分为三大类，分别为：

第一类为公共(公用)电路，包括：

(A)单脉冲发生器电路

(B)时钟脉冲发生器电路

(F)单板机 I/O 地址电路

(H)电平开关电路

(I)发光二极管(LED)显示电路

(P)中继电路

(Q)直流电源及控制电路

(R)PC 总线接口

(S)与 PC 机连接的接口电路

第二类为计算机基础知识及微机基本电路实验专用电路。这一类包括的“电路积木”只有一个：

(G)逻辑电路芯片插座区

第三类为与 IBM PC 型系列机组成实验系统的专用电路，包括：

(C)数/模转换(DAC0832)电路

(D)可编程计数器/定时器(8253)电路

(E)模/数转换(ADC0908)电路

(J)计数器分频电路

(K)可编程并行通信接口(8255A)电路

(L)可编程串行通信接口(8251A)电路

(M)十六进制键盘电路

(N)七段数码显示器

(O)随机存储器(RAM6116)电路

5.1.3 实验操作过程

(1)仔细研读实验指导书,并在单板上选好所需的电路积木。

(2)在不通电条件下,按实验指导书所提示的方法将各积木块的“输出”与“输入”用连线接好。

(3)经检查无误后,才可通电(接通电源)进行实验。

5.2 汇编语言程序实验

5.2.1 汇编程序的上机及调试

5.2.1.1 汇编语言上机的四个步骤

当用户编写好汇编语言程序,需要上机调试和运行时,需要经过编辑程序、汇编程序、连接程序、调试程序四个步骤,如图5-1所示。

(1)编辑源程序:用全屏幕编辑程序 PE 或 WORDSTAR 或 EDLIN 行,编辑建立和修改源程序。

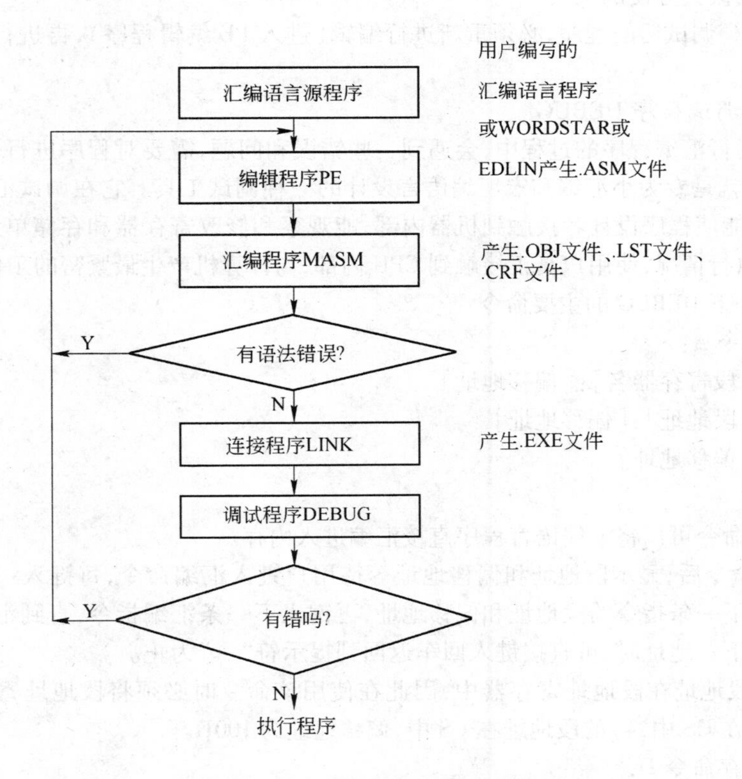

图5-1 汇编语言程序上机调试

在编辑程序状态下用键盘键入汇编语言程序,用键盘送入的程序是一个 ASCII 码的信息程序,用存盘命令将在屏幕编辑好的源程序存入磁盘,这样在磁盘上产生一个后缀为 . ASM 的源程序文件。

(2)汇编程序:机器只能接收机器码,源程序经过汇编后可产生机器码的目标文件,后缀为 . OBJ,列表文件 . LST 和交叉文件 . CRF。

列表文件是可打印文件,它除了包含源程序以外还包含:行号、段地址和每条指令的偏移地址、每条语句所对应的目标码。如果在汇编后出现错误,. LST 文件可在出错行提示错误信息。

交叉索引文件 . CRF 提供在源程序中各种符号的定义和引用情况。

汇编后如果出现语法错误,应重新返回到编辑状态,进行修改,修改后,再进行编辑,直到汇编成功为止。

(3)连接程序:汇编后产生的目标文件必须经过连接,才能成为可执行程序 . EXE。

连接程序的任务是把若干个目标文件模块连接起来,解决在汇编程序里的符号地址问题,把程序中可浮动的相对地址变为绝对地址,形成可执行的 . EXE 文件,然后,就可以在 DOS 状态下执行程序。如果执行结果令人不满意,可以通过调试程序 DEBUG 进行调试。再编辑、汇编、连接、执行,直到满意为止。

(4)调试程序:DEBUG 是调试汇编语言程序的工具,它具有跟踪程序的运行、设置断点、显示修改内存与寄存器的内容等功能,因此在调试程序中可以寻找错误和修改错误,可以对小段程序进行汇编,也可对磁盘进行读写操作,在接口应用中,可直接用输入输出命令对接口操作,是调试各种应用程序的极其方便的工具。

经过 DEBUG 调试后的程序,必须重新进行编辑(进入 PE 编辑程序),再进行汇编、连接,才可执行。

5.2.1.2　调试程序 DEBUG

在编写和运行汇编程序的过程中,会遇到一些错误和问题,需要对程序进行分析和调试,调试程序 DEBUG 就是专为小汇编和宏汇编语言设计的一种调试工具。它在调试汇编语言程序时有很强的功能,能使程序设计者接触到机器内部,能观察和修改寄存器和存储单元内容,并能监视目标程序的执行情况,使用户真正接触到 CPU 内部,与计算机产生最紧密的工作联系。

下面介绍一下 DEBUG 的主要命令:

(1)汇编命令 A:

格式:1)A[段寄存器名]:[偏移地址]

　　2)A[段地址]:[偏移地址]

　　3)A[偏移地址]

　　4)A

功能:用该命令可以将汇编语言程序直接汇编进入内存。

当键入 A 命令后,显示段地址和偏移地址等待用户键入汇编命令,每键入一条汇编指令回车后,自动显示下一条指令的段地址和偏移地址,再键入下一条汇编指令,直到汇编语言程序全部键入,又显示下一地址时,可直接键入回车返回到提示符“ - ”为止。

其中 1)的段地址在段地址寄存器中,因此在使用该命令时必须将段地址寄存器送入段地址,3)的段地址在 CS 中,4)的段地址在 CS 中,偏移地址为 100H。

(2)显示内存命令 D:

格式:1)D[地址]

2)D[地址范围]

3)D

功能:显示指定内存范围的内容。

显示的内容为两种形式:一种为十六进制内容,一种为与十六进制相对应的ASCII码字符,对不可见字符以“·”代替。

对于1)、3)每次显示128个字节内容,2)显示的字节数由地址范围来决定。

若命令中有地址,则显示的内容从指定地址开始。若命令中无地址(如c)则从上一个D命令所显示的最后一个单元的下一个单元开始。若以前没有使用过D命令,则以DEBUG初始化的段寄存器的内容为起始段地址,起始偏移地址为100H,即CS:100。

对于1)中的地址为偏移地址,段地址为CS的内容,对2)中的地址范围,可以指定段地址、起始偏移地址和终止偏移地址。

(3)修改存储单元内容命令E:

格式:1)E[地址][内容表]

2)E[地址]

功能:1)用命令所给定的内容表去代替指定地址范围的内存单元内容。

2)一个单元一个单元地连续修改单元内容。

其中:内容表为一个十六进制数或一串十六进制数,也可以是用单引号括起的一串字符。

(4)填充内存命令F:

格式:F[范围][单元内容表]

功能:将单元内容表中的内容重复装入内存的指定范围内。

(5)内存搬家命令M:

格式:M[源地址范围][目标起始地址]

其中源地址范围和目的起始地址为偏移地址,段地址为DS的内容。

功能:把源地址范围的内容搬至以目标起始地址开始的存储单元中。

(6)比较命令C:

格式:C[源地址范围],[目标地址]

其中源地址范围是由起始地址和终止地址指出的一片连续的存储单元,目标地址为与源地址所指单元对比的目标地址起始地址。

功能:从源地址范围起始的地址单元开始逐个与目标起始地址往后的单元顺序比较每个单元内容,比较到终止地址为止。比较结果如果一致则不显示任何信息,如果不一致,则以[源地址][源内容][目的内容][目的地址]的形式显示失配单元地址及内容。

(7)搜索指定内容命令S:

格式:S[地址范围][表]

功能:在指定地址范围内搜索表中内容,搜索到就显示表中元素所在地址。

(8)检查和修改寄存器内容命令R:

格式:1)R

2)R[寄存器名]

功能:1)显示CPU内部所有寄存器的内容和全部标志位的状态。

2)显示和修改一个指定寄存器的内容和标志位的状态。

(9)追踪与显示命令T:

格式:1)T[=地址]或T[地址]

2)T[=地址][条数]或T[地址][条数]

功能:1)执行一条指定地址处的指令,停下来,显示CPU所有寄存器内容和全部标志位的状态,以及下一条指令的地址和内容。

2)为多条跟踪命令,从指定地址开始;若命令中用[地址]给定了起始地址,则从起始地址开始,若未给定,则从当前地址(CS:IP)开始,执行命令中的[条数]决定一共跟踪几条指令后返回DEBUG状态。

(10)反汇编命令U:

格式:1)U[地址]

2)U[地址范围]

功能:将指定范围内的代码以汇编语言形式显示,同时显示该代码位于内存的地址和机器码。

若在命令中没有指定地址则以上一个U命令的最后一条指令地址的下一个单元作为起始地址;若没有输入过U命令,则以DEBUG初始化段寄存器的值作为段地址,以0100H作为偏移地址。

(11)命名命令N:

格式:N文件名

功能:在调用DEBUG时,没有文件名,则需要用N命令将要调用的文件名格式化到CS:5CH的文件控制块中,才能用L命令把它调入内存进行调试。

(12)读盘命令L:

格式:1)L[地址][驱动器号][起始扇区号][所读扇区个数]

2)L[地址]

3)L

功能:1)把指定驱动器和指定扇区范围的内容读到内存的指定区域中。其中地址是读入内存的起始地址,当输入时没有给定地址,则隐含地址为CS:100H。起始扇区号指逻辑扇区号的起始位置。所读扇区个数是指从起始扇区号开始读到内存几个扇区的内容。驱动器号为0或1,0表示A盘,1表示B盘。

2)读入已在CS:5CH中格式化的文件控制块所指定的文件。在使用该命令前用N命令即可将要读入的文件名格式化到CS:5CH的文件控制块中,其中地址为内存地址。

3)同2),地址隐含在CS:100H中。

当读入的文件有扩展名.COM或.EXE,则始终装入CS:100H中,命令中指定了地址也没用。

其中BX和CX中存放所读文件的字节数。

(13)写盘命令W:

格式:1)W[地址][驱动器号][起始扇区号][所写扇区个数]

2)W[地址]

3)W

功能:1)把在DEBUG状态下调试的程序或数据写入指定的驱动器中,起始扇区号为逻辑扇区号,所写扇区个数为要占盘中几个扇区。

写盘指定扇区的操作应十分小心,如有差错将会破坏盘上的原有内容。

如果在命令行中的地址只包括偏移地址,W命令认为段地址在CS中。

2)当键入不带参数的写盘命令时(或只键入地址参数的写盘命令),写盘命令把文件写到软盘上。该文件在用 W 命令之前,用命名命令 N 将文件格式化在 CS:5CH 的文件控制块中。

3)只有 W 命令而没有任何参数时,与 N 配合使用进行写盘操作。在用 W 命令以前在 BX 和 CX 中应写入文件的字节数。

(14)输入命令 I:

格式:I[端口地址]

功能:从指定的端口输入并显示一个字节。

(15)输出命令 O:

格式:O[端口地址][字节值]

功能:向指定端口地址输出一个字节。

(16)运行命令 G:

格式:G[=首地址][尾地址]

功能:执行用户正在调试的程序。

其中地址为执行的起始地址,以 CS 中内容作为段地址,以等号后面的地址为偏移地址。

(17)十六进制运算命令 H:

格式:H 数据1 数据2

其中数据1和数据2为十六进制数据。

功能:将两个十六进制数进行相加、减,结果显示在屏幕上。

(18)结束 DEBUG 返回 DOS 命令 Q:

格式:Q

功能:程序调试完退出 DEBUG 状态,返回到 DOS 状态下。

Q 命令不能把内存的文件存盘,要想存盘必须在退出 DEBUG 之前用 W 命令写盘。

5.2.2 初级程序的编写与调试实验

5.2.2.1 实验目的

(1)熟练掌握 DEBUG 的常用命令,学会用 DEBUG 调试程序。

(2)深入了解数据在存储器中的存取方法,及堆栈中数据的压入与弹出。

(3)掌握各种寻址方法以及简单指令的执行过程。

5.2.2.2 实验内容

(1)设堆栈指针 SP=2000H,AX=3000H,BX=5000H,编一程序段将 AX 的内容和 BX 的内容进行交换。用堆栈作为两寄存器交换内容的中间存储单元,用 DEBUG 调试程序进行汇编与调试。

(2)设 DS=当前段地址,BX=0300H,SI=0002H,用 DEBUG 的命令将存储器偏移地址 300H~304H 连续单元顺序装入 0AH、0BH、0CH、0DH、0EH。在 DEBUG 状态下送入下面程序,并用单步执行的方法,分析每条指令源地址的形成过程,当数据传送完毕时,AX 中的内容是什么?

程序清单如下:

```
MOV AX,BX
MOV AX,0304H
MOV AX,[0304H]
MOV AX,[BX]
MOV AX,0001[BX]
MOV AX,[BX][SI]
```

```
MOV AX,0001[BX][SI]
HLT
```

(3)设 AX＝0002H,编一个程序段将 AX 的内容乘 10,要求用移位的方法完成。

5.2.2.3　实验要求

(1)实验前要做好充分准备,包括汇编程序清单、调试步骤、调试方法,对程序结果的分析等。

(2)本实验要求在 PC 机上进行。

(3)本实验只要求在 DEBUG 调试程序状态下进行,包括汇编程序、调试程序、执行程序。

5.2.2.4　编程提示

实验内容(1):

将两个寄存器的内容进行交换时,必须有一个中间寄存器才能进行内容的交换。如果用堆栈作为中间存储单元,必须遵循先进后出的原则。

实验内容(2):

1)其中数据寄存器中的段地址为进入 DEBUG 状态后,系统自动分配的段地址。

2)SI 和 BX 的初值可在 DEBUG 状态下,用 R 命令装入,也可以在程序中用指令来完成。

3)用 T 命令程序执行,可进行单步跟踪执行,每执行一条指令就可以看到各寄存器的状态。也可用 R 命令直接调出寄存器,来检验各寄存器内容是否正确。

4)在执行程序前,可用 E 命令将偏移地址 300H～304H 送入 0AH、0BH、0CH、0DH、0EH。

实验内容(3):

1)用移位的方法完成某些乘法运算,是较为常见的方法,操作数左移一位为操作数乘 2 运算。

2)算式 2×10 的程序流程图如下:

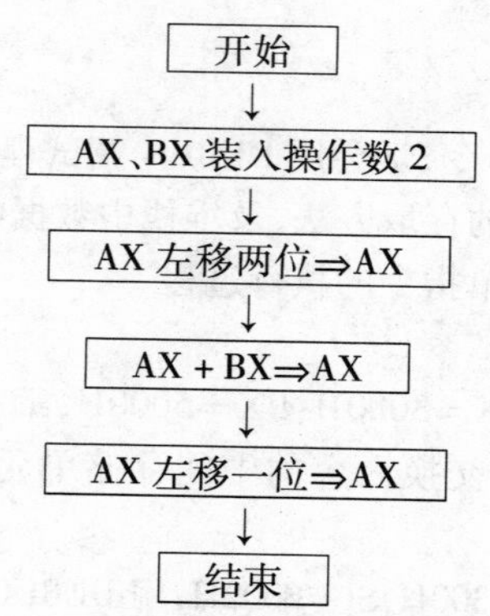

3)程序的执行可用 DEBUG 的 G 命令,也可用 T 命令单步跟踪执行。

在程序送入后,最好将它存入磁盘,以免程序丢失时需重新调入。

5.2.2.5　实验报告

(1)程序说明。说明程序的功能、结构,包括:程序名、功能、算法说明、主要符号,并对所用到的寄存器进行说明。

(2)调试说明。上机调试的情况:上机调试步骤,调试过程中所遇到的问题是如何解决的。对调试过程中的问题进行分析,对执行结果进行分析。

(3)画出程序框图。

(4)打印出程序和执行过程清单。

5.2.3 加法及判断程序的编写与调试实验

5.2.3.1 实验目的

(1)熟练掌握编写汇编语言源程序的基本方法和基本框架。

(2)学会编写顺序结构、分支结构和循环结构的汇编程序,掌握宏定义与宏调用的方法。

(3)掌握程序中数据的产生与输入输出的方法。

5.2.3.2 实验内容

(1)用汇编语言编写一个加法程序:1325 + 9839。

用 ASCII 码的形式将加数存放在数据区 DATA1 和 DATA2 中,并将相加结果显示输出。

(2)假设有一组数据:5, -4,0,3,100, -51,试编一程序,判断:每个数是否大于0? 等于0? 还是小于0? 并输出其判断结果。即:

$$y=\begin{cases}1 & \text{当 } x>0\\ 0 & \text{当 } x=0\\ -1 & \text{当 } x<0\end{cases}$$

5.2.3.3 实验要求

(1)实验前准备:

1)分析题目,将程序中的原始数据、中间结果的存取方式确定好。

2)写出算法或画出流程图。

3)写出源程序。

4)对程序中结果进行分析,并准备好上机调试与用汇编程序及汇编调试的过程。

(2)本实验要求在 PC 机上进行。

(3)汇编过程中出现问题,可用 DEBUG 进行调试。

5.2.3.4 编程提示

实验内容(1):

1)两个数据可用相反的顺序以 ASCII 码的形式存放在数据段的 DATA1 和 DATA2 中,相加时可从 DATA1 和 DATA2 的起始字节开始,即从数的个位数开始。相加结果可存放在 DATA2 开始的存储单元中。

2)程序中的加法运算是 ASCII 码运算,采用带进位的加法运算指令 ADC,后面应加一条 ASCII 码加法调整指令 AAA,经 AAA 调整的加法指令,将 ASCII 码的数据高 4 位清“0”,因此要将结果每位数高 4 位拼成 3,变成 ASCII 码存到 DATA2 中,则可方便地取出输出。

3)程序中应有输出程序段,采用 MOV AH,02H, INT 21H,将要输出字符的 ASCII 码送入 DL 中。

4)参考程序流程图(一)(图 5-2)。

实验内容(2):

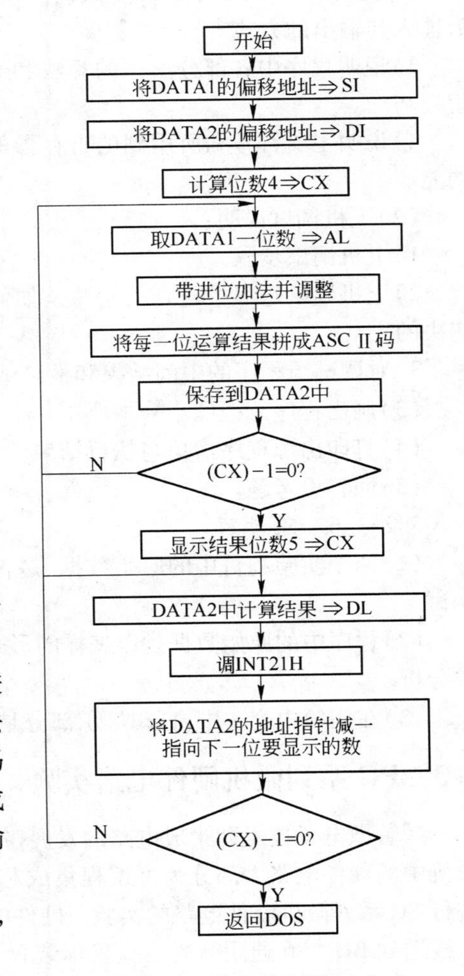

图 5-2 参考流程图(一)

1)首先将原始数据(5，-4,0,3,100，-51)装入起始地址为 xx 的字节存储单元中。

2)将判断结果以字符串的形式存放在数据区中,以便在显示输出时调用。

3)其中判断部分可采用 CMP 指令,得到一个分支结构,分别输出“Y = 0”,“Y = +1”,“Y = -1”。

4)程序中存在一个循环结构,循环 6 次,调用 6 次分支结构后结束。

5)参考程序流程图(二)(图 5-3)。

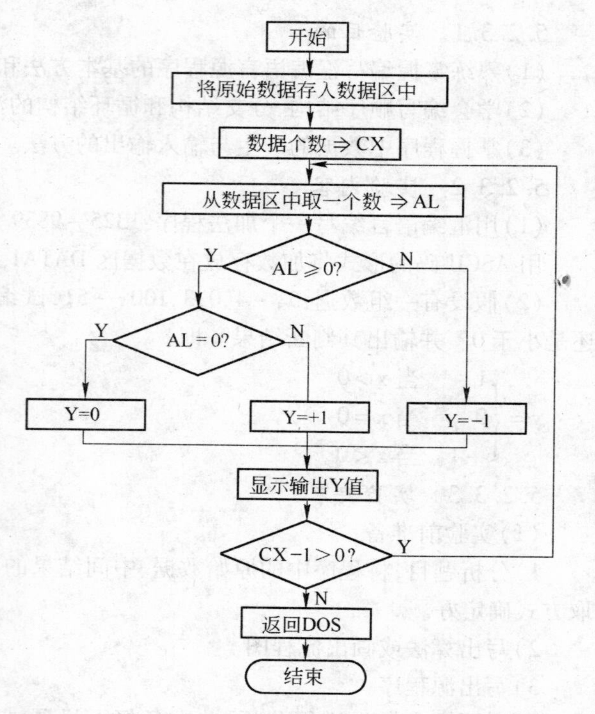

图 5-3　参考程序流程图(二)

5.2.3.5　实验报告

(1)程序说明：

1)说明程序基本机构,包括程序中各部分的功能。

2)说明入口参数与出口参数,各种参数输入与输出的方式。

3)说明程序中各部分所用的算法和编程技巧。

4)说明主要符号和所用到的寄存器的功能。

(2)上机调试说明：

1)上机调试步骤。

2)上机调试过程中遇到的问题是如何解决的。

3)对调试源程序的中间结果和最终结果进行分析。

(3)画出程序总框图。

(4)打印出源程序清单与执行结果。

(5)回答思考题。

5.2.3.6　思考题

(1)两个实验题目中的原始数据,是否可以通过键盘提供？如何编程？将编好的程序上机调试。

(2)程序中的原始数据是以怎样的形式存放在数据区中的？用 DEBUG 调试程序进行观察,并分析。

(3)在实验内容 2 中,打印显示部分是否可以用宏定义来定义？

5.3　PC 系列微机硬件电路实验

随着微电子技术和集成电路的发展,各种功能接口电路都由可编程集成芯片代替,PC 系列微机中的硬件电路大部分为可编程集成芯片。因此,本节针对 PC 系列微机中接口可编程芯片进行 PC 系列微机硬件电路的实验。硬件电路实验是在 PC 系列微机上用汇编语言编程序,通过总线送到 BH-86 通用微机实验培训装置上,从而达到对某种接口芯片的控制实验。其实验方法如下：

(1)了解各种可编程芯片在 BH-86 通用微机实验培训装置上的位置和选通各芯片的地址。

(2)掌握各可编程芯片的工作原理、芯片各引脚的功能及连接方法和编程方法。

(3)根据各功能芯片的要求,在 PC 机上编写程序、调试程序和执行程序,从而达到各种控制功能。

5.3.1 可编程并行通信进口(8255A)与小键盘接口实验

5.3.1.1 实验目的

并行接口是以数据的字节为单位与 I/O 设备或被控对象之间传送信息。在实际应用中凡是 CPU 与外设之间同时需要传送两位以上信息时,均需采用并行进口。

可编程并行通信进口(8255A)是一个具有两个 8 位(A 口和 B 口)和两个 4 位(C 口)并行输入/输出断口的接口芯片,为了适应多种数据传送方式的要求,8255A 设置了 3 种工作方式。

实验目的如下:

(1)熟悉 8255A 并行进口的工作原理及编程方法。

(2)通过 BH-86 通用微机实验培训装置,了解键盘的基本结构,掌握读取按键的方法。

5.3.1.2 实验设备

(1)IBM PC 机(PC/XT、AT、286、386、486)。

(2)BH-86 通用微机实验培训装置。

5.3.1.3 实验内容

(1)编写程序:读取 BH-86 实验装置上小键盘的数据和字母。

(2)按小键盘上的任意键,在微机屏幕上显示出来。

5.3.1.4 实验步骤

(1)可编程并行通信接口(8255A)电路简介。可编程并行通信接口(8255A)的内部结构见图 5-4。它包括 A、B、C 三个数据端口,A、B 组两个控制电路,读/写控制逻辑电路以及数据总线缓冲器,其引脚信号排列如图 5-5 所示。

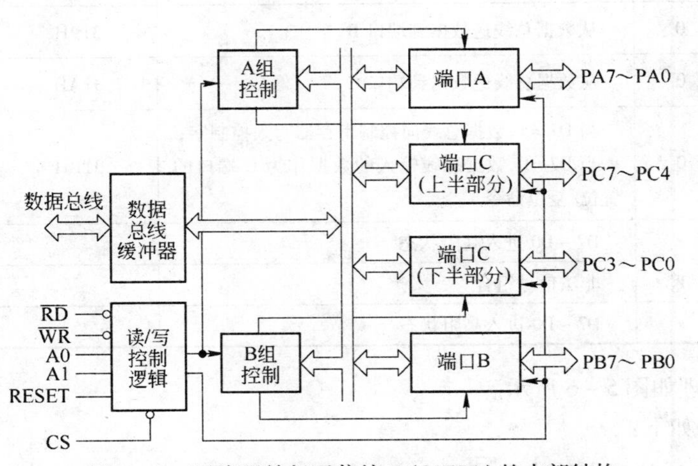

图 5-4 可编程并行通信接口(8255A)的内部结构

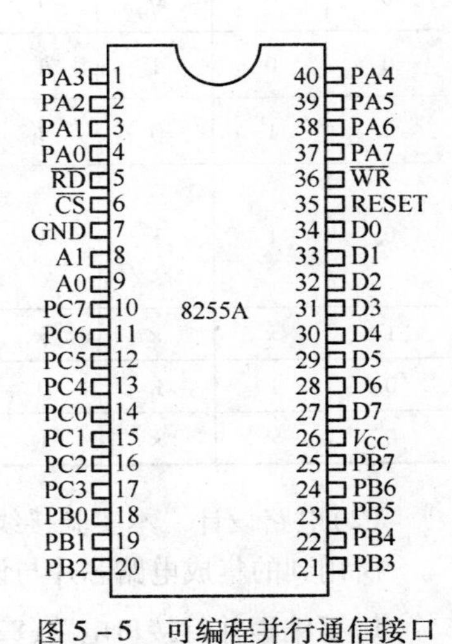

图 5-5 可编程并行通信接口(8255A)的引脚信号

端口 A 为 8 位数据传送,数据输入或输出时受到锁存。

端口 B 为 8 位数据传送,数据输入时不受锁存,而数据输出时受到锁存。

端口 C 为 8 位数据传送,数据输入时不受锁存,而数据输出时受到锁存。

A、B 组两个控制电路一方面接收芯片内部总线上的控制字，另一方面接收来自读/写控制逻辑电路的读/写命令，因而由它们来确定三组端口的工作方式和读写操作。

A 组控制电路控制端口 A（PA0 ~ PA7）和端口 C 的低 4 位（PC7 ~ PC4）工作方式和读/写操作。

B 组控制电路控制端口 B（PB0 ~ PB7）和端口 C 的低 4 位（PC3 ~ PC0）的工作方式和读/写操作。

数据总线缓冲器负责管理 8255A 的数据传送过程，即接收 CS 和来自系统总线的信号 A0、A1，以及控制总线的信号 RESET、WR、RD，并将这些信号进行组合得到 A 组及 B 组控制电路的命令。

在 8255A 中由系统总线的信号 A0 及 A1 来选择传送的端口：

当 A1、A0 为 00 时，选中 A 端口；

当 A1、A0 为 01 时，选中 B 端口；

当 A1、A0 为 10 时，选中 C 端口；

当 A1、A0 为 11 时，选中控制口。

8255A 控制信号与端口信号传送的动作关系见表 5 - 1。

表 5 - 1　8255A 控制信号与端口信号传送的动作关系

$\overline{CS}$	A1	A0	$\overline{RD}$	$\overline{WR}$	数据传送说明	端口地址
0	0	0	0	1	从端口 A 送数据到数据总线	318H
0	0	1	0	1	从端口 B 送数据到数据总线	319H
0	1	0	0	1	从端口 C 送数据到数据总线	31AH
0	0	0	1	0	从数据总线送数据到端口 A	318H
0	0	1	1	0	从数据总线送数据到端口 B	319H
0	1	0	1	0	从数据总线送数据到端口 C	31AH
0	1	1	1	0	当 D7 = 1，数据总线向控制寄存器写入控制字；当 D7 = 0，数据总线输入的数据作为 C 端口的置位/复位命令	31BH
1	×	×	×	×	D7 ~ D0 进入高阻状态	
0	1	1	0	1	非法信号组合	
0	×	×	1	1	D7 ~ D0 进入高阻状态	

（2）电路设计。本实验接线原理如图 5 - 6 所示。

所用到的集成电路芯片与设备如下：

1）可编程并行接口电路（8255A），位于实验装置 K 积木块中。

2）16 个键小键盘，位于实验装置 M 积木块中。

从接线原理图中可以看到可编程并行接口（8255A）的 PA 口（8 位）接小键盘的行线，PB 口的两位 PB0、PB1 接小键盘的列线，构成一个 8 × 2 个键的矩阵结构，当 1 号键按下时，则第 6 行线和第 1 列线接通，形成同路，如果第 6 行线为低电平，则由于键 1 的按下，会使第 1 列线也为低电

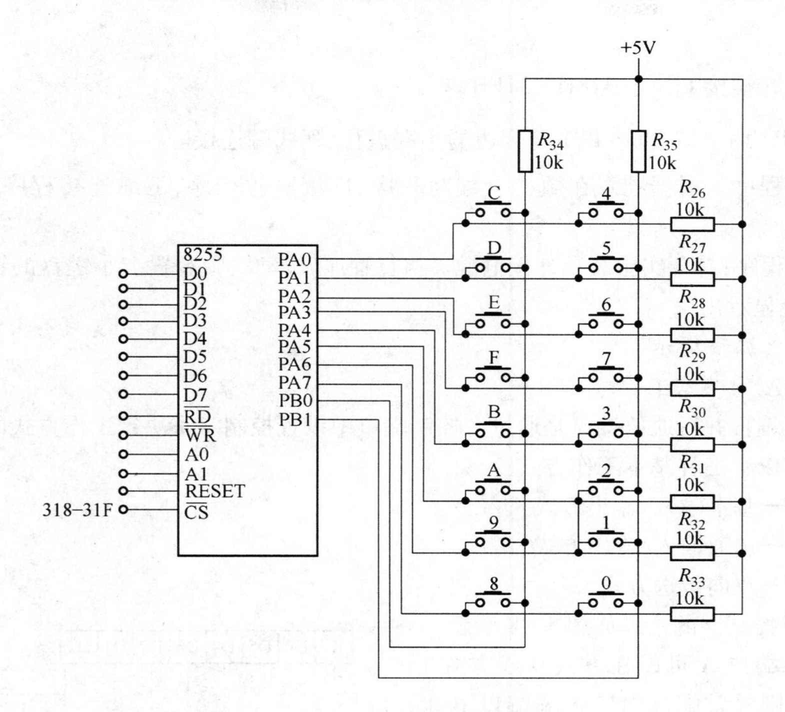

图 5 – 6 8255A 与小键盘接线原理

平，此时说明 1 列有键按下，其他列没有键按下。然后再查看行线有哪个键按下？按下键的那一行（如 6 行）为低电平，其他行的键没按下则为高电平，因此得到唯一的键值。矩阵式键盘工作时，是根据行线和列线上的电平来识别闭合键的。

（3）实验台接线方法。实验台接线方法如图 5 – 7 所示。

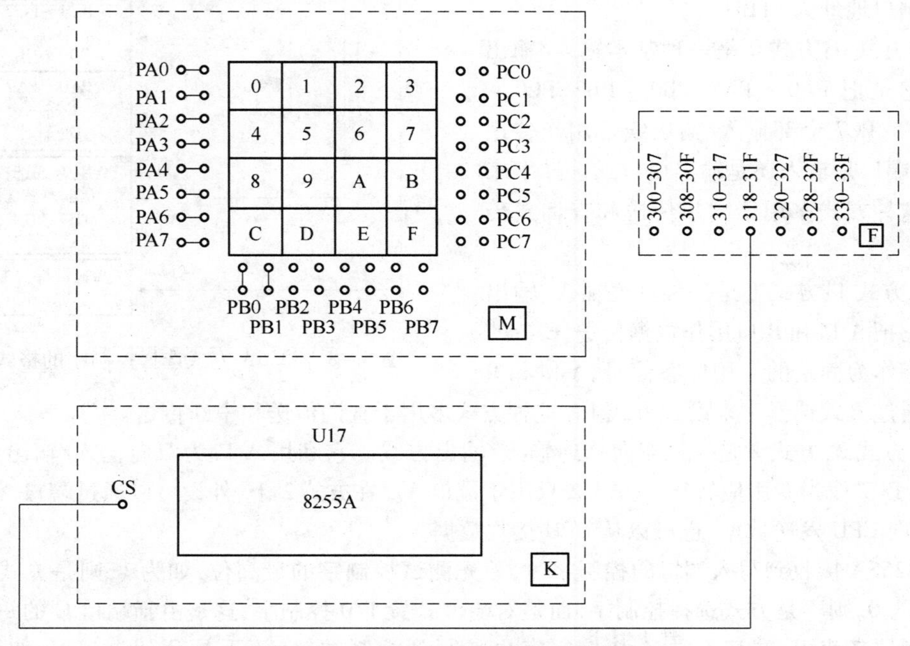

图 5 – 7 8255A 与小键盘实验台接线图

接线方法：

[K]块中 CS 端接[F]块中 318H－31FH 端。

[M]块中 PA0～PA7、PB0、PB1 与旁边的小键盘行、列线端连接。

(4)编写程序。根据题意在微机上编写程序，即编写源程序，汇编连接程序，直到成功为止。

(5)执行程序：打开实验装置外接电源。执行程序，按动实验装置上小键盘的键，在 PC 机的显示器上即会显示出来。

5.3.1.5　编程提示

A　8255A 的基本工作方式

8255A 可编程并行通信接口是通过在控制端口中设置控制字来决定工作方式的。

8255A 有以下三种基本工作方式：

方式 0——基本输入/输出方式。

方式 1——选通输入/输出方式。

方式 2——双向传送方式。

方式选择控制字的格式如图 5－8 所示。

8255A 的端口 A 可以在方式 0 或方式 1 工作，端口 C 则常常配合端口 A 和端口 B 工作，为这两个端口的输入/输出传送提供控制信号和状态信号。

端口 A 地址为 318H

端口 B 地址为 319H

端口 C 地址为 31AH

控制口地址为 31BH

(1)方式 0：方式 0 是一种基本输入/输出方式。它是把 PA0～PA7、PB0～PB7、PC0～PC3、PC4～PC7 全部输入/输出线都用作传送数据，各端口是输入还是输出由方式选择字来设置。这种方式多用于同步传送和查询式传送。

(2)方式 1：方式 1 是一种选通输入/输出方式。它把 A 口和 B 口用作数据传送，C 口的部分引脚作为固定的专用应答信号，A 口和 B 口可以通过方式选择字来设置方式 1。这种方式多用于查询传送和中断传送。

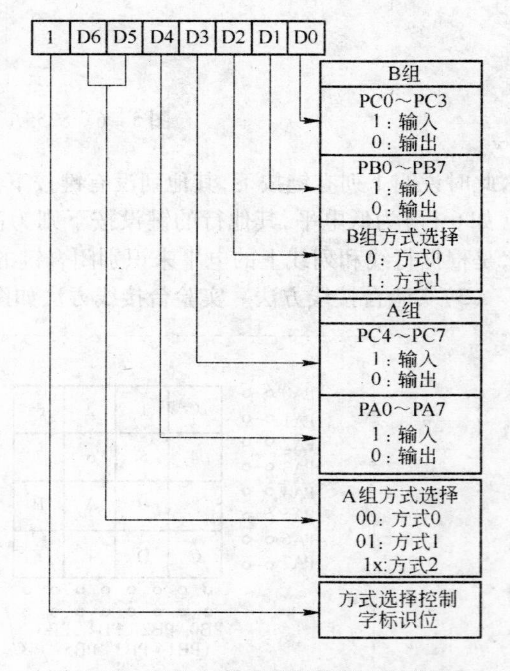

图 5－8　8255A 方式选择控制字的格式

(3)方式 2：方式 2 是一种双向选通输入/输出方式。它利用 A 口为双向输入/输出口，C 口的 PC3～PC7 作为专用应答线。方式 2 只用于端口 A。在方式 2 下，外设可以通过端口 A 的 8 位数据线，向 CPU 发送数据，也可以从 CPU 接收数据。

当 8255A 接收到写入端口的控制字时，首先测试控制字的最高位，如为 1，则是方式选择控制字，如为 0，则不是方式选择控制字，而是对端口 C 置 1/0 控制字，这是由于端口 C 的每一位可作为控制位来使用，端口 C 置 1/0 控制字也是写到控制端口，而不是写到端口 C，如图 5－9

所示。

B　对键盘的编程

键盘接口必须有四个基本功能：去抖动；防串键；识别被按键和释放键；产生被按键和释放键的对应码。

这些功能是通过硬件和软件来实现的。

(1)去抖动。去抖动的方法一般有两种：一是硬件去抖动，二是软件延时法。在这里只介绍软件延时法。

软件延时法：发现有键按下或释放时，软件延时一段时间再检测，延时时间根据键的质量而定，一般在5～20ms左右。

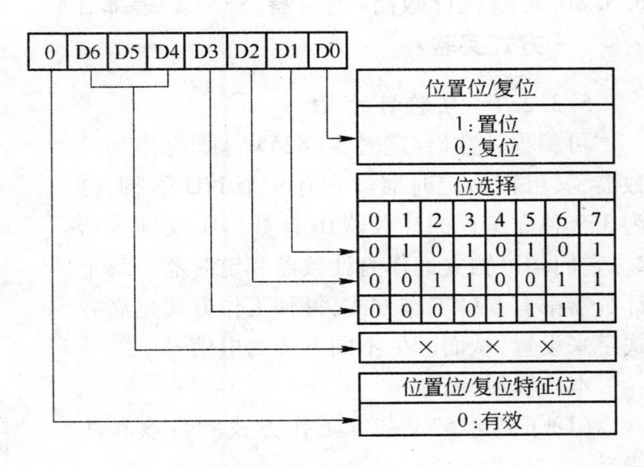

图5－9　端口C置0/1控制字

(2)被按键的识别和键码的产生。按键识别有行扫描和行反转法两种方法。

行扫描法的基本原理是：使键盘上某一行线为低电平，其余接高电平，通过程序对键盘扫描，读取列值，如果列值中有某位为低电平，则表明行列交叉点处的键被按下，否则扫描下一行，直到扫描全部行线为止。为此需要采用输入口，输出口各一个。

行反转法的基本原理是：将行线接一个并行口，先让它工作在输出方式，将列线也接在一个并行口上，让它工作在输入方式。程序使CPU通过8255A的输出端口往各行线上全部送低电平，然后读入列线值，如果此时有某一键按下，则使某一列线值为0。然后程序再把行线端口改为输入方式，把列线的端口改为输出方式，再读入行线的值，此时闭合键所在行线的值必定为0。因此，当一个键被按下时，一定可以读到一队唯一的行值和列值。即是通过行列颠倒两次扫描来识别闭合键，为此需要提供两个可编程的双向I/O端口。

如图5－7为行反转法接口线路图，其中注明键码的设定。

(3)通过查表法确定按下的哪个键。在程序中，可将各个键对应的代码(列值、行值)放在一个表中，程序通过查表的方法确定按下的是哪个键，并送到PC机屏幕上显示出来。

C　程序流程图

程序参考流程图如图5－10所示。

5.3.1.6　实验报告

(1)画出接口电路接线图。

(2)指出键码是如何设定的。

(3)打印出程序清单和执行结果。

(4)实验过程中出现哪些问题，是如何解决的？

(5)回答思考题。

5.3.1.7　思考题

(1)用行扫描法来实现读取按键，并显示，接口电路应如何实现？如何编程？

(2)用硬件去抖动，电路应如何设计？

(3)用行反转法，是否能解决同时按下多个键(串键)的问题？

5.3.2 可编程计数器/定时器(8253A)基本工作方式实验

5.3.2.1 实验目的

可编程计数器/定时器(8253A)既可作为计数器,又可作为定时器。它有 9 个 I/O 引脚,分为 3 个独立编程的计数器 0、计数器 1 及计数器 2。它们均可独立地作为计数器和定时器。每个计数器都有 6 种工作方式,每种工作方式是靠方式字来设置,从而产生不同方式的电信号。

本实验目的:

(1)了解 8253A 基本工作方式的特点和功能。

(2)掌握 8253A 的编程方法。

5.3.2.2 实验设备

(1)IBM PC 机(PC/XT、AT、286、386、486)。

(2)BH-86 通用微机实验培训装置。

(3)示波器。

5.3.2.3 实验内容

编写程序,并以电路积木 D 为主组成实验电路。

对 8253A 可编程计数器/定时器进行基本工作方式实验。将计数器/定时器分别置为方式 0、方式 1、方式 2、方式 3,计数初值可设为不同的值,在示波器上观察同一方式下及不同计数初值下的工作波形。同时可将门控信号 GATE0 设置为"0"或"1",观察工作波形。

5.3.2.4 实验步骤

A 电路设计

在进行电路设计之前,应了解 8253A 的基本结构与工作原理。8253A 由 6 个部分组成,其工作原理图和引脚图如图 5-11 所示。

(1)计数器(计数器 0、计数器 1、计数器 2)。8253 内部有 3 个独立的计数器/定时器通道。每个通道的结构完全相同,每个通道都有一个 16 位初始值寄存器,一个计数执行部件(减法计数器)和一个锁存寄存器。在编程时,可将计数初值送入 8253A 的初始值寄存器中,计数执行部件从初始值寄存器中得到计数初值,进行减 1 计数。与此同时,锁存器跟随计数执行部件的内容变化而变化,当有一个锁存命令到来时,锁存器便锁存当前计数值,直到被读走以后,又跟随计数执行部件一起动作。

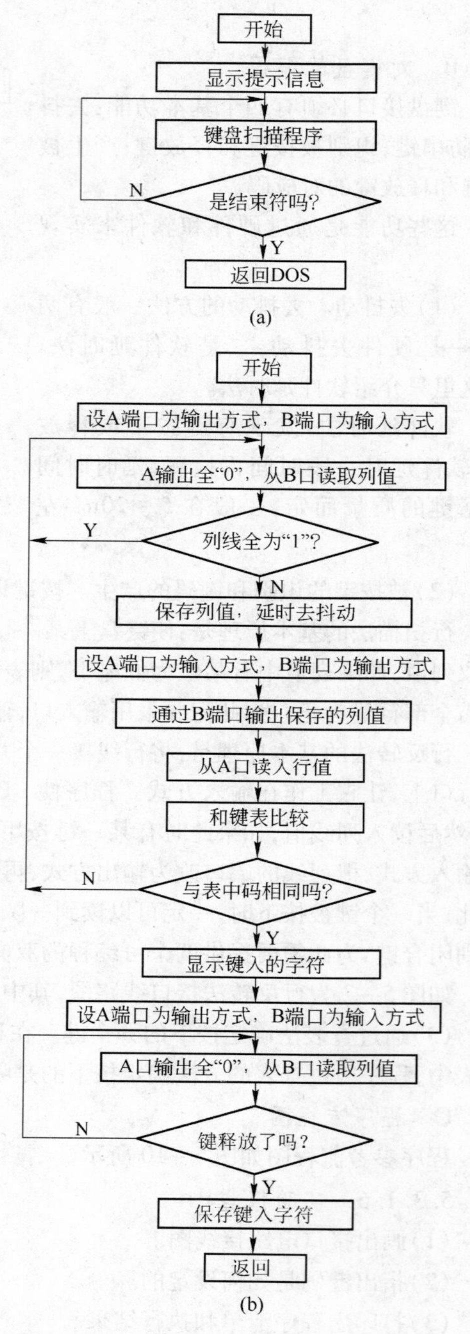

图 5-10　8255A 与小键盘接口程序流程图

(a)主程序;(b)子程序

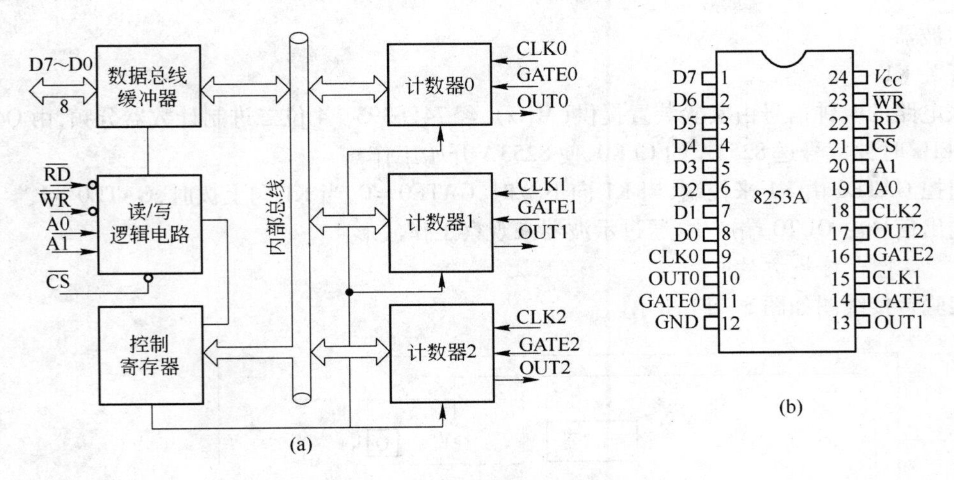

图 5－11　8253A 工作原理图及引脚图
(a)原理图;(b)引脚图

(2)数据总线缓冲器。数据总线缓冲器有 3 个基本功能,是通过所编程序向 8253 写入确定 8253 工作方式的命令,设置方式字,向计数器装入数据,设置计数初值及从计数器读出计数值。

(3)读/写逻辑电路。读/写逻辑电路是负责接受从 CPU 发来的读、写信号和地址信号,经过组合选择读出或写入寄存器,并且确定数据传输方向,是读出还是写入。

(4)控制字寄存器。控制字寄存器是接收 CPU 写入的一个方式控制字。这个方式控制字将控制相应的计数/定时器的工作方式,控制字寄存器只能写入不能读出。

B　实验电路工作原理

本实验电路接线原理图如图 5－12 所示。

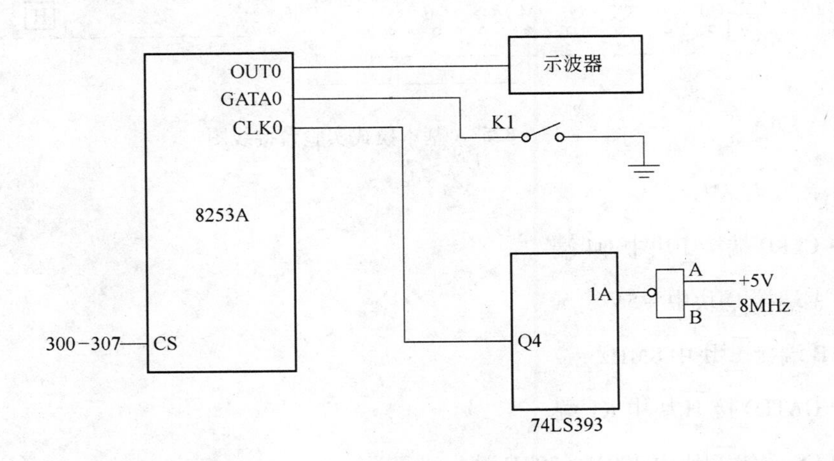

图 5－12　8253A 基本模式实验接线原理图

所用到的集成电路和设备如下:

8253A 计数器/定时器电路

74LS393　4 位二进制计数器

8MHz 时钟脉冲发生器

示波器

开关 K1

该电路的时钟信号由实验装置提供(MHz),经 74LS393　4 位二进制计数器分频,由 Q4 端产生 250kHz 时钟信号送 8253A 的 CLK0,使 8253A 开始工作。

门控 GATE0 由 K1 来控制,当 K1 向下拨时,GATE0 = 0,当 K1 向上拨时,GATE0 = 1。

输出信号由 OUT0 端产生,通过示波器来观察工作波形。

C　实验台接线方法

实验台接线图如图 5 - 13 所示。

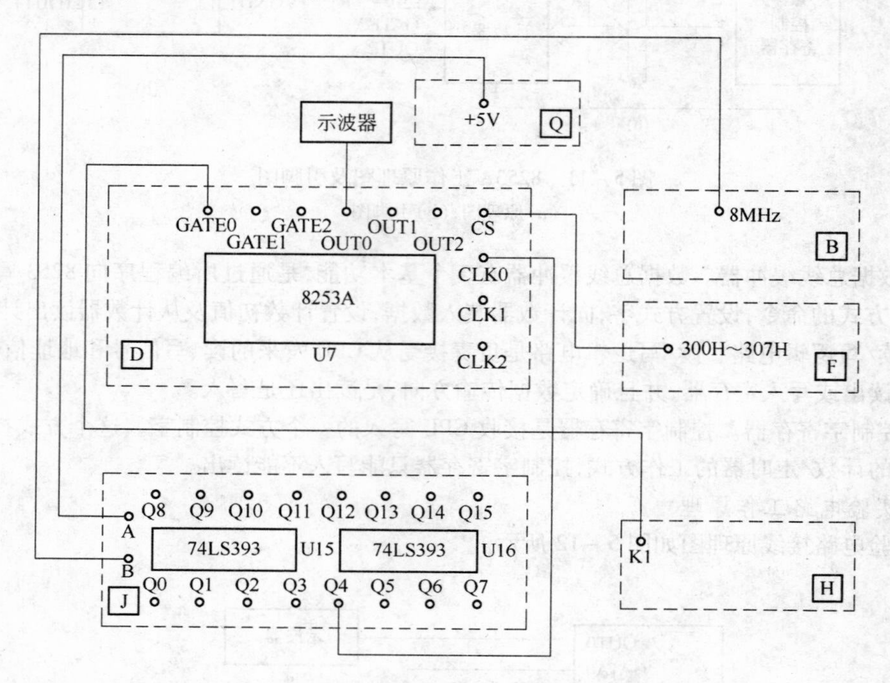

图 5 - 13　8253A 基本模式实验台接线图

接线方法:

D 块中 CLK0 端接 J 块中 Q4 端

J 块中 A 端接 Q 块中 +5V

J 块中 B 端接 B 块中 8MHz

D 块中 GATE0 接 H 块中 K1 端

D 块中 CS 端接 F 块中 300H ~ 307H 端

D 块中 OUT0 接示波器

D　编写程序

在 PC 机上编写程序,其过程为:编写源程序,汇编,连接,直到程序调试成功。

E　执行程序

打开实验装置的开关 S(当实验装置外加电源时),在 PC 机上运行可执行程序(文件名

. EXE)，通过示波器观察在不同方式下 OUT0 的输出波形。

(1)当计数初值为 N1 时，K1 打开和关闭时 OUT0 的波形。

(2)当计数初值为 N2 时，K1 打开和关闭时 OUT0 的波形。

5.3.2.5　编程提示

对 8253 计数器/定时器进行操作时，必须遵循两个原则：

(1)对计数器设置初始值前必须先设置控制字。

(2)设置初始值时，应与控制字中的格式规定一致，当控制字中设置只读、写高字节或只读、写低字节时，初始值为 1 字节。当控制字中设置先读低字节，后读高字节时，初始值为 2 字节，分两次传送。

8253 计数器/定时器的输入、输出信号及各种功能如表 5-2 所示，表中给出了实验装置上 8253 的各端口地址。

表 5-2　8253 管脚基本操作

$\overline{CS}$	A1	A0	$\overline{WR}$	RD	操作内容	D0~D7 的状态	端口地址
0	0	0	0	1	往计数器 0 写入“计数初值”	输入	300H
0	0	0	1	0	从计数器 0 读出“当前计数值”	输出	
0	0	1	0	1	往计数器 1 写入“计数初值”	输入	301H
0	0	1	1	0	从计数器 1 读出“当前计数值”	输出	
0	1	0	0	1	往计数器 2 写入“计数初值”	输入	302H
0	1	0	1	0	从计数器 2 读出“当前计数值”	输出	
0	1	1	0	1	往控制寄存器写入控制字	输入	303H

A　8253 的控制寄存器的格式(控制字)

8253 的控制寄存器的格式(控制字)，如图 5-14 所示。8253 锁存命令时配合读出命令用，

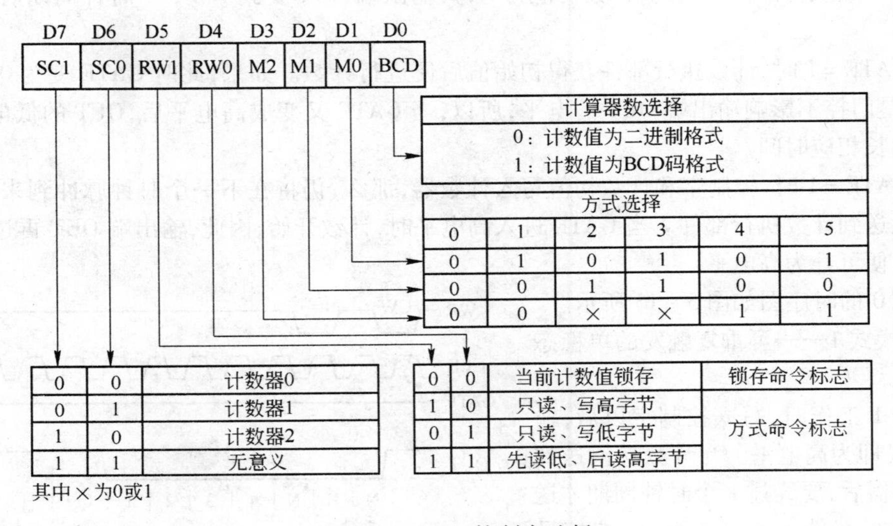

图 5-14　8253 控制字选择

在读计数值时，必须先用锁存命令将当前计数值在输出锁存器中锁存，否则在读数时，计数器的值可能处于改变过程，这样就可能得到一个不准确的结果。

B　8253 的工作方式

8253 有 6 种工作方式，见表 5－3。

表 5－3　8253 6 种工作方式下受门控信号影响的情况

工作模式	GATE 引脚输入的状态				OUT 引脚输出状态
	低电平	下降沿	上升沿（下一个 CLK 的下降沿时）	高电平	
0	禁止计数	暂停计数	开始或继续计数	允许计数	计数至 0 后，输出高电平
1	—	—	置入初值，触发计数，置 OUT 为低电平	—	输出 N 个宽度的低电平
2	禁止计数	停止计数置 OUT 为高	置入初值开始计数	允许计数	周期为 N 的负脉冲
3	禁止计数	停止计数置 OUT 为高	置入初值开始计数	允许计数	周期为 N 的方波
4	禁止计数	停止计数	置入初值开始计数（写入初值，软件触发）	允许计数	计数至 0，输出负脉冲
5	—	—	置入初值，触发计数	—	计数至 0，输出负脉冲

（1）模式 0——计数结束产生中断。

在模式 0 工作时，写入控制字以后，输出端 OUT 为低电平；在计数值未达到 0 以前，一直保持低电平。当计数值达到 0 时，输出端 OUT 变为高电平，并且一直保持高电平，直至写入新的计数值。

在开始工作时，控制字和计数初值写入计数器，但必须在下一个时钟脉冲到来时，计数初值才能送到计数执行部件。因此，计数初值为 N，其输出端 OUT 要到 N + 1 个时钟周期后，才升为高电平。

当 GATE = 1 时，计数执行部件获得初始值后便进行计数。如果，此时 GATE 变为 0，则计数停止，但是门控不影响输出端 OUT 的电平，所以，当 GATE 又变成高电平后，OUT 的低电平持续时间也延长相应时间。

当 GATE = 1 时，控制字和计数初值写入计数器，那么，仍将在下一个时钟脉冲到来时，计数初值才能送到计数执行部件。当 GATE 进入高电平时，计数开始，因此，输出端 OUT 再过 N 个时钟周期后便可升为高电平。

模式 0 的时序图如图 5－15 所示。

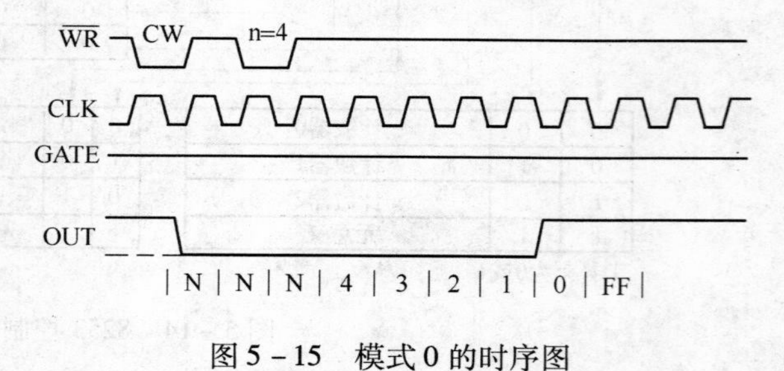

图 5－15　模式 0 的时序图

（2）模式 1——可重复触发的单稳态触发器。

模式 1 工作时，写入控制字以后，输出端 OUT 即为高电平。当计数初值送到初值寄存器后，要经过一个时钟周期才送到计数执行部件。另一方面，门控信号 GATE 上升沿到来时，使触发器触发，下一个时钟脉冲时，OUT 变为低电平，并在计数达到 0 以前一直保持低电平。当计数器到达 0 时，OUT 变成高电平，并在下一次触发后的第一个时钟脉冲到来前一直保持高电平。因此，当计数初值为 N 时，那么输出端 OUT 将产生维持 N 个时钟周期的输出脉冲。

模式 1 时，触发是可以重复进行的。

模式 1 的时序图如图 5－16 所示。

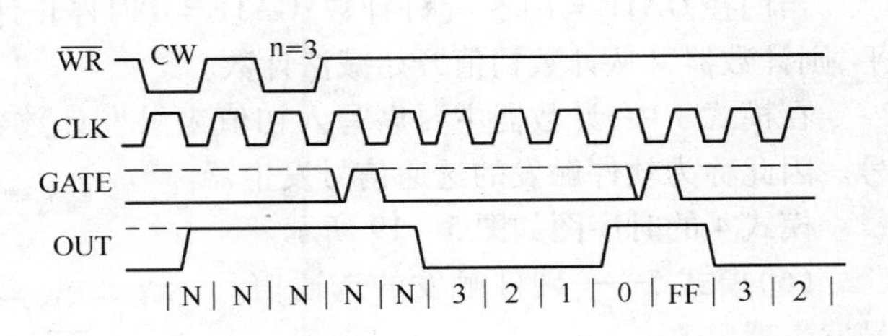

图 5－16 模式 1 的时序图

(3) 模式 2——分频器。

模式 2 工作时，写入控制字以后，输出端 OUT 即为高电平。当计数初值送到初值寄存器后，要经过一个时钟周期才送到计数执行部件。然后，计数执行部件作减 1 运算，减到 1 时，OUT 变为低电平。完成一次运算后，输出端 OUT 又变为高电平，开始一个新运算过程，如此重复进行下去。当初始计数值为 N 时，其输出周期为 N 个时钟周期。其中 N－1 个时钟周期内 OUT 为高电平，一个时钟周期为低电平。

因此，当 GATE＝1 时，8253 工作如同 N 分频器的计数器。在这种模式下，不但高电平的门控信号有效，上升跳变的门控信号也有效。

模式 2 的时序图如图 5－17 所示。

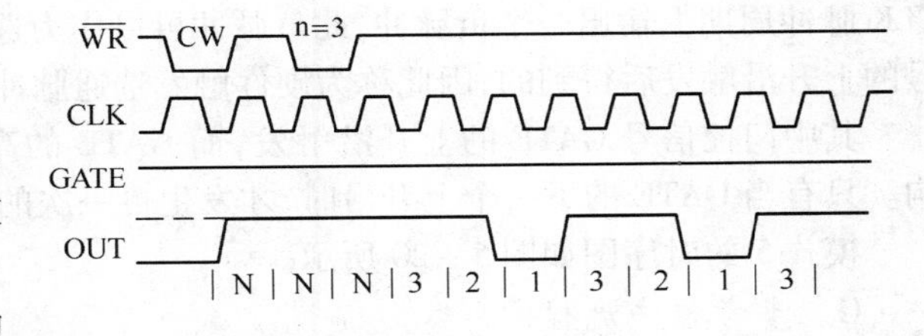

图 5－17 模式 2 的时序图

(4) 模式 3——方波发生器。

这种模式的工作过程与模式 2 类似，门控的作用和自动重复计数都是相同的。只是 OUT 引脚输出波形不同，它在计数过程中输出一系列方波。

当计数初值 N 为偶数时，输出对称的方波，也就是 OUT 输出的高电平和低电平的时间均为 N/2 个时钟周期。

当计数初值 N 为奇数时，则输出端的高电平持续时间比低电平持续时间多一个时钟周期，即高电平持续(N＋1)/2，而低电平持续(N－1)/2，输出为矩形波，而整个输出周期仍为 N 个时钟脉冲周期。

模式 3 的时序图如图 5－18 所示。

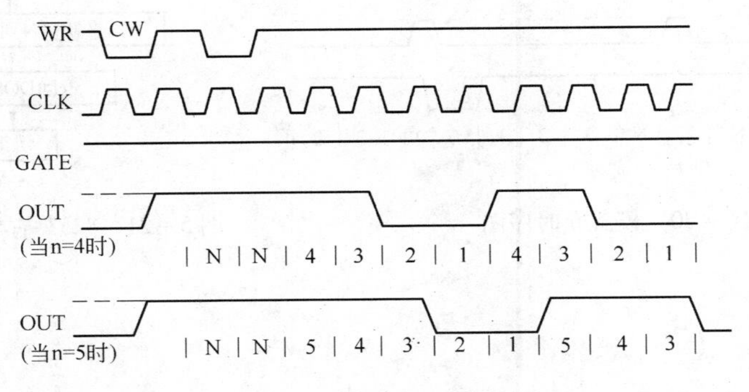

图 5－18 模式 3 的时序图

(5) 模式 4——软件触发的选通信号发生器。

在这个工作模式中，写入模式命令后 OUT 引脚为高电平。在 GATE 为高电平时，将计数初值送入后，下一个 CLK 脉冲的下降沿开始减“1”计数。当计数值为 0 后，OUT 变为低电平，一般将此负脉冲作为选通信号。又经过一个 CLK 脉冲后，OUT 又变为高电平。

当门控 GATE = 1 时，允许计数；GATE = 0 时停止计数，维持当时的电平。如果再次成为高电平，则计数器又从计数初值开始减法计数。

在模式 4 中，计数器主要靠写入初值来触发计数器工作，从而产生一个负脉冲作为选通信号。因此称为软件触发的选通信号发生器。

模式 4 的时序图如图 5－19 所示。

(6)模式 5——硬件触发的选通信号发生器。

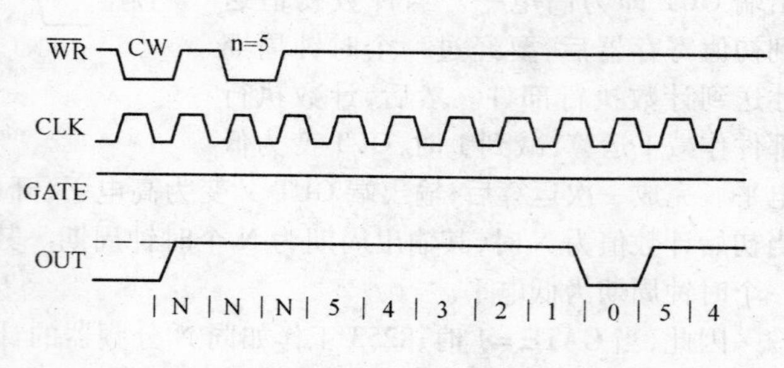

图 5－19　模式 4 时序图

在模式 5 中，当写入控制字和计数初值后，OUT 变为高电平。在门控信号 GATE 的上升沿触发，在一个时钟 CLK 脉冲下降沿开始减法计数。计数结束后(计数值为 0)，OUT 输出变为低电平，其宽度为 1 个时钟周期的负脉冲，然后又变成高电平，即在第 N + 1 个 CLK 脉冲周期上输出一个负脉冲，此负脉冲可以作为选通脉冲，它是通过硬件电路产生的门控信号的上升沿触发后得到的，因此称为硬件触发选通脉冲。

其中门控信号 GATE 的上升沿触发，而 GATE 的高电平、低电平及下降沿对计数过程无影响。只有当 GATE 的下一个上升沿时，才发生再一次的触发。

模式 5 的时序图如图 5－20 所示。

C　参考程序流程图

8253 基本工作模式流程图如图 5－21 所示。其中对 8253 计数器/定时器 0 的控制字设置为：

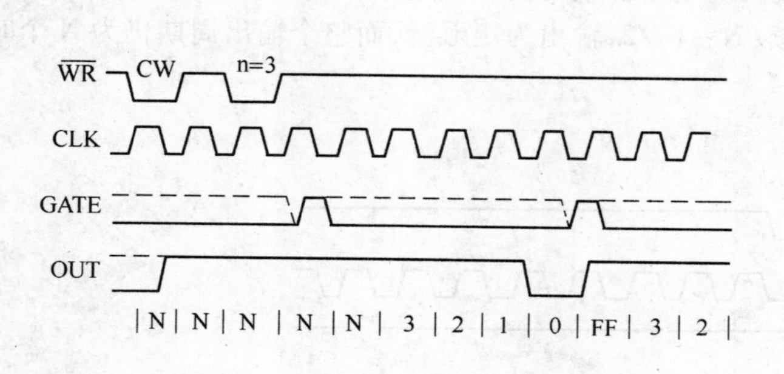

图 5－20　模式 5 时序图

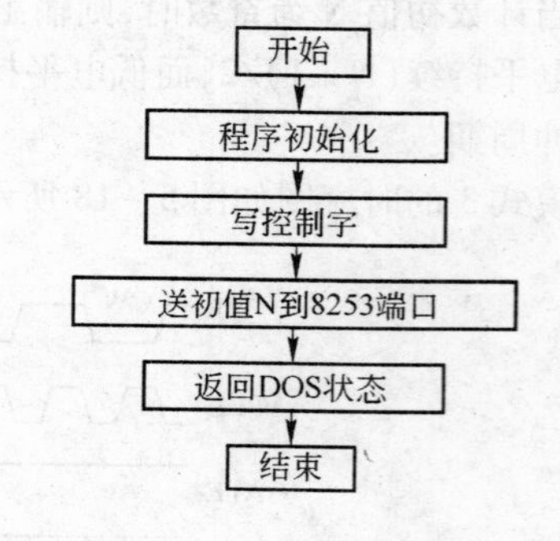

图 5－21　8253 基本工作模式流程图

模式 0:31H

模式 1:33H

模式 2:35H

模式 3:37H

模式 4:39H

模式5:3BH

8253控制器端口地址为303H。

8253计数器/定时器0端口地址为300H。

5.3.2.6 实验报告

(1)画出电路接线图。

(2)分析电路的工作原理。

(3)写出或打印出程序清单和执行结果。

(4)画出示波器上显示的波形。

(5)回答思考题。

5.3.2.7 思考题

分析实验中各种方式的特点与差别。

5.3.3 可编程中断控制器(8259A)实验

5.3.3.1 实验目的

在微机系统中,当有若干个外部设备同时发出中断请求,或系统正在处理某一个中断时又有外部设备申请中断,这就需要有一个中断优先权管理的问题,可编程中断控制器8259A就是配合CPU进行中断处理的芯片,它主要完成:

(1)优先级别排列管理:根据任务的轻重缓急或设备的特殊要求,分配中断源的等级。

(2)接受外部设备的中断请求:经过优先权判决,得到一个中断源的中断请求级别最高,然后向CPU提出中断请求INT,或者拒绝外设的中断请求,给以屏蔽。

(3)提供中断类型号:为CPU提供中断服务子程序的入口地址。

本实验目的是:

(1)掌握8259A基本性能和初始化的命令方式。

(2)学会编写中断处理程序。

5.3.3.2 实验设备

(1)IBM PC机(PC/XT、AT、286、386、486)。

(2)BH-86通用微机实验培训装置。

5.3.3.3 实验内容

实验内容是编写程序:利用BH-86通用微机实验培训装置上的可编程计数器/定时器8253产生中断请求信号,使PC机内8259A产生中断,每次PC机响应外部中断请求时,在显示器上显示“hello”中断8次后退出。

5.3.3.4 实验步骤

A 电路设计

首先了解8259A的基本结构与工作原理。8259A内部结构如图5-22所示,其引脚图如图5-23所示。8259A是由中断请求寄存器(IRR)、优先级裁决器(TR)、中断服务寄存器(ISR)、数据总线缓冲器、读写电路、级联缓冲/比较器、控制逻辑电路和两个寄存器组、初始化命令寄存器组和操作命令寄存器等组成。

其工作原理如下:当有外部中断请求信号时,由8259A的中断请求寄存器(IRR)IR0~IR7来接收中断请求信号,IR0~IR7中某一位为“1”说明该位有中断请求。控制逻辑电路根据中断屏蔽寄存器IMR(即OCW1)中的对应位决定是否让此请求通过。当IMR对应位为“0”,则允许该位中断请求进入中断优先级裁决器进行裁决,将新进入的中断请求和当前正在处理的中断请

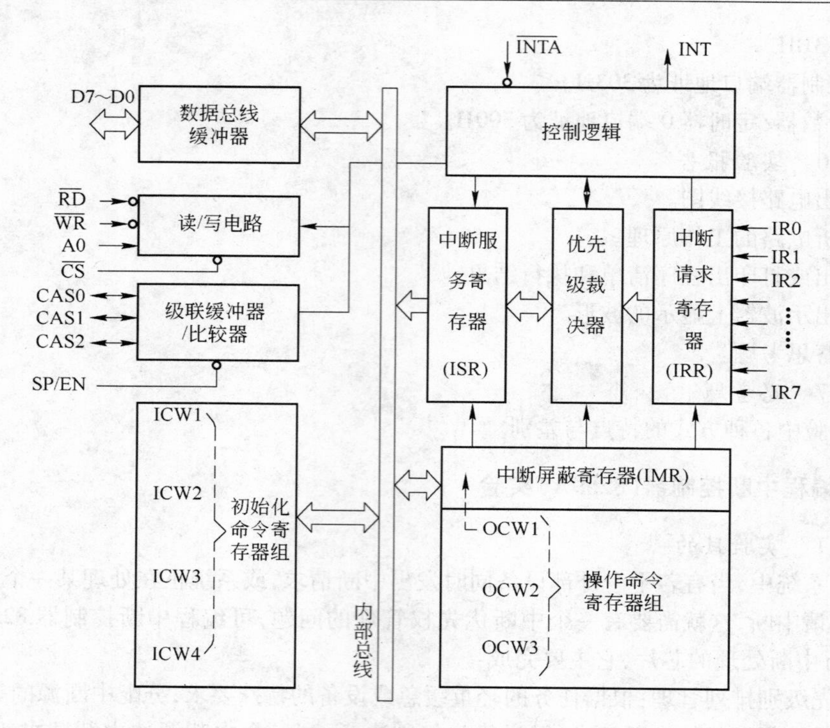

图 5－22　8259A 内部结构框图

求进行比较，从而决定哪一个优先级高。当前中断服务寄存器 ISR 就是用来存放当前正在处理的中断请求。如果判断出新进入的中断请求具有足够高的优先级，那么，中断裁决器将通过控制逻辑电路使 8259A 的输出端 INT 为 1，从而向 CPU 发一个中断请求信号。

如果 CPU 的中断允许标志 IF 为 1 时，在 CPU 执行完当前指令后，向 8259A 的 INTA 端发出中断应答信号。该信号是往 8259A 送回两个负脉冲。

当第一个负脉冲到达时，首先解除 IRR 的锁存功能，使 IR0 ~ IR7 不接收中断请求信号，直到第二个负脉冲到来时恢复锁存功能，使当前中断服务寄存器 ISR 中的相应位置为“1”，说明当前正在为该中断进行服务，将 IRR 寄存器中的相应位清“0”。

当第二个负脉冲到达时，8259A 将中断类型寄存器的内容 ICW2 送数据总线 D7 ~ D0，即为中断类型码。

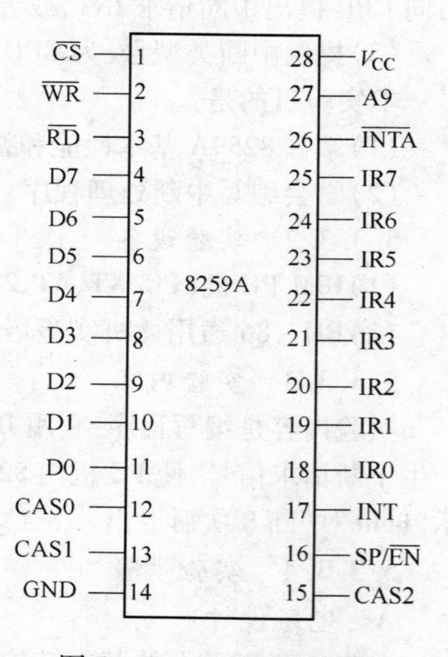

图 5－23　8259A 引脚图

如果 ICW4（方式控制字）中的中断自动结束位为“1”，那么，在第二个负脉冲到来时设置当前中断服务寄存器 ISR 相应位清“0”。

B　实验电路工作原理

本实验电路接线原理图如图 5－24 所示。

该实验中的中断请求信号由实验台上的计数器/定时器 8253A 提供。

可编程中断控制采用 PC 机内的 8259A。

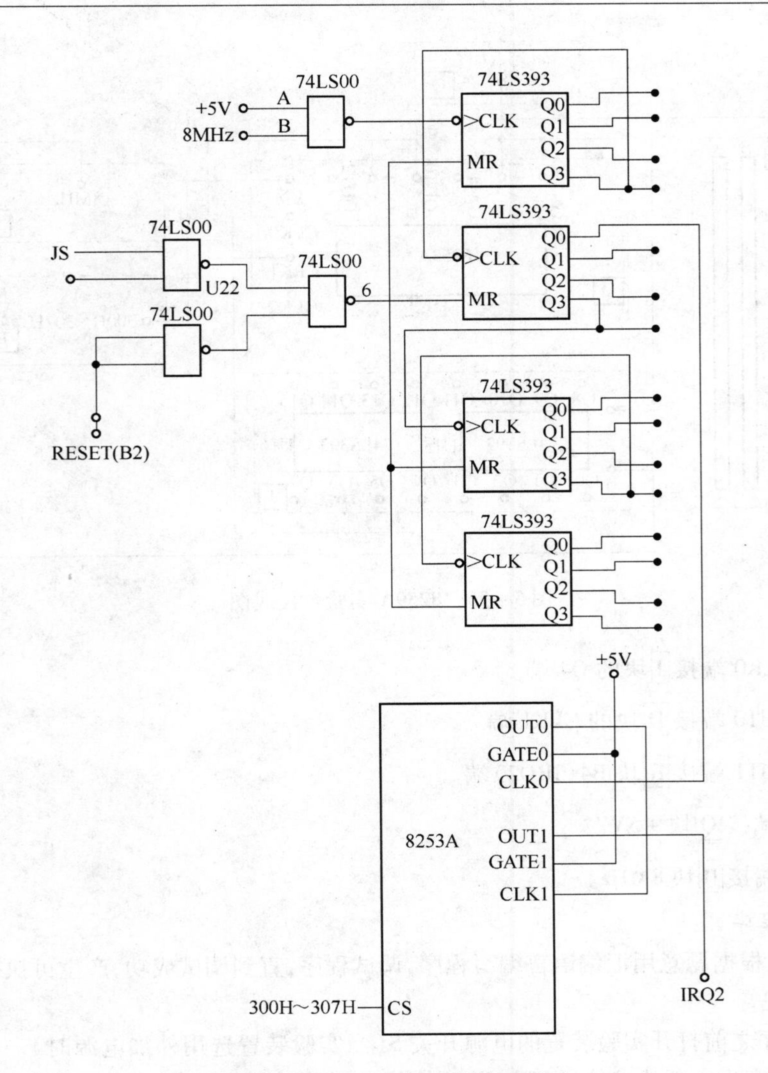

图 5-24 8259A 实验接线原理图

将可编程计数器/定时器 8253A 组成一个频率发生器，将 8253A 的 OUT1 输出端的输出信号送 PC 总线接口 IRQ2 端，将中断请求信号送入机内 8259A。中断处理过程由机内 8259A 来处理。

所用到的集成电路和设备如下：

可编程计数器/定时器 8253A

8MHz 时钟脉冲发生器

74LS393 4 位二进制计数器

PC 总线接口

C 实验台接线方法

实验台接线方法如图 5-25 所示。

接线方法：

[D]块中 CS 端接[F]块 300H~307H 端。

[D]块中 GATE1 和 GATE0 接[Q]块的 +5V。

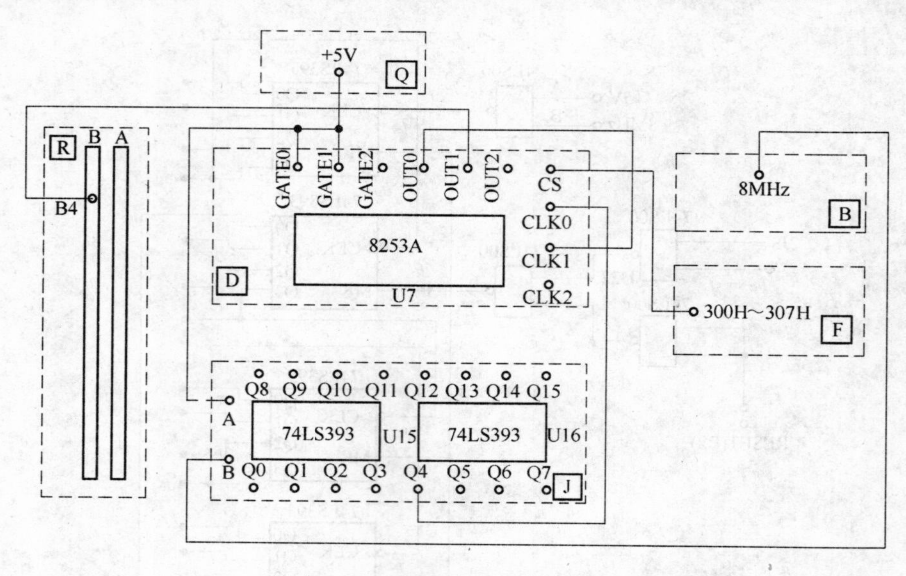

图5-25　8259A实验台接线图

D块中CLK0端接J块的Q4端。

D块中OUT0端接D块的CLK1端。

D块中OUT1端接R块B4(IRQ2)端。

J块中A端接Q块+5V。

J块中B端接B块8MHz。

D　编写程序

在PC机上根据题意用汇编语言编写程序,调试程序,直到调试成功,产生可执行文件。

E　执行程序

在执行程序之前打开实验装置的电源开关S(当实验装置选用外加电源时)。在PC机上执行程序,先执行产生中断请求信号程序,然后执行中断处理服务程序。可以通过PC屏幕观察执行结果。

5.3.3.5　编程提示

A　地址编码

可编程中断控制器8259A是PC机内的8259A,其地址为:偶地址为20H,奇地址为21H。

可编程计数器/定时器8253A,利用实验装置上的8255A,其各端口地址为:

计数器/定时器0:300H

计数器/定时器1:301H

计数器/定时器2:302H

控制寄存器端口地址:303H

B　8259A的初始化命令字和操作命令字

(1)初始化命令字:在8259A进入正常工作之前,必须将系统中的8259A进行初始化。初始化是通过系统初始化程序设置的,初始化命令字已在微机系统初始化程序中设置完毕。它提供给用户:中断类型码为0AH,即主机启动时已将8259A的中断寄存器前5位初始化为00001,此外机内 8259A 初始化为普通结束方式。

(2)操作命令字:操作命令字是在应用程序中设置。它用于对中断处理过程中作动态控制。

8259A 有 3 个命令字,即 OCW1 ~ OCW3,在应用程序设置时,次序上无要求,可先后任意,但在端口地址上有严格规定,即 OCW1 必须写入奇地址端口,OCW2 和 OCW3 必须写入偶地址端口。下面简介 8259A 的 3 个操作命令字的设置与功能。

1)OCW1 命令字:

功能:设置中断屏蔽操作字。

格式:当 OCW1 中某一位为“1”时,对应于这一位的中断请求就受到屏蔽;如果 OCW1 中某一位为“0”时,对应于这一位的中断请求得到允许(见图 5 - 26)。

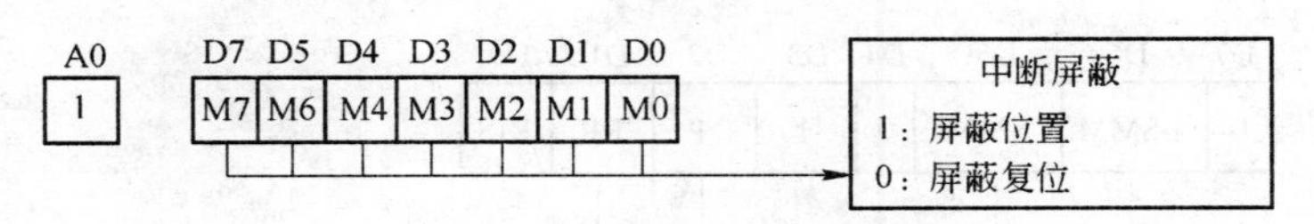

图 5 - 26 OCW1 操作命令字

2)OCW2 命令字:

功能:用来设置优先级循环方式和中断结束方式的操作命令字,要求写入偶地址端口(即 A0 = 0)。

格式:如图 5 - 27 所示。其中:

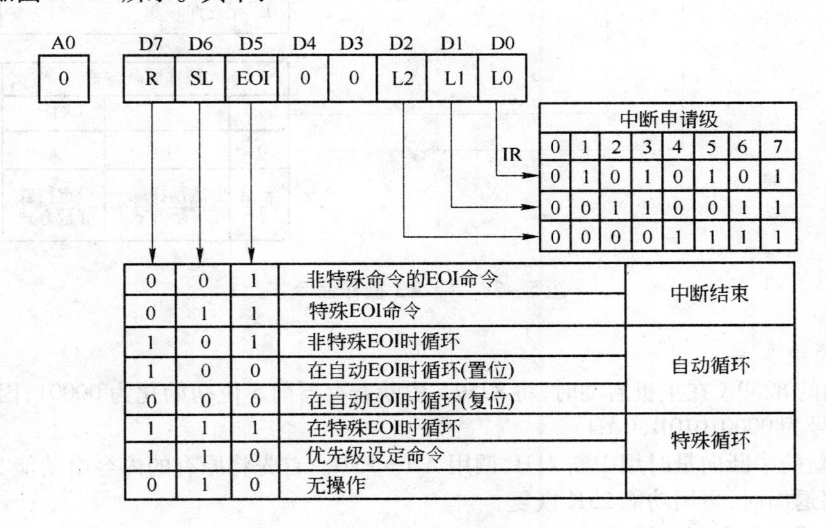

图 5 - 27 OCW2 操作命令字

EOI:中断结束命令,该位为 1 时,则复位现行中断级的中断服务寄存器(ISR)的相应位,以便允许系统再为其他级中断源服务。

R:中断排列是否循环的标志,R = 1 是优先级循环方式,R = 0 是非循环方式。优先级循环是指中断源优先级采用循环轮换方式,IRQ0 为最高级,IRQ7 为最低级。

L2、L1、L0:系统中最低优先级的编码,用户可通过此编码来指定最低优先级,用以改变 8259A 复位时所设置的 IRQ2 为最高,IRQ7 为最低的优先级规定。

SL:选择 L2、L1、L0 编码是否有效的标志,若 SL = 1,则 L2、L1、L0 选择有效;若 SL = 0,则无效,即优先级仍为 IRQ0 最高,IRQ7 最低。

3）OCW3 操作命令字：

功能：其一，设置和撤销特殊屏蔽方式；其二，设置中断查询方式；其三，设置对 8259A 内部寄存器的读出命令。OCW3 必须被写入 8259A 的偶地址端口（A0 =0）。

格式：如图 5－28 所示，其中：

ESMM：为特殊屏蔽模式允许位。

SMM：为特殊模式位。

当 ESMM = SMM =1 时，可使 8259A 脱离当前优先级方式，按特殊屏蔽方式工作。

P：为查询方式位，当 P =1A 时，8259A 设置为中断查询工作方式。

RR，RIS：读寄存器 IRR、ISR 命令。

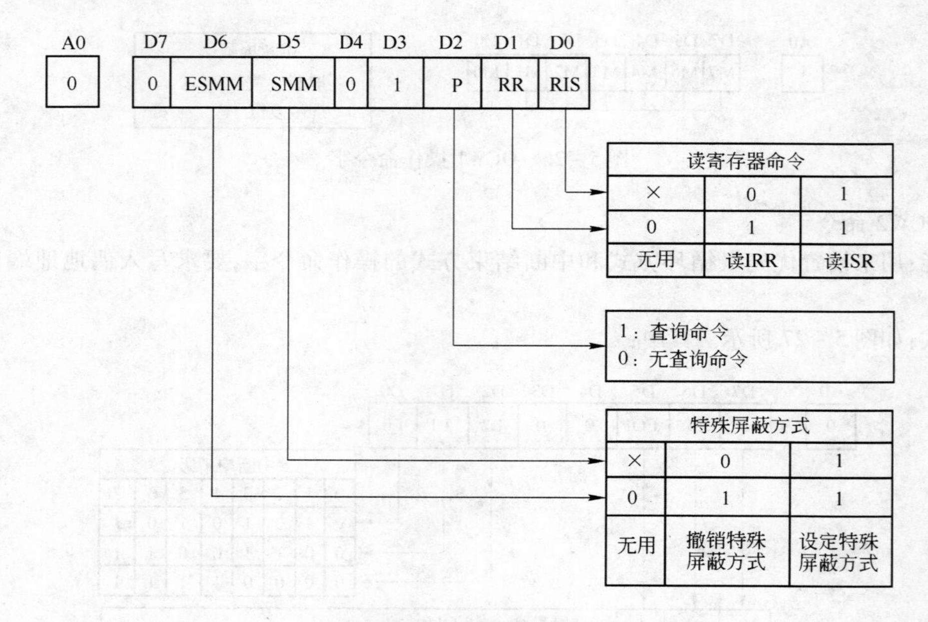

图 5－28 OCW3 操作命令字

C 中断类型号

PC 机内的 8259A 在主机启动时，将 8259A 中断寄存器前 5 位初始化为 00001，因此 IRQ2 的中断类型型号为 00001010B（0AH）。

当设置新的中断向量时用中断 21H，调用 AH =25H。首先将原有的内容由功能 35H 得到并保存，在程序退出时，再用功能 25H 恢复。

例如：设置新的中断向量 0AH。

（1）首先用 35H 得到当前中断处理程序地址：

```
MOV AH,35H
MOV AL,0AH
INT 21H
MOV AX,ES
MOV CSR,AX    ;保存当前中断处理程序段地址。
MOV IPR,BX    ;保存当前中断处理程序偏移地址。
```

（2）设置新的中断向量：

```
MOV AH,25H
```

```
MOV AL,0AH
INT 21H
```

(3)恢复原中断向量：

```
MOV DX,IPR   ;恢复段地址
MOV AX,CSR   ;恢复偏移地址
MOV DS,AX
MOV AH,2 5H  ;置功能号
MOV AL,0AH
INT 21H      ;中断
```

(4)允许IRQ2中断：在使用IRQ2时，首先要将中断屏蔽寄存器的原有内容保存起来，然后再用OCW1的格式将IRQ2的对应位置为“0”，允许IRQ2中断请求。

```
IN AL,21H       ;取原IMR的内容送AL中
PUSH AX         ;保存入栈
AND AL,0FBH     ;置IRQ2端为“0”，允许中断
OUT 21H,AL      ;写入屏蔽寄存器(IMR)
```

(5)中断结束命令：PC机系统中的8259A工作在全嵌套方式下，应用程序中的中断处理程序结束时，需发中断结束命令(用OCW2操作命令字)。

```
MOV DX,21H
MOV AL,20H      ;置OCW2命令字,EOI=1,中断结束
OUT DX,AL       ;送偶地址端口
```

(6)关闭IRQ2对应位的屏蔽位：在中断程序结束前，应关闭中断屏蔽寄存器中IRQ2的对应屏蔽位，禁止IRQ2申请中断。

```
MOV DX,21H      ;奇地址送DX
IN AL,DX        ;取出中断屏蔽寄存器中的内容
OR AL,04H       ;将IRQ2对应位置为“1”
OUT DX,AL       ;送中断屏蔽寄存器中
```

(7)参考程序流程如图5-29所示。

5.3.3.6 实验报告

(1)画出该实验电路接线图，叙述中断请求的产生和中断相应的过程。

(2)打印出程序清单和执行结果。

(3)在实验过程中，出现了哪些问题，是如何解决的?

5.3.3.7 思考题

(1)在编程过程中，用到了哪些操作命令字?

(2)在执行中断服务程序之前，保存了哪些特点，为什么?

5.3.4 实验 A/D转换器(ADC 0809)实验

5.3.4.1 实验目的

计算机处理的信息为数字量信息，而对控制现场进行控制时，被控对象一般是连续变化的物理量。物理量必须经过转换，变为数字量送入计算机才能进行处理。将模拟量转变为数字量的过程称为A/D转换。

本实验主要目的是：

(1)掌握利用A/D转换芯片(ADC 0809)，将模拟量转换成数字量的过程与基本原理。

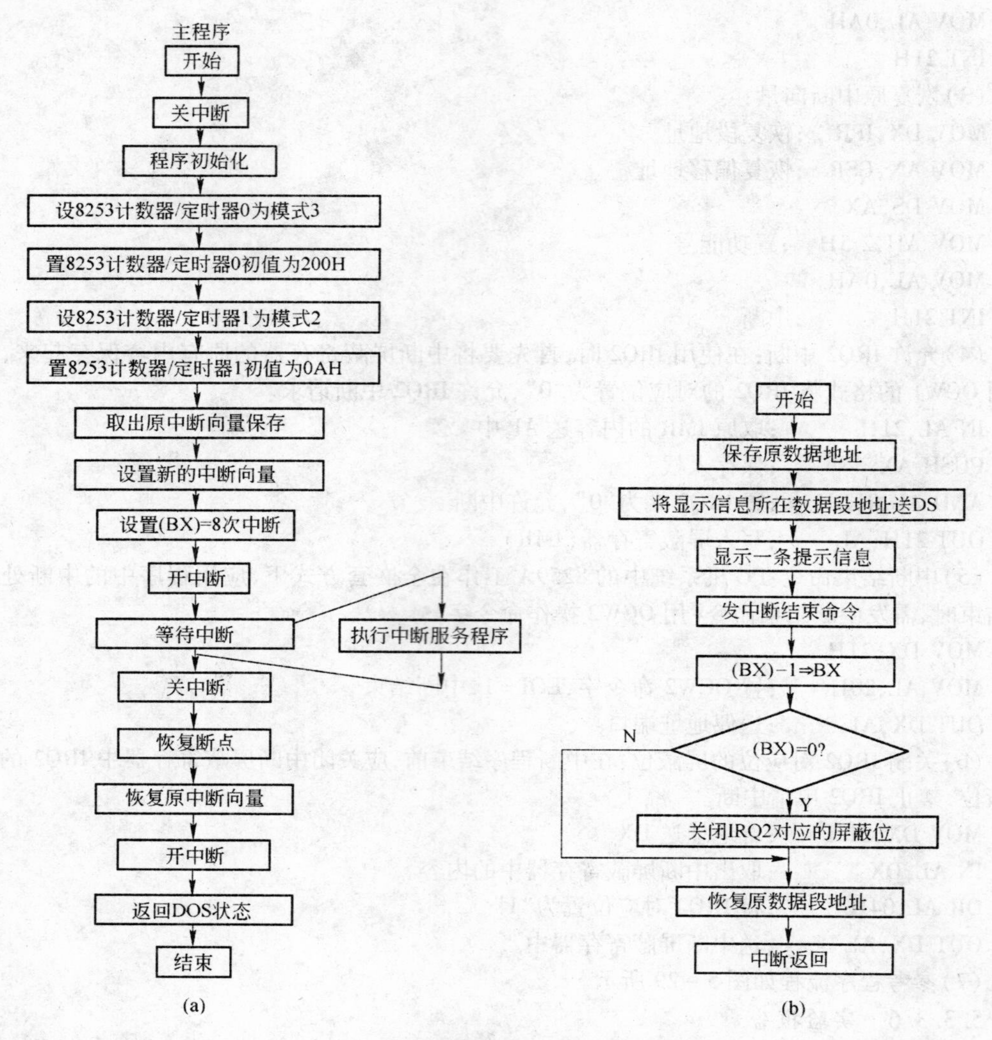

图 5-29　8259A 实验程序流程图

(a)主程序;(b)中断服务程序

(2)学会利用 ADC 0809 芯片进行模/数转化的编程方法。

5.3.4.2　实验设备

(1)IBM PC 机(PC/XT、AT、286、386、486)。

(2)BH-86 通用微机实验培训装置。

5.3.4.3　实验内容

编写程序:将一个由电位器产生的模拟信号转换成微机所能接受的数字量信号,转换结果送入微机内存中,并显示在屏幕上。采样点取 256 个。

5.3.4.4　实验步骤

A　电路设计

(1)ADC 0809 简介。ADC 0809 是用逐次比较法进行的 8 位 A/D 转换器,它具有 8 个通道的模拟量输入。

ADC 0809 转换器的主要技术指标：

电源电压	6.5V
分辨率	8 位
时钟频率	640kHz
未经调整误差	1/2LSB 和 1LSB
转换时间	100μs
功耗	150mW
模拟输入电压范围	0～5V
单电源	5V

ADC 0809 的内部结构如图 5－30 所示，其引脚排列如图 5－31 所示，各引脚功能见表 5－4。

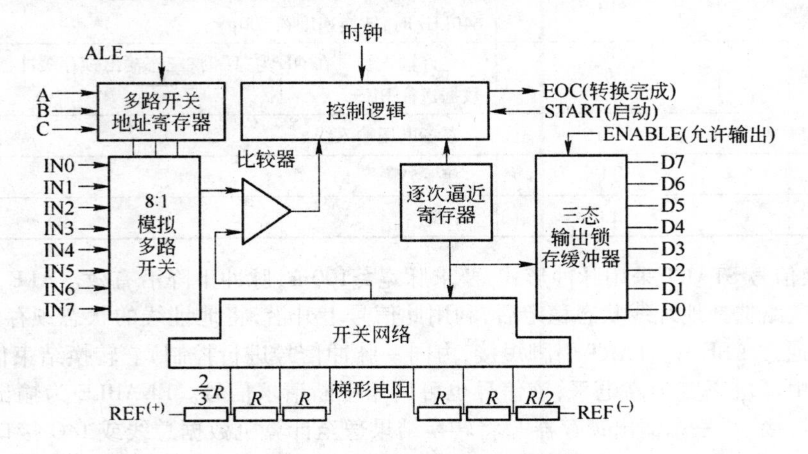

图 5－30　ADC 0809 内部结构图

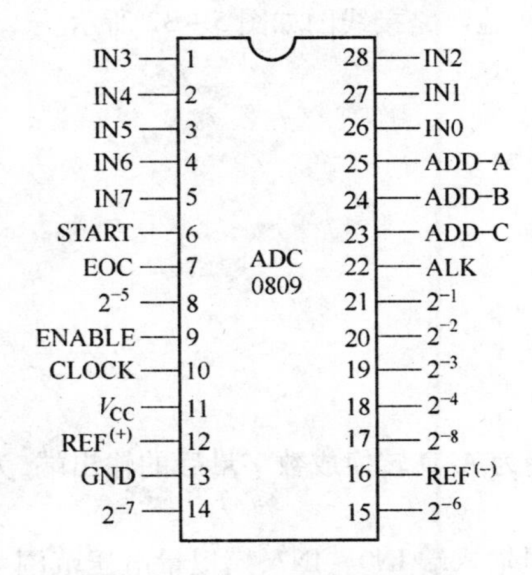

图 5－31　ADC 0809 引脚图

表 5－4　ADC 0809 引脚功能

符　号	引脚号	功　　能
IN0～IN7	26～28，1～5	为 8 个通道模拟量输入线
ADD－A ADD－B ADD－C	25～23	多路开关地址选择线，A 为最低位，C 为最高位，通常分别接在地址线的低三位

续表 5-4

符　号	引脚号	功　　能
$2^{-8}\sim2^{-1}$	17、14、15、8 18～21	8位数字量输出结果
ALE	22	地址锁存有效输入线。该信号上升沿处把A、B、C三选择线的状态锁存入多路开关地址寄存器中
START	6	启动转换输入线。该信号上升沿清除ADC的内部寄存器，而在下降沿启动内部控制逻辑，开始A/D转换工作
EOC	7	转换完成输出线。当EOC为1时表示转换已完成
CLOCK	10	转换定时时钟输入线。其频率不能高于640kHz，当频率为640kHz时，转换速度约100μs
ENABLE	9	允许输入线。在OE为"1"时，三态输出锁存缓冲器脱离三态，把数据送往BUS
REF(+)、REF(-)	12,16	参考电压输入线
V_{CC}	11	接+5V
GND	13	接地

启动转换信号START采用脉冲形式，要求脉宽≥100ns，脉冲下降沿有效。ALE为地址锁存允许，当输入通路选择地址线状态稳定后，利用此信号上升沿，将地址线的状态锁存入芯片的地址锁存器中（通常ALE和START引脚短接，由同一脉冲信号进行控制）。转换结束信号EOC在转换结束时，由低电平变为高电平，该信号也可用作中断请求信号。ENABLE为输出允许，此信号为高电平时，接通"三态输出锁存器"，将转换结果送至计算机数据总线或I/O接口数据总线。A/D转换时钟脉冲CLOCK需由外部电路提供。

(2)实验电路工作原理。实验电路接线图如图5-32所示。

所用集成电路芯片和器件：

ADC 0809 A/D转换器

74LS393　4位二进制计数器

8MHz　时钟脉冲发生器

74LS02　或非门

总线接口

电位器W

其中：

1)ADC 0809的D7～D0端为A/D转换成数字量后的输出端，为三态可控，可直接与微机数据总线连接。

2)ADC 0809有8个模拟量输入端IN0～IN7，模拟量电压范围为0～+5V，模拟量的产生靠电位器W的旋转得到，电路中只用一路模拟量输入，由IN0端接电位器，其他各端不用。

3)ADC 0809的START端为A/D转换的启动信号，ALE端为通道地址的锁存信号，线电路中将START与ALE连接，以便锁存通道地址同时开始A/D采样转换。

4)ADC 0809 CLOCK端的时钟频率范围为10～1280kHz。实验中采用50kHz，由8MHz经74LS393二进制计数器分频后得到。

5)由ADC 0809的转换结束信号EOC来产生中断请求信号，使CPU读入转换后的数据。

(3)实验台接线方法。实验台接线方法如图5-33所示。

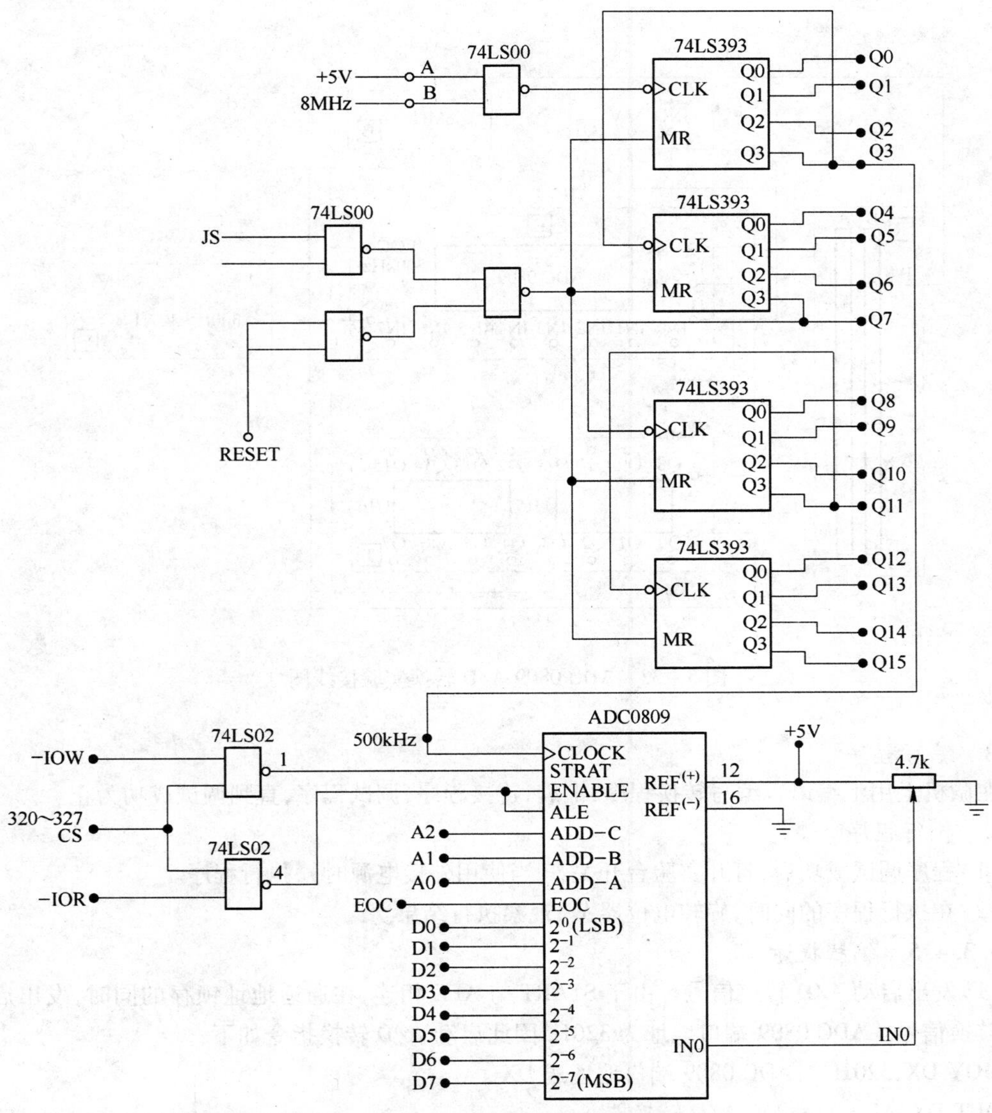

图 5-32 ADC 0809 A/D 转换实验电路图

E块中的 ADC 0809 CS 端接F块中 320H~327H 端。

E块中的 ADC 0809 IN0 端接E块中电位器活动端。

E块中电位器固定端接 +5V。

E块中电位器另一固定端接Q块中 GND。

E块中 ADC 0809 的 500kHz 端接J块中的 Q3 端。

J块中 A 端接Q块中 +5V 端。

J块中 B 端接B块中 8MHz 端。

E块 ADC 0809 的 EOC 端接R块的 B4(IRQ2)端。

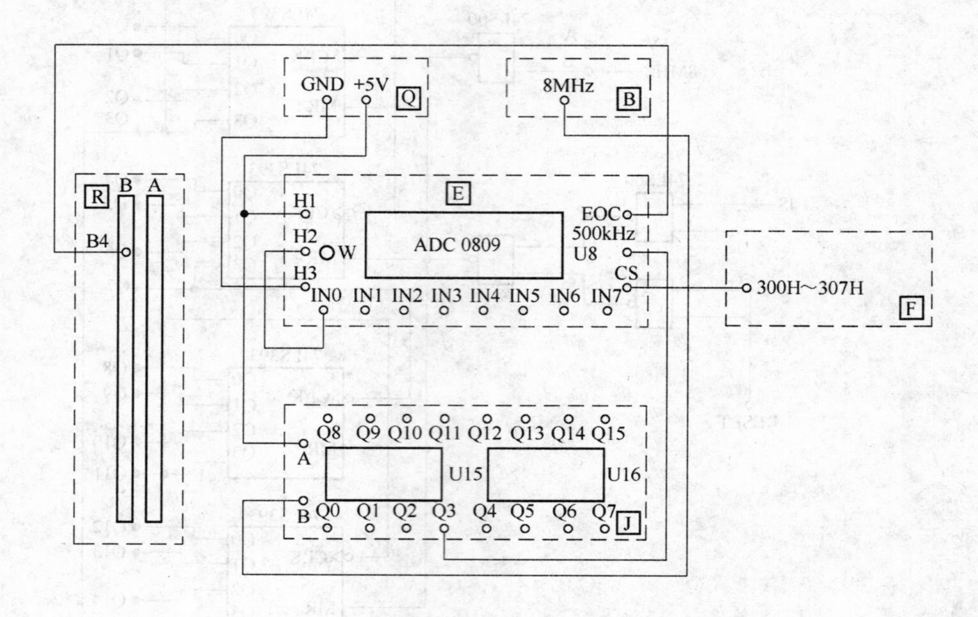

图 5－33　ADC 0809 A/D 转换实验接线图

B　编写程序

在微机上用汇编语言编写转换程序，汇编，连接程序，调试程序，直到调试成功为止。

C　执行程序

(1)程序调试成功后，打开实验台开关 S(当使用外接电源时)，执行程序。

(2)在执行程序的同时，旋转电位器 W，观察执行结果。

5.3.4.5　编程提示

(1)发出启动 A/D 转换信号。由于 START 与 ALE 相连，在通道地址锁存的同时，发出启动 A/D 转换信号。ADC 0809 端口地址为 320H，因此启动 A/D 转换指令如下：

```
MOV DX,320H   ;ADC 0809 端口地址送 DX
OUT DX,AL     ;启动 A/D 转换器
```

(2)将转换信号读入内存。当 A/D 转换结束后，发出中断请求信号向 CPU 申请中断，CPU 要从 ADC 0809 输出端接受数据。

```
MOV DX,320H   ;ADC 0809 端口地址送 DX
IN AL,DX      ;读 ADC 0809 转换数据，并送 AL 中
```

(3)PC 机总线接口的 B4 端是为用户保留的中断请求端口(IRQ2)，在实验电路中，当 A/D 转换结束时，产生 EOC 信号，为中断请求信号，CPU 接到中断请求信号要进行一系列中断前的准备工作，如图 5－34 所示。

(4)参考程序流程图(见图 5－35)。

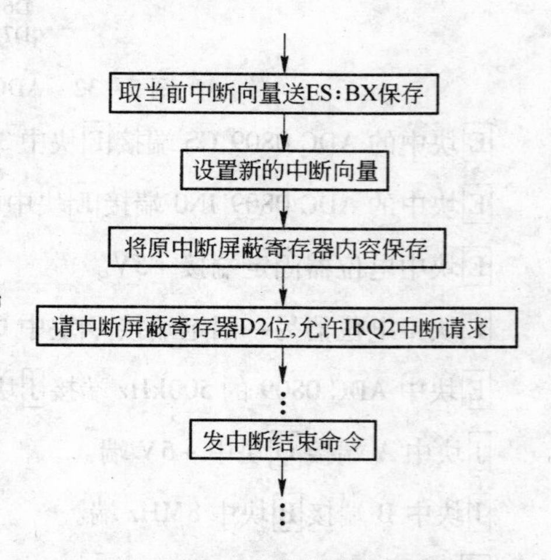

图 5－34　中断前准备工作

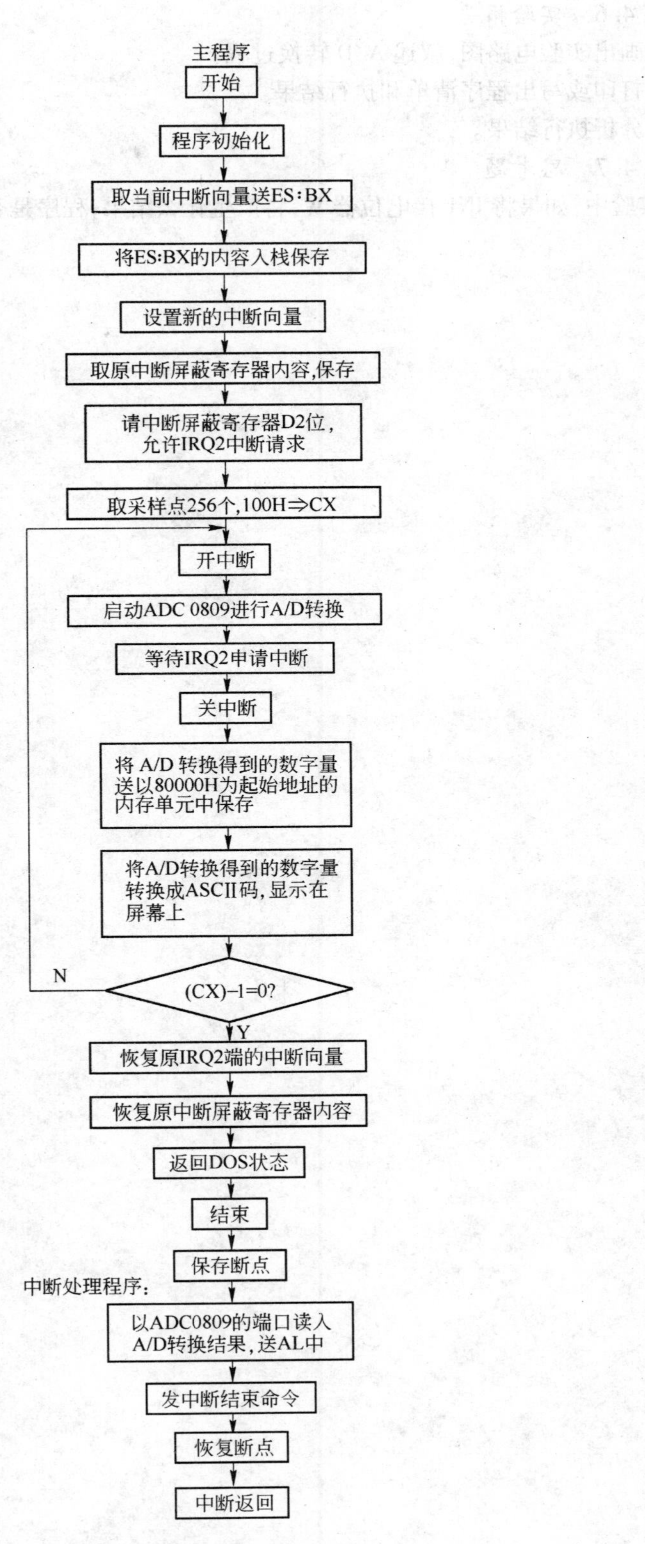

图5-35 A/D转换程序流程图

5.3.4.6　实验报告

(1)画出实验电路图,叙述 A/D 转换过程。

(2)打印或写出程序清单和执行结果。

(3)分析执行结果。

5.3.4.7　思考题

在实验中,如果将 IN1 接电位器 W,将产生什么结果,程序是否需要改动?

6 测试信号处理实验

6.1 概述

现代科技的发展,使得改革传统教学方式迫在眉睫。通过增加实验和培训课程,重点培养学生的创造能力和实际操作能力是教学改革的重要内容之一。机械工程测试技术课程涵盖了非常广泛的理论知识,同时又具有很强的实践性。只有在学习中密切联系实际,加强实验,才能真正掌握有关理论知识。学生只有通过足够和必要的实验,才能受到应有的实践能力的训练,获得关于动态测试工作的比较完整的概念,具备处理实际测试工作的能力。

传统仪器设计复杂、灵活性差,没有摆脱独立使用、手动操作的模式,整个测试过程几乎仅限于简单地模仿人工测试的步骤,在一些较为复杂和测试参数较多的场合下,使用起来很不方便。计算机科学和微电子技术的迅速发展和普及,有力地促进了多年来发展相对缓慢的仪器技术,促使一个新型的仪器概念——虚拟仪器(Virtual Instrument,VI)的出现。深圳蓝津信息自主研发的DRVI(Dynamic Reconfigurable Virtual Instrument)可重组虚拟仪器平台、各种传感器及实验设备,提供了实验对象、信号获取、信号调理、数据分析及处理的一整套创新实验室解决方案。

DRVI在普通虚拟仪器采用的标准PC架构和仪器板卡的基础上,采用软件总线和软件芯片技术,取消传统程序设计中的编译、链接环节,实现虚拟仪器开发平台和运行平台一体化。DRVI具有总线型系统开放结构和软硬件模块组件化、积木化的特点,用户无需具备高深的计算机软硬件知识,就可以像组装计算机一样,根据应用需要自己组装虚拟仪器和搭建个性化的工业测量系统。

DRVI的主体为一个带软件控制线和数据线的软主板,其上可插接软内存条、软仪表盘、软信号发生器、软信号处理电路、软波形显示芯片等软件芯片组,并能与A/D卡、I/O卡等信号采集硬件进行组合与连接。直接在以软件总线为基础的面板上通过简单的可视化插/拔软件芯片,就可以完成对仪器功能的裁减、重组和定制,快速搭建按应用需求定制的虚拟仪器。

本章的实验主要包括:信号的分析、加速度及速度传感器振动测量实验、光电及磁电传感器转速测量实验、电涡流传感器轴心轨迹测量实验、电涡流开关铁磁性物体检测实验、红外传感器产品计数实验、红外对射传感器传输速度测量实验及色差传感器物体表面颜色识别实验。

6.2 典型信号频谱分析

6.2.1 实验目的

(1)在理论学习的基础上,通过本实验熟悉典型信号的波形和频谱特征,并能够从信号频谱中读取所需的信息。

(2)了解信号频谱分析的基本方法及仪器设备。

6.2.2 实验原理

6.2.2.1 典型信号及其频谱分析的作用

正弦波、方波、三角波和白噪声信号是实际工程测试中常见的典型信号,这些信号时域、频域之间的关系很明确，并且都具有一定的特性，通过对这些典型信号的频谱进行分析，对掌握信号的特性，熟悉信号的分析方法大有益处，并且这些典型信号也可以作为实际工程信号分析时的参照资料。本次实验利用 DRVI 快速可重组虚拟仪器平台可以很方便地对上述典型信号作频谱分析。

6.2.2.2　*频谱分析的方法及设备*

信号的频谱可分为幅值谱、相位谱、功率谱、对数谱等。对信号作频谱分析的设备主要是频谱分析仪，它把信号按数学关系作为频率的函数显示出来，其工作方式有模拟式和数字式两种。模拟式频谱分析仪以模拟滤波器为基础，从信号中选出各个频率成分的量值；数字式频谱分析仪以数字滤波器或快速傅里叶变换为基础，实现信号的时－频关系转换分析。

傅里叶变换是信号频谱分析中常用的一个工具，它把一些复杂的信号分解为无穷多个相互之间具有一定关系的正弦信号之和，并通过对各个正弦信号的研究来了解复杂信号的频率成分和幅值。

信号频谱分析是采用傅里叶变换，将时域信号 $x(t)$ 变换为频域信号 $X(f)$，从而帮助人们从另一个角度来了解信号的特征。时域信号 $x(t)$ 的傅氏变换为：

$$X(f)=\int_{-\infty}^{+\infty}x(t)\mathrm{e}^{-2\pi ft}\mathrm{d}t$$

式中　$X(f)$——信号的频域表示；

$x(t)$——信号的时域表示；

f——频率。

6.2.2.3　*周期信号的频谱分析*

周期信号是经过一定时间可以重复出现的信号，满足条件：

$$x(t)=x(t+nT)$$

从数学分析已知，任何周期函数在满足狄利克利（Dirichlet）条件下，可以展开成正交函数线性组合的无穷级数，如正交函数集是三角函数集（$\sin n\omega_0 t,\cos n\omega_0 t$）或复指数函数集（$\mathrm{e}^{jn\omega_0 t}$），则可展开成为傅里叶级数，通常有实数形式表达式：

$$x(x)=a_0+a_1\cos\omega_0 t+b_1\sin\omega_0 t+a_2\cos\omega_0 t+b_2\sin\omega_0 t+\cdots$$

$$=a_0+\sum_{n=1}^{\infty}a_n\cos n\omega_0 t+b_n\sin n\omega_0 t$$

直流分量幅值为：

$$a_0=\frac{1}{T}\int_{-T/2}^{T/2}x(t)\mathrm{d}t$$

各余弦分量幅值为：

$$a_n=\frac{2}{T}\int_{-T/2}^{T/2}x(t)\cos n\omega_0 t\mathrm{d}t=\frac{2}{T}\int_{-T/2}^{T/2}x(t)\cos 2\pi nf_0 t\mathrm{d}t$$

各正弦分量幅值为：

$$b_n=\frac{2}{T}\int_{-T/2}^{T/2}x(t)\sin n\omega_0 t\mathrm{d}t=\frac{2}{T}\int_{-T/2}^{T/2}x(t)\sin 2\pi nf_0 t\mathrm{d}t$$

利用三角函数的和差化积公式，周期信号的三角函数展开式还可写成如下形式：

$$x(x)=A_0+\sum_{n=1}^{\infty}A_n\cos(n\omega_0 t-\varphi_n)$$

直流分量幅值为：　$A_0=a_0$

各频率分量幅值为：　$A_n=\sqrt{a_n^2+b_n^2}$

各频率分量的相位为：
$$\varphi_n = \arctan\frac{b_n}{a_n}$$

式中 T——周期，$T=2\pi/\omega_0$，ω_0为基波圆频率；

f_0——基波频率。

$n=0,\pm1,\cdots$。a_n,b_n,A_n,φ_n为信号的傅里叶系数，表示信号在频率f_n处的成分大小。

工程上习惯将计算结果用图形方式表示，以f_n为横坐标，a_n、b_n为纵坐标画图，则称为时频－虚频谱图；以f_n为横坐标，A_n、φ_n为纵坐标画图，则称为幅值－相位谱；以f_n为横坐标，A_n^2为纵坐标画图，则称为功率谱，如图6－1所示。

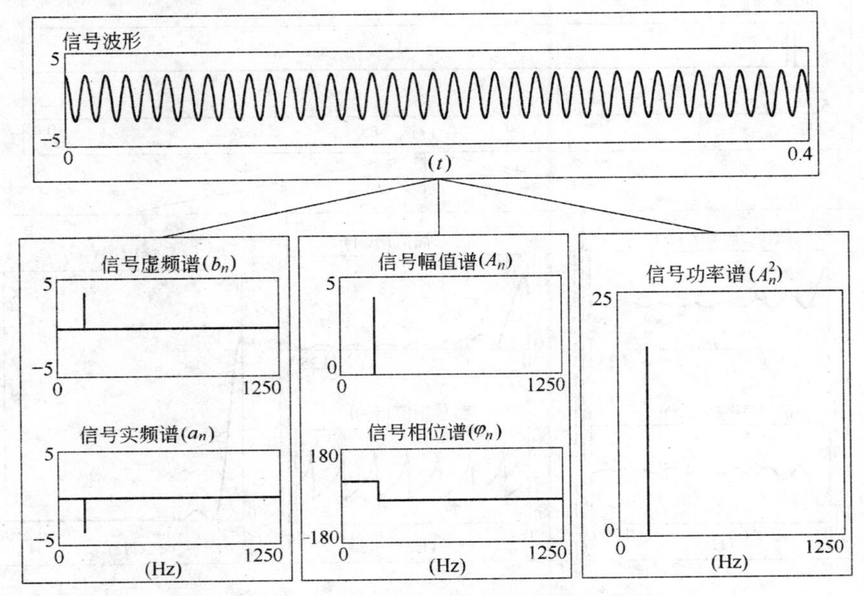

图6－1 周期信号的频谱表示方法

频谱是构成信号的各频率分量的集合，它完整地表示了信号的频率结构，即信号由哪些谐波组成，各谐波分量的幅值大小及初始相位，从而揭示了信号的频率信息。

6.2.2.4 非周期信号的频谱分析

非周期信号是在时间上不会重复出现的信号，一般为时域有限信号，具有收敛可积条件，其能量为有限值。这种信号的频域分析手段是傅里叶变换。其表达式为：

$$x(t)=\frac{1}{2\pi}\int_{-\infty}^{\infty}X(\omega)e^{j\omega t}d\omega \quad 或 \quad x(t)=\int_{-\infty}^{\infty}X(f)e^{j2\pi ft}df$$

$$X(\omega)=\int_{-\infty}^{\infty}x(t)e^{-j\omega t}dt \quad 或 \quad X(f)=\int_{-\infty}^{\infty}x(t)e^{-j2\pi ft}dt$$

与周期信号相似，非周期信号也可以分解为许多不同频率分量的谐波和，所不同的是，由于非周期信号的周期$T\to\infty$，基频$\omega_0\to d\omega$，它包含了从零到无穷大的所有频率分量，各频率分量的幅值为$X(\omega)d\omega/2\pi$，这是无穷小量，所以频谱不能再用幅值表示，而必须用幅值密度函数描述。

非周期信号$x(t)$的傅里叶变换$X(f)$是复数，所以有：

$$X(f)=|X(f)|e^{j\varphi(f)}$$

$$|X(f)|=\sqrt{\mathrm{Re}^2[X(f)]+\mathrm{Im}^2[X(f)]}$$

$$\varphi(f) = \arctan \frac{\mathrm{Im}[X(f)]}{\mathrm{Re}[X(f)]}$$

式中　$|X(f)|$——信号在频率f处的幅值谱密度；

$\varphi(f)$——信号在频率f处的相位差。

工程上习惯将计算结果用图形方式表示，以f为横坐标，$\mathrm{Re}[X(f)]$、$\mathrm{Im}[X(f)]$为纵坐标画图，则称为实频－虚频密度谱图；以f为横坐标，$|X(f)|$、$\varphi(f)$为纵坐标画图，则称为幅值－相位密度谱；以f为横坐标，$|X(f)|^2$为纵坐标画图，则称为功率密度谱，如图6－2所示。

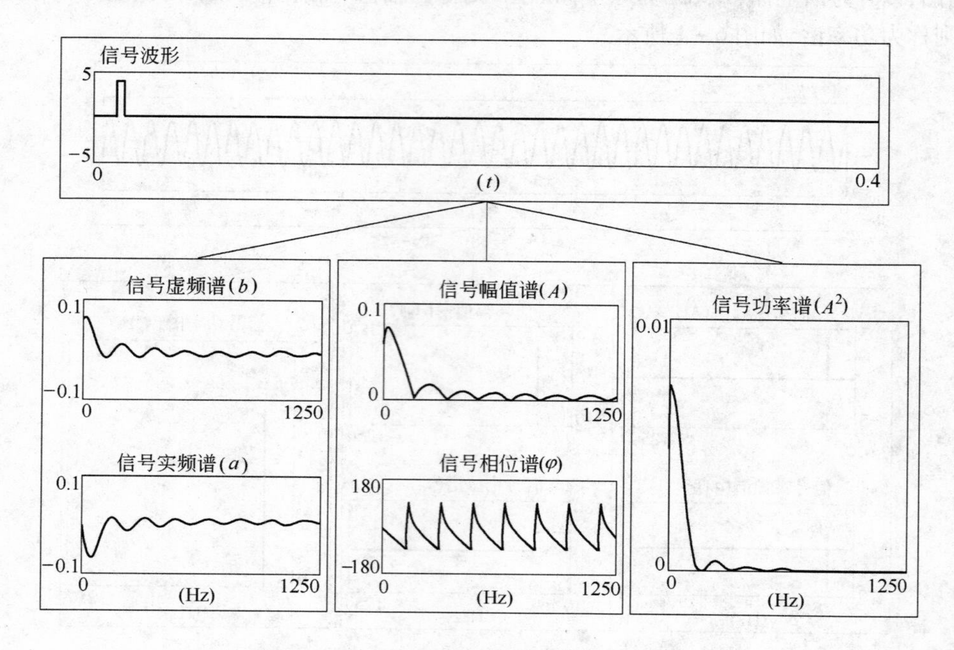

图6－2　非周期信号的频谱表示方法

与周期信号不同的是，非周期信号的谱线出现在$(0, f_{max})$的各连续频率值上，这种频谱称为连续谱。

6.2.2.5　频谱分析的应用

频谱分析主要用于识别信号中的周期分量，是信号分析中最常用的一种手段。例如，在机床齿轮箱故障诊断中，可以通过测量齿轮箱上的振动信号，进行频谱分析，确定最大频率分量，然后根据机床转速和传动链，找出故障齿轮。再例如，在螺旋桨设计中，可以通过频谱分析确定螺旋桨的固有频率和临界转速，确定螺旋桨转速工作范围。

本实验利用在DRVI上搭建的频谱分析仪来对信号进行频谱分析。由虚拟信号发生器产生多种典型波形的电压信号，用频谱分析芯片对该信号进行频谱分析，得到信号的频谱特性数据。分析结果用图形在计算机上显示出来，也可通过打印机打印出来。

6.2.3　实验仪器和设备

(1)计算机1台。

(2)DRVI快速可重组虚拟仪器平台1套。

(3)打印机1台。

6.2.4　实验步骤及内容

(1)运行 DRVI 程序,开启 DRVI 数据采集仪电源,然后点击 DRVI 快捷工具条上的“联机注册”图标,进行注册,获取软件使用权。图 6－3 为本实验的参考流程图。

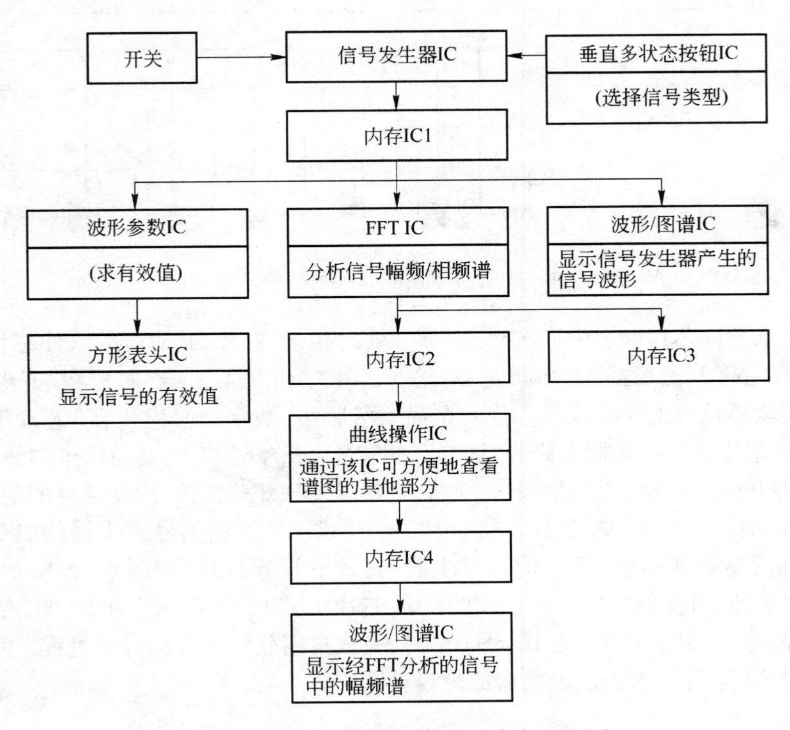

图 6－3　典型信号频谱分析参考流程图

(2)该实验的设计思路如下:首先需要设计一个典型信号发生器,来产生白噪声、正弦波、方波、扫频信号等各种典型信号,DRVI 中提供了一个“数字信号发生器”芯片可以直接生成上述信号,可以用一片“多联开关”芯片与之联动来控制“数字信号发生器”芯片的输出信号类型;对于整个实验的启动,用一片“开/关按钮”芯片来进行控制;为计算信号幅值谱,选择一片“频谱计算”芯片;为计算信号的强度,选择一片“时域参数计算”芯片;另外选择二片“波形/频谱显示”芯片,用于显示信号的波形和频谱;选择一片“方形仪表”芯片,用于显示信号的有效值;为实现频谱的放大、展宽等操作,插入一片“波形/频谱曲线操作”芯片;最后根据连接这些芯片所需的数组型数据线数量,插入 4 片“内存条”芯片,扩展 4 条数组型数据线,用于存储动态数据;再加上一些文字显示芯片和装饰芯片,就可以搭建出一个典型信号的频谱分析实验。所需的虚拟仪器软件芯片数量、种类、与软件总线之间的信号流动和连接关系如图 6－4 所示,根据实验原理设计图在 DRVI 软面包板上插入上述软件芯片,然后修改其芯片属性窗中相应的连线参数,就可以完成该实验的设计和搭建过程。

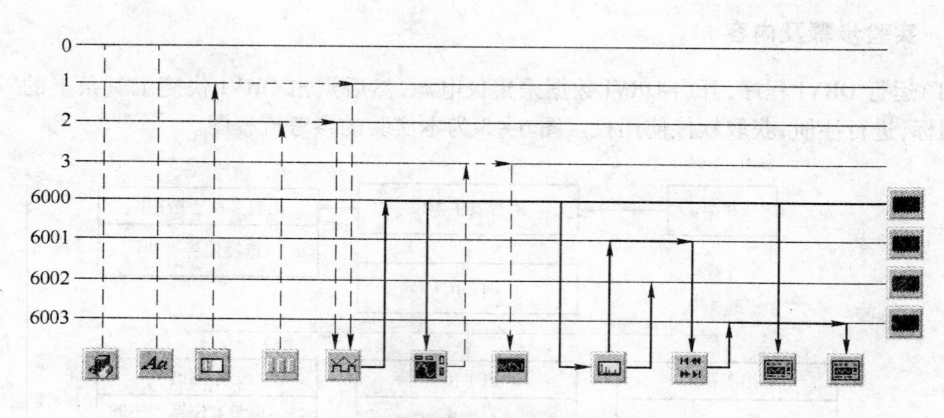

图 6－4　典型信号频谱分析实验原理设计图

（3）例如，从软件芯片列表中依次插入四片“软内存条”芯片，其对应的软件芯片编号分别为6000、6001、6002、6003，然后插入“多联开关”芯片、“数字信号发生器”芯片和“开关”芯片，利用“移动工具”在软面包板上完成软件芯片的布局。然后在“数字信号发生器”芯片上用鼠标右键点击，在弹出的芯片属性对话框中修改“波形存储芯片号”为6000，将其与数组型数据总线即“软内存条”芯片6000连接；修改“类型线号”为2，将其与多联开关连接，控制信号的输出类型；修改“开关线号”为1，将其与“开关”芯片连接，由“开关”芯片来控制信号发生器的启/停；其他参数无需修改，即可完成本实验中“数字信号发生器”芯片的设置过程，如图 6－5 所示。相应的，设置“开关”芯片中的“开关线号”为1；“多联开关”芯片中的“开关线号”为2（与“数字信号发生器”类型线号相连），“开关数量”为10（图 6－6），完成这组软件芯片的设置过程。其他软件芯片的设置可参照以上芯片设置方法及实验原理设计图完成。

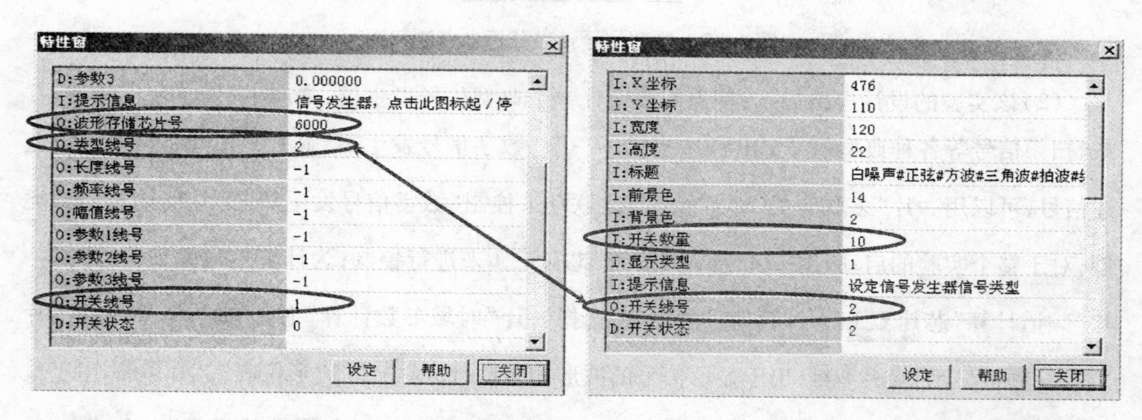

图 6－5　“数字信号发生器”芯片参数设置样例　　图 6－6　“多联开关”芯片参数设置样例

（4）实验的参考截屏效果图如图 6－7 所示。

（5）从信号图观察典型信号波形与频谱的关系，从谱图中解读信号中携带的信息。

6.2.5　扩展实验

请对图 6－7 的实验进行扩展，增加一个信号发生器芯片，叠加 100% 的白噪声，观察信号波形和频谱的变化。

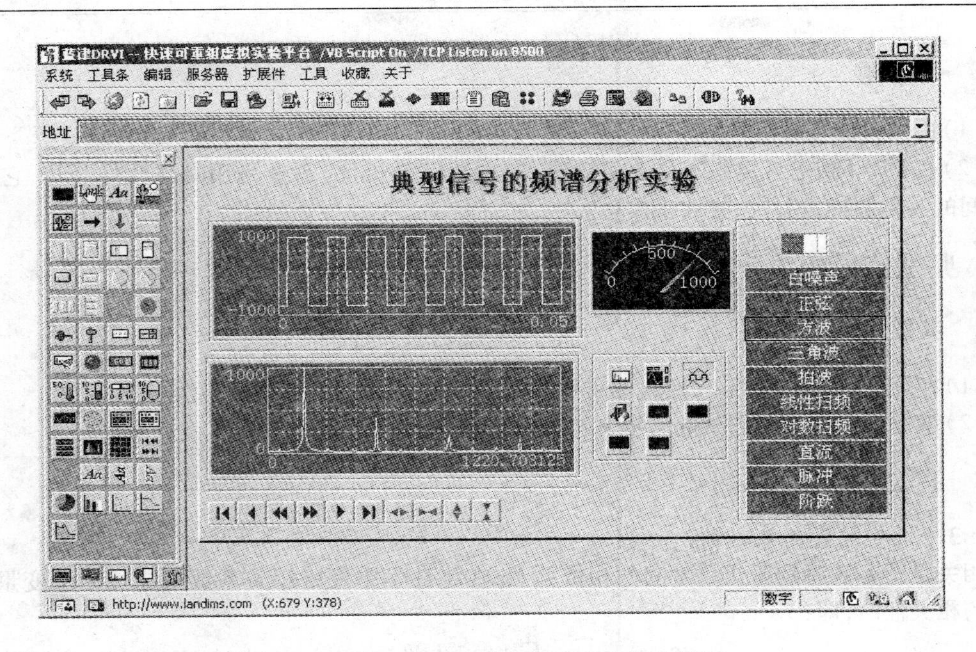

图 6-7 典型信号频谱分析实验参考效果图

6.2.6 工程案例模拟应用

频谱分析可用于识别信号中的周期分量，是信号分析中最常用的一种手段。例如，在机床齿轮箱故障诊断中(图 6-8)，可以通过测量齿轮箱上的振动信号，进行频谱分析，确定最大频率分量，然后根据机床转速和传动链，找出故障齿轮。建立仿真实验环境，然后对减速箱上测得的振动信号波形进行频谱分析，并从其频谱判断出电机转速和哪一根传动轴是主要的振动源。

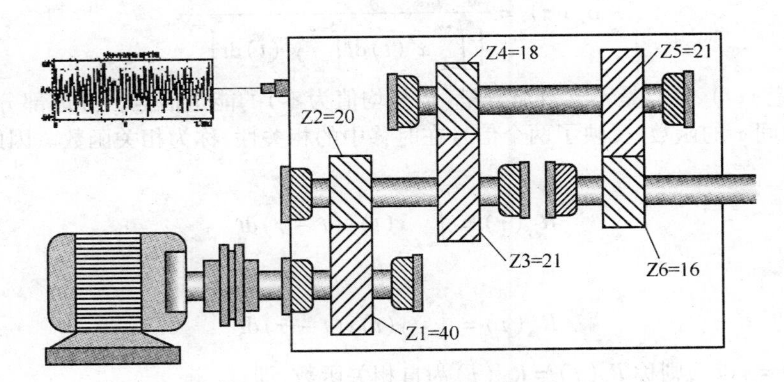

图 6-8 大型空气压缩机传动装置简图

6.2.7 实验报告要求

(1)简述实验目的和原理。

(2)按实验原理的要求在 DRVI 虚拟仪器实验平台上设计出该实验。

(3)根据搭建的实验脚本，按照实验步骤逐步整理出正弦波、方波、三角波、白噪声以及其他波形的时域和幅值谱特性图形，说明各信号频谱的特点。

6.2.8　思考题

(1)白噪声信号对信号的波形干扰很大,但对信号的频谱影响很小,为什么?

(2)在 DRVI 快速可重组平台上面搭建一个“频谱分析仪”需要采用哪些软件芯片,它们相互之间的关系怎样,用什么方式来表达?

6.3　典型信号相关分析

6.3.1　实验目的

(1)在理论学习的基础上,通过本实验加深对相关分析概念、性质、作用的理解。

(2)掌握用相关分析法测量信号中周期成分的方法。

6.3.2　实验原理

6.3.2.1　相关的基本概念

相关是指客观事物变化量之间的相依关系,在统计学中是用相关系数来描述两个变量 x、y 之间的相关性的,即:

$$\rho_{xy} = \frac{c_{xy}}{\sigma_x \sigma_y} = \frac{E[(x-\mu_x)(y-\mu_y)]}{\{E[(x-\mu_x)^2]E[(y-\mu_y)^2]\}^{\frac{1}{2}}}$$

式中,ρ_{xy}是两个随机变量波动量之积的数学期望,称之为协方差或相关性,表征了 x、y 之间的关联程度;σ_x、σ_y分别为随机变量 x、y 的均方差,是随机变量波动量平方的数学期望。

6.3.2.2　相关函数

如果所研究的随机变量 x、y 是与时间有关的函数,即 $x(t)$ 与 $y(t)$,这时可以引入一个与时间 τ 有关的量 $\rho_{xy}(\tau)$,称为相关系数,并有:

$$\rho_{xy}(\tau) = \frac{\int_{-\infty}^{+\infty} x(t)y(t-\tau)\,\mathrm{d}t}{\left[\int_{-\infty}^{+\infty} x^2(t)\,\mathrm{d}t \int_{-\infty}^{+\infty} y^2(t)\,\mathrm{d}t\right]^{\frac{1}{2}}}$$

式中,假定 $x(t)$、$y(t)$是不含直流分量(信号均值为零)的能量信号。分母部分是一个常量,分子部分是时间 τ 的函数,反映了两个信号在时移中的相关性,称为相关函数。因此相关函数定义为:

$$R_{xy}(\tau) = \int_{-\infty}^{+\infty} x(t)y(t-\tau)\,\mathrm{d}t$$

或

$$R_{yx}(\tau) = \int_{-\infty}^{+\infty} y(t)x(t-\tau)\,\mathrm{d}t$$

如果 $x(t) = y(t)$,则称 $R_x(\tau) = R_{xy}(\tau)$为自相关函数,即:

$$R_x(\tau) = \int_{-\infty}^{+\infty} x(t)x(t-\tau)\,\mathrm{d}t$$

若 $x(t)$ 与 $y(t)$ 为功率信号,则其相关函数为:

$$R_{xy}(\tau) = \lim_{T\to\infty}\frac{1}{T}\int_{-T/2}^{T/2} x(t)y(t-\tau)\,\mathrm{d}t$$

$$R_x(\tau) = \lim_{T\to\infty}\frac{1}{T}\int_{-T/2}^{T/2} x(t)x(t-\tau)\,\mathrm{d}t$$

计算时,令 $x(t)$、$y(t)$ 两个信号之间产生时差 τ,再相乘和积分,就可以得到 τ 时刻两个信号的相关性。连续变化参数 τ,就可以得到 $x(t)$、$y(t)$ 的相关函数曲线。

相关函数描述了两个信号或一个信号自身波形不同时刻的相关性(或相似程度),揭示了信号波形的结构特性,通过相关分析我们可以发现信号中许多有规律的东西。相关分析作为信号的时域分析方法之一,为工程应用提供了重要信息,特别是对于在噪声背景下提取有用信息,更显示了它的实际应用价值。

6.3.3 实验仪器和设备

(1)计算机 1 台。

(2)DRVI 快速可重组虚拟仪器平台 1 套。

(3)打印机 1 台。

6.3.4 实验步骤及内容

(1)运行 DRVI 主程序,开启 DRVI 数据采集仪电源,然后点击 DRVI 快捷工具条上的"联机注册"图标,进行注册,获取软件使用权。图 6-9 为本实验的参考流程图。

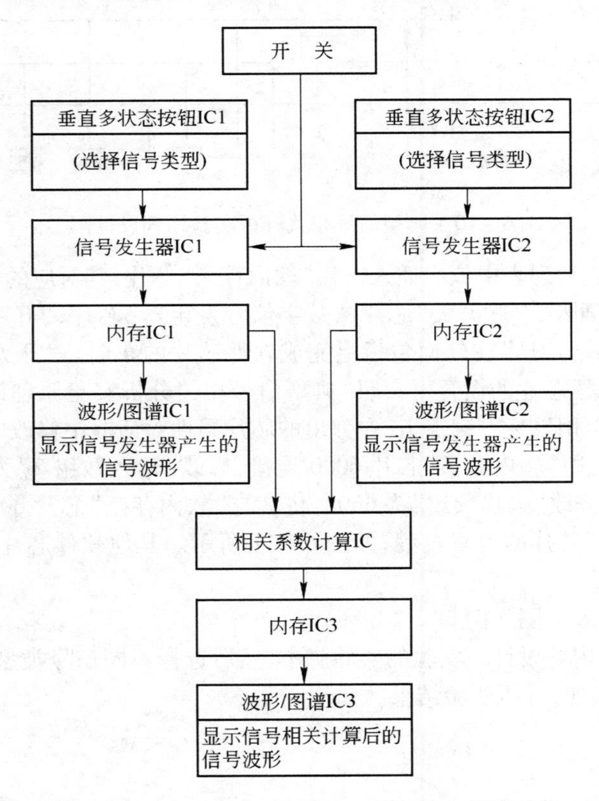

图 6-9 典型信号相关分析参考流程图

(2)根据实验原理和要求搭建一个典型信号相关分析实验。

(3)该实验首先需要设计两个典型信号发生器,来分别产生两个通道的白噪声、正弦波、方波、扫频信号等各种典型信号,DRVI 中提供了一个"数字信号发生器"芯片可以直接生成上述信号,另外用两片"多联开关"芯片分别与之联动来控制"数字信号发生器"芯片的输出信号类型；对于整个实验的启动，用一片“开关”芯片来进行控制；为进行信号相关分析计算，选择一片“相关系数计算”芯片；另外选择三片“波形/频谱显示”芯片，用于显示信号的时域波形和相关系数的计算结果；最后根据连接这些芯片所需的数组型数据线数量，插入3片“内存条”芯片，扩展3条数组型数据线；再加上一些文字显示芯片和装饰芯片，就可以搭建出一个典型信号的相关分析实验。所需的软件芯片数量、种类、与软件总线之间的信号流动和连接关系如图6－10所示，根据实验原理设计图在DRVI软面包板上插入上述软件芯片，然后修改其属性窗中相应的连线参数就可以完成该实验的设计和搭建过程。

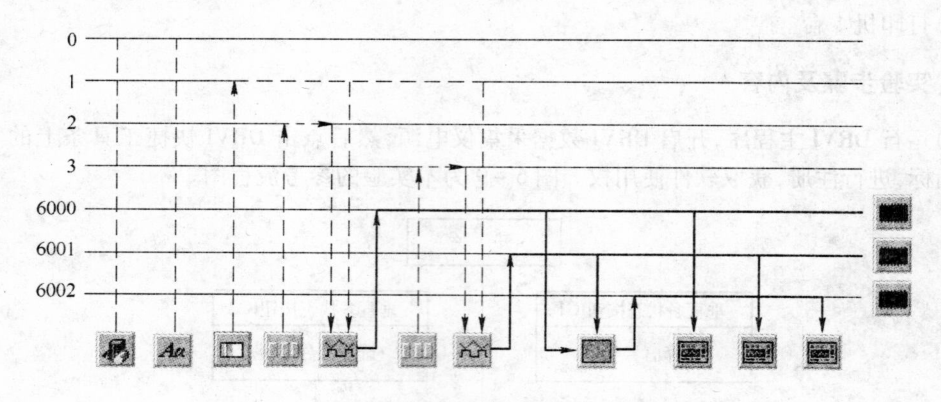

图6－10　典型信号相关分析实验原理设计图

（4）例如，从软件芯片列表中依次插入三片“软内存条”芯片，其对应的软件芯片编号分别为6000、6001、6002，然后插入“多联开关”芯片、“数字信号发生器”芯片、“开关”芯片和“相关系数计算”芯片等，利用“移动工具”在软面包板上完成软件芯片的布局。“开关”芯片、“多联开关”芯片、“数字信号发生器”芯片的设置可参照“典型信号相关分析实验原理设计图”进行，然后在“相关系数计算”芯片上用鼠标右键点击，在弹出的芯片属性对话框中修改“输入数组1”为6000将其与数组型数据总线即“软内存条”芯片6000连接；修改“输入数组2”为6001，将其与“软内存条”芯片6001连接；修改“输出数组”为6002，将其与“软内存条”芯片6002连接；即可完成本实验中“相关系数计算”芯片的设置过程，如图6－11所示。其他软件芯片的设置可参照“实验原理设计图”完成。

（5）该实验的参考效果图如图6－12所示。

（6）按实验原理和内容设计该实验的实验脚本，然后选择不同信号类型，将相关函数计算结果与相关函数的性质对照，分析实验结果。

6.3.5　扩展实验

请对图6－12的实验进行扩展，在信号发生器2上增加一个频率调节旋钮，设计一个两不同频率正弦波信号的互相关实验。

6.3.6　工程案例模拟应用

图6－13是汽车速度测量传感器的结构图。用相关分析法从受噪声干扰的实测信号中估算出汽车的速度，设计完成一个模拟速度计。

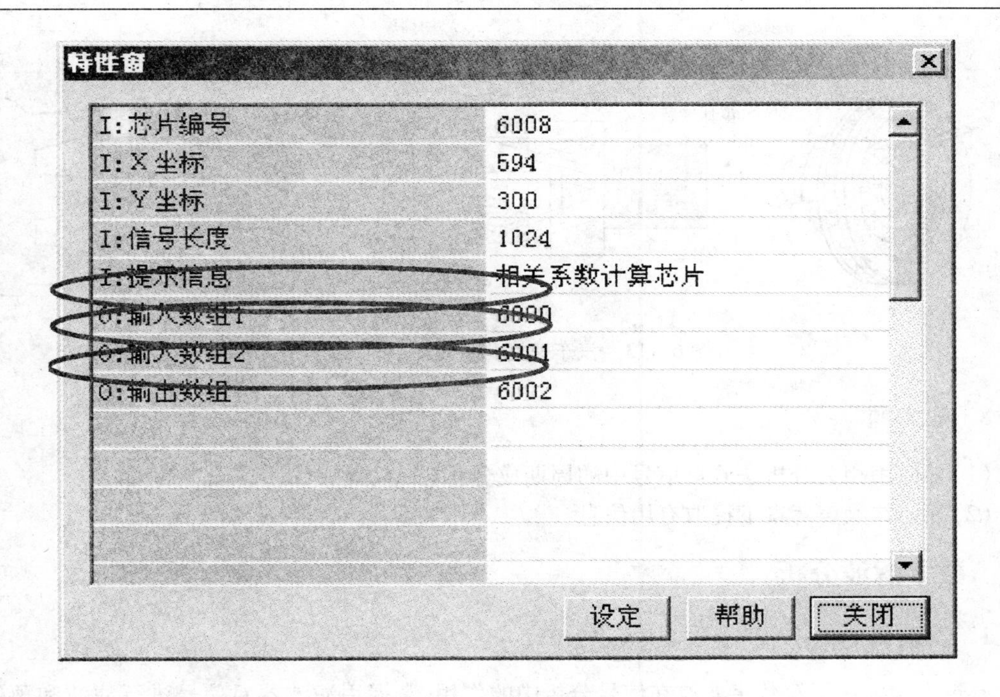

图6-11 "相关系数计算"芯片参数设置样例

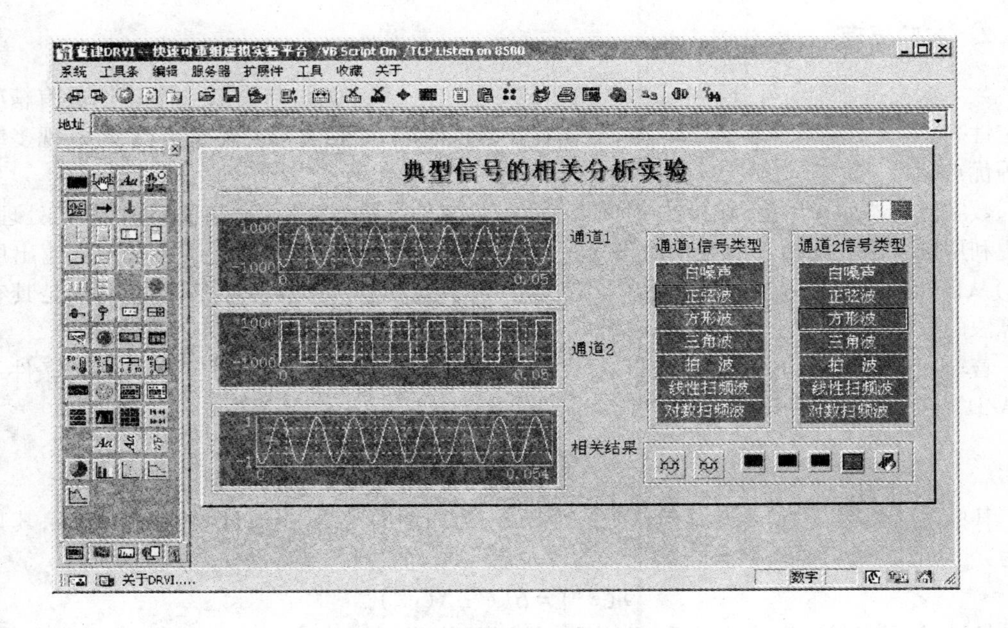

图6-12 典型信号相关分析实验参考效果图

6.3.7 实验报告要求

(1)简述实验目的和原理。

(2)按实验步骤附上相应的信号分析曲线,总结实验得出的主要结论。

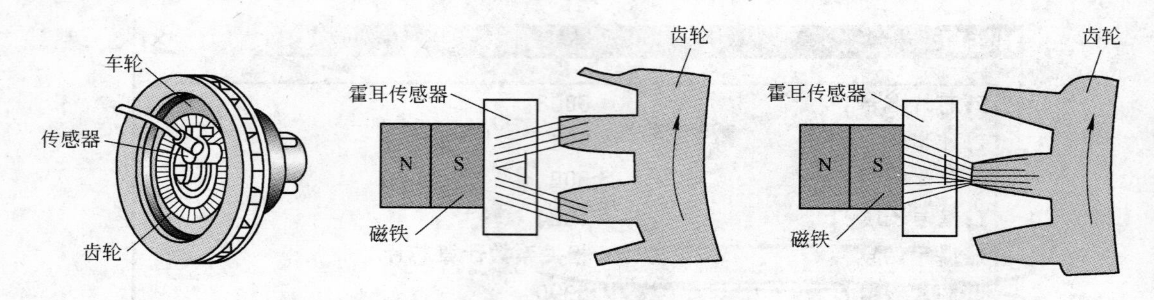

图 6－13　汽车速度测量传感器的结构图

6.3.8　思考题

(1)如何用相关分析法测量信号中的周期成分?

(2)如何在噪声背景下提取有用信息?

6.4　数字滤波分析

6.4.1　实验目的

通过实验加深了解数字滤波在信号分析中的作用,掌握用滤波器对信号进行滤波和预处理的方法。

6.4.2　实验原理

数字滤波是数字信号分析中最重要的组成部分之一,数字滤波与模拟滤波相比,具有精度和稳定性高、系统函数容易改变、灵活性高、不存在阻抗匹配问题、便于大规模集成、可实现多维滤波等优点。

数字滤波器的作用是利用离散时间系统的特性对输入信号波形(或频谱)进行加工处理,或者说利用数字方法按预定的要求对信号进行变换。把输入序列 $x(n)$ 变换成一定的输出序列 $y(n)$ 从而达到改变信号频谱的目的。从广义讲,数字滤波是由计算机程序来实现的,是具有某种算法的数字处理过程。

若输入信号为 $x(t)$,其频谱为 $X(\omega)$,并且已知其频宽为 $\pm\omega_m$。在满足采样定理的条件下进行 A/D 转换,则采样信号的频谱应为:

$$X(e^{j\omega}) = \frac{1}{T}\sum_{k=-\infty}^{\infty} X(\omega - k\omega_s)$$

其中采样频率 $\omega_s \geqslant 2\omega_m$。显然这是一个以 ω_s 为周期的谱图,当通过数字滤波器后,其频谱应为:

$$Y(e^{j\omega}) = H(e^{j\omega})X(e^{j\omega})$$

显然,信号经过数字滤波以后,仍然是一个周期谱图。图 6－14 表示了信号通过数字滤波系统时频谱的变化情况。

数字滤波主要分为有限冲击响应滤波器(FIR)和无限冲击响应滤波器(IIR)两种,FIR 滤波器的滤波计算公式为:

$$y(k) = a_0x(k) + a_1x(k+1) + a_2x(k+2) + \cdots + a_mx(k+m),\ k=0,1,\cdots,N-m$$

式中,N 为信号采样长度,m 为数字滤波器长度,$\{a_0, a_1, a_2, \cdots, a_m\}$ 为滤波器系数。

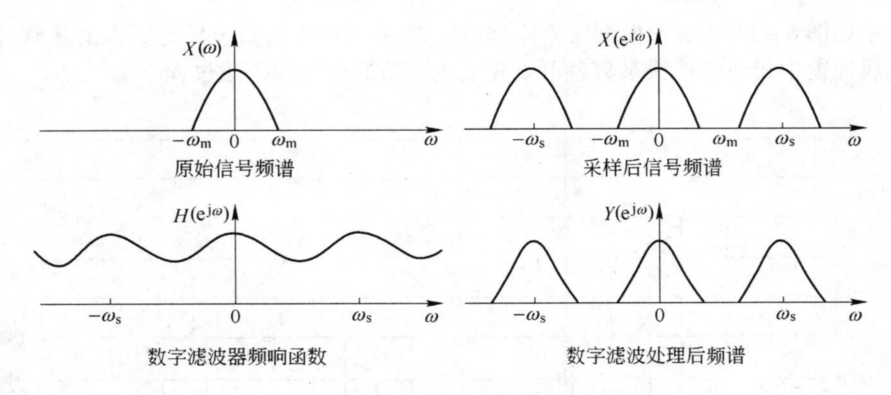

图 6-14 信号通过数字滤波系统时频谱的变化情况

FIR 数字滤波器和 IIR 数字滤波器都有专用的设计软件，给出数字滤波器的频率特性就可以求出滤波器的系数。

DRVI 平台提供了 FIR 滤波器、IIR 滤波器和小波滤波器等芯片和设计工具，实际应用中，在软件芯片中填入对应的滤波器系数就可以完成一个特殊滤波器的设计过程。

6.4.3 实验仪器和设备

(1)计算机 1 台。

(2)DRVI 快速可重组虚拟仪器平台 1 套。

(3)打印机 1 台。

6.4.4 实验步骤及内容

(1)启动服务器，运行 DRVI 主程序，开启 DRVI 数据采集仪电源，然后点击 DRVI 快捷工具条上的“联机注册”图标，进行注册，获取软件使用权。

(2)该实验需要提供原始信号，DRVI 中的“数字信号发生器”芯片可以完成这项功能，可以在软件面包板上插入一片“数字信号发生器”芯片，用一片“多联开关”芯片来控制产生的信号类型，再用一片“启/停按钮”芯片与“数字信号发生器”芯片联动来控制信号是否产生；为实现数字滤波功能，插入一片“频域数字滤波”芯片，将原始信号经过数字滤波处理后放置在数据总线“6001”上，对于该芯片的归一化截止频率，插入一片“水平推杆”芯片来调节，滤波器的阶次，则采用“数字调节钮”芯片来选择；为实验 FIR 滤波器功能，插入一片“FIR 滤波器”芯片，将原始信号经过数字滤波处理后放置在数据总线“6002”上，FIR 滤波器的参数设计采用“滤波器设计工具集”中的相应功能来完成；为实验 IIR 滤波器功能，插入一片“IIR 滤波器”芯片，将原始信号经过数字滤波处理后放置在数据总线“6003”上，IIR 滤波器的参数设计采用“滤波器设计工具集”中的相应功能来完成；另外选择四片“波形/频谱显示”芯片，用于显示以上处理结果；然后根据连接这些芯片所需的数组型数据线数量，插入 4 片“内存条”芯片，用于存储 4 组数组型数据；再加上一些文字显示芯片和装饰芯片，就可以搭建出一个“数字滤波分析”实验。所需的软件芯片数量、种类、与软件总线之间的信号流动和连接关系如图 6－15 所示。根据实验原理设计图，在 DRVI 软面包板上插入上述软件芯片，然后修改其属性窗中相应的连线参数就可以完成该实验的设计和搭建过程。

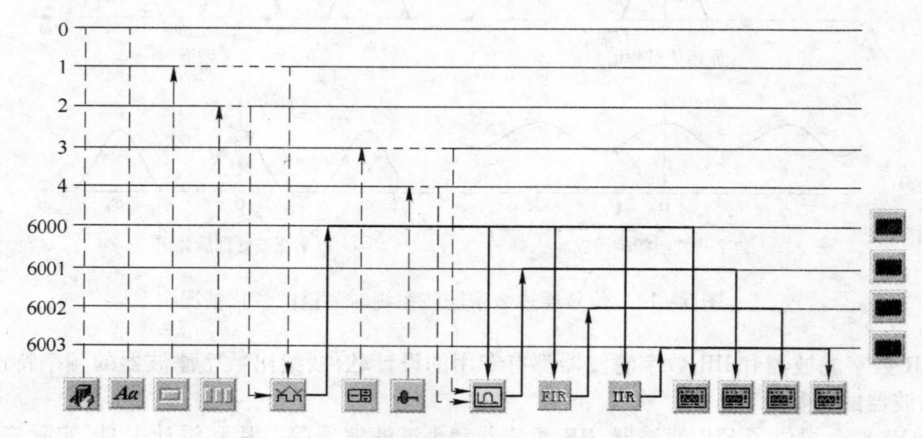

图 6－15 数字滤波分析实验原理设计图

（3）也可以点击"数字滤波分析"实验脚本文件的链接，直接将实验脚本调入运行。实验运行效果图如图 6－16 所示。

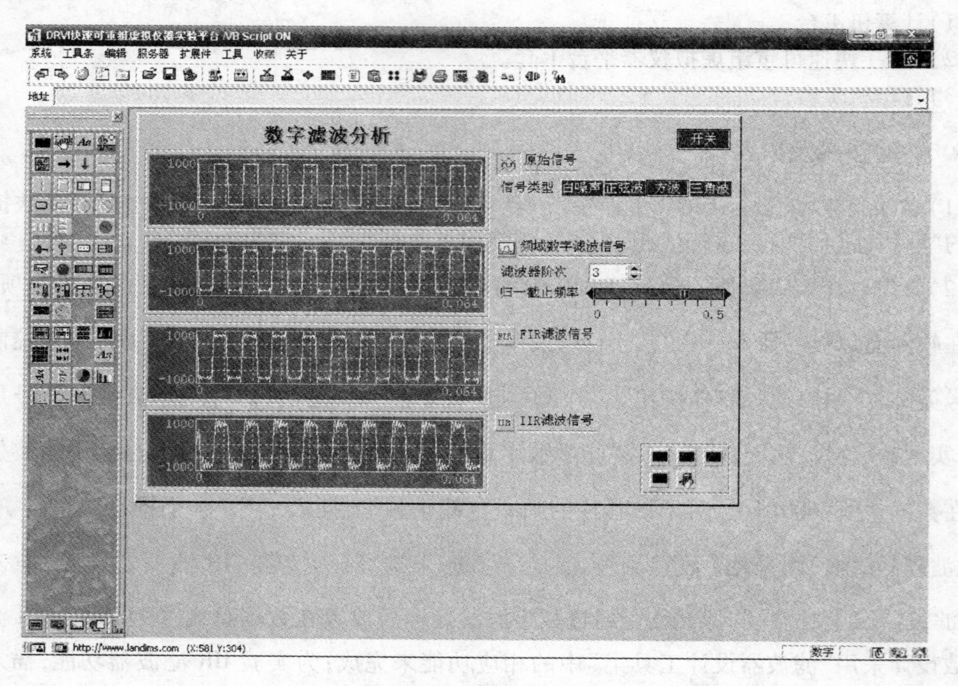

图 6－16 数字滤波分析实验

（4）点击"开关"按钮，启动该实验，通过"多联开关"选择产生不同的原始信号，分别观察原始信号经过频域数字滤波、FIR 数字滤波和 IIR 数字滤波处理后波形的变化情况。

（5）修改滤波器的阶次和归一化截止频率，观察和分析其对"白噪声"、"正弦波"、"方波"和"三角波"信号的影响。

（6）用工具集中的 FIR 数字滤波器设计工具，修改滤波器的截止频率、滤波器阶次等参数，观察 FIR 滤波器参数调整后对滤波器性能的影响。

(7)用工具集中的 IIR 数字滤波器设计工具,修改滤波器的截止频率、滤波器阶次等参数,观察 IIR 滤波器参数调整后对滤波器性能的影响。

6.4.5 实验报告要求

(1)简述实验目的和原理,根据实验原理和要求整理出该实验的原理设计图。

(2)根据实验步骤整理出响应波形曲线,并分析其结果。

6.4.6 思考题

(1)数字滤波器的作用是什么,如何来合理地设计一个数字滤波器?

(2)归一化截止频率的作用是什么?

6.5 周期信号波形的合成和分解

6.5.1 实验目的

(1)加深了解信号分析手段之一的傅里叶变换的基本思想和物理意义。

(2)观察和分析由多个频率、幅值和相位成一定关系的正弦波叠加的合成波形。

(3)观察和分析频率、幅值相同,相位角不同的正弦波叠加的合成波形。

(4)通过本实验熟悉信号的合成、分解原理,了解信号频谱的含义。

6.5.2 实验原理

按傅里叶分析的原理,任何周期信号都可以用一组三角函数 $\{\sin(2\pi nf_0t), \cos(2\pi nf_0t)\}$ 的组合表示:

$$\begin{aligned}x(t) = & a_0/2 \\ & + a_1\sin(2\pi f_0t) + b_1\cos(2\pi f_0t) \\ & + a_2\sin(4\pi f_0t) + b_2\cos(4\pi f_0t) \\ & + \cdots\end{aligned}$$

也就是说,我们可以用一组正弦波和余弦波来合成任意形状的周期信号。

对于典型的方波,其时域表达式为:

$$x(t) = \begin{cases} -A & (-T/2 < t < 0) \\ A & (0 < t < T/2) \end{cases}$$

根据傅里叶变换,其三角函数展开式为:

$$\begin{aligned}X(t) &= \frac{4A}{\pi}\left(\sin\omega_0t + \frac{1}{3}\sin3\omega_0t + \frac{1}{5}\sin5\omega_0t + \cdots\right) \\ &= \frac{4A}{\pi}\sum_{n=1}^{\infty}\frac{1}{n}\sin n\omega_0t \\ &= \frac{4A}{\pi}\sum_{n=1}^{\infty}\frac{1}{n}\cos\left(n\omega_0t - \frac{\pi}{2}\right) \qquad (n = 1,3,5,7,9,\cdots)\end{aligned}$$

由此可见,周期方波是由一系列频率成分成谐波关系,幅值成一定比例,相位角为 0 的正弦波叠加合成的(方波信号的波形、幅值谱和相位谱见图 6-17)。

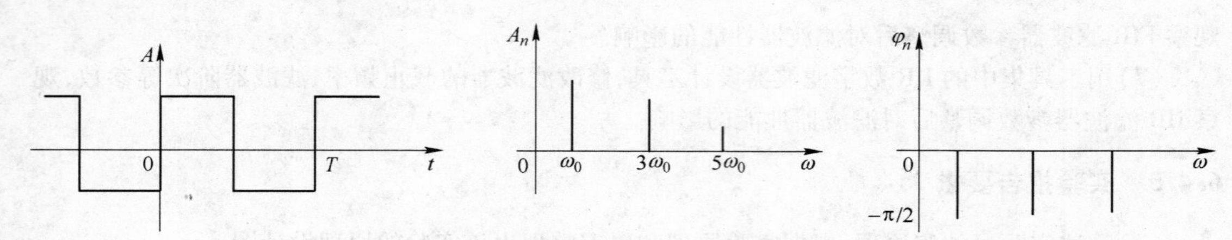

图 6－17　方波信号的波形、幅值谱和相位谱

那么,我们在实验过程中就可以通过设计一组奇次谐波来完成波形的合成和分解过程,达到对课程教学相关内容加深了解的目的。

6.5.3　实验仪器和设备

(1)计算机 1 台。

(2)DRVI 快速可重组虚拟仪器平台 1 套。

(3)打印机 1 台。

6.5.4　实验步骤及内容

(1)启动服务器,运行 DRVI 主程序,开启 DRVI 数据采集仪电源,然后点击 DRVI 快捷工具条上的“联机注册”图标,进行注册,获取软件使用权。图 6－18 为本实验的参考流程图。

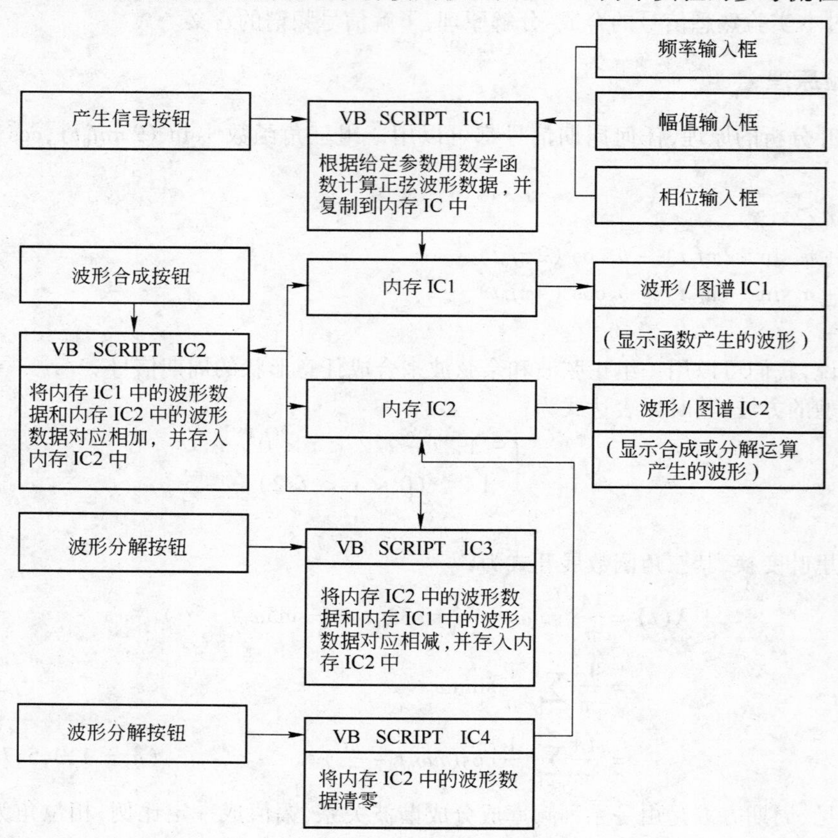

图 6－18　周期信号波形合成和分解参考流程图

（2）该实验由于要产生出各种奇次谐波，所以采用DRVI中提供的VBScript脚本编辑芯片来设计该实验最为方便。VBScript脚本编辑芯片提供了对自动化脚本的支持，并在VB-Script的基础上扩展了Signal Script脚本语言，便于教师、学生根据需要开发特定的算法和系统。教师和学生可以像编制网页小程序一样用VBScript语言编制小程序，并嵌入到DRVI虚拟仪器平台中运行。

（3）根据实验的要求，需要输入信号的频率、幅值和相位，所以采用三片"数据输入"芯片来完成手工输入上述数值的功能；正弦信号的产生可采用一片"VBScript脚本"芯片，通过编程来获取在25、26和27号数据线上的频率、幅值和相位数值，经过计算后生成，并输出到数组型数据总线6000上，对该芯片可采用一片"按钮"芯片来控制是否运行；波形的合成同样采用一片"按钮"芯片和一片"VBScript脚本"芯片组合进行，后者提供波形合成的算法，将6000和6038上的数据合成后输出到数组型数据总线6038上；波形的分解过程则通过"VB-Script脚本"芯片将6038上的数据减去6000上的数据后输出到数组型数据总线6038上；清除功能则是将6038上的数据全部置零后输出；根据以上所需数组型数据总线的数量，插入两片"内存条"芯片来扩展2条数组型数据线，另外选择两片"波形/频谱显示"芯片，用于显示谐波和合成后的波形；再加上一些文字显示芯片和装饰芯片，就可以搭建出该实验。所需的软件芯片数量、种类、与软件总线之间的信号流动和连接关系如图6－19所示，根据实验原理设计图在DRVI软面包板上插入上述软件芯片，然后在"VBScript脚本"芯片中添加VBScript小程序，并修改各芯片属性窗中相应的连线参数就可以完成该实验的设计和搭建过程。

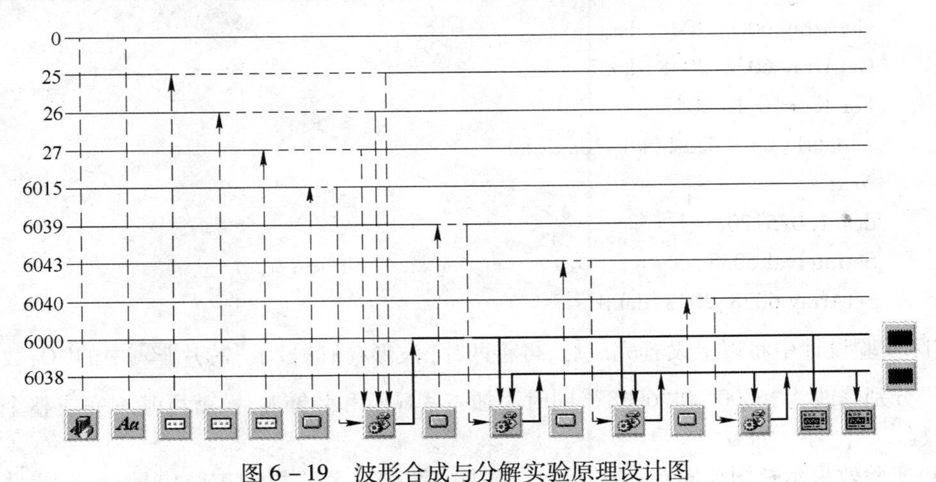

图6－19　波形合成与分解实验原理设计图

（4）例如，对于完成谐波生成的"VBScript脚本"芯片，其芯片编号为6015，在"产生信号"按钮中修改"O：驱动芯片号"为6015，使其驱动该"VBScript脚本"芯片，其中的脚本为：

```
Dim data(2048)
a = Getline(25)
b = Getline(26)
c = Getline(27)
```

```
dt = 1.0/5120
For K = 0 To 2047
   data(k) = b * Sin(2 * 3.14 * a * dt * K + c * 3.14/180)
Next
SetInterval 6000,dt
SetArray 6000,2047,data
```

对于完成波形合成的"VBScript 脚本"芯片，其芯片编号为 6039，在"波形合成"按钮中修改"O:驱动芯片号"为 6039，使其驱动该"VBScript 脚本"芯片，其中的脚本为：

```
Dim data(2048),data1(2048)
GetArray 6000,2048,data
GetArray 6038,2048,data1
For K = 0 To 2047
   data(k) = data(k) + data1(k)
Next
dt = 1.0/5120
SetInterval 6038,dt
SetArray 6038,2048,data
```

对于完成波形分解的"VBScript 脚本"芯片，其芯片编号为 6043，在"波形分解"按钮中修改"O:驱动芯片号"为 6043，使其驱动该"VBScript 脚本"芯片，其中的脚本为：

```
Dim data(2048),data1(2048)
GetArray 6000,2048,data
GetArray 6038,2048,data1
For K = 0 To 2047
   data1(k) = data1(k) - data(k)
Next
dt = 1.0/5120
SetInterval 6038,dt
SetArray 6038,2048,data1
```

实际实验设计中将以上设置完成后，再将两片"波形/频谱显示"芯片中的"O:数据存储芯片号"分别修改为"6000"和"6038"，同时添加一些显示和装饰芯片，就可基本完成整个实验的设计过程。

(5)实验效果示意图如图 6－20 所示。根据方波合成公式叠加正弦信号，观察信号的合成情况。

(6)波形的分解过程则是一个逆向过程，是将步骤(5)中产生的 9、7、5、3、1 次谐波依次减去，就完成了波形分解过程。

(7)最后，再选取相位不同的正弦波叠加，观察其合成波形，看是否能够合成方波。

6.5.5 扩展实验

(1)对图 6－20 实验进行扩展，增加幅值谱分析功能，观察波形变化过程中的信号频谱

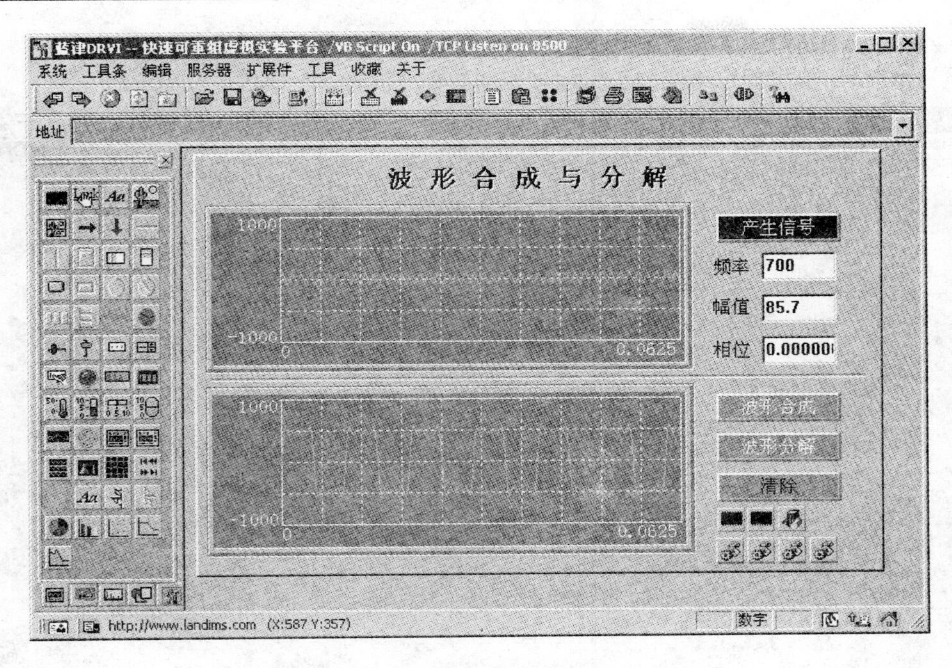

图 6－20 周期信号波形的合成和分解实验

变化。

(2)用 DRVI 设计一个电话上采用的双音频 DTMF(Dual Tone Multi－Frequency)信令模拟实验系统(见图 6－21),将电话号码转换为 DTMF 信令,然后从声卡送出。代表数字的音频信号持续 45ms,信号间为 55ms 的静音。请设计实验,将输入的电话号码,例如 13005687321,转换为 DTMF 信令。

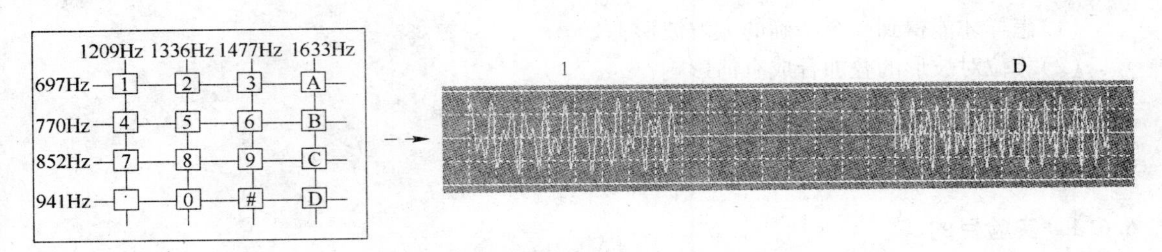

图 6－21 双音频 DTMF 信令模拟实验系统参考图

(3)请应用波形合成的方法,用 DRVI 中的多个信号发生器芯片产生不同频率和幅值大小的正弦波信号,合成手机四和弦铃声[1],如图 6－22 所示,并存盘为 *. WAV 文件然后播放。和弦越多,合成的铃声越悦耳动听。一般手机上常用的有 16 和弦和 40 和弦。

6.5.6 实验报告要求

(1)简述实验目的及原理。

[1] 和弦是按照一定的音程关系结合起来的三个或三个以上同时或先后的发音组合,通常是同时发音。作为本实验,需要设计不同音高的单音并将它们组合起来同时发声就可以了。有兴趣的同学可以尝试真正的以某个单音为根音的大和弦和小三和弦。

(2)按实验步骤绘出 5 次谐波叠加合成的方波波形图。

(3)分别绘出两次相位不同的正弦信号相加的合成波形。

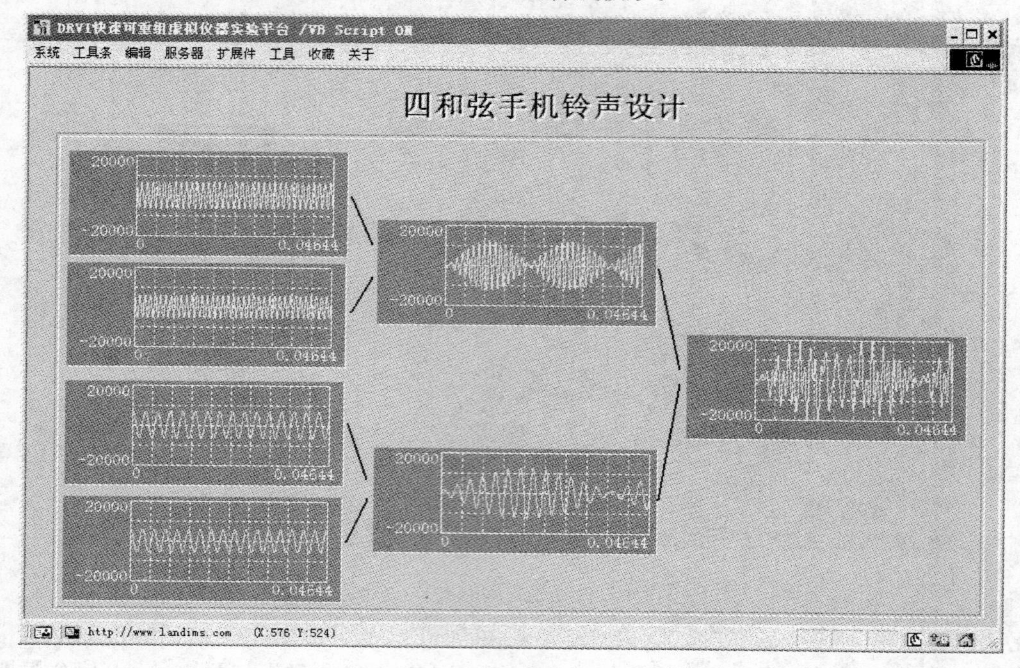

图 6－22　四和弦手机铃声设计示意图

6.5.7　思考题

(1)怎样才能得到一个精确的方波波形?

(2)相位对波形的叠加合成有何影响?

(3)设计一个三角波和拍波合成实验,并写出其实验步骤。

6.6　窗函数及其对信号频谱的影响

6.6.1　实验目的

(1)掌握几种典型窗函数的性质、特点,比较几种典型的窗函数对信号频谱的影响。

(2)通过实验认识它们在克服 FFT 频谱分析的能量泄漏和栅栏效应误差中的作用,以便在实际工作中能根据具体情况正确选用窗函数。

6.6.2　实验原理

6.6.2.1　信号的截断及能量泄漏效应

数字信号处理的主要数学工具是傅里叶变换。应注意到,傅里叶变换是研究整个时间域和频率域的关系。然而,当运用计算机实现工程测试信号处理时,不可能对无限长的信号进行测量和运算,而是取其有限的时间片段进行分析。做法是从信号中截取一个时间片段,然后用观察的信号时间片段进行周期延拓处理,得到虚拟的无限长的信号(图 6－23),然后就可以对信号进行傅里叶变换、相关分析等数学处理。

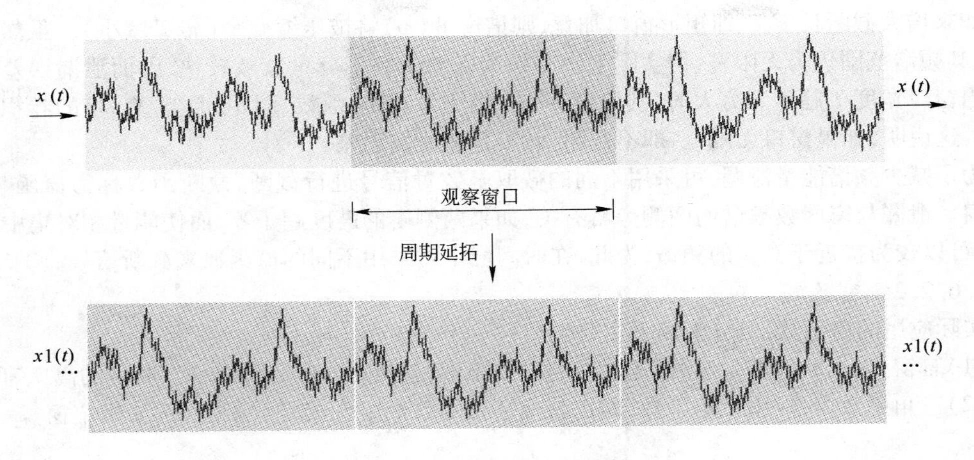

图 6-23 信号的周期延拓

周期延拓后的信号与真实信号是不同的,下面我们就从数学的角度来看这种处理带来的误差情况。设有余弦信号 $x(t)$ 在时域分布为无限长 $(-\infty,\infty)$,当用矩形窗函数 $w(t)$ 与其相乘时,得到截断信号 $x_T(t)=x(t)w(t)$。根据傅里叶变换关系,余弦信号的频谱 $X(\omega)$ 是位于 ω 处的 (ω) 函数,而矩形窗函数 $w(t)$ 的频谱为 $\sin(\omega)$ 函数,按照频域卷积定理,则截断信号 $x_T(t)$ 的频谱 $X_T(\omega)$ 应为:

$$X_T(\omega)=\frac{1}{2\pi}X(\omega)W(\omega)$$

将截断信号的频谱 $X_T(\omega)$ 与原始信号的频谱 $X(\omega)$ 相比较可知,它已不是原来的两条谱线,而是两段振荡的连续谱。这表明原来的信号被截断以后,其频谱发生了畸变,原来集中在 f_0 处的能量被分散到两个较宽的频带中去了,这种现象称之为频谱能量泄漏(Leakage)。

信号截断以后产生的能量泄漏现象是必然的,因为窗函数 $w(t)$ 是一个频带无限的函数,所以即使原信号 $x(t)$ 是限带宽信号,而在截断以后也必然成为无限带宽的函数,即信号在频域的能量与分布被扩展了(图 6-24)。又从采样定理可知,无论采样频率多高,只要信号一经截断,就不可避免地引起混叠,因此信号截断必然导致一些误差,这是信号分析中不容忽视的问题。

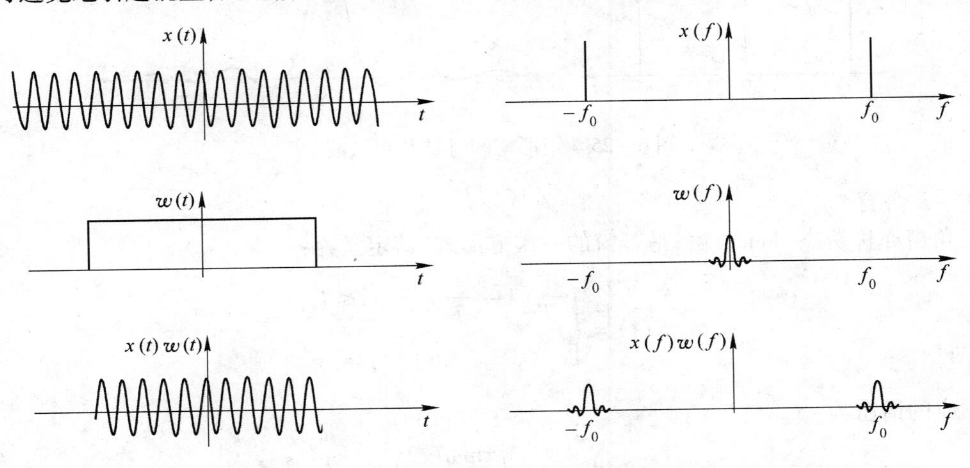

图 6-24 信号截断与能量泄露现象

如果增大截断长度 T，即矩形窗口加宽，则谱窗 $W(\omega)$ 将被压缩变窄（π/T 减小）。虽然理论上讲，其频谱范围仍为无限宽，但实际上中心频率以外的频率分量衰减较快，因而泄漏误差将减小。当窗口宽度 T 趋于无穷大时，则谱窗 $W(\omega)$ 将变为 $\delta(\omega)$ 函数，而 $\delta(\omega)$ 与 $X(\omega)$ 的卷积仍为 $X(\omega)$，这说明，如果窗口无限宽，即不截断，就不存在泄漏误差。

为了减少频谱能量泄漏，可采用不同的截取函数对信号进行截断，截断函数称为窗函数，简称为窗。泄漏与窗函数频谱的两侧旁瓣有关，如果两侧瓣的高度趋于零，而使能量相对集中在主瓣，就可以较为接近于真实的频谱，为此，在时间域中可采用不同的窗函数来截断信号。

6.6.2.2　窗函数

实际应用的窗函数，可分为以下主要类型：

(1) 幂窗：采用时间变量某种幂次的函数，如矩形、三角形、梯形或其他时间 (t) 的高次幂；

(2) 三角函数窗：应用三角函数，即正弦或余弦函数等组合成复合函数，例如汉宁窗、海明窗等；

(3) 指数窗：采用指数时间函数，如 e^{-st} 形式，例如高斯窗等。

下面对几种常用窗函数的性质和特点做一个简要介绍：

A　矩形窗

矩形窗属于时间变量的零次幂窗，函数形式为：

$$w(t) = \begin{cases} \dfrac{1}{T} & |t| \leqslant T \\ 0 & |t| > T \end{cases}$$

相应的谱窗为：

$$W(\omega) = \frac{2\sin\omega T}{\omega T}$$

矩形窗使用最多，习惯上不加窗就是使信号通过了矩形窗。这种窗的优点是主瓣比较集中，缺点是旁瓣较高，并有负旁瓣，导致变换中带进了高频干扰和泄漏，甚至出现负谱现象，如图 6－25所示。

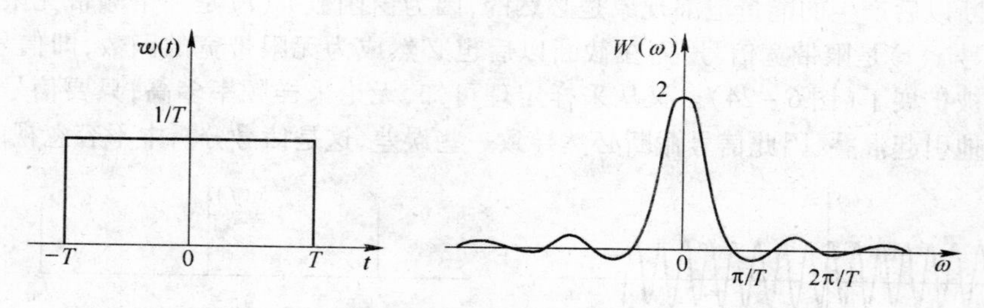

图 6－25　矩形窗的时域及频域波形

B　三角窗

三角窗亦称费杰（Fejer）窗，是幂窗的一次方形式，其定义为：

$$w(t) = \begin{cases} \dfrac{1}{T}\left(1 - \dfrac{|t|}{T}\right) & |t| \leqslant T \\ 0 & |t| > T \end{cases}$$

相应的谱窗为：

$$W(\omega) = \left(\frac{\sin\omega T/2}{\omega T/2}\right)^2$$

三角窗与矩形窗比较，主瓣宽约等于矩形窗的两倍，但旁瓣小，而且无负旁瓣，如图 6－26 所示。

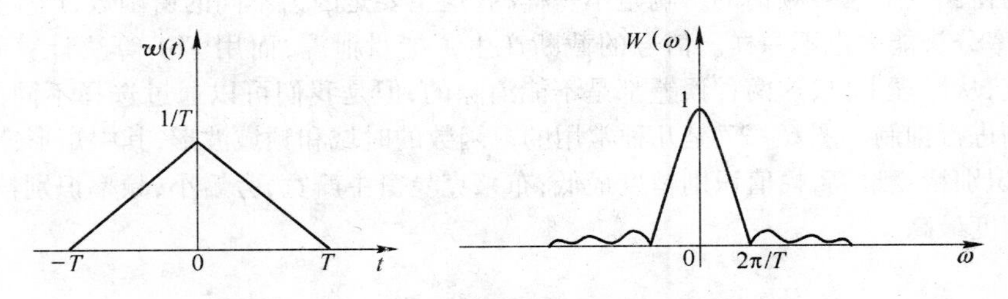

图 6-26 三角窗的时域及频域波形

C 汉宁(Hanning)窗

汉宁窗又称升余弦窗,其时域表达式为:

$$w(t)=\begin{cases}\frac{1}{T}\left(\frac{1}{2}+\frac{1}{2}\cos\frac{\pi t}{T}\right) & |t|\leqslant T\\ 0 & |t|>T\end{cases}$$

相应的谱窗为:

$$W(\omega)=\frac{\sin\omega T}{\omega T}+\frac{1}{2}\left[\frac{\sin(\omega T+\pi)}{\omega T+\pi}+\frac{\sin(\omega T-\pi)}{\omega T-\pi}\right]$$

由此式可以看出,汉宁窗可以看作是 3 个矩形时间窗的频谱之和,或者说是 3 个 $\sin(t)$ 型函数之和,而括号中的两项相对于第一个谱窗向左、右各移动了 π/T,从而使旁瓣互相抵消,消去高频干扰和漏能。可以看出,汉宁窗主瓣加宽并降低,旁瓣则显著减小,从减小泄漏观点出发,汉宁窗优于矩形窗。但汉宁窗主瓣加宽,相当于分析带宽加宽,频率分辨力下降。

D 海明(Hamming)窗

海明窗也是余弦窗的一种,又称改进的升余弦窗,其时间函数表达式为:

$$w(t)=\begin{cases}\frac{1}{T}\left(0.54+0.4\cos\frac{\pi t}{T}\right) & |t|\leqslant T\\ 0 & |t|>T\end{cases}$$

其谱窗为:

$$W(\omega)=1.08\frac{\sin\omega T}{\omega T}+0.46\left[\frac{\sin(\omega T+\pi)}{\omega T+\pi}+\frac{\sin(\omega T-\pi)}{\omega T-\pi}\right]$$

海明窗与汉宁窗都是余弦窗,只是加权系数不同。海明窗加权的系数能使旁瓣达到更小。分析表明,海明窗的第一旁瓣衰减为 -42dB。海明窗的频谱也是由 3 个矩形时窗的频谱合成,但其旁瓣衰减速度为 20dB/(10oct),这比汉宁窗衰减速度慢。海明窗与汉宁窗都是很有用的窗函数。

E 高斯窗

高斯窗是一种指数窗。其时域函数为:

$$w(t)=\begin{cases}\frac{1}{T}e^{-at^2} & |t|\leqslant T\\ 0 & |t|>T\end{cases}$$

式中,a 为常数,决定了函数曲线衰减的快慢。a 值如果选取适当,可以使截断点(T 为有限值)处的函数值比较小,则截断造成的影响就比较小。高斯窗谱无负的旁瓣,第一旁瓣衰减达 -55dB。高斯谱窗的主瓣较宽,故而频率分辨力低。高斯窗函数常被用来截断一些非周期信号,如指数衰减信号等。

不同的窗函数对信号频谱的影响是不一样的，这主要是因为不同的窗函数，产生泄漏的大小不一样，频率分辨能力也不一样。信号的截断产生了能量泄漏，而用 FFT 算法计算频谱又产生了栅栏效应，从原理上讲，这两种误差都是不能消除的，但是我们可以通过选择不同的窗函数对它们的影响进行抑制。图 6－27 是几种常用的窗函数的时域和频域波形，其中矩形窗主瓣窄，旁瓣大，频率识别精度最高，幅值识别精度最低；布莱克曼窗主瓣宽，旁瓣小，频率识别精度最低，但幅值识别精度最高。

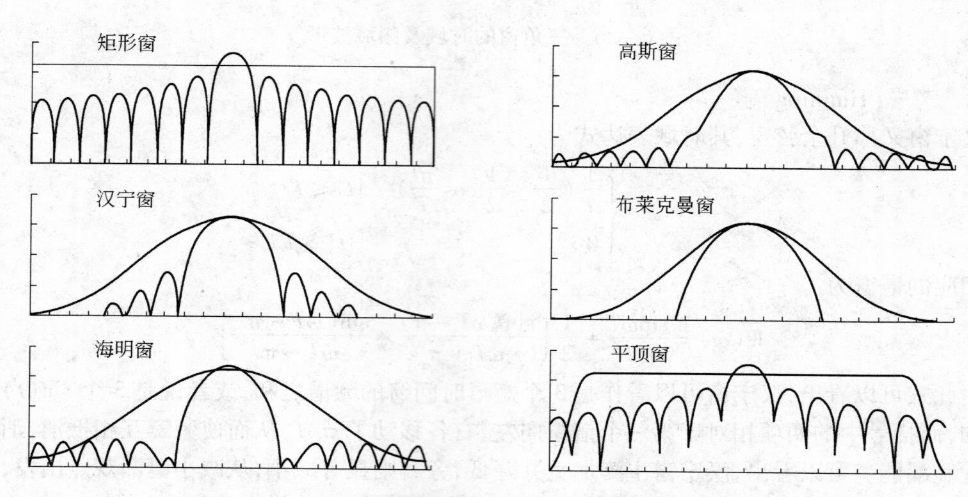

图 6－27　几种常用的窗函数的时域和频域波形

对于窗函数的选择，应考虑被分析信号的性质与处理要求。如果仅要求精确读出主瓣频率，而不考虑幅值精度，则可选用主瓣宽度比较窄而便于分辨的矩形窗，例如测量物体的自振频率等；如果分析窄带信号，且有较强的干扰噪声，则应选用旁瓣幅度小的窗函数，如汉宁窗、三角窗等；对于随时间按指数衰减的函数，可采用指数窗来提高信噪比。

6.6.3　实验仪器和设备

（1）计算机 1 台。

（2）DRVI 快速可重组虚拟仪器平台 1 套。

（3）打印机 1 台。

6.6.4　实验步骤及内容

（1）启动服务器，运行 DRVI 主程序，开启 DRVI 数据采集仪电源，然后点击 DRVI 快捷工具条上的“联机注册”图标，进行注册，获取软件使用权。

（2）该实验首先需要设计一个正弦信号发生器，来提供原始信号，DRVI 中提供了一个“数字信号发生器”芯片，将其中的“信号类型”设置为 2 就可以产生正弦信号，再用一片“启/停按钮”芯片控制信号是否产生；为了产生各种窗函数，还需要插入一片“谱窗函数”芯片，并用一片“多联开关”芯片与之联动来控制窗函数的输出类型；为了能详细观察信号加窗以后对频谱的影响，需要插入一片“频谱细化分析”芯片，来对选定的频率段进行局部放大，对于该芯片的上、下限细化频率，可以插入两片“水平推杆”芯片来调节；同时，为了观察信号加窗前后频谱的对应变化情况，还应插入两片“频谱计算”芯片来计算信号的频谱；另外选择五片“波形/频谱显示”芯片，用于显示以上处理结果；然后根据连接这些芯片所需的数组型数据线数量，插入8片“内存条”芯片，用于存储8组数组型数据；再加上一些文字显示芯片和装饰芯片，就可以搭建出一个“窗函数及其对信号频谱的影响”实验。所需的软件芯片数量、种类、与软件总线之间的信号流动和连接关系如图6－28所示，根据实验原理设计图在DRVI软面包板上插入上述软件芯片，然后修改其属性窗中相应的连线参数就可以完成该实验的设计和搭建过程。

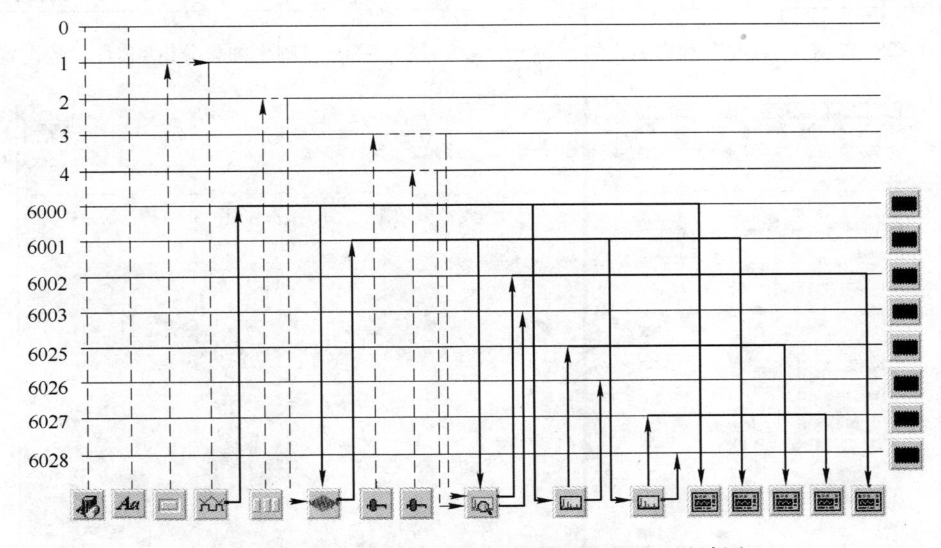

图6－28　窗函数及其对信号频谱的影响原理设计图

（3）对于“谱窗函数”芯片，设定其“输入波形存储芯片号”为6000，“输出波形存储芯片号”为6001，使存储在“软内存芯片”6000中的数据经过加窗处理后放置在“软内存芯片”6001中，至于具体采用何种窗函数，则通过设置“窗谱类型线号”为2来和“多联开关”联动，通过多联开关来选择具体的窗函数种类，如图6－29所示；对于“频谱细化分析”芯片，设定其“输入波形存储芯片号”为6001，“输出波形存储芯片号”分别为6002和6003，具体观察的频段范围则通过对“细化上、下限频率”的设置来调节，如第2步所述，分别设置其线号为3和4，并与“推杆”芯片的“输出显示线号”相对应，如图6－30所示。由于此两芯片比较特殊，在此特别加以强调说明。

（4）也可以点击“窗函数及其对信号频谱的影响”实验脚本文件的链接，将本实验的脚本文件贴入并启动该实验，实验效果图如图6－31所示。

6.6.5　实验报告要求

（1）根据实验原理和内容，整理出“窗函数及其对信号频谱的影响”实验的原理设计图。

(2)根据已学知识,整理出典型窗函数时域、频域谱图,并分析各种窗的特性。

(3)根据实验步骤,整理出同一信号经不同的窗加权后得到的谱图。

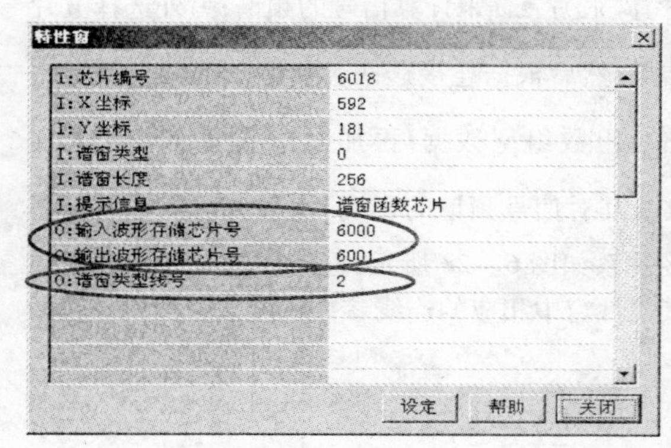

图 6－29 “谱窗函数”芯片参数设置样例

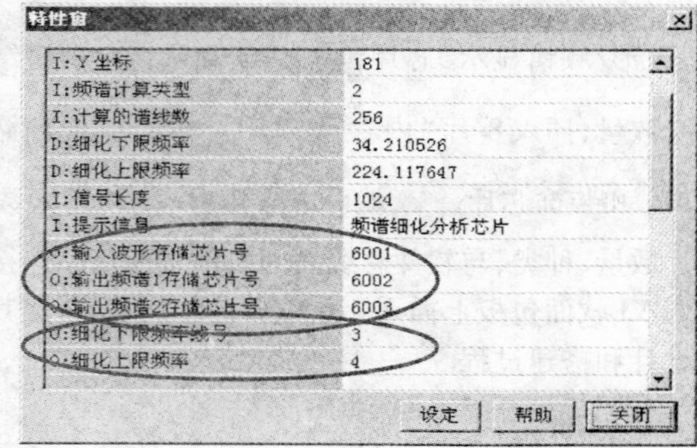

图 6－30 “频率细化分析”芯片参数设置样例

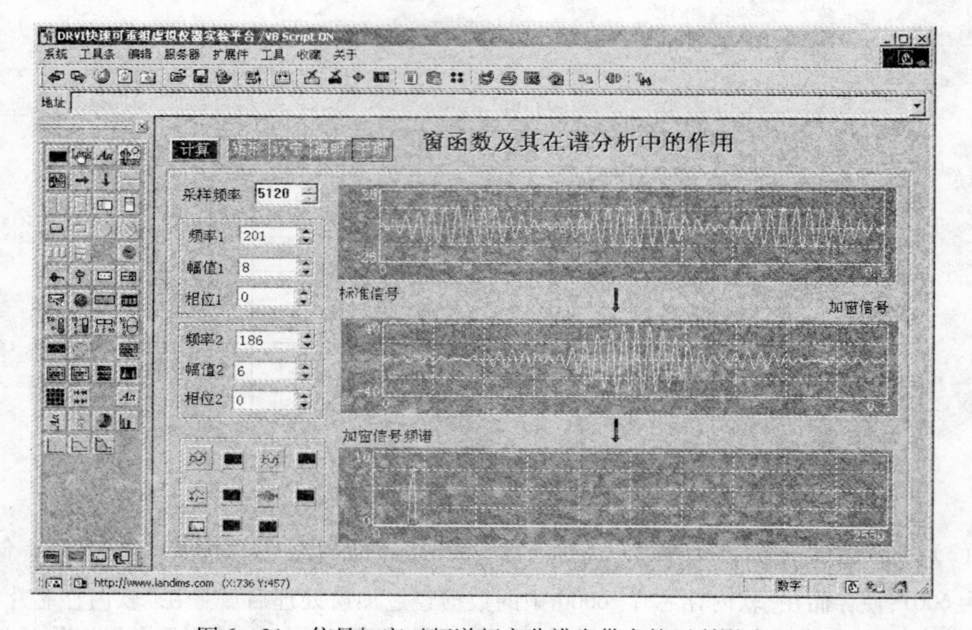

图 6－31 信号加窗对频谱频率分辨力带来的不利影响

6.6.6 思考题

(1)在信号分析中,加窗除了有减小能量泄漏的好处外,还有什么作用?

(2)对比几种常用窗函数的时域和频域波形,说明它们各自的优缺点。

(3)为什么在加窗处理过程中,窗的长度要尽量长?

6.7 加速度传感器振动测量实验

6.7.1 实验目的

通过本实验了解并掌握机械振动信号测量的基本方法。

6.7.2　实验原理

6.7.2.1　振动测量原理

机械在运动时,由于旋转件的不平衡、负载的不均匀、结构刚度的各向异性、间隙、润滑不良、支撑松动等因素,总是伴随着各种振动。

机械振动在大多数情况下是有害的,振动往往会降低机器性能,影响其正常工作,缩短使用寿命,甚至导致事故。机械振动还伴随着同频率的噪声,恶化环境,危害操作人员健康。另一方面,振动也被利用来完成有益的工作,如运输、夯实、清洗、粉碎、脱水等。这时必须正确选择振动参数,充分发挥振动机械的性能。

在现代企业管理制度中,除了对各种机械设备提出低振动和低噪声要求外,还需随时对机器的运行状况进行监测、分析、诊断,对工作环境进行控制。为了提高机械结构的抗振性能,有必要进行机械结构的振动分析和振动设计。这些都离不开振动测试。

振动测试包括两种方式:一是测量机械或结构在工作状态下的振动,如振动位移、速度、加速度、频率和相位等,了解被测对象的振动状态,评定等级和寻找振源,对设备进行监测、分析、诊断和预测。二是对机械设备或结构施加某种激励,测量其受迫振动,以便求得被测对象的振动力学参量或动态性能,如固有频率、阻尼、刚度、频率响应和模态等。

振动的幅值、频率和相位是振动的三个基本参数,称为振动三要素。

幅值:幅值是振动强度的标志,它可以用峰值、有效值、平均值等方法来表示。

频率:不同的频率成分反映系统内不同的振源。通过频谱分析可以确定主要频率成分及其幅值大小,从而寻找振源,采取相应的措施。

相位:振动信号的相位信息十分重要,如利用相位关系确定共振点、测量振型、旋转件动平衡、有源振动控制、降噪等。对于复杂振动的波形分析,各谐波的相位关系是不可缺少的。

在振动测量时,应合理选择测量参数,如振动位移是研究强度和变形的重要依据;振动加速度与作用力或载荷成正比,是研究动力强度和疲劳的重要依据;振动速度决定了噪声的高低,人对机械振动的敏感程度在很大频率范围内是由速度决定的。速度又与能量和功率有关,并决定动量的大小。

6.7.2.2　YD－37 加速度传感器简介

压电传感器的力学模型可简化为一个单自由度质量－弹簧系统。根据压电效应的原理,当晶体上受到振动作用力后,将产生电荷量,该电荷量与作用力成正比,这就是压电传感器完成机电转换的工作原理。压电式加速度传感器在振动测试领域中应用广泛,可以测量各种环境中的振动量。

YD－37 加速度传感器与 DRBS－12－A 型简易电荷放大器的综合灵敏度约为 6080mV/m·s^{-2}。

6.7.3　实验仪器和设备

(1)计算机 1 台。

(2)DRVI 快速可重组虚拟仪器平台 1 套。

(3)加速度传感器(YD－37)1 套。

(4)加速度传感器变送器(DRBS－12－A)1 台。

(5)蓝津数据采集仪(DRDAQ－EPP2)1 台。

(6)开关电源(DRDY－A)1 套。

(7)5 芯对等线 1 条。

6.7.4　实验步骤及内容

（1）振动测量实验结构如图 6－32 所示，将加速度传感器通过配套的磁座吸附在转子实验台底座上，然后将其输出端和变送器的输入端相连，变送器的输出端通过一根带五芯航空插头的电缆和数据采集仪 A/D 输入通道连接。

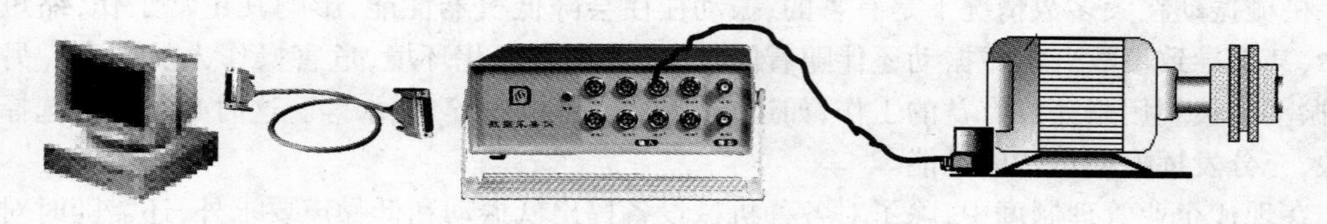

图 6－32　振动测量结构示意图

（2）启动服务器，运行 DRVI 程序，点击 DRVI 快捷工具条上的“联机注册”图标，选择其中的“DRVI 采集仪主卡检测（USB）”进行和数据采集仪之间的注册。图 6－33 为本实验的信号处理流程图。

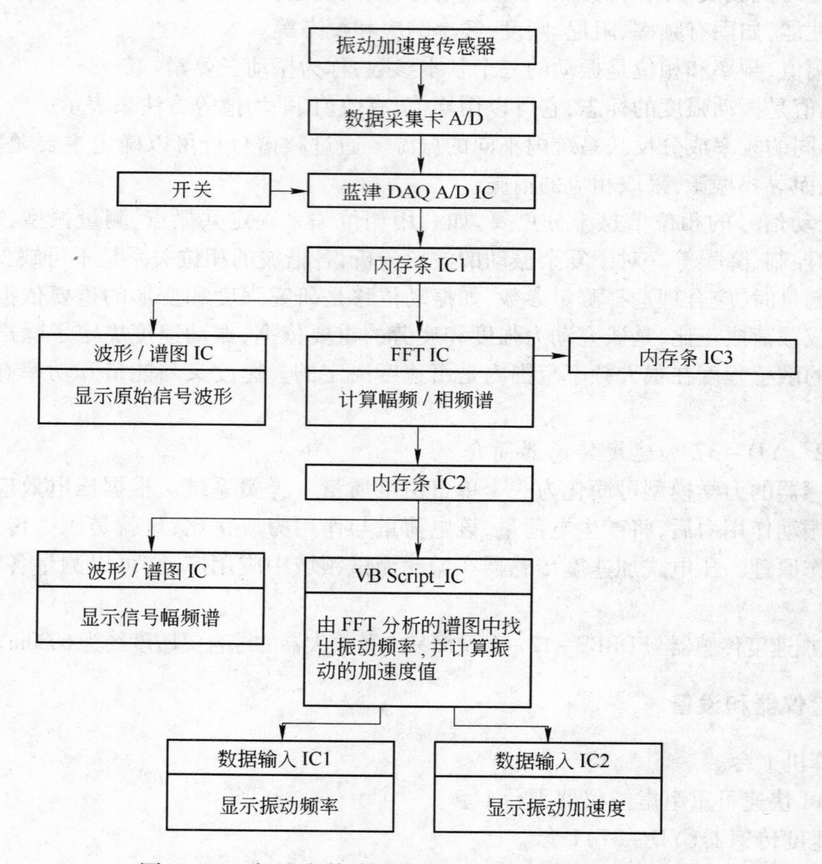

图 6－33　加速度传感器振动测量实验信号处理框图

（3）本实验的目的是了解用加速度传感器进行振动测量的方法，首先需要将数据采集进来，蓝津信息提供了一个配套的 8 通道并口数据采集仪来完成外部信号的数据采集，在 DRVI 软件平台中，对应的数据采集软件芯片为“蓝津 DAQ _ A/D”芯片；数据采集仪的启动采用一片“0/1 按钮”芯片来控制；振动信号的频谱，用一片“FFT”芯片来计算；另外，由于在用加速度传感器获取振动信号的时候，会带入一部分高频干扰信号，为了测量的方便，可以插入一片“数字滤波”芯片，用于构成低通滤波器，滤出高频成分，滤波前后的波形对应结果用一片“多路接线开关”来选择；还需要选择两片“波形/频谱显示”芯片，用于显示振动信号的时域波形和频谱；然后再根据所需的数组型数据总线的数量，插入 5 片“内存条”芯片，用于存储数组型数据；再加上一些文字显示芯片和装饰芯片，就可以搭建出一个“振动测量实验”的服务器端，所需的软件芯片数量、种类、与软件总线之间的信号流动和连接关系如图 6－34所示。根据实验原理设计图在 DRVI 软面包板上插入上述软件芯片，然后修改其属性窗中相应的连线参数就可以完成该实验的设计和搭建过程。

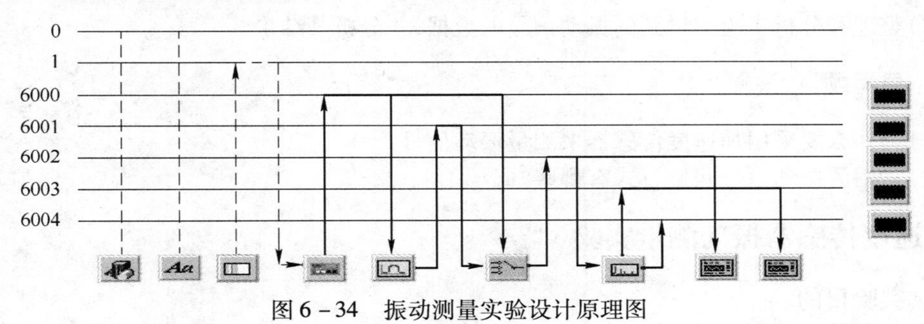

图 6－34　振动测量实验设计原理图

(4) 实验系统中提供了本实验的参考脚本，可以直接点击该实验脚本文件“服务器端”的链接，将参考的实验脚本文件读入 DRVI 软件平台中并运行。实验效果示意图如图 6－35 所示。

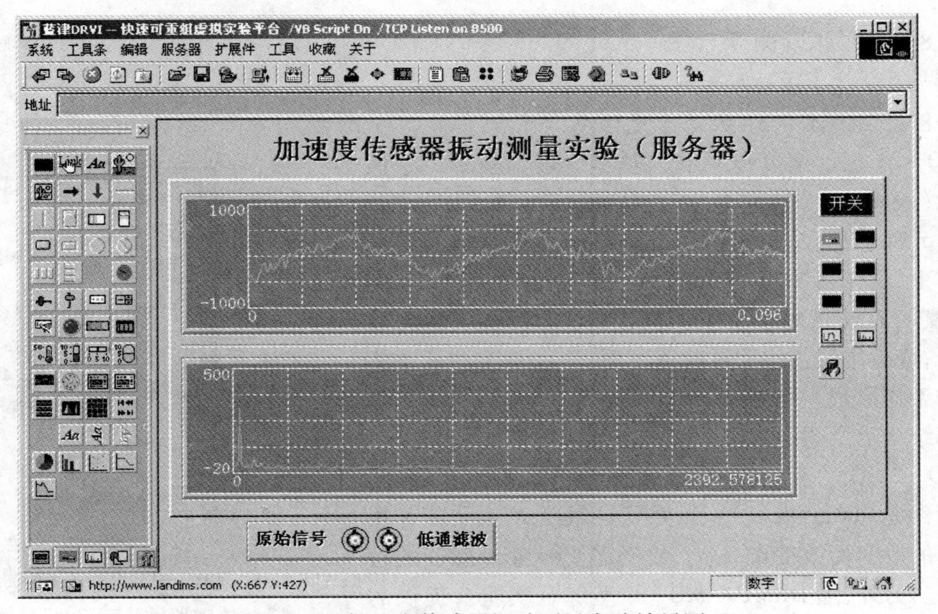

图 6－35　加速度传感器振动测量实验效果图

(5)在振动实验台的电机转子上添加试重,启动电机,调整到一个稳定的转速,点击面板中的“开关”按钮,观察和分析所得到振动信号的波形和频谱,点击“多路接线开关”,观察滤波前后振动信号波形和频谱的变化情况并记录实验结果。

(6)关闭电机,在电机转子上改变试重和位置,再次启动电机进行测量,观察和分析所得到振动信号的波形和频谱。

(7)关闭电机,改变加速度传感器的测量位置,再次启动电机进行测量,观察和分析随着测量位置的改变,振动信号的波形和频谱的变化情况。

6.7.5　扩展实验设计

在图6-35的实验基础上,增加窗函数和采样频率调节功能。

6.7.6　实验报告要求

(1)简述实验目的和原理。

(2)整理和分析实验中得到的振动信号的数据,并分析其结果。

6.7.7　思考题

(1)为什么要采用加速度传感器来测量振动信号?

(2)常用的振动信号测量方式有哪些?

6.8　速度传感器振动测量实验

6.8.1　实验目的

通过本实验了解并掌握机械振动信号测量的基本方法。

6.8.2　实验原理

6.8.2.1　振动测量原理

详见6.7.2.1节。

6.8.2.2　CD-21振动速度传感器简介

CD-21振动速度传感器的基本原理是基于一个惯性质量(线圈组件)和壳体,壳体中固定有磁铁,惯性质量用弹性元件悬挂在壳体上工作时,将传感器壳体固定在振动体上,这样当振动体振动时,在传感器工作频率范围内,线圈与磁铁相对运动,切割磁力线,在线圈内产生感应电压,该电压值正比于振动速度值,这就是振动速度传感器的工作原理。图6-36是CD-21振动速度传感器的内部结构示意图。

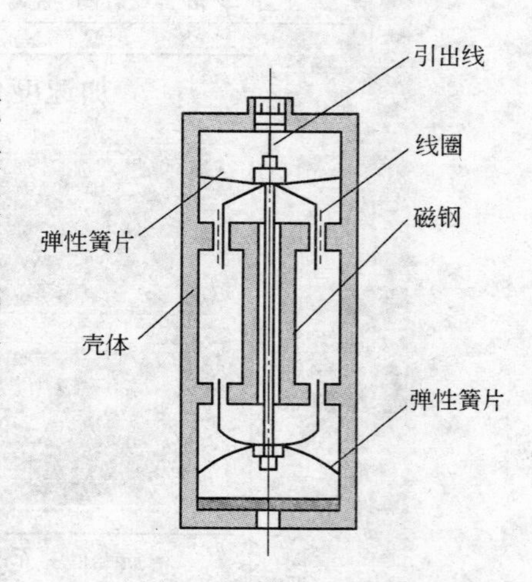

图6-36　CD-21型磁电式振动速度传感器结构示意图

CD-21振动速度传感器的测量范围是10~1000Hz,灵敏度约是200mV/cm·s^{-1},并且灵敏度K也是随着振动频率的改变而改变的,这个数据需要参考传感器的检定证书。另外,随DRMU-ME-B型综合实验台提供的转子实验模块在其对速度传感器的信号也进行了放大,放大器的增益是10倍。

6.8.3　实验仪器和设备

(1)计算机1台。

(2)DRVI快速可重组虚拟仪器平台1套。

(3)速度传感器(CD－21)1套。

(4)蓝津数据采集仪(DRDAQ－EPP2)1台。

(5)开关电源(DRDY－A)1套。

(6)5芯－BNC转接线1条。

(7)转子实验台(DRZZS－A)1台。

6.8.4　实验步骤及内容

(1)振动测量实验结构如图6－37所示,将速度传感器通过配套的磁座吸附在转子实验台底座上,然后通过一根带五芯航空插头－BNC转接电缆和数据采集仪A/D输入通道连接。

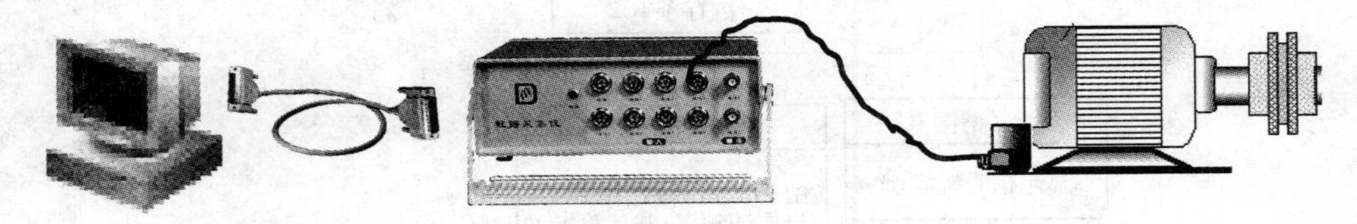

图6－37　振动测量结构示意图

(2)启动服务器,运行DRVI程序,点击DRVI快捷工具条上的“联机注册”图标,选择其中的“DRVI采集仪主卡检测(USB)”进行和数据采集仪之间的注册。

(3)本实验的目的是了解用速度传感器进行振动测量的方法,首先需要将数据采集进来,蓝津信息提供了一个配套的8通道并口数据采集仪来完成外部信号的数据采集过程,图6－38显示了本实验的信号处理流程。在DRVI软件平台中,对应的数据采集软件芯片为“蓝津DAQ _A/D”芯片;数据采集仪的启动采用一片“0/1按钮”芯片来控制;振动信号的频谱,用一片“FFT”芯片来计算;另外还需要选择两片“波形/频谱显示”芯片,用于显示振动信号的时域波形和频谱;然后再根据所需的数组型数据总线的数量,插入3片“内存条”芯片,用于存储数组型数据;再加上一些文字显示芯片和装饰芯片,就可以搭建出一个“速度传感器振动测量实验”的服务器端,所需的软件芯片数量、种类、与软件总线之间的信号流动和连接关系如图6－39所示。根据实验原理设计图在DRVI软面包板上插入上述软件芯片,然后修改其属性窗中相应的连线参数就可以完成该实验的设计和搭建过程。

(4)将参考的实验脚本文件读入DRVI软件平台中并运行。实验效果示意图如图6－40所示。

(5)在转子实验台的电机转子上添加试重,启动电机,调整到一个稳定的转速,点击面板中的“开关”按钮,观察和分析所得到振动信号的波形和频谱,点击“多路接线开关”,观察滤波前后振动信号波形和频谱的变化情况并记录实验结果。

(6)关闭电机,在电机转子上改变试重和位置,再次启动电机进行测量,观察和分析所得到振动信号的波形和频谱。

(7)关闭电机,改变速度传感器的测量位置,再次启动电机进行测量,观察和分析随着测量位置的改变,振动信号的波形和频谱的变化情况。

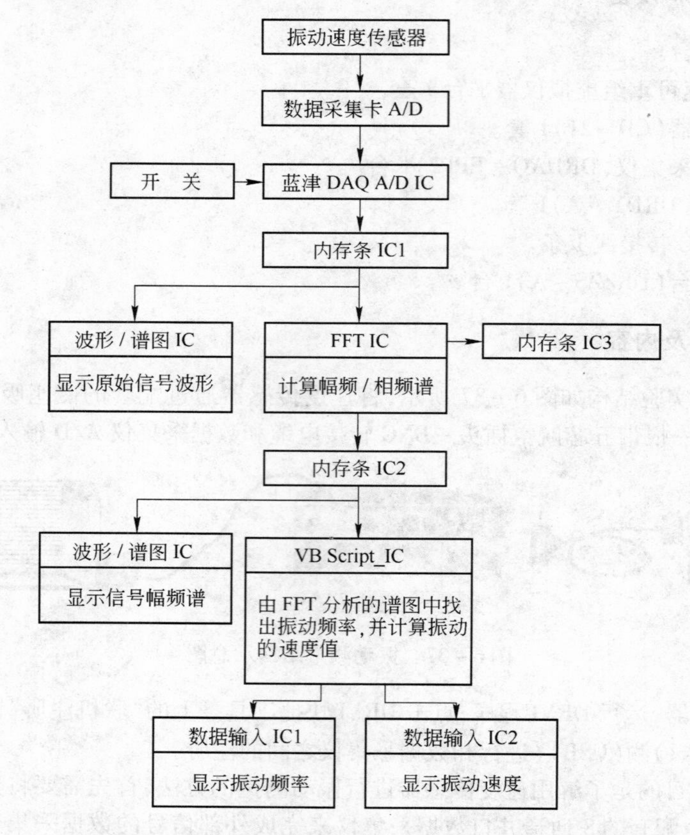

图 6 – 38　速度传感器振动测量实验信号处理流程框图

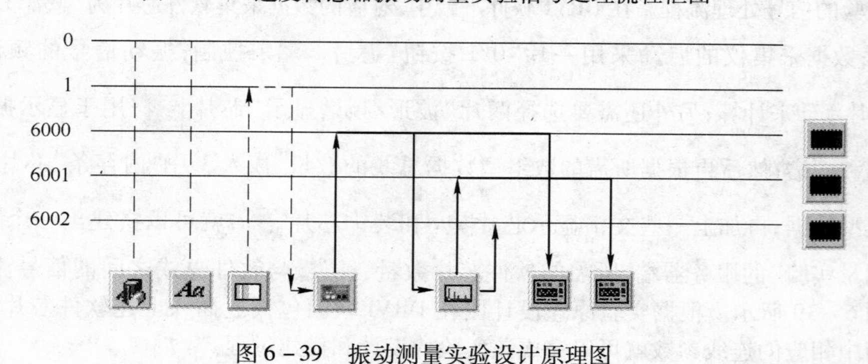

图 6 – 39　振动测量实验设计原理图

6.8.5　扩展实验设计

为图 6 – 39 的脚本添加信号微分功能,观察微分谱与原谱的区别。

6.8.6　实验报告要求

(1)简述实验目的和原理,根据实验原理和要求整理本实验的设计原理图。

(2)整理和分析实验中得到的振动信号的数据,并分析其结果。

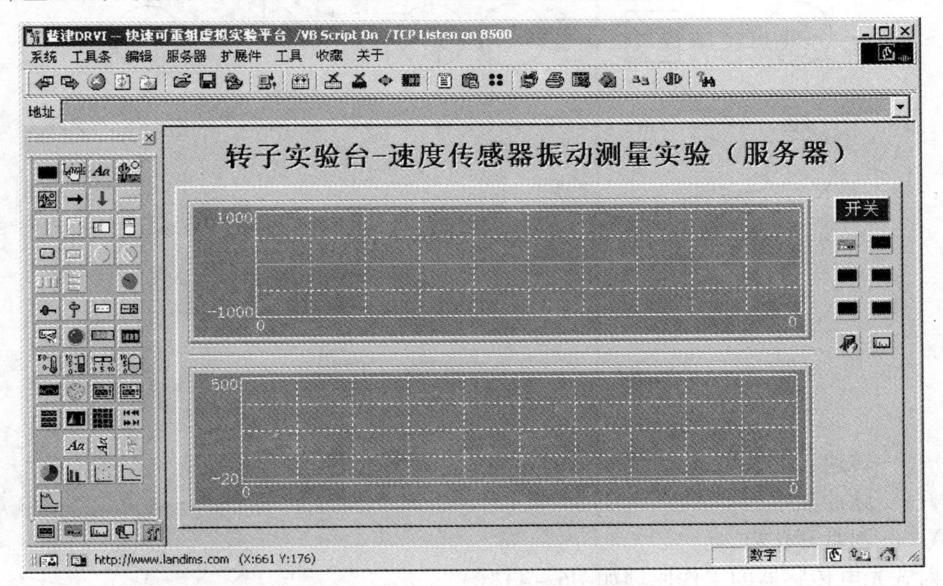

图 6－40　速度传感器振动测量实验效果图

6.8.7　思考题

(1)采用速度传感器来测量振动信号有什么特点?

(2)常用的振动信号测量方式有哪些?

6.9　光电传感器转速测量实验

6.9.1　实验目的

(1)通过本实验了解和掌握采用光电传感器测量的原理和方法。

(2)通过本实验了解和掌握转速测量的基本方法。

6.9.2　实验原理

直接测量电机转速的方法很多,可以采用各种光电传感器,也可以采用霍尔元件。本实验采用光电传感器来测量电机的转速。

由于光电测量方法灵活多样,可测参数众多,一般情况下又具有非接触、高精度、高分辨率、高可靠性和响应快等优点,加之激光光源、光栅、光学码盘、CCD 器件、光导纤维等的相继出现和成功应用,使得光电传感器在检测和控制领域得到了广泛的应用。光电传感器在工业上的应用可归纳为吸收式、遮光式、反射式、辐射式四种基本形式。图 6－41 说明了这四种形式的工作方式。

直射式光电转速传感器的结构如图 6－42 所示。它由开孔圆盘、光源、光敏元件及缝隙板等组成。开孔圆盘的输入轴与被测轴相连接,光源发出的光,通过开孔圆盘和缝隙板照射到光敏元件上被光敏元件所接收,将光信号转为电信号输出。开孔圆盘上有许多小孔,开孔圆盘旋转一周,光敏元件输出的电脉冲个数等于圆盘的开孔数,因此,可通过测量光敏元件输出的脉冲频率,得知被测转速,即:

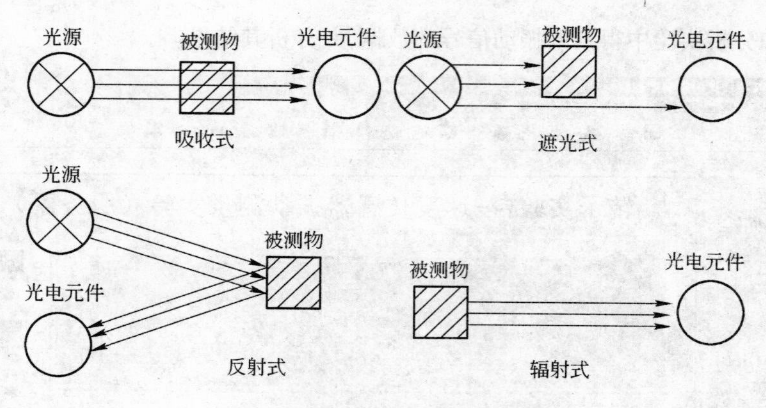

图6-41 光电传感器的工作方式

$$n = f/N$$

式中 n——转速；

f——脉冲频率；

N——圆盘开孔数。

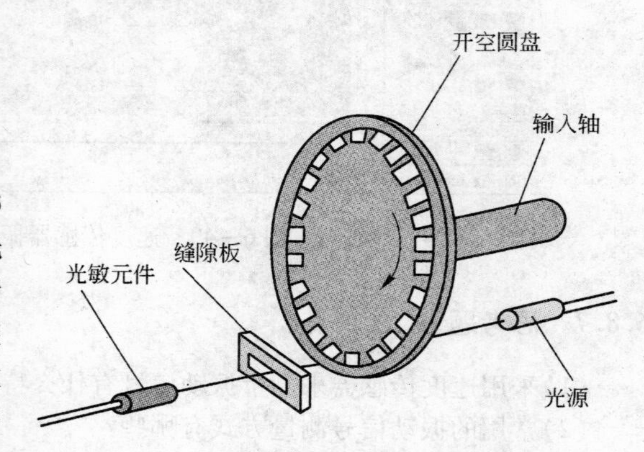

图6-42 直射式光电转速传感器的结构图

反射式光电传感器的工作原理如图6-43所示，主要由被测旋转部件、反光片（或反光贴纸）、反射式光电传感器组成，在可以进行精确定位的情况下，在被测部件上对称安装多个反光片或反光贴纸会取得较好的测量效果。在本实验中，由于测试距离近且测试要求不高，仅在被测部件上只安装了一片反光贴纸，因此，当旋转部件上的反光贴纸通过光电传感器前时，光电传感器的输出就会跳变一次。通过测出这个跳变频率f，就可知道转速n。

$$n = f$$

如果在被测部件上对称安装多个反光片或反光贴纸，则有：$n = f/N$。N为反光片或反光贴纸的数量。

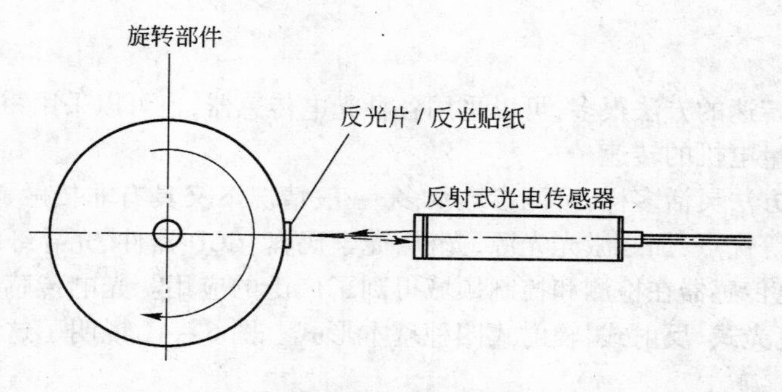

图6-43 反射式光电转速传感器的结构图

6.9.3 实验仪器和设备

（1）计算机1台。

(2)DRVI 快速可重组虚拟仪器平台 1 套。

(3)并口数据采集仪(DRDAQ - EPP2)1 台。

(4)开关电源(DRDY - A)1 台。

(5)光电转速传感器(DRHYF - 12 - A)1 套。

(6)转子/振动实验台(DRZZS - A)/(DRZD - A)1 台。

6.9.4　实验步骤及内容

(1)光电传感器转速测量实验结构示意图如图 6 - 44 所示,按图示结构连接实验设备,其中光电转速传感器接入数据采集仪 A/D 输入通道。

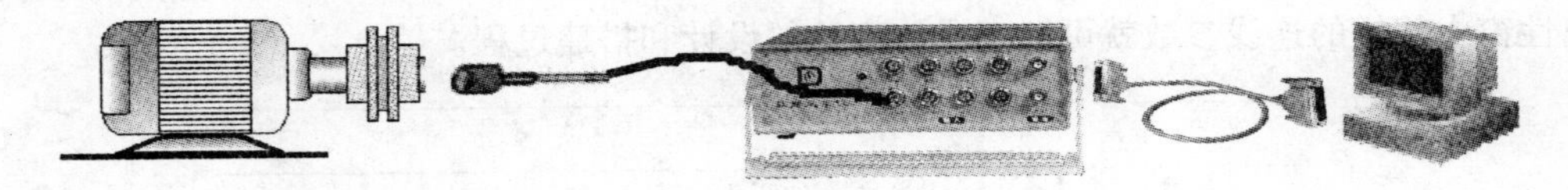

图 6 - 44　转速测量实验结构示意图

(2)运行 DRVI 程序,点击 DRVI 快捷工具条上的“联机注册”图标,选择其中的“DRVI 采集仪主卡检测(USB)”进行和数据采集仪之间的注册。

(3)本实验的目的是了解转速测量的方法,并且要实现服务器端的数据共享功能,需要分别设计服务器端和客户端的实验脚本。首先需要将数据采集进来,蓝津信息提供了一个配套的 8 通道并口数据采集仪来完成外部信号的数据采集过程,图 6 - 45 显示了本实验的信号处理流程。在 DRVI 软件平台中,对应的数据采集软件芯片为“蓝津 DAQ _ A/D”芯片;数据采集仪的启动采用一片“0/1 按钮”芯片来控制;为完成转速的计算,使用一片“VB Script 脚本”芯片,

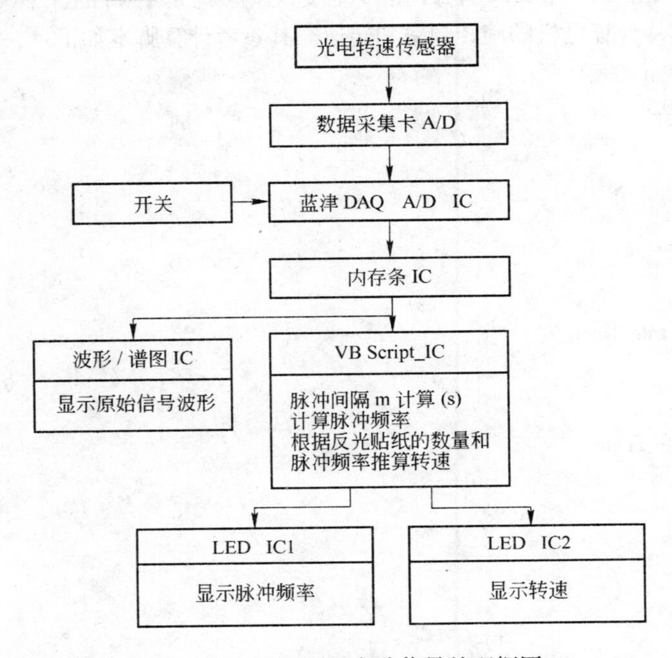

图 6 - 45　转速测量实验信号处理框图

在其中添加转速计算的脚本,计算出电机的旋转频率和转速,并通过“数码 LED”芯片显示出来;另外,为了控制计算的准确性,插入一片“数字调节”芯片,用于设定门限值,只有大于该门限值的信号才被认为是正常的转速信号;还需要选择一片“波形/频谱显示”芯片,用于显示通过光电传感器获取的转速信号的时域波形;然后再插入1片“内存条”芯片,用于数据采集仪采集到的存储数组型数据;再加上一些文字显示芯片和装饰芯片,就可以搭建出一个“转速测量”服务器端的实验,所需的软件芯片数量、种类、与软件总线之间的信号流动和连接关系如图6-46所示。根据实验原理设计图在 DRVI 软面包板上插入上述软件芯片,然后修改其属性窗中相应的连线参数就可以完成该实验的设计和搭建过程。

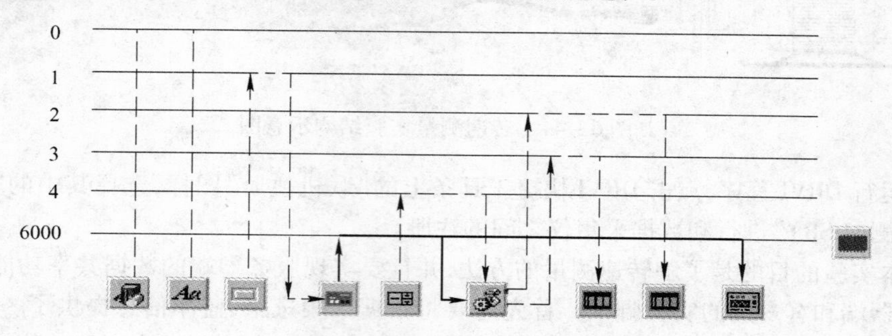

图6-46　转速测量实验设计原理图

(4)在本实验中,转速的计算是通过在“VB Script 脚本”芯片中添加脚本实现的,该芯片由内存芯片 6000 来驱动,当 6000 中数据产生变化,也就是有新的采样数据进来时,启动“VB Script脚本”芯片计算电机的旋转频率和转速。其参考计算脚本如下:

```
Dim data(2030),a(2000)
GetArray 6000,1024,data
gate = Getline(4)
k = 0
j1 = 0
j2 = 0
For i = 0 to 500
  If data(i) < = gate Then
    j1 = 1
  End If
  If data(i) > gate Then
    j1 = 0
  End If
  If j2 < j1 Then
    a(k) = i
    k = k + 1
  End If
j2 = j1
```

```
Next
dt = GetInterval(6000)
If k > 2 then
    npoint = a(k - 1) - a(1)
        If npoint = 0 then
            npoint = a(k) - a(1)
        End If
    t = dt * npoint
    interval = t/(k - 2)
    Fre = 1.0/interval
    Speed = Fre * 60
    Setline 2,fre
    Setline 3,Speed
End If
If k < 3 Then
    Setline 2, -1
    Setline 3, -1
End If
```

(5)还可以直接点击该实验脚本文件,将参考的实验脚本文件读入 DRVI 软件平台中并运行。实验效果示意图如图 6 - 47 所示。

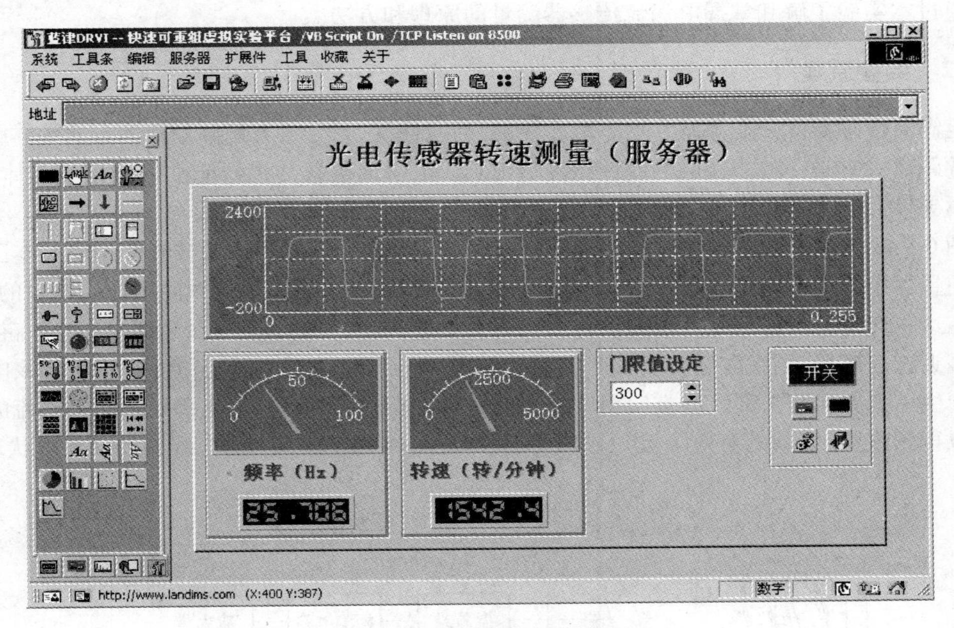

图 6 - 47　转速测量实验效果图

(6)在电机转子侧面上贴上反光纸,将光电传感器探头对准反光纸,调节传感器后面的灵敏度旋钮至传感器对反光纸敏感,对其他部位不敏感,然后启动实验台,调节转速旋钮使电机达到某一稳定转速。

(7)设定合适的门限值,点击面板中的“开关”按钮进行测量,观察并记录测量的转速值,调整传感器的位置,同时观察检测到的转速波形和传感器位置之间的关系,并分析由此带来的测量误差。

(8)调节电机转速至另一稳定转速,再次进行测量。

6.9.5　扩展实验设计

(1)用自相关分析法测定转速。

(2)用频谱分析法测转速。

6.9.6　实验报告要求

(1)简述实验目的和原理,根据实验原理和要求整理实验设计原理图。

(2)根据实验步骤分析并整理转速测量结果。

6.9.7　思考题

(1)转速测量还可以采用其他哪些传感器进行?

(2)采用光电传感器测量转速的精度如何,怎样保证测量的准确性?

6.10　电涡流传感器轴心轨迹测量实验

6.10.1　实验目的

通过本实验了解和掌握电涡流传感器测量的原理和方法。

6.10.2　实验原理

电涡流传感器就是能静态和动态地非接触,高线性度、高分辨力地测量被测金属导体距探头表面的距离。它是一种非接触的线性化计量工具。电涡流位移传感器能准确测量被测体(必须是金属导体)与探头端面之间的静态和动态距离及其变化。

图6-48为电涡流传感器工作原理图。探头、延伸电缆、前置器以及被测体构成基本工作系统。前置器中高频振荡电流通过延伸电缆流入探头线圈,在探头头部的线圈中产生交变的磁场。如果在这一交变磁场的有效范围内没有金属材料靠近,则这一磁场能量会全部损失;当有被测金属体靠近这一磁场,则在此金属表面产生感应电流,电磁学上称之为电涡流,与此同时该电涡流场也产生一个方向与头部线圈方向相反的交变磁场,由于其反作用,使头部线圈高频电流的幅度和相位得到改变(线圈的有效阻抗)。这一变化与金属体磁导率、电导率、线圈的几何形状、几何

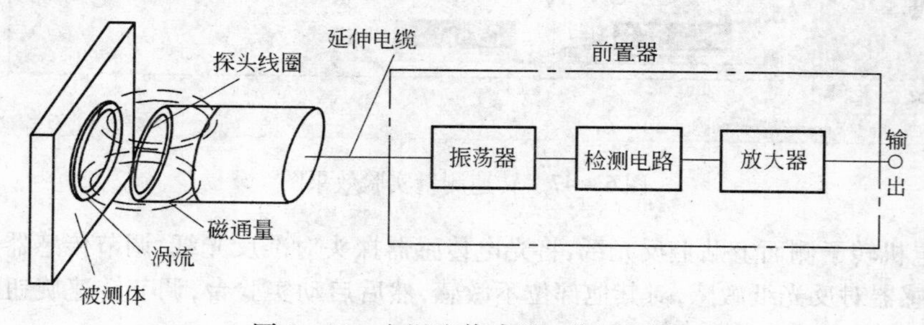

图6-48　电涡流传感器工作原理图

尺寸、电流频率以及头部线圈到金属导体表面的距离等参数有关。通常使线圈的特征阻抗 Z 成为距离 D 的单值函数,虽然它整个函数是一非线性的,其函数特征为 S 形曲线,但可以选取它近似为线性的一段。于此,通过前置器电子线路的处理,将线圈阻抗 Z 的变化,即头部体线圈与金属导体的距离 D 的变化转化成电压或电流的变化,输出信号的大小随探头到被测体表面之间的间距而变化。电涡流传感器就是根据这一原理实现对金属物体的位移、振动等参数的测量。

涡流检测只适用于能产生涡流的导电材料。同时,由于涡流是电磁感应产生的,在检测时,不必要求线圈与试件紧密接触,也不必在线圈和试件之间充填满合剂,从而容易实现自动化检验。对管、棒、丝材表面缺陷,涡流检查法有很高的速度和效率。

涡流及其反作用磁场对代表金属试件物理和工艺性能的多种参数有反应,因此是一种多用途的试验方法。然而,正是由于对多种试验参数有敏感反应,也就会给试验结果带来干扰信息,影响检测的信号。

本实验所使用的传感器是 RS-9008(03)型传感器,其输入/输出特性是一个基本线性的曲线,量程 2mm。需要注意的是,电涡流传感器的探头与前置器是配套使用的。如果探头与前置器不配套,其输出的线性程度可能会受到影响,并且需要重新标定。表 6-1 是两个电涡流传感器的实际标定数据。测试的试件为 45 号钢,标准灵敏度 5V/mm。

表 6-1 电涡流传感器的实际标定数据

传感器 *A*		传感器 *B*	
探头编号:200406-300559		探头编号:200406-300550	
前置器编号:200406-300559		前置器编号:200406-300550	
间距/mm	输出/V	间距/mm	输出/V
0.70	-4.90	0.70	-5.01
0.80	-4.40	0.80	-4.51
0.90	-3.91	0.90	-4.01
1.00	-3.43	1.00	-3.51
1.10	-2.94	1.10	-3.02
1.20	-2.45	1.20	-2.52
1.30	-1.96	1.30	-2.02
1.40	-1.47	1.40	-1.52
1.50	-0.98	1.50	-1.01
1.60	-0.49	1.60	-0.49
1.70	0.01	1.70	0.01
1.80	0.50	1.80	0.52
1.90	1.00	1.90	1.04
2.00	1.51	2.00	1.54
2.10	2.01	2.10	2.05
2.20	2.51	2.20	2.56
2.30	3.02	2.30	3.06
2.40	3.53	2.40	3.56
2.50	4.03	2.50	4.06
2.60	4.52	2.60	4.56
2.70	5.02	2.70	5.04
非线性误差:0.30%		非线性误差:0.40%	
灵敏度偏差:0.80%		灵敏度偏差:0.50%	

6.10.3　实验仪器和设备

(1)计算机1台。

(2)DRVI 快速可重组虚拟仪器平台1套。

(3)转子实验台1套。

(4)开关电源(DRDY－A)1台。

(5)并口数据采集仪(DRDAQ－EPP2)1台。

(6)电涡流传感器2套。

6.10.4　实验步骤及内容

(1)在转子实验台支架上安装电涡流传感器探头(X、Y向互成90°),将输出电缆与前置器相连,信号经前置器处理后再经过信号采集仪最终输入到计算机中。图6－49显示本实验的信号处理流程。

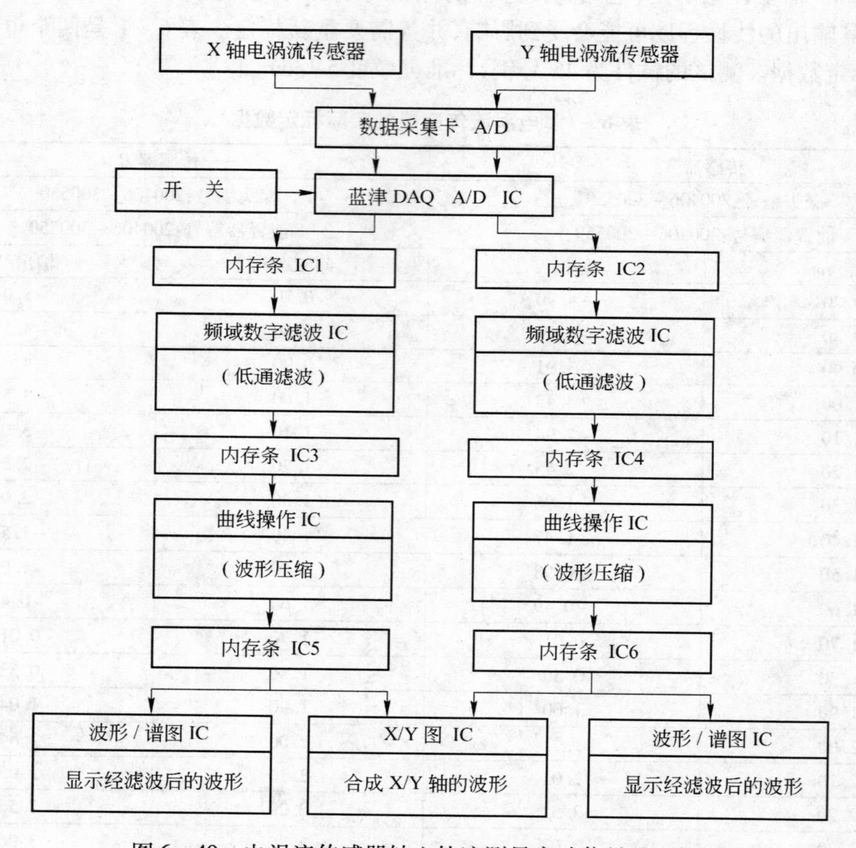

图6－49　电涡流传感器轴心轨迹测量实验信号处理框图

(2)运行DRVI主程序,点击DRVI快捷工具条上的"联机注册"图标,选择其中的"DRVI采集仪主卡检测(USB)"进行和数据采集仪之间的注册。

(3)本实验的原理设计参考图如图6－50所示。

(4)运行该实验脚本。启动转子试验台,点击面板中的"运行"按钮,进行轴心轨迹的测量。如果波形不清楚,需要调节电涡流探头与轴之间的距离,直到两个方向的波形稳定、振幅相近为止。实验效果图如图 6－51 所示。

（5）调节电机转速，观察随着转速的变化，轴心轨迹曲线的变化情况，分析并记录实验结果。

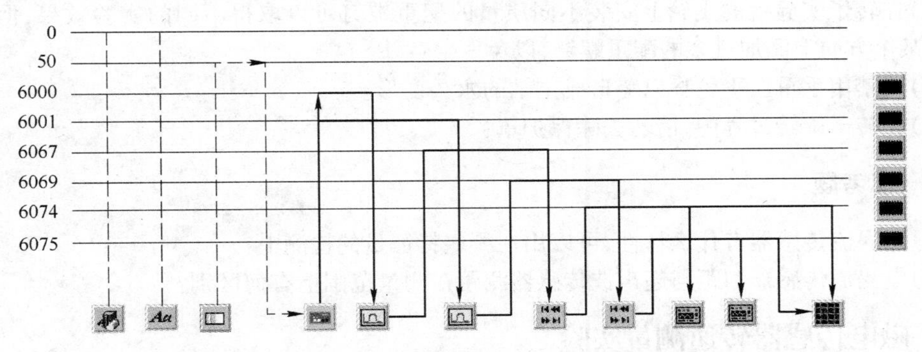

图 6－50　电涡流传感器轴心估计测量实验原理设计参考图

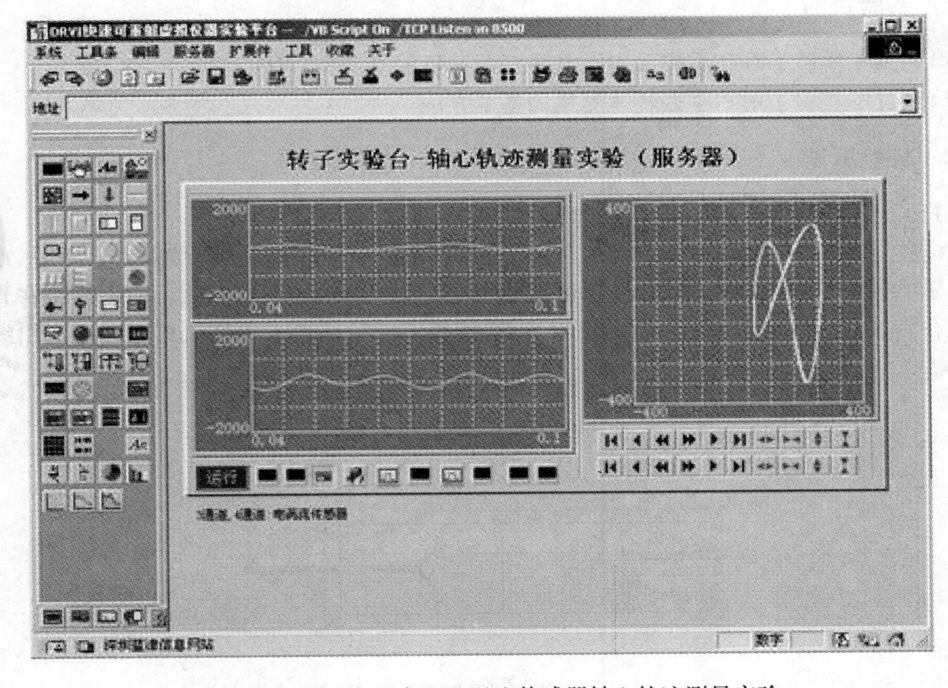

图 6－51　转子实验台—电涡流传感器轴心轨迹测量实验

6.10.5　扩展实验设计

去掉脚本中的数字滤波器芯片，观察传感器输出的原始波形，并按原始波形绘出 X－Y 图。

6.10.6　实验报告要求

简述实验目的和原理，根据实验步骤要求，整理和分析相应的波形和特性曲线。

6.10.7　注意事项

（1）安装电涡流探头时，必须首先把初始间隙调好。（调整方法请参考转子实验台使用说

明）

（2）由于原始信号波形干扰较大，特征不明显，所以一般使用有低通滤波功能的实验脚本。

（3）在转子实验台的飞轮上安装不同质量的配重螺钉可以取得不同的实验效果，但须注意不要在某个方向上添加过多的配重螺钉，以免发生意外。

（4）严禁用手重压飞轮！以免造成主轴的永久变形。

（5）在转子旋转过程中，请勿去除保护罩！

6.10.8　思考题

（1）电涡流传感器有什么特性，可以用在哪些特征量的检测上？

（2）电涡流传感器测距与超声波传感器测距在测量范围上有何区别？

6.11　磁电传感器转速测量实验

6.11.1　实验目的

（1）通过本实验了解和掌握采用磁电传感器测量的原理和方法。

（2）通过本实验了解和掌握转速测量的基本方法。

6.11.2　实验原理

6.11.2.1　*磁电转速传感器的结构和工作原理*

磁电传感器的内部结构请参考图6－52，它的核心部件有衔铁、磁钢、线圈几个部分，衔铁的后部与磁性很强的磁钢相接，衔铁的前端有固定片，其材料是黄铜，不导磁。线圈缠绕在骨架上并固定在传感器内部。为了传感器的可靠性，在传感器的后部填入了环氧树脂以固定引线和内部结构。

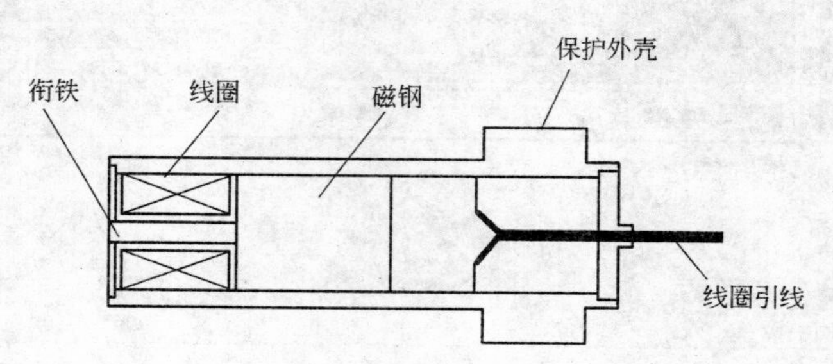

图6－52　磁电传感器的内部结构

使用时，磁电转速传感器是和测速（发讯）齿轮配合使用的，如图6－53所示。测速齿轮的材料是导磁的软磁材料，如钢、铁、镍等金属或者合金。测速齿轮的齿顶与传感器的距离 d 比较小，通常按照传感器的安装要求，d 约为1mm。齿轮的齿数为定值（通常为60齿）。这样，当测速齿轮随被测旋转轴同步旋转的时候，齿轮的齿顶和齿根会均匀地经过传感器的表面，引起磁隙变化。在探头线圈中产生感应电动势，在一定的转速范围内，其幅度与转速成正比，转速越高输出的电压越高，输出频率与转速成正比。

那么，在已知发讯齿轮齿数的情况下，测得脉冲的频率就可以计算出发讯齿轮的转速。如设齿轮齿数为 N，转速为 n，脉冲频率为 f，则有：

$$n = f/N$$

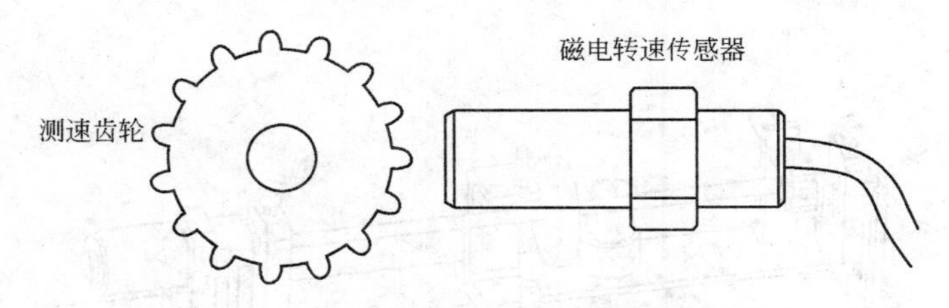

图6－53 直射式光电转速传感器的工作方式

通常，转速的单位是转/分钟（r/min），所以要在上述公式的得数再乘以60，才能得到以r/min为单位的转速数据，即 $n=60\times f/N$。在使用60齿的发讯齿轮时，就可以得到一个简单的转速公式 $n=f$。所以，就可以使用频率计测量转速。这就是在工业中转速测量中发讯齿轮多为60齿的原因。

6.11.2.2 DRCD－12－A 型磁电转速传感器简介

DRCD－12－A 型磁电转速传感器采用了 RS9001－1 型无源磁电转速传感器作为敏感探头，为了适应采集卡对信号幅度的要求，在探头的处理电路中使用了限幅放大电路、比较器等电路，最后将幅值与转速成正比的类正弦（与发讯齿轮的齿形有关系）脉冲信号，处理成幅值在0～+5V的方波信号。

传感器的探头与转子实验模块通过 BNC 连接器连接，探头本身就是一个完整的 RS9001－1型工业用无源磁电转速传感器。探头的工作信号可以接到模拟示波器上进行观察。据资料，RS9001－1 型无源磁电转速传感器的测量范围在10～10000r/min（60齿），发讯齿轮的齿形最好是渐开线齿形，模数为2～4。输出的波形近似正弦波。如果使用大模数的齿轮或者用其他齿形，将会产生巨大的波形畸变，妨碍精确测量。

DRZZS－A 型转子实验台的发讯齿轮齿数为15，为了安全的考虑，并没有将齿轮做成标准的渐开线齿形，而是做成了圆顶。

6.11.3 实验仪器和设备

（1）计算机1台。

（2）DRVI 快速可重组虚拟仪器平台1套。

（3）并口数据采集仪（DRDAQ－EPP2）1台。

（4）开关电源（DRDY－A）1台。

（5）磁电转速传感器（DRCD－12－A）1套。

（6）转子/振动实验台（DRZZS－A）/（DRZD－A）1台。

6.11.4 实验步骤及内容

（1）将磁电传感器安装在转子试验台上专用的传感器架上，使其探头对准测速用15齿齿轮的中部，调节探头与齿顶的距离，使测试距离为1mm。图6－54为 DRZZS－A 型多功能转子试验台传感器安装位置示意图，其中1号位置即为磁电转速传感器安装位置。图6－55所示为本实验的信号处理流程。

（2）运行 DRVI 程序，点击 DRVI 快捷工具条上的“联机注册”图标，选择其中的“DRVI 采集仪主卡检测（USB）”进行和数据采集仪之间的注册。

（3）按实验原理和要求，在 DRVI 软件平台中搭建该实验。

（4）本实验的目的是了解转速测量的方法。蓝津信息提供了一个配套的8通道并口数据采

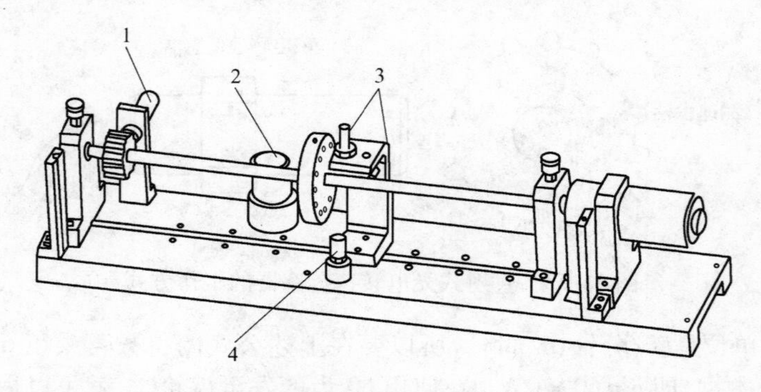

图 6 – 54　DRZZS – A 型多功能转子试验台传感器安装位置示意图

1—磁电传感器;2—速度传感器;3—电涡流传感器;4—加速度传感器

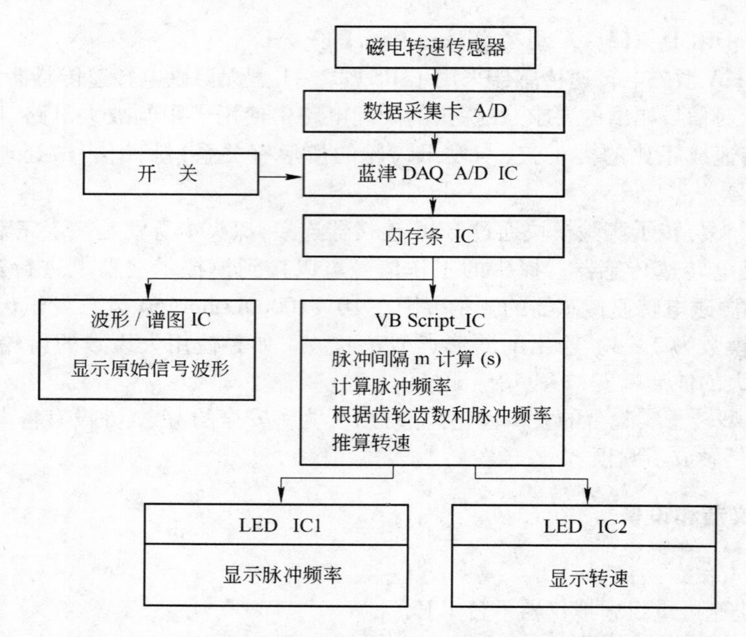

图 6 – 55　磁电转速传感器转速测量实验参考信号处理框图

集仪来完成外部信号的数据采集过程,在 DRVI 软件平台中,对应的数据采集软件芯片为“蓝津 DAQ_A/D”芯片 ;数据采集仪的启动采用一片“0/1 按钮”芯片 来控制;为完成转速的计算,使用一片“VB Script 脚本”芯片 ,在其中添加转速计算的脚本,计算出电机的旋转频率和转速,并通过“数码 LED”芯片 显示出来;另外,为了控制计算的准确性,插入一片“数字调节”芯片 ,用于设定门限值,只有大于该门限值的信号才被认为是正常的转速信号;还需要选择一片“波形/频谱显示”芯片 ,用于显示通过光电传感器获取的转速信号的时域波形;然后再插入 1 片“内存条”芯片 ,用于数据采集仪采集到的存储数组型数据;再加上一些文字显示芯片 和装饰芯片 ,就可以搭建出一个“转速测量”服务器端的实验,所需的软件芯片数量、种类、与软件总线之间的信号流动和连接关系如图 6 – 56 所示。根据实验原理设计图在 DR-

VI 软面包板上插入上述软件芯片，然后修改其属性窗中相应的连线参数就可以完成该实验的设计和搭建过程。

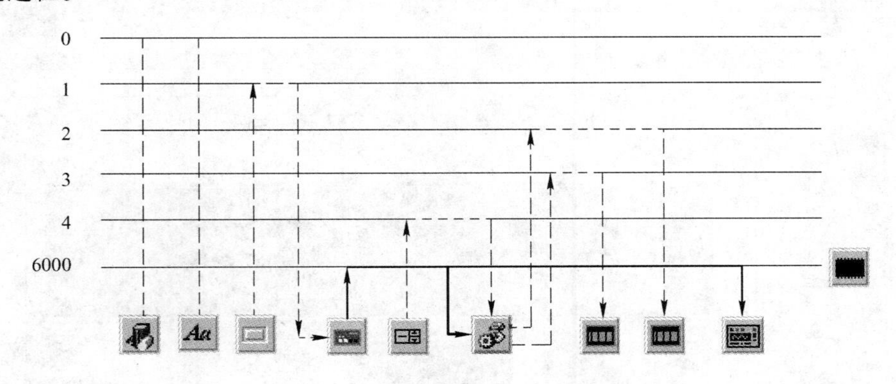

图 6－56　转速测量实验设计原理图

（5）VB Script 程序设计指导：在本实验中，转速的计算是通过在"VB Script 脚本"芯片中添加脚本实现的，该芯片由内存芯片 6000 来驱动，当 6000 中数据产生变化，也就是有新的采样数据进来时，启动"VB Script 脚本"芯片计算电机的旋转频率和转速。程序主要设计思路如下：

由于内存 IC 中的数据是不能直接用来运算的，所以，需要定义一个数组，将内存的数据拷贝到数组中，再来组织运算。

将数组中的数据进行分析，以得到脉冲信号的频率。实际上，我们得到的信号是已经调理好的正向方波信号，只需要计算出这些方波信号的周期就可以得到脉冲的频率。根据实验原理所给的公式，进而可以计算出电机的转速。

作为计算机，对脉冲信号周期的分析是需要准确测量信号上"对应点"的相距点数。"对应点"是指会周期性出现的点，并且有可识别的特征。比如正弦信号的过零点，峰值点，脉冲信号的上升和下降沿。

程序的具体写法在光电传感器转速测量实验中已经有介绍，在这里不再重复。本实验与光电传感器的转速测量实验略有不同请同学们注意，需要在程序上稍作调整。具体的程序需要同学们自己来完成。

（6）还可以直接点击该实验脚本文件，将参考的实验脚本文件读入 DRVI 软件平台中并运行。实验效果示意图如图 6－57 所示。

（7）启动转子实验台，调节转速旋钮使电机达到某一稳定转速，点击面板中的"开关"按钮进行测量，观察并记录测量的转速值，调整传感器的位置，同时观察检测到的转速波形和传感器位置之间的关系，并分析由此带来的测量误差。

（8）调节电机转速至另一稳定转速，再次进行测量，观察并记录测量结果。

6.11.5　扩展实验设计

（1）用自相关分析法测定转速。

（2）用频谱分析法测转速。

6.11.6　实验报告要求

（1）简述实验目的和原理，根据实验原理和要求整理实验设计原理图。

(2)根据实验步骤分析并整理转速测量结果。

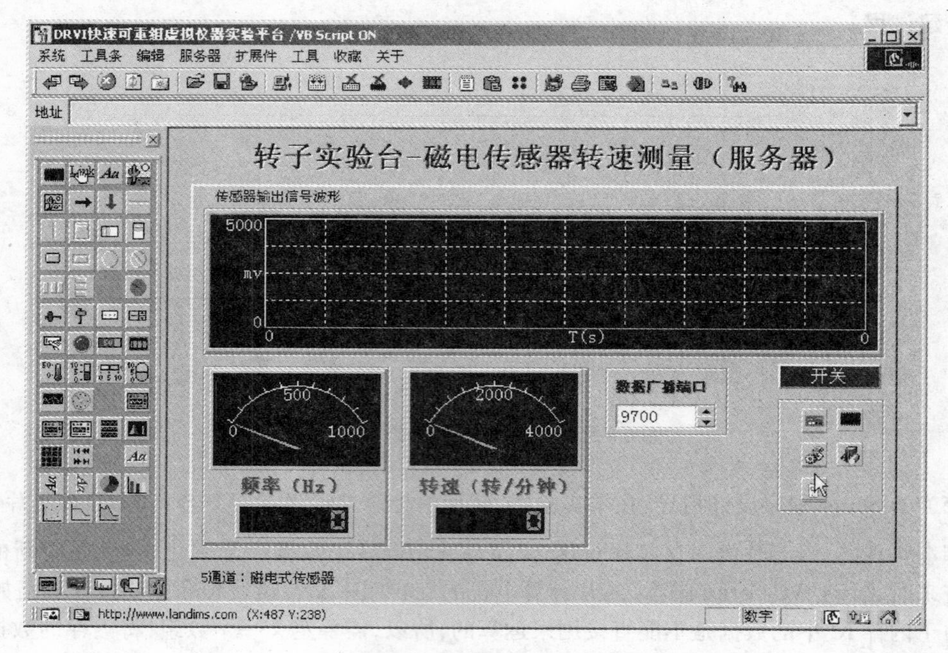

图 6 – 57 磁电转速传感器转速测量实验效果示意图

6.11.7 思考题

(1)转速测量还可以采用其他哪些传感器进行?
(2)采用磁电传感器测量转速的精度如何,怎样保证测量的准确性?

6.12 声传感器噪声测量

6.12.1 实验目的

(1)掌握声压级的测量方法。
(2)掌握噪声的测量方法。

6.12.2 实验原理

声音是大气压上的压强波动,这个压强波动的大小简称为声压,以 p 表示,其单位是 Pa(帕)。从刚刚可以听到的声音到人们不堪忍受的声音,声压相差数百万倍。显然用声压表达各种不同大小的声音实属不太方便,同时考虑了人耳对声音强弱反应的对数特性,用对数方法将声压分为百十个等级,称为声压级。

声压级的定义是:声压与参考声压之比的常用对数乘以 20,单位是 dB(分贝)。其表达式为:

$$L_p = 20\lg \frac{p}{p_0}$$

式中,p 为声压,$p_0 = 2 \times 10^{-5}$Pa 是参考声压,它是人耳刚刚可以听到的声音。

值得注意的是:两个声压级或多个声压级相加不是 dB 的简单算术相加,是按照对数的运算规律相加。

声压级只反映声音的强度对人耳的响度感觉的影响，而不能反映声音频率对响度感觉的影响。利用具有一个频率计权网络的声学测量仪器，对声音进行声压级测量，所得到的读数称为计权声压级，简称声级，单位为 dB。声学测量仪器中，模拟人耳的响度感觉特性，一般设置 A、B 和 C 三种计权网络。声压级经 A 计权网络后就得到 A 声级，用 LA 表示，其单位计作 dB(A)。经大量实验证明，用 A 声级来评价噪声对语言的干扰，对人们的吵闹程度以及听力损伤等方面都有很好的相关性。另外，A 声级测量简单、快速，还可以与其他评价方法进行换算，所以是使用最广泛的评价尺度之一。如金属切削机床通用技术条件规定：高精度机床噪声容许小于 75dB(A)；精密机床和普通机床噪声容许小于 85dB(A)。

实际测量中，除了被测声源产生噪声外，还有其他噪声存在，这种噪声称作背景噪声。背景噪声会影响到测量的准确性，需要对结果进行修正。粗略的修正方法是：先不开启被测声源测量背景噪声，然后再开启声源测量，若两者之差为 3dB，应在测量值中减去 3dB，才是被测声源的声压级；若两者之差为 4 ~ 5dB，减去数应为 2dB；若两者之差为 6 ~ 9dB，减去数应为 1dB；当两者之差大于 10dB 时，背景噪声可以忽略。但如果两者之差小于 3dB，那么最好是采取措施降低背景噪声后再测量，否则测量结果无效。

测量环境中风、气流、磁场、振动、温度、湿度等因素都会给测量结果带来影响。特别是风和气流的影响。当存在这些影响时，应使用防风罩或鼻锥等测量附件来减少影响。

6.12.3　实验仪器和设备

(1)计算机 1 台。

(2)DRVI 可重组虚拟实验开发平台 1 套。

(3)蓝津数据采集仪(DRDAQ - EPP2)1 套。

(4)开关电源(DRDY - A)1 套。

(5)声传感器(DRZS - 5 - A)1 套。

6.12.4　实验步骤及内容

(1)噪声测量实验结构示意图如图 6 - 58 所示，按图示结构连接设备。图 6 - 59 为本实验的信号处理流程。

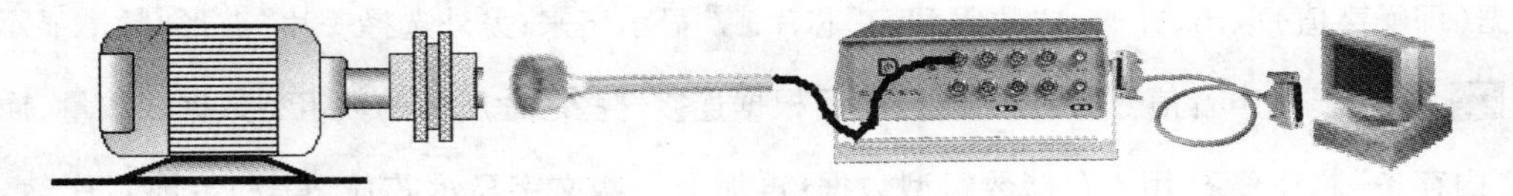

图 6 - 58　噪声测量实验结构示意图

(2)运行 DRVI 主程序，然后点击 DRVI 快捷工具条上的“联机注册”图标，选择其中的“DRVI 采集仪主卡检测(USB)”进行和数据采集仪之间的注册。

(3)首先需要将数据采集进来，DRVI 中提供了一个 8 通道的并口数据采集仪，用于完成对外部信号的数据采集，实际使用中，可以插入一片“蓝津 DAQ_A/D”芯片来完成；数据采集仪的启动采用一片“0/1 按钮”芯片来控制；要完成噪声值的计算，首先必须计算出信号的功率谱，所以需选择一片“频谱计算”芯片，然后再插入一片“倍频程”芯片，采用 FFT 算法来

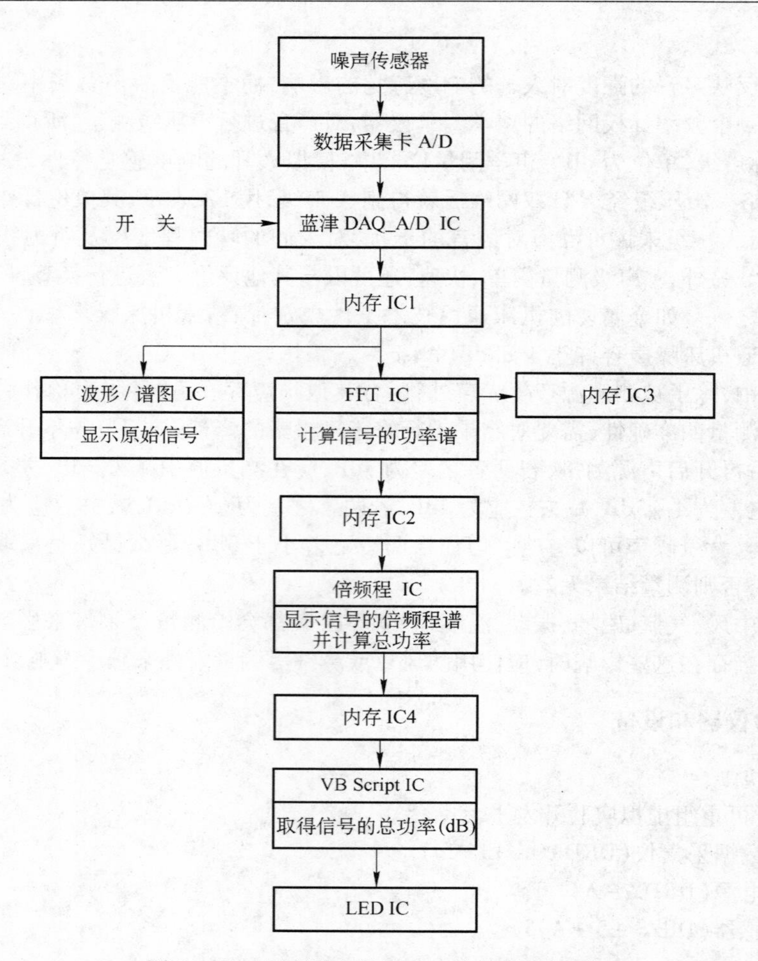

图 6 - 59　环境噪声测量实验信号处理框图

计算并显示声音信号的倍频程谱,并将计算出的声音信号的分贝值存储于输出数组的第 1 位,再使用一片“VB Script 脚本”芯片,在其中添加脚本文件将“倍频程”芯片输出数组中的第 1 位数据(即噪声值)取出,并通过“数码 LED”芯片显示出来;另外选择一片“波形/频谱显示”芯片,用于显示声音信号的时域波形;然后根据连接这些芯片所需的数组型数据线数量,插入 4 片“内存条”芯片,用于存储数组型数据;再加上一些文字显示芯片和装饰芯片,就可以搭建出一个“噪声测量”服务器端的实验,所需的软件芯片数量、种类、与软件总线之间的信号流动和连接关系如图 6 - 60 所示。根据实验原理设计图在 DRVI 软面包板上插入上述软件芯片,然后修改其属性窗中相应的连线参数就可以完成该实验的设计和搭建过程。

(4)在本实验中“频谱计算”芯片将由数据采集仪采集并存储于内存芯片 6000 中的原始信号取出,进行功率谱计算,将计算结果存储于内存芯片 6001 中,因为要求进行功率谱计算,其“频谱类型”参数设定为 1,该芯片的参数设定样例如图 6 - 61 所示。“倍频程”芯片完成对声音信号的倍频程分析以及声压级的计算功能,因为声压级是按对数规律计算的,所以将“1/1,1/3”参数设置为 3,进行对数 1/3 倍频程计算,并将计算结果输出到内存芯片 6018 中,其

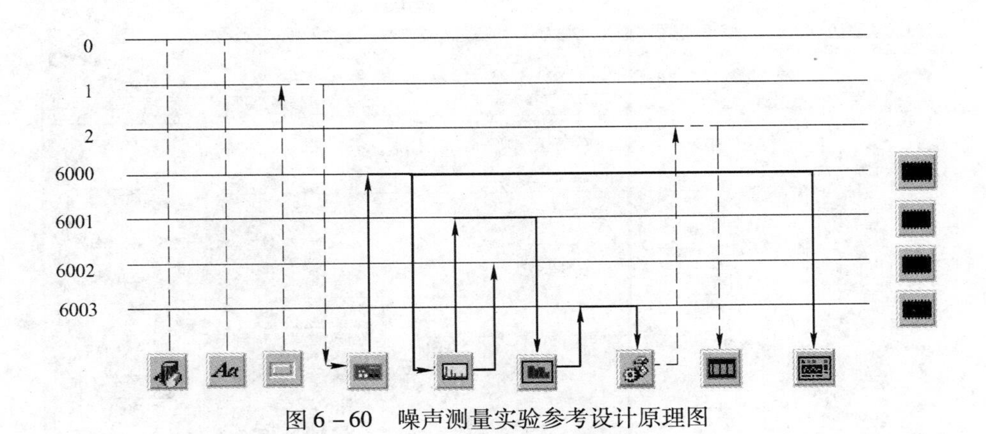

图 6 - 60 噪声测量实验参考设计原理图

频率计权网络取 A 计权,即将“频率计权”参数设置为 1,另外“倍频程”芯片还有一个特殊功能,将声压级的计算结果存储于输出数据组的第 1 位上,实际应用中可以将此数值直接读出作为噪声测量值,该芯片的参数设置样例如图 6 - 62 所示。

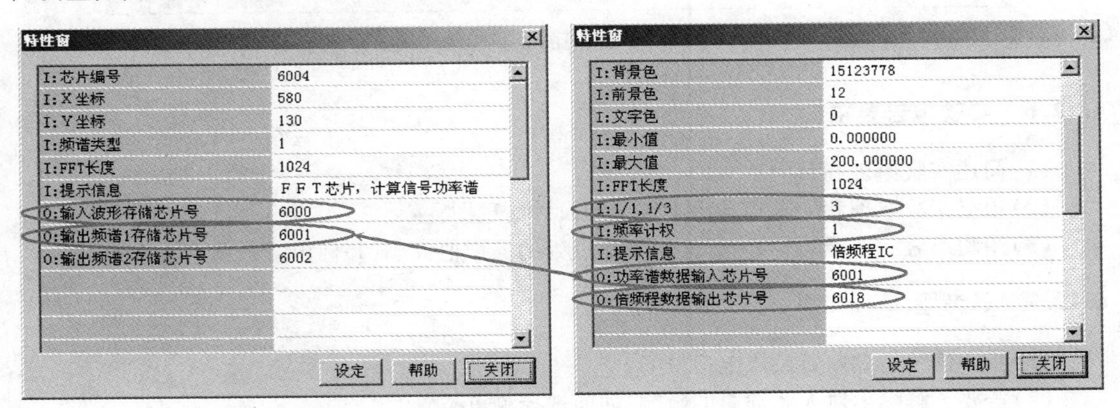

图 6 - 61 “频谱计算”芯片参数设置样例

图 6 - 62 “倍频程”芯片参数设置样例

声压级数值的取出可以用“VB Script 脚本”芯片来完成,在软面包板上插入该芯片,然后在其中添加从内存芯片 6018 取出第一位存储单元取值的代码,并将计算结果输出到数码 LED 芯片中显示即可。

(5)还提供了本实验的参考脚本,可以直接点击该实验脚本文件的链接,将参考的实验脚本文件贴入 DRVI 软件平台中并运行。服务器端实验效果示意图如图 6 - 63 所示。

(6)点击面板中的“测量”按钮,首先测量背景噪声并记录其结果。然后启动电机,调节电机转速,获得合适噪声大小。在多个方向测量噪声值并记录其结果,根据实验原理中环境噪声和被测声源之间计算关系的说明,得到被测声源声压级的正确值。

6.12.5 扩展实验

利用图 6 - 63 的实验设计一个虚拟声控开关:当检测到环境噪声达到某个设计值时,启动信号指示灯并延时一段时间(例如 10s)关闭;当在信号灯启动的时间内环境噪声再次达到设计值则刷新延时计时器。

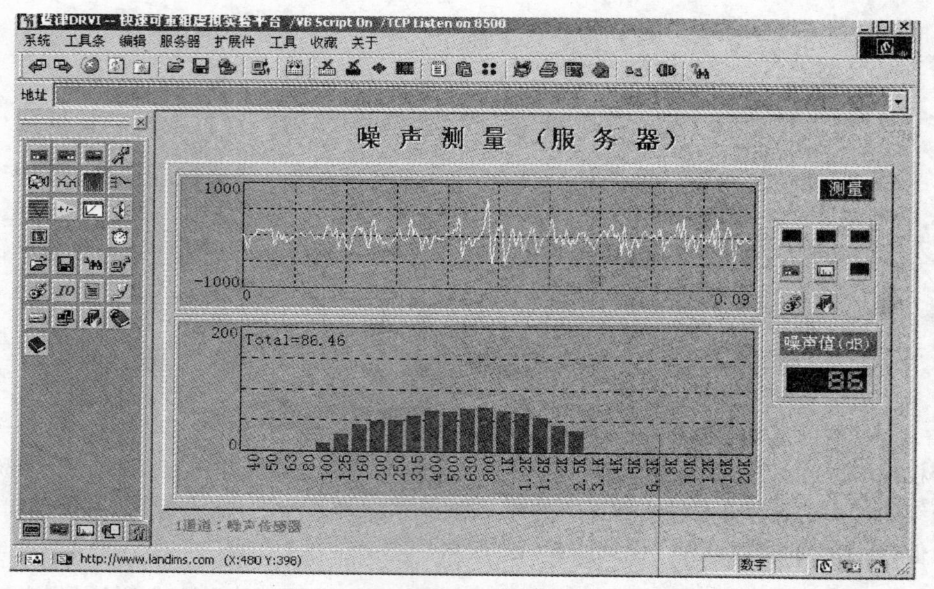

图 6－63　噪声测量实验效果图

6.12.6　实验报告要求

（1）简述实验原理和目的。

（2）根据实验原理和要求整理出本实验的设计原理图。

（3）用图形表示声源的轮廓，标注出各测点处的噪声值大小，并标出背景噪声。

6.12.7　思考题

（1）噪声信号是如何转换成电信号的？

（2）若要了解噪声对人体健康的影响，如何选择测点位置？

（3）怎样准确地扣除背景噪声的影响？

6.13　力传感器标定及称重实验

6.13.1　力传感器工作原理简介

电阻应变计是利用物体线性长度发生变形时，其阻值会发生改变的原理制成的，其电阻丝一般用康铜材料，它具有高稳定性及良好的温度、蠕变补偿性能。测量电路普遍采用惠斯通电桥，如图 6－64 所示，利用的是欧姆定律，测试输出量是电压差。

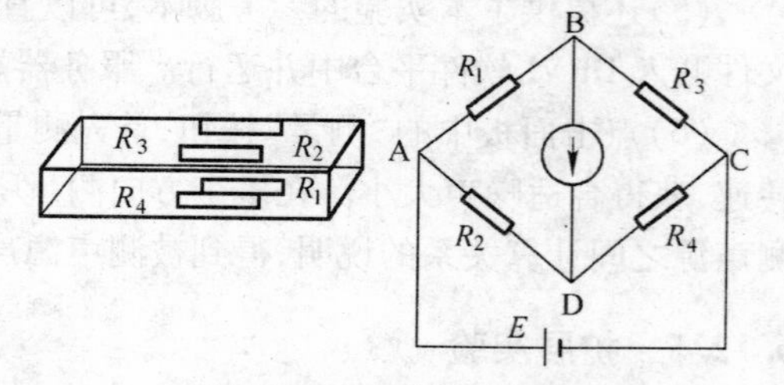

图 6－64　惠斯通电桥

本实验采用的电阻应变计采用的是惠斯通全桥电路，当物料加到载物台后，4 个应变片会发生变形，产生电压输出，经采样后送到计算机由 DRVI 快速可重组虚拟仪器平台软件处理。因为电桥在生产时有一些误差，不可能保证每一个电桥的电阻阻值和斜率保持一致。所以，传感器在使用之前必须要经过线性校正，这是由于计算机得到的是经过采样后的数字量，与真实质量之间是一种线性关系，需要由标定来得到这个关系。图 6－65 是力传感器的输入/输出对应关系的示意图。

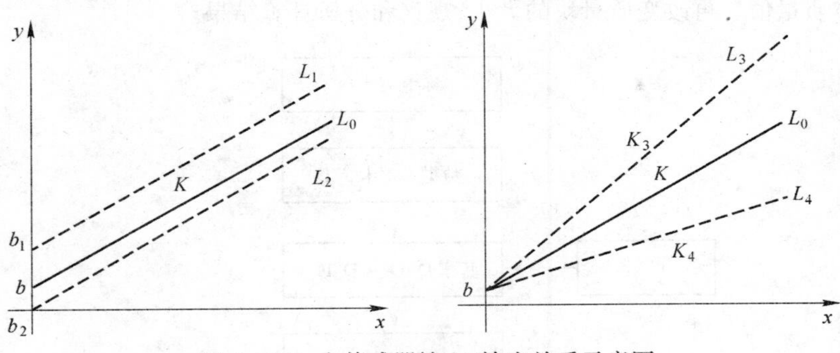

图 6－65　力传感器输入/输出关系示意图

在图 6－65 中，y 表示传感器的输出（电压），x 表示传感器的输入（力），L_0 是原始数学对应关系。K 表示 L_0 的斜率，它实际上对应于力传感器的灵敏度；b 表示 L_0 的截距，它实际上表示的是力传感器的零位（即传感器在没有施加外力的情况下的输出电压）。在图 6－65 中左图表示的是随着截距 b 的改变，其数学对应关系的改变情况。右图表示的是截距 b 不改变，随着斜率改变，传感器的数学关系的改变情况。分别调整称重台的零位电位器和增益电位器，实际就是改变截距 b 和灵敏度 K。在实验的过程中同学们可以调整这两个电位器来看看传感器的曲线变化。调整后，需要作全量程的 5～10 点标定，记录下标定结果，并根据结果作图。

在实验中采用的力传感器是 DRYB－5－A 型应变力传感器，具有精度高、复现性好的特点。需要特别强调的是：由于力传感器的过载能力有限（150%），所以，在实际使用过程中应尽量避免用力压传感器的头部或冲击传感器。否则，极易导致传感器因过载而损坏。

6.13.2　实验仪器和设备

（1）DRVI 可重组虚拟实验开发平台 1 套。

（2）蓝津数据采集仪（DRDAQ－EPP2）1 套。

（3）开关电源（DRDY－A）1 套。

（4）称重台（DRCZ－A）1 个。

6.13.3　实验步骤及内容

（1）将称重台的传感器输出线与实验台上对应的接口相连。图 6－66 为本实验的信号处理流程。

（2）运行 DRVI 程序，开启 DRVI 数据采集仪电源，然后点击 DRVI 快捷工具条上的“联机注册”图标，选择其中的“DRVI 采集仪主卡检测（USB）”进行和数据采集仪之间的注册。

（3）本实验的原理设计参考图如图 6－67 所示。

（4）将参考的实验脚本文件读入 DRVI 软件平台，如图 6－68 所示。

（5）首先进行传感器的标定：用标准砝码测定 K、b 值，取两个点（即分别用两个不同的砝码），计算出 K、b 的值作为标定结果。具体操作过程为：点击面板上的“运行”按钮，在载物台上放置一个标准砝码 100g（或其他大小），然后输入“100（或其他值）”到“试载参数 x1”输入框中，然后点击“标定 1”按钮记录下第一点的值；改变砝码的质量，比如 300g 的砝码，输入“300”到“试载参数 x2”输入框中，然后点击“标定 2”按钮记录下第二点的值；再点击“标定结果”按钮，得到 K、b 标定值。

(6)标定完毕,即可进行物体测量。将所测物体放在载物台上,然后点击“实测质量”按钮,得到被测物体质量值。再改变质量块的大小,观察和分析计算结果。

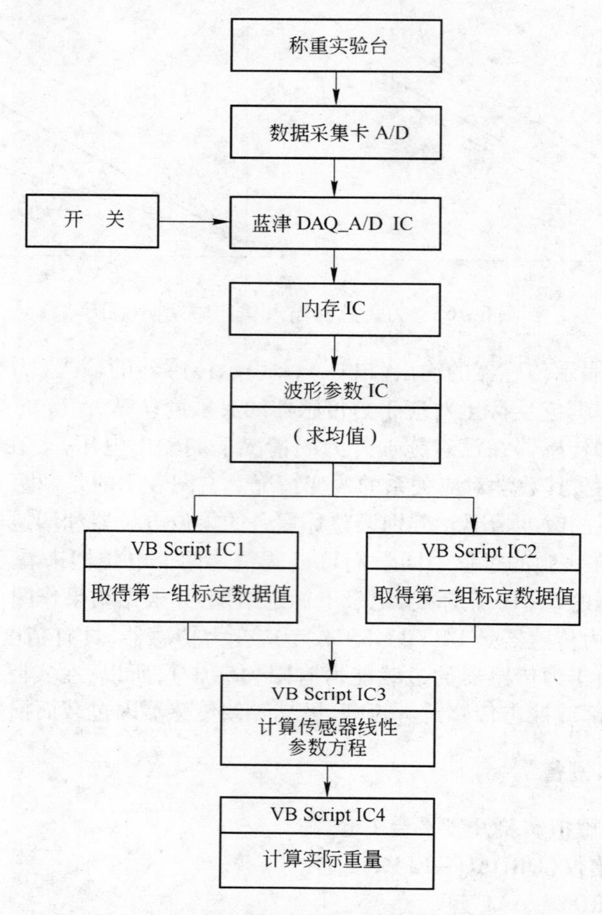

图 6 – 66　应变式力传感器称重实验信号处理框图

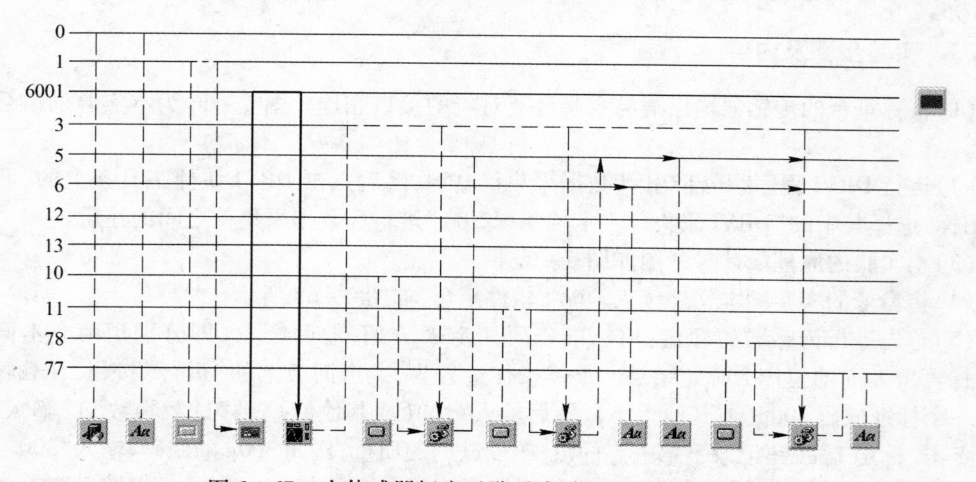

图 6 – 67　力传感器标定及称重实验原理设计参考图

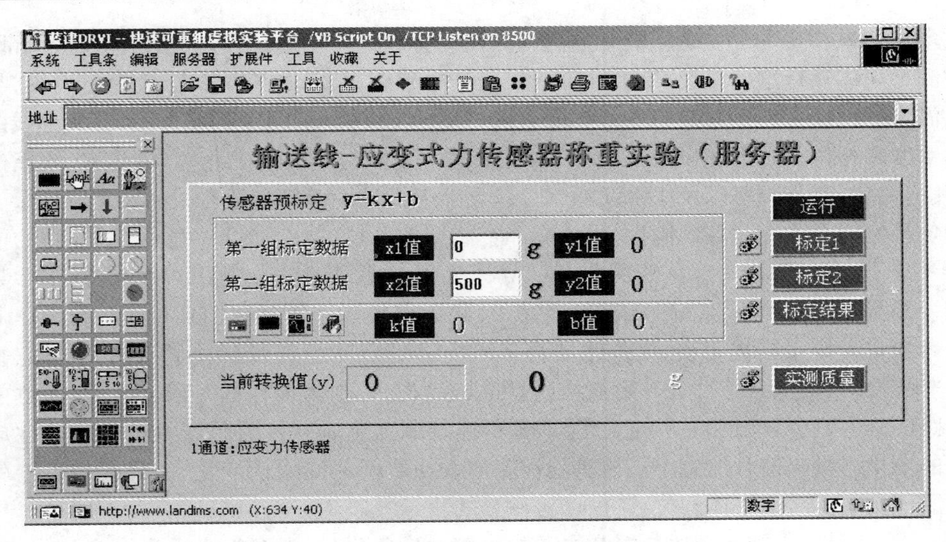

图6-68　应变式力传感器称重实验

6.13.4　注意事项

(1)DRYB-5-A型传感器的称重或测量不超过2kg的力(平稳,不含过强冲击)。

(2)在客户端标定过程中,必须保持客户端与服务器端同步。

(3)不要冲击传感器或在其上施加过大的力,以免因过载而损坏传感器。

6.13.5　扩展实验设计

利用求出的标定曲线,设计一个实时显示的电子秤。

6.13.6　实验报告要求

根据实验内容整理实验结果,并分析和说明其检测原理。

6.13.7　思考题

(1)分析测量误差。

(2)应用于称重的传感器还有哪些?简述其工作原理。

6.14　电涡流开关铁磁性物体检测实验

6.14.1　实验目的

(1)通过本实验熟悉电涡流传感器的工作原理。

(2)通过本实验了解和掌握采用DRDG-12-A型电涡流传感器进行铁磁性物体检测实验的原理和方法。

6.14.2　实验原理

电涡流传感器是一种非接触式传感器,一般由探头、延伸电缆、前置器构成基本的工作系统(图6-48)。前置器中高频振荡电流通过延伸电缆流入探头线圈,在探头头部的线圈中产生交变的磁场。如果在这一交变磁场的有效范围内没有金属材料靠近,则这一磁场能量会全部损失;当有被测金属体靠近这一磁场,则在此金属表面产生感应电流,电磁学上称之为电涡流,与此同时该电涡流场也产生一个方向与头部线圈方向相反的交变磁场,由于其反作用,使头部线圈高频电流的幅度和相位得到改变(线圈的有效阻抗),这一变化与金属体磁导率、电导率、线圈的几何形状、几何尺寸、电流频率以及头部线圈到金属导体表面的距离等参数有关。通常假定金属导体材质均匀且性能是线性和各向同性,则线圈和金属导体系统的物理性质可由金属导体的电导率σ、磁导率ξ、尺寸因子τ、头部体线圈与金属导体表面的距离D、电流强度I和频率ω参数来描述。则线圈特征阻抗可用$Z=F(\tau,\xi,\sigma,D,I,\omega)$函数来表示。通常我们能做到控制$\tau$、$\xi$、$\sigma$、$I$、$\omega$这几个参数在一定范围内不变,则线圈的特征阻抗$Z$就成为距离$D$的单值函数,虽然它整个函数是一非线性的,其函数特征为S形曲线,但可以选取它近似为线性的一段。于此,通过前置器电子线路的处理,将线圈阻抗Z的变化,即头部体线圈与金属导体的距离D的变化转化成电压或电流的变化。输出信号的大小随探头到被测体表面之间的间距而变化,电涡流传感器就是根据这一原理实现对金属物体的位移、振动等参数的测量。

其工作过程是,当被测金属与探头之间的距离发生变化时,则探头中线圈的Q值发生变化,Q值的变化引起振荡电压幅度的变化,这个随距离变化的振荡电压经过检波、滤波、放大归一处理转化成电压(电流)变化。最终完成机械位移(间隙)转换成电压(电流)。

由上所述,电涡流传感器工作系统中被测体可看作传感器的一半,即一个电涡流位移传感器的性能与被测体有关。根据厂方资料,目标物体的材质对传感器的感应距离有直接的影响。材质感应系数表请参考表6-2。

表6-2　材质感应系数表

材　质	材质感应系数
低碳钢	1.0
铝　箔	1.0
不锈钢	0.85
铝	0.4
铜	0.3

实验所使用的DRDG-12-A型电涡流传感器实际上是工业用电涡流接近开关经过信号调理的传感器,检测距离是20mm(非埋入安装),对应的工业型号是IDM20N。因其输出电压超过了+5V,所以,要将其输出信号调理到5V以内。在本实验中可能会使用到DRDG-12-B型电涡流传感器,而不是DRDG-12-A型,因其线圈体积比DRDG-12-A型小,所以其检测距离比较短,为7mm(非埋入安装)。对应的工业型号是IAH07P。

6.14.3　实验仪器和设备

(1)输送线实验台架(DRCSX-12-A)1套。

(2)电涡流传感器(DRDG-12-A)1套。

(3)蓝津数据采集仪(DRDAQ-EPP2)1套。

(4)开关电源(DRDY-A)1套。

(5)传感器支架(DRZJ-A)若干。

(6)铁性试件若干。

(7)个人计算机 1 台。

6.14.4 实验步骤与内容

(1)铁磁性物体检测实验结构示意图如图 6－69 所示,将 DRDG－12－A 型电涡流传感器接入输送线模块对应通道。图 6－70 为本实验信号处理流程。

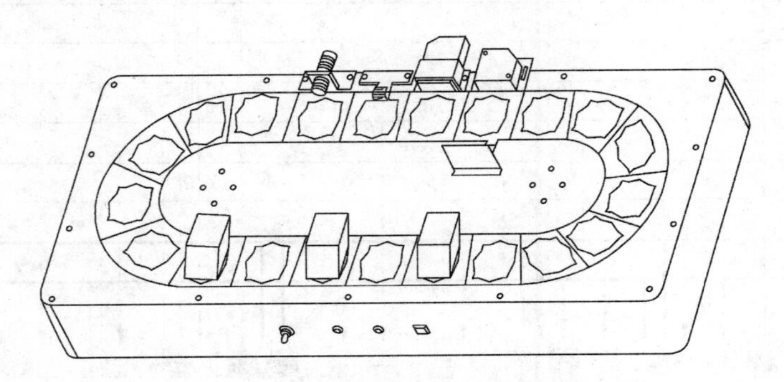

图 6－69 铁磁性物质检测实验结构示意图

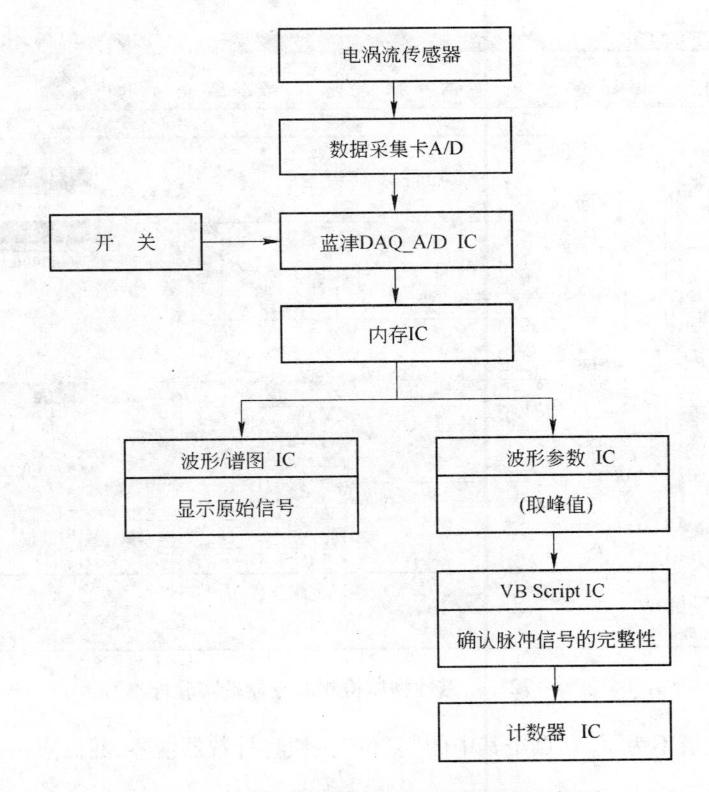

图 6－70 铁磁性物质检测实验信号处理框图

(2)运行 DRVI 程序,点击 DRVI 快捷工具条上的“联机注册”图标,选择其中的“DRVI 采集仪主卡检测(USB)”进行和数据采集仪之间的注册。

(3)本实验的原理设计参考图如图 6－71 所示。

(4)将本实验的脚本文件读入,如图 6－72 所示。

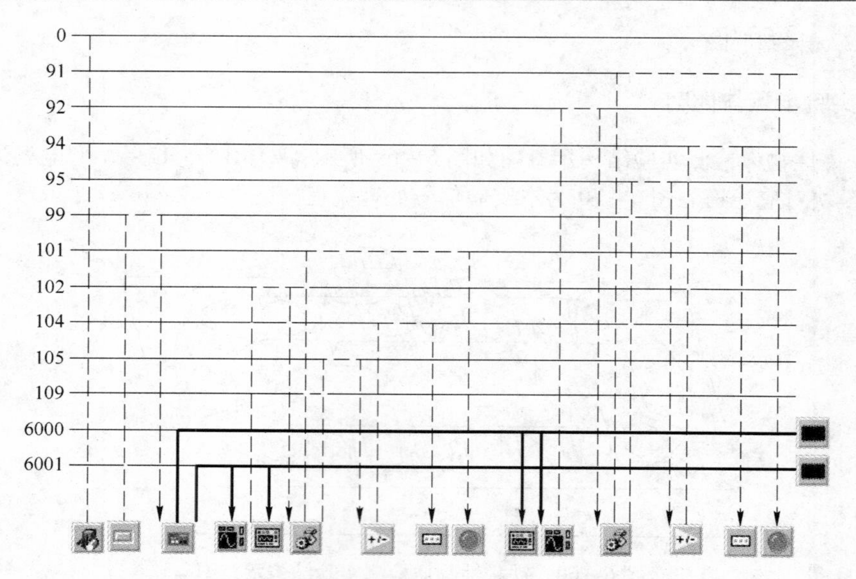

图 6－71　铁磁性物质检测服务器端实验原理设计参考图

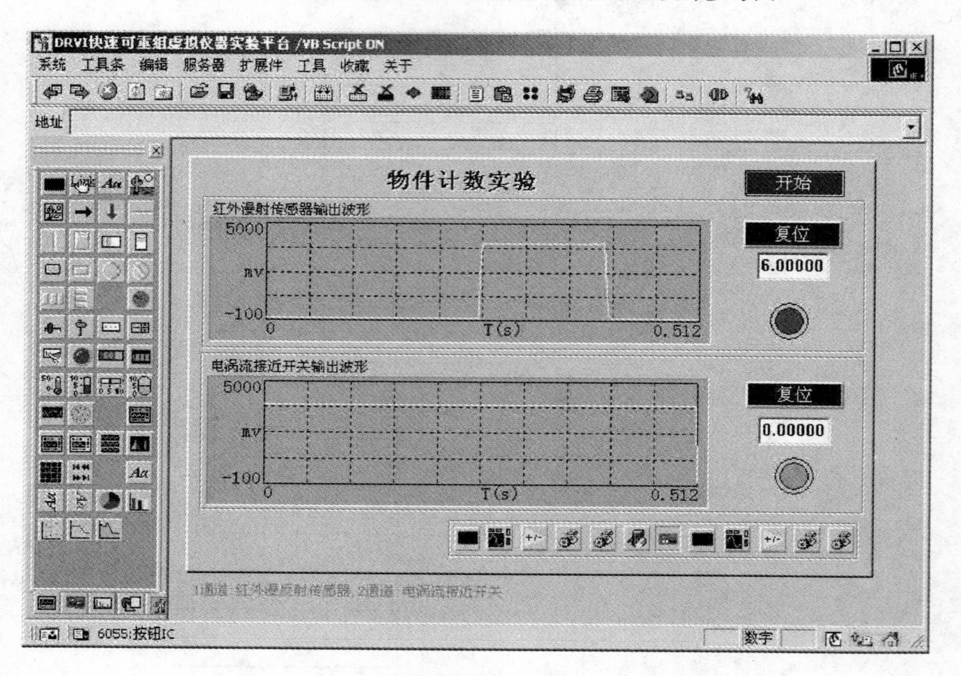

图 6－72　铁磁性物质检测服务器端实验样本

(5)如果计数值不为零,则点击其中的“复位”按钮将计数器清零,然后点击“开始”按钮进行物件计数实验。

(6)分别在输送线上放置铁块与塑料块,仔细观察输出波形的跳变和物件计数数量间的关系,记录和分析实验结果。

6.14.5　扩展实验设计

对图 6－72 的实验进行扩展,用趋势曲线方式显示出在一个较长的时间段内,传感器接收信号电平的变化情况。

6.14.6 实验报告要求

（1）简述实验目的和原理。

（2）分析并整理实验测量结果。

6.14.7 思考题

（1）该实验还可以采用其他哪些传感器进行？

（2）调整传感器的位置（与被测物体的距离）后，输出信号有何变化？与其工作原理相符吗？

6.15 红外传感器产品计数实验

6.15.1 实验目的

（1）通过本实验熟悉光电传感器的工作原理。

（2）通过本实验了解和掌握采用 DRHF－12－A 型红外传感器进行物件计数实验的原理和方法。

6.15.2 实验原理

光电测量方法灵活多样，可测参数众多，一般情况下又具有非接触、高精度、高分辨率、高可靠性和响应快等优点，加之激光光源、光栅、光学码盘、CCD 器件、光导纤维等的相继出现和成功应用，使得光电传感器在检测和控制领域得到了广泛的应用。光电传感器在工业上的应用可归纳为吸收式、遮光式、反射式、辐射式四种基本形式。图 6－41 说明了这四种形式的工作方式。

本实验所采用的 DRHF－12－A 型红外光电传感器属于反射性传感器，在同一壳体内装有发射器和接收器，此外配有一块特殊的反射板，使从发射器里发出的光线能反射到接收器表面。当被测物遮住光线，传感器就开始工作，实现了开关功能。在正常状态下（没有物体通过），传感器输出为一定值，当有物体通过时，由于光线被遮断，传感器输出发生跳变，由数据采集仪获得后，通过 DRVI 快速可重组虚拟仪器平台的脚本就可以实现物件计数。

6.15.3 实验仪器和设备

（1）输送线实验台架（DRCSX－12－A）1 套。

（2）红外反射式传感器（DRHF－12－A）1 套。

（3）蓝津数据采集仪（DRDAQ－EPP2）1 套。

（4）开关电源（DRDY－A）1 套。

（5）传感器支架（DRZJ－A）若干。

（6）个人计算机 1 台。

6.15.4 实验步骤与内容

（1）“红外传感器产品计数”实验结构示意图如图 6－73 所示，将 DRHF－12－A 型电涡流传感器接入输送线实验模块对应通道。图 6－74 为本实验信号处理流程。

（2）启动服务器，运行 DRVI 主程序，然后点击 DRVI 快捷工具条上的“联机注册”图标，选择其中的“DRVI 采集仪主卡检测（USB）”进行和数据采集仪之间的注册。

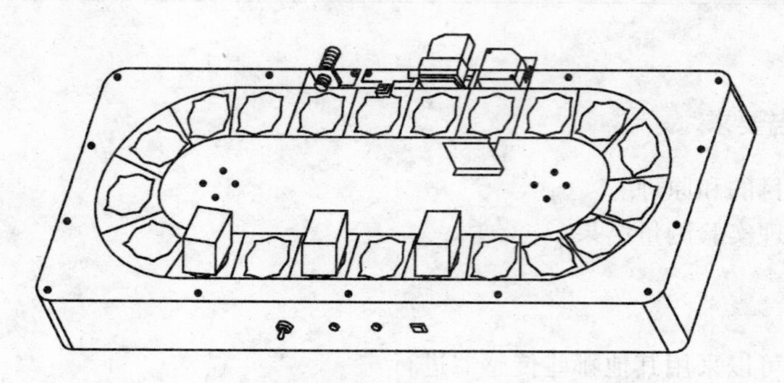

图 6－73　红外传感器产品计数实验结构示意图

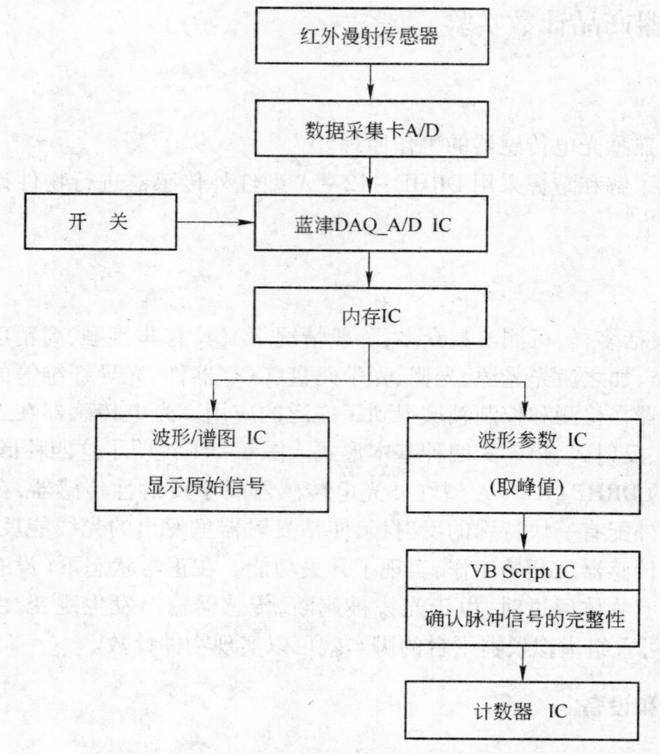

图 6－74　物件计数实验信号处理框图

(3)将本实验的脚本文件读入。

(4)如果计数值不为零,则点击其中的"复位"按钮将计数器清零,然后点击"开始"按钮进行物件计数实验,如图 6－75 所示。

(5)仔细观察输出波形的跳变和物件计数数量间的关系,记录和分析实验结果。

6.15.5　扩展实验设计

用趋势曲线方式显示出在一个较长的时间段内传感器接收信号电平的变化情况。

6.15.6　实验报告要求

(1)简述实验目的和原理;

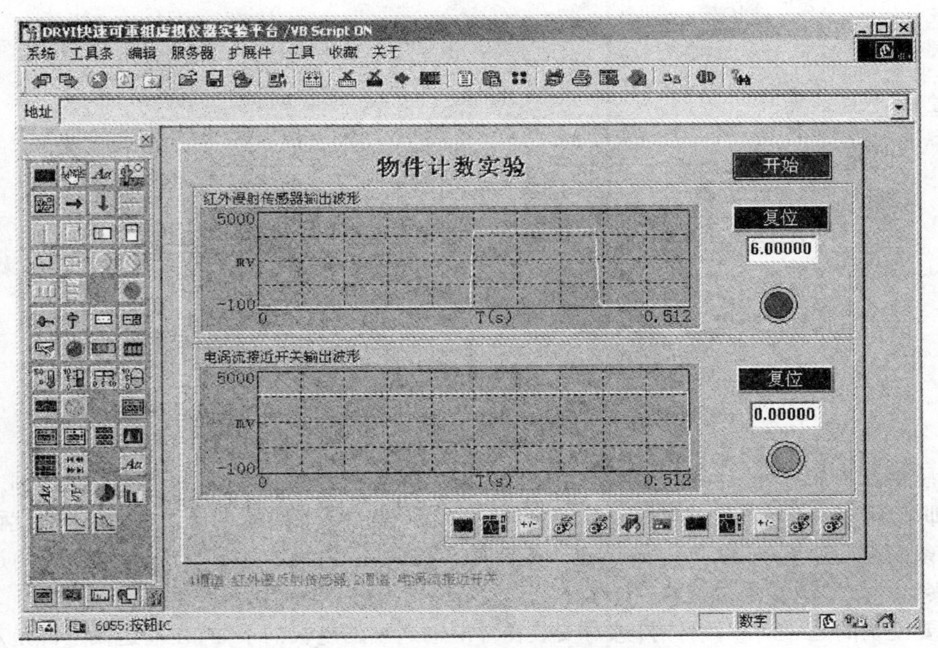

图6－75　物件计数服务器端实验样本

(2)分析并整理实验测量结果。

6.15.7　思考题

产品计数实验还可以采用其他哪些传感器进行,各有什么特点?

6.16　红外对射传感器传输速度测量实验

6.16.1　实验目的

(1)通过本实验熟悉红外对射传感器的工作原理。

(2)了解采用红外对射传感器进行线速度测量的原理和方法(仅适用于环形输送线)。

6.16.2　实验原理

光电测量方法灵活多样,可测参数众多,一般情况下又具有非接触、高精度、高分辨率、高可靠性和响应快等优点,加之激光光源、光栅、光学码盘、CCD器件、光导纤维等的相继出现和成功应用,使得光电传感器在检测和控制领域得到了广泛的应用。光电传感器在工业上的应用可归纳为吸收式、遮光式、反射式、辐射式四种基本形式。图6－41说明了这四种形式的工作方式。

本实验所采用的DRHD－12－A型红外对射传感器属于吸收式传感器,在同一壳体内装有发射器和接收器,使从发射器里发出的光线能反射到接收器表面。当被测物遮住光线,传感器就开始工作,实现了开关功能。在正常状态下(没有物体通过),传感器输出为一定值,当有物体通过时,由于光线被遮断,传感器输出发生跳变,由数据采集仪获得后,通过DRVI快速可重组虚拟仪器平台的脚本就可以对脉冲计数。

红外对射式传感器的发射和接收窗口被固定在传动链条的两侧,如图6－76所示,其发射和接收窗口正对于链条的水平中心线。当链条在电动机的拖动下运动时,链条的销轴会有规律地

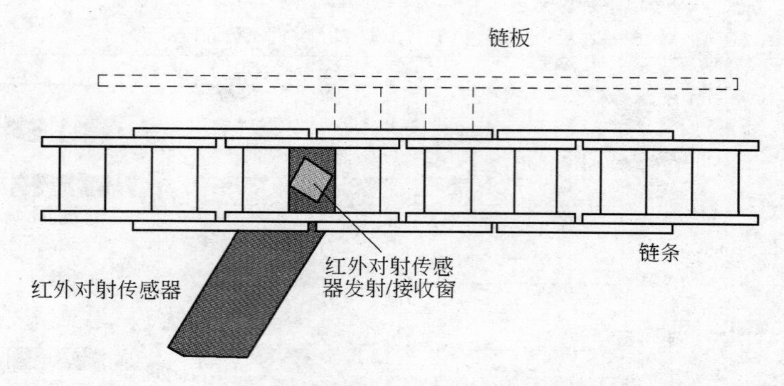

图 6－76　红外对射传感器运动速度测量原理示意图

遮挡传感器发出的红外线，在传感器的输出端上就会得到连续的脉冲。由于链条的销轴之间的距离（即节距）相等，且节距已知，$d = 12.7\text{mm}$。所以测得传感器输出的脉冲频率（F），就可以推算出链条的运动速度 S，$S = dF$（mm/s）。实验时，可通过输送线的速度开关选择不同的运行速度，观察信号波形的变化。

需要说明的是，红外对射式传感器安装在环形输送线的链板的下面，在输送线上部是观察不到该传感器的，使用时也不需要进行调整。但这并不影响实际的实验效果，在启动输送线以后，可以在 DRVI 的脚本上观察到传感器输出的变化。由于链条的运行速度比较慢：16～50mm/s；对应频率应该是 1.26～3.94Hz。所以，在脚本中采样频率这个参数就不能设置得过高，这是因为我们所使用的采样长度是有限的，要在有限长度的数组内存储下包含完整周期的脉冲数据，需要估计出采样长度与采样频率的比值能否大于最长的脉冲周期。

6.16.3　实验仪器和设备

（1）环形输送线实验台（DRCSX－12－B）1 台[1]。

（2）红外对射传感器（DRHD－12－A）1 个。

（3）蓝津数据采集仪（DRDAQ－EPP2）1 块。

（4）开关电源（DRDY－A）1 台。

（5）个人计算机 1 台。

6.16.4　实验步骤与内容

（1）由于已将 DRHD－12－A 型红外对射传感器安装在环形输送线内部，并在输送线的后部留有信号线插座，实验时只需用信号线接到输送线模块对应通道即可。图 6－77 为本实验信号处理流程。

（2）运行 DRVI 程序，然后点击 DRVI 快捷工具条上的“联机注册”图标，选择其中的“DRVI 采集仪主卡检测（USB）”进行和数据采集仪之间的注册。

（3）将本“红外对射传感器传输速度测量实验”的脚本文件读入。

（4）点击“开始”按钮运行服务器端的实验脚本，启动环形输送线，观察脚本的波形/图谱 IC 上的波形。特别要仔细观察波形高低电平的数值变化范围。

---

[1] 红外对射传感器已安装于环形输送线内部，实验时将其信号线接到模块上即可。

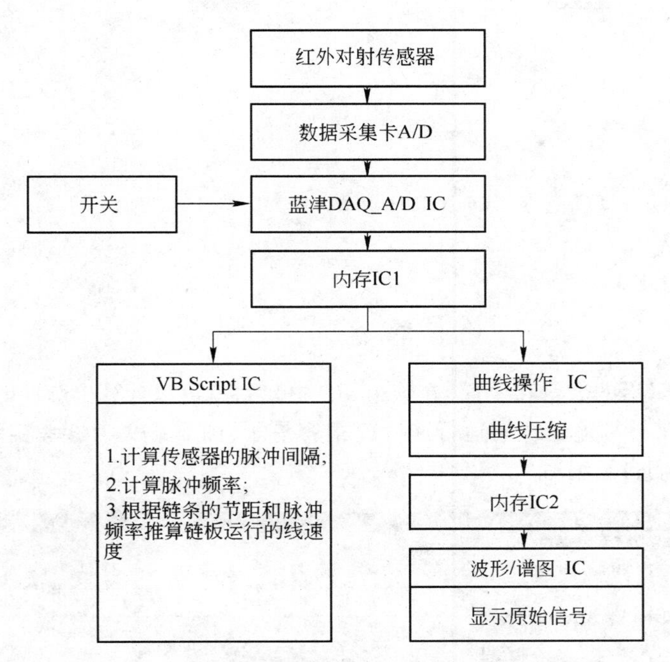

图 6－77 输送线速度测量实验信号处理框图

(5)本实验的原理设计参考图如图 6－78 所示。本实验的实验脚本大体已经编写出来,但是并没有将最后的分析和计算完全写出来,目的在于锻炼同学们的分析和编程能力。在此,需要同学们动手在 VB Script 中填写程序,最后分析出输送线的运行速度。

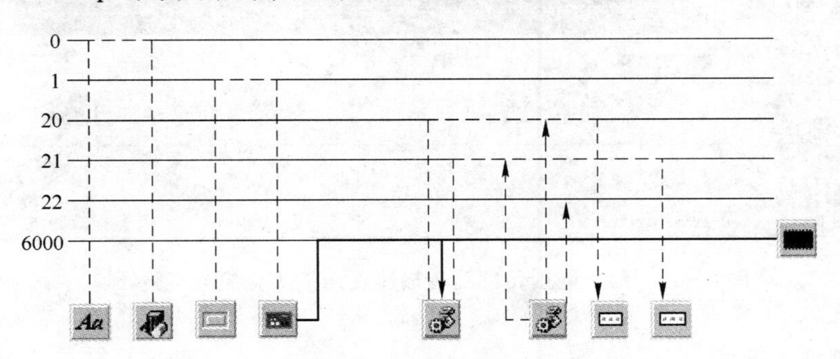

图 6－78 输送线速度测量实验原理设计参考图

(6)本实验程序设计指南:由于本实验是处理缓慢的脉冲信号。如前所述,链条的运行速度比较慢:16～50mm/s;对应频率是 1.26～3.94Hz。因此,在脚本设计的时候,就要充分考虑本实验的特点,要将采样频率设置得比较低,采样长度应设置较短,建议采样频率取 100Hz,采样长度设置 256～512 点,这样是为了能取得较快的刷新速度又可以保证在这个采样长度下包含了完整的脉冲信号。在使用 VB Script 进行实验数据分析的时候,建议使用如下的程序来判断和存储脉冲的下降沿。a( )是预先定义的数组,用来存放脉冲下降沿的位置。Gate 是用于判断当前点电平是否低电平的门限,它的数值取多少需要同学们自己观察。下面的一段程序是可将数组 data( )中的脉冲下降沿进行计数,并且将其位置存放在数组 a( )中。

```
For i =0 To 500
  If data(i) < =gate Then
```

```
        j1 = 1
    Else
        j1 = 0
    End If
    If j2 < j1 Then
        a(k) = i
        k = k + 1
    End If
    j2 = j1
Next
```

在取得脉冲下降沿的数量和位置(在数组 a()中)后,就可以计算出脉冲的平均周期 T,根据 T 和链条的节距 d 来计算输送线的运行速度就很容易了,图 6－79 为参考实验环境。VB Script 的具体程序请同学们自己编写。

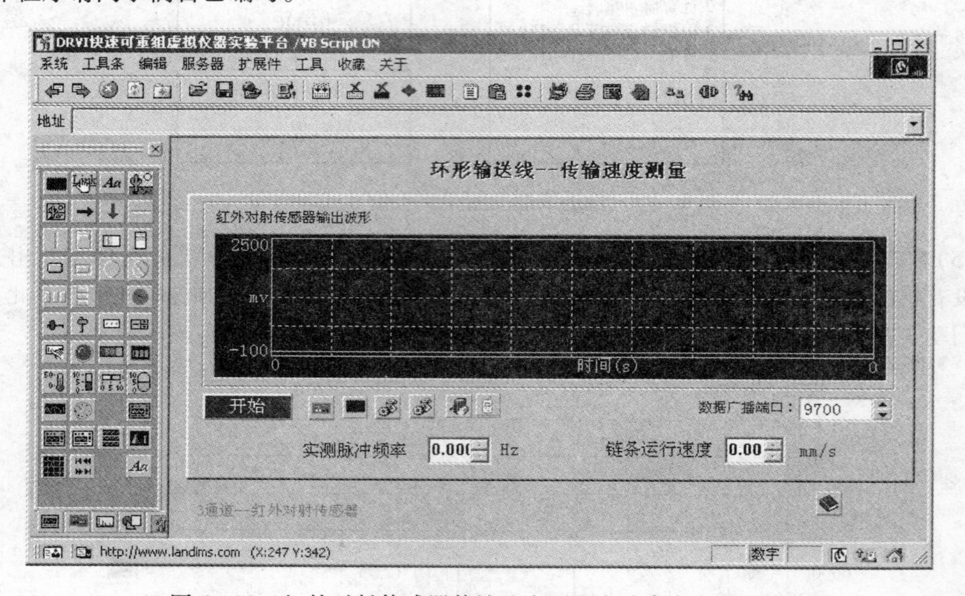

图 6－79　红外对射传感器传输速度测量实验参考实验环境

6.16.5　实验报告要求

简述实验目的和原理,分析并整理实验测量结果。

6.16.6　思考题

(1)该实验还可以采用其他哪些传感器进行?

(2)调整不同的采样频率后,输出信号有何变化?并解释产生这种现象的原因。

6.17　色差传感器物体表面颜色识别实验

6.17.1　实验目的

通过本实验熟悉红外色差传感器的工作原理。

6.17.2　实验原理

6.17.2.1　光的吸收与反射

物体对光的吸收有两种形式:如果物体对入射光中所有波长的光都等量吸收,称为非选择性吸收。如果物体对入射光中某些色光比其他波长的色光吸收程度大,或者对某些色光根本不吸收,这种不等量地吸收入射光称为选择性吸收。

物体表面的物质之所以能吸收一定波长的光,这是由物质的化学结构所决定的。可见光的频率为 $4.3\times10^{14}\sim7.2\times10^{14}$ Hz,不同物体由于其分子和原子结构不同,就具有不同的本征频率,因此,当入射光照射在物体上,某一光波的频率与物体的本征频率相匹配时,物体就吸收这一波长(频率)光的辐射能,使电子的能级跃迁到高能级的轨道上,这就是光吸收。在光的照射下,光粒子与物质的微粒作用,这些物质吸收某些波长的光粒子,而不吸收另外一些波长的光粒子,分子结构对光波有选择性地吸收,反射出不同波长的光,使得不同物质具有不同的颜色。

不透明体反射光的程度,可用光反射率 ρ 来表示。光反射率可以定义为“被物体表面反射的光通量 ϕ_0 与入射到物体表面的光通量 ϕ_i 之比”。可表示为:

$$光反射率\ \rho=\frac{\phi_0}{\phi_i}$$

物体对光的反射有三种形式:理想镜面的全反射,粗糙表面的漫反射及半光泽表面的吸收反射。实际生活中绝大多数彩色物体表面,既不是理想镜面,也不是完全漫反射体,而是居二者之中,称为半光泽表面。这种性质可以用变角光度计测量其表面反射率因数的分布状况,从而得到图 6-80 所示的分布曲线。图中从测试样中心到曲线的半径距离,表示在该方向上反射率因数的大小;曲线 a 是一个半圆,表示完全漫反射体的反射率因数分布;曲线 b 是半光泽表面反射率因数分布,这表示在镜面反射方向有较强的反射能力。

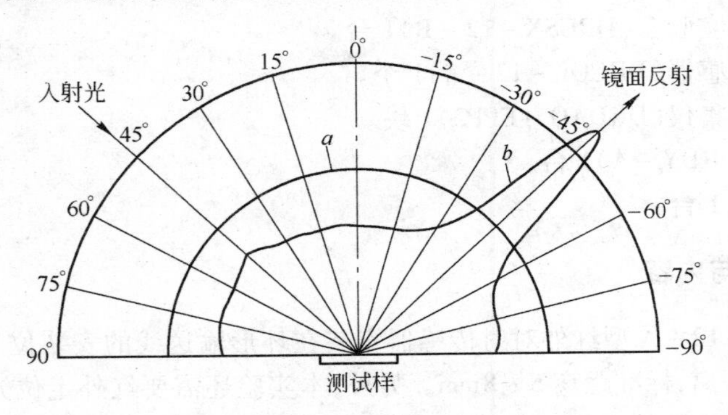

图 6-80　反射率因数分布图

6.17.2.2　DRCOL-12-A 型红外色差传感器简介

本实验所使用的红外色差传感器(DRCOL-12-A)是以固定波长的红外线作为光源,而不是使用可见光作为光源。如前所述,物体表面的物质化学结构决定了物体对不同波长的光具有不同的吸收率和反射率。这当然也包括红外线在内。只不过红外线的波长比红色光(波长600~700nm)略长,超过了人的视觉范围而已。因此,可以根据物体对红外线的反射率来判断物体的表面颜色。DRCOL-12-A 型红外色差传感器的输出是模拟电压(0~5V),在使用时需要进行标定。标定时应确定标准距离(被测物体与传感器的距离对传感器的输出具有较大的影响)。在对不同颜色的物体进行标定以后就可以使用这些标定数据进行检测。

在实际的检测中，需要注意传感器与被测物体的距离应在 5 ~ 8mm 之间，物体被测表面应为平面，且角度与传感器的工作平面平行。此时的检测实际上是比较粗略的，因为检测得到的数据都是一个传感器输出电压范围，而不是精确的某个值。

DRCOL－12－A 型红外色差传感器的电路采用和光源同步的积分处理方法来排除外界光和其他光学干扰的影响。首先，在 T1 区间，让光源熄灭，对照射到感光器（接收头）的外界光（外界干扰）进行负向积分。然后，在 T2 区间，让光源发光，同时对感光器的信号进行正向积分。令 T1 和 T2 的时间相等。这样，T3 区间输出的电压就只反映无外界光影响的反射光强度。在 T4 区间，积分器复位，重新从 T1 开始动作。电路的采样过程如图 6－81 所示。

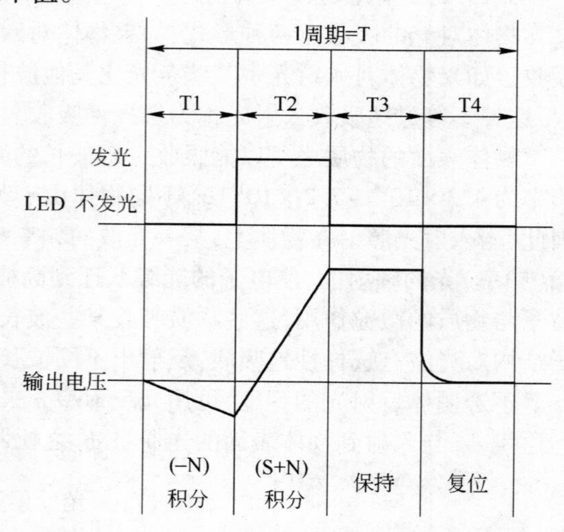

图 6－81　红外色差传感器工作原理示意图

将 T3 区间输出的电压输入到峰值保持电路中，峰值保持电路的输出就是传感器的最终输出。

注意：在传感器的使用过程中请注意被测物体的表面情况，根据光的吸收与反射一节的论述，如果被测物体表面的光洁度比较高，如玻璃制品、带有塑料贴膜的印刷品等，会形成镜面反射，传感器的测量数据不能代表物体颜色。

6.17.3　实验仪器和设备

（1）环形输送线实验台（DRCSX－12－B）1 台。

（2）红外色差传感器（DRCOL－12－A）1 个。

（3）蓝津数据采集仪（DRDAQ－EPP2）1 块。

（4）开关电源（DRDY－A）1 台。

（5）个人计算机 1 台。

6.17.4　实验步骤与内容

（1）将 DRCOL－12－A 型红外对射传感器安装在环形输送线的安装位上，并调整好传感器探头到被测物体的距离，标准距离 5 ~ 8mm。另外，本实验还需要红外定位光管的辅助（红外定位光管已经安装在输送线的内部），实验时需要用信号线将传感器接到输送线模块对应通道即可。

（2）运行 DRVI 程序，然后点击 DRVI 快捷工具条上的“联机注册”图标，选择其中的“DRVI 采集仪主卡检测（USB）”进行和数据采集仪之间的注册。

（3）将“色差传感器物体表面颜色识别实验”的脚本文件读入，如图 6－82 所示。

（4）点击“开始”按钮运行服务器端的实验脚本，启动环形输送线，并在输送线的链板上放置随机提供的测试块。观察脚本显示的传感器的输出电压，特别要仔细观察传感器对同种颜色的物体检测结果的变化范围。

（5）本实验的实验脚本大体已经编写出来，可以从附录的实验脚本链接中载入并建立实验环境，但是并没有将最后的分析和计算完全写出来，目的在于锻炼同学们的分析和编程能力。在

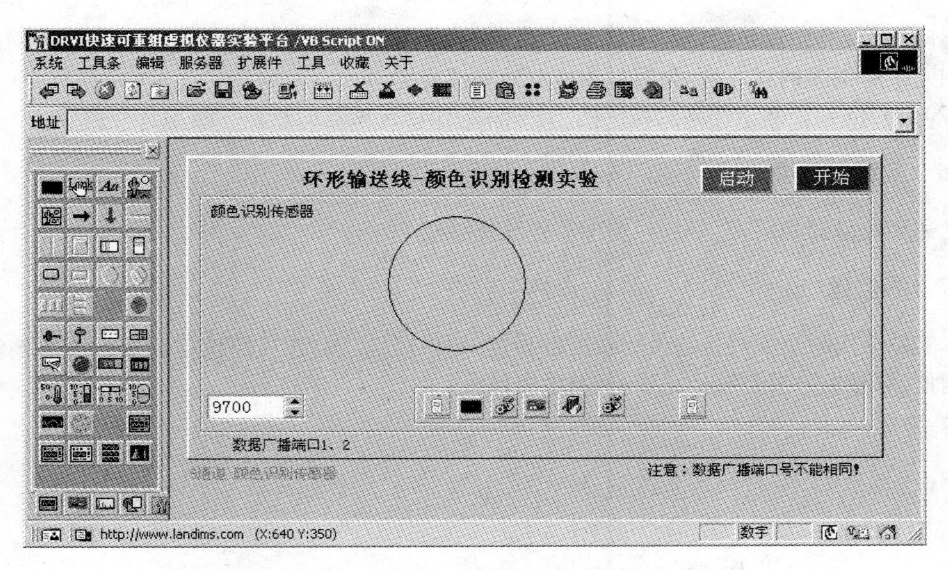

图 6－82 色差传感器物体表面颜色识别参考实验环境

此，需要同学们动手在 VB Script 中填写程序，最后分析出目标物体的颜色。（由于传感器的原因，分辨的颜色不会很多，因此，只要分辨出特定的几种颜色就可以了。）

（6）本实验程序设计指南：由于传感器输出的是模拟信号。为了取得更好的实验效果，在此我们使用了波形参数计算 IC，以得到传感器输出的平均值。否则，计算可能会受到随机干扰信号的影响。在输送线运行的时候，由于色差传感器本身不知道目标物体什么时候会在面前，所以本实验需要使用一个辅助的传感器：红外定位光管。VB Script 的程序设计思想在这里给出一个参考：程序定时查询红外定位光管的状态，当定位光管检测到链板中心位时，再检查色差传感器的输出结果，色差的输出再与对照表对照，确定被测物体的颜色。表 6－3 是随环形输送线提供的标准试件在色差传感器上的测试结果，测试距离 5～8mm。

表 6－3 色差传感器颜色－输出对照表

颜 色	传感器输出/mV
黄	3000～3800
橙 红	1000～3000
深 蓝	200～500

注意：色差传感器对被测物体的距离、表面是否平行于传感器端面都比较敏感。所以，在测试过程中，请注意保持被测物体与色差传感器的距离和平行。

以上的实验程序设计思路是以环形输送线启动为前提的，传感器对物体表面的颜色识别是在运动的过程中完成的。如果传感器检测的物体是静止的，则不需要其他辅助传感器的信号，只要直接读取就可以了。另外，对于其他颜色的识别请事先做好标定工作，根据标定结果设计程序。

6.17.5 扩展实验设计

（1）同学们可自己寻找一些不同颜色的样品进行传感器的标定和测试，样品的颜色不能过于相近（如棕、红、橙、黄、绿、蓝、紫、黑），被测表面应是平面，并且不能形成镜面反射。标定与测试距离应相等。（注意在标定与测试的过程中，不能有阳光直射被测物体或传感器的工作面。因为阳光中有很强的红外线，会超过传感器的处理能力。）

（2）针对同一个测试样品的相同的测试平面，作出传感器的距离－输出特性曲线。

6.17.6　实验报告要求

简述实验目的和原理，分析并整理实验测量结果。

6.17.7　思考题

本实验采用的是红外色差传感器进行测量，如采用红、黄、蓝三原色传感器组成色差传感器进行测量，对测量效果会有什么影响，精度如何？

Ⅱ

机械工程专业实验

7 液压传动实验

7.1 概述

液压传动是以液体为工作介质来传递能量和进行控制的一种传动方式。随着液压技术的广泛应用,对液压元件和液压系统的性能及可靠性的要求也越来越高,液压元件和液压系统的性能是否达到设计指标,是否满足工作要求,需要通过实验来进行检验。在液压实验中,除了要定性地观察一些物理现象外,更主要的是对压力、流量、温度、力、转矩、转速、位移、速度、振动、噪声等物理量进行精确的定量测量。

7.2 液阻特性实验

7.2.1 实验目的

了解液压传动中作用在液体上的力与液体运动之间的关系,掌握液体平衡和运动的主要力学规律。液压传动的主要理论基础是流体力学,油液在系统中流动时,因摩擦和各种不同形式的液流阻力,将引起压力损失,这关系到确定系统的供油压力、允许流速、液压元件和管道的布局、合理选择和设计液压元件等,对减少系统的内外泄漏、降低温升、提高液压系统工作效率有着重要的意义。

通过实验,验证油液流经细长孔、薄壁孔时的液阻特性指数与理论值的差异。

7.2.2 实验内容及实验原理

7.2.2.1 测定细长孔、薄壁孔的液阻特性(压力、流量特性)

液压系统中,油液流经被测液阻时产生的压力损失 Δp 和液阻 R 之间有如下关系:

$$Q=\frac{1}{R}\Delta p^{\phi}$$

式中 Q——流量;

ϕ——液阻特性指数;

Δp——被测对象两端压差;

R——液阻。

液阻与通流截面尺寸、几何形状及油液性质和流过状态等因素有关。液流经管道流出的流量与流经孔前、后的压差及沿程液阻成反比。

对上式取对数,得:$\lg Q = \lg R^{-1} + \phi \lg \Delta p$,取 $\lg \Delta p$ 为横坐标,取 $\lg Q$ 为纵坐标,取 $\lg R^{-1}$ 为纵坐标上的截距,则 ϕ 为直线的斜率。在理想情况下:

当液阻为薄壁孔时　$\phi = 0.5$

当液阻为细长孔时　$\phi = 1.0$

7.2.2.2　用计算机采样、计算、画图

注意:每一个流量对应一个压差($p_i - p_0$)求出各自的液阻特性指数 ϕ 值为:

$$\phi = \frac{\lg Q_2 - \lg Q_1}{\lg \Delta p_2 - \lg \Delta p_1}$$

薄壁孔:$\phi = 0.5$;

细长孔:$\phi = 1.0$。

本次实验的几何意义:

(1)细长孔逐点测得流量对应的压差作图是条直线。

(2)薄壁孔逐点测得流量对应的压差作图是条近似直线。

7.2.3　实验设备

液压传动 CAT 综合实验台(见图 7-1、图 7-2)。

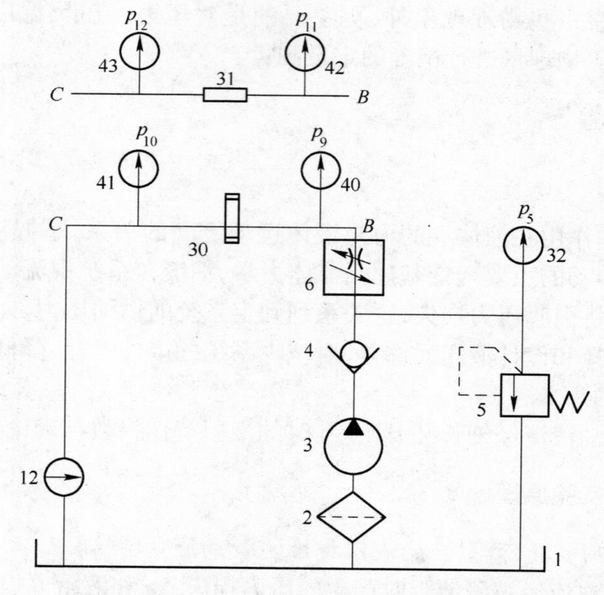

图 7-1　液阻特性实验原理图

1—油箱;2—滤油器;3—叶片泵;4—单向阀;5—溢流阀;6—调速阀;
30—薄壁孔;31—细长孔;32,40,41,42,43—压力表

7.2.4　实验方法

(1)将被试元件(细长孔或薄壁孔)的进口接 B,出口接 C。

(2)关闭截止阀 8,电磁阀 10 断电。

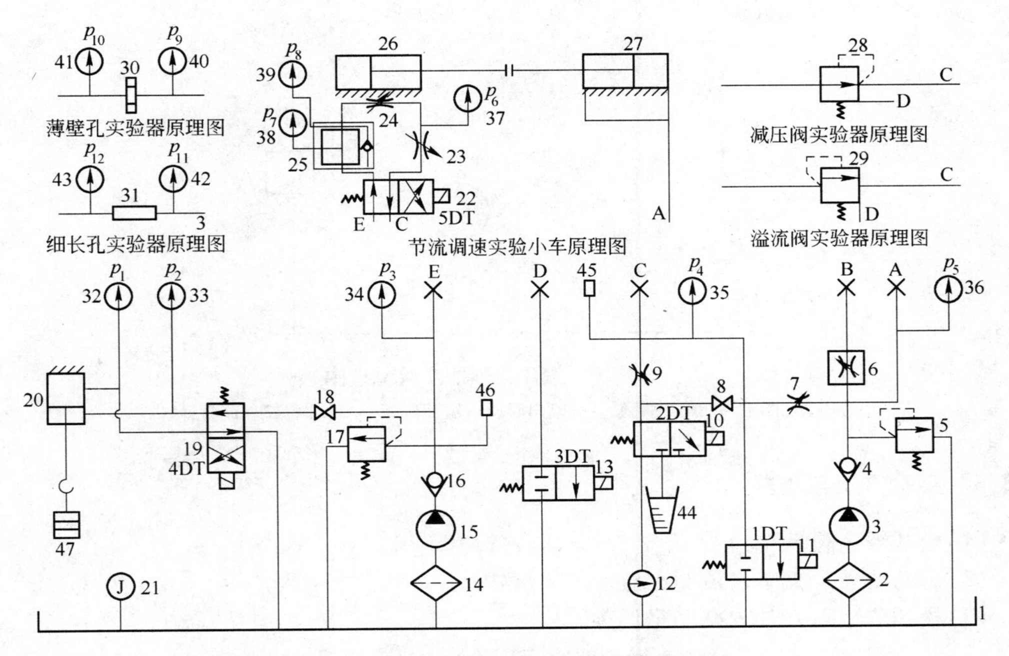

图 7－2 液压传动 CAT 综合实验台原理图

(3)松开节流阀 9、溢流阀 5(请看液阻特性原理图)。

(4)启动油泵 3,用溢流阀 5 调节工作压力至 2～3MPa(p_5显示压力),用调速阀 6 调节被测试组件流量(推荐使用流量 1L/min 以上,实验温度 24～26℃之间进行),在调节流量过程中,p_5应基本保持不变(实际流量由流量计测得)。

7.2.5 实验要求

(1)根据实验记录曲线,计算出各自的液阻特性指数 ϕ。

(2)分析实验值和理论值误差产生的原因。

(3)用对数坐标纸画出 $Q-\Delta p$ 特性曲线,求出直线斜率 ϕ。

7.3 液压泵性能实验

7.3.1 实验目的

(1)掌握液压泵的工作原理。

(2)了解液压泵的主要性能及测试方法。

7.3.2 实验内容

液压泵作为液压系统的动力元件,将原动机(电动机、柴油机等)输入的机械能(转矩和角速度)转换为液压能(压力 p 和流量 Q)输出,为执行元件提供压力油。

(1)测试输出理论流量 Q_t、实际流量 Q;

(2)计算容积效率。

7.3.3 实验设备

液压传动 CAT 综合实验台(见图 7－2、图 7－3)。

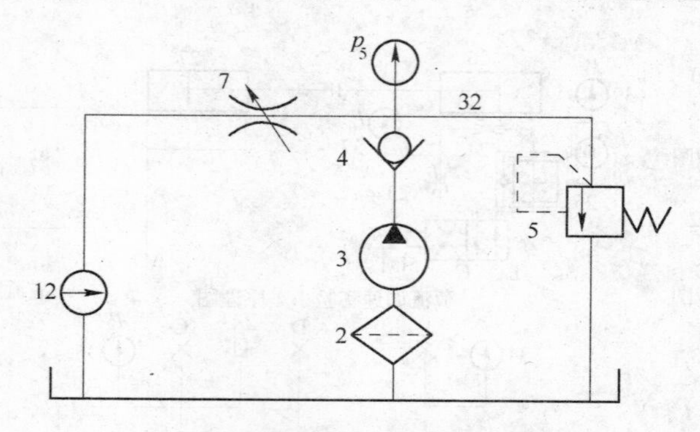

图 7－3　液压泵性能实验原理图

2—滤油器；3—叶片泵；4—单向阀；5—溢流阀；7—节流阀；12—流量计

7.3.4　实验方法与步骤

（1）松开溢流阀 5、节流阀 7、截止阀 8，电磁阀 10 断电。

（2）启动油泵 3，调节溢流阀 5，使 $p_5 = 7.0\text{MPa}$。

（3）松开节流阀 7，使 p_5 降至最低点。

（4）节流阀 7 全部松开时的流量近似等于理论流量 Q_t，记下这点的压力 p_5 和流量 Q 值。

（5）调节节流阀 7，逐渐给被试泵 3 加载，每次加 1MPa，直到 6.3MPa 为止。

（6）记录每次的 p_5 和 Q 值，并填入表格。

7.3.5　实验要求

（1）根据记录的压力 p_5 和流量 Q 值，画出 $p_5 - Q$ 特性曲线。

（2）根据测量结果计算并画出 $p_5 - \eta_V$（容积效率）特性曲线。

7.4　节流调速回路性能实验

7.4.1　实验目的

（1）了解采用节流阀的三种节流调速回路各自的调速性能。

（2）分析、比较用节流阀的节流调速和用调速阀节流调速，控制流量的特点及其性能差别。

7.4.2　实验内容及实验原理

节流调速回路由定量泵、流量控制阀、溢流阀和执行元件等组成。通过改变流量控制阀阀口的开度，即过流截面积，来调节和控制流入或流出执行元件的流量，以调节液压缸的运动速度。

根据流量控制阀在液压系统中安装位置，节流调速回路分为进油节流调速、回油节流调速和旁路节流调速。

（1）进油节流调速回路：节流阀安装在液压缸的进油路上，以控制流入液压缸的流量以达到调节活塞的运动速度，多余的流量通过溢流阀流回油箱，活塞的运动速度 v 取决于进入液压缸的流量 q_1 和液压缸进油腔的有效面积 A，即：$v = q_1 / A_1$。

（2）回油节流调速回路：节流阀安装在泵的回油路上，油泵的压力由溢流阀调定后基本不变，调节节流阀的通流面积即可调节从油缸流出的流量，以达到调节活塞的运动速度。

进、回油节流调速在不考虑油液压缩性和泄漏的情况下，进入液压缸的流量等于通过节流阀

的流量，根据流量连续方程

$$q_1=(\Delta p_1)=KA_T(p_p-p_1)$$

式中 A_T——节流阀通流面积；

p_p——液压泵出口压力；

p_1——液压缸进油腔压力；

Δp_1——节流阀两端压差；

K——液阻系数。

当活塞以稳定速度运行时，活塞的受力方程为：

$$p_1A_1=p_2A_2+F_L$$

式中 A_1,A_2——液压缸进油腔的有效面积；

F_L——负载力；

p_2——液压缸回油腔压力。

(3)旁路节流调速回路：节流阀安装在液压缸并联的支路上，一部分油进入液压缸，一部分经节流阀溢流回油箱，使活塞获得一定的速度，调节节流阀的通流面积即可调节进入液压缸的流量，以达到调节活塞的运动速度。由于节流阀起溢流作用，正常工作时溢流阀处于关闭状态，溢流阀起安全阀作用。

当流量控制阀采用调速阀时，由于调速阀本身能在负载变化的条件下，保证节流阀两端的压差基本不变，所以用调速阀节流调速能够保证运动速度的稳定性，因而回路的速度刚性大为提高。

本实验还要求了解液压加载(差动缸加载)的方法及其工作原理(见图7－4节流调速回路性能实验原理图)。

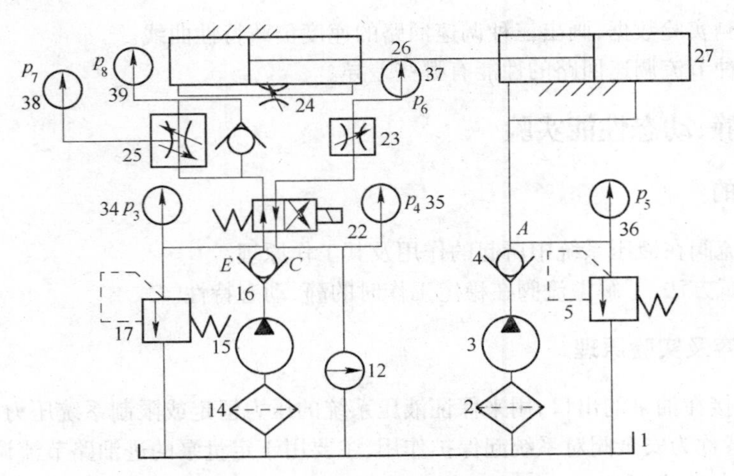

图7－4 节流调速回路性能实验原理图

1—油箱；2，14—滤油器；3，15—叶片泵；4，16—单向阀；5，17—溢流阀；12—流量计；22—换向阀；23，24—节流阀；25—调速阀；26，27—液压缸；34～39—压力表

7.4.3 实验设备

液压传动CAT综合实验台。

操作步骤如下：

(1)节流调速实验台高压软管 P 接 E, O 接 C,加载缸软管接 A,并与主台电源接通。

(2)按照实验原理图,关闭截止阀18、8,松开溢流阀5、17,电磁阀11通电,关闭节流阀24、调速阀25,节流阀23放到全开状态,电磁阀10断电。

(3)启动油泵15,用溢流阀17调节工作缸压力 $p_3=2\text{MPa}$。

(4)切换电磁阀22,使工作缸往复运动数次,以排出缸内空气。

(5)启动泵3,用溢流阀5调节负载腔压力 $p_5=2\text{MPa}$,使负载缸活塞伸出,与工作缸保持接触。

7.4.4 实验方法

7.4.4.1 调速阀进油节流调速实验

(1)调节并固定调速阀25开口,使工作缸运动速度适中(空载时间7.5~7.8s)。

(2)调节溢流阀17,使工作缸压力 $p_3=2.5\sim3.0\text{MPa}$。

(3)启动油泵3,通过调节溢流阀5给工作缸加载,由0MPa开始,每次增加1MPa,记录每次工作过程中 p_5、p_7、p_8 及液压缸活塞运动的时间 T,直到工作缸活塞运动停止。

7.4.4.2 节流阀回油节流调速实验

(1)调速阀25全开,节流阀23调到某一开度并固定。

(2)重复调速阀实验步骤。

7.4.4.3 节流阀旁路节流调速实验

(1)调速阀25、节流阀23全开,节流阀24调到某一开度并固定。

(2)重复调速阀实验步骤。

7.4.5 实验要求

(1)根据所测实验数据,画出三种调速回路的速度负载特性曲线。

(2)分析三种节流调速回路的性能有哪些差异。

7.5 溢流阀静、动态性能实验

7.5.1 实验目的

(1)了解溢流阀在液压系统中所起的作用及其工作原理。

(2)掌握测试方法,了解溢流阀在稳定工作时的静、动态特性。

7.5.2 实验内容及实验原理

溢流阀通常接在油泵的出口,用来保证液压系统的压力恒定或限制系统压力的最大值,前者称为定压阀,后者称为安全阀对系统起保护作用,主要用于定量泵的进油路节流调速。

7.5.2.1 静态性能测试

(1)调压范围及压力稳定性:应能达到规定的调节范围,压力上升或下降要平稳,不得有尖叫,压力振摆值不得超过规定范围。

(2)卸荷压力及压力损失:被试阀的远程控制口与油箱直通,阀处在卸荷状态,在额定流量时,液流通过阀体产生的压差为卸荷压力。被试阀的手柄处于全开位置,被试阀进出口的压力差为压力损失。

(3)内泄漏量:在被试阀完全关闭的情况下,实验系统供给额定压力的油液从被试阀的回油口流出的流量为内泄漏量。

(4)启闭特性:被试溢流阀阀口的开度随着系统压力从低到高,从小到大(流量从小到大)变化的特性,叫开启特性。被试溢流阀阀口的开度随着系统压力从高到低,从大到小(流量从大到小)变化的特性,叫闭合特性。开启特性、闭合特性统称启闭特性。

(5)外渗漏:被试阀处于0.5MPa压力下,观察被试阀调节旋钮处有无渗漏情况。如果有渗漏需要修复。

7.5.2.2 动态性能测试(图7-5)

(1)升压时间 t_1:指溢流阀由卸荷压力状态升至调定压力状态所需用的时间。

(2)升压稳定时间 t_2:指溢流阀压力升到调定压力后至稳定状态所需的时间。

(3)压力回升时间 t_3:指溢流阀由卸荷压力状态升至调定压力稳定状态时所需用的时间。

(4)升压动作时间 t_4:指发出电信号,使溢流阀由卸荷压力状态过渡到调定压力稳定状态时所需用的时间。

(5)压力卸荷时间 t_5:指溢流阀由调定压力状态到卸荷压力状态所需的时间。

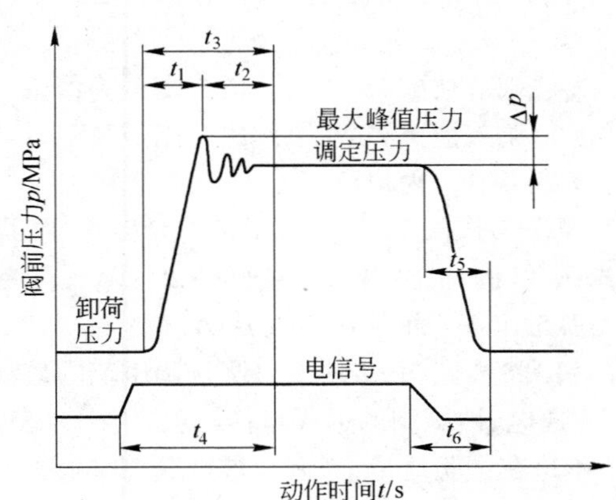

图7-5 溢流阀动态特性曲线图

(6)卸荷动作时间 t_6:指发出电信号,使溢流阀由调定压力状态过渡到卸荷压力状态时所需用的时间。

(7)压力超调量 Δp:指过渡过程中产生的峰值压力和调定压力之间的差值。

7.5.3 实验设备

(1)液压传动CAT液压综合实验台(见图7-2、图7-6);

(2)被试阀为Y-10先导式溢流阀。

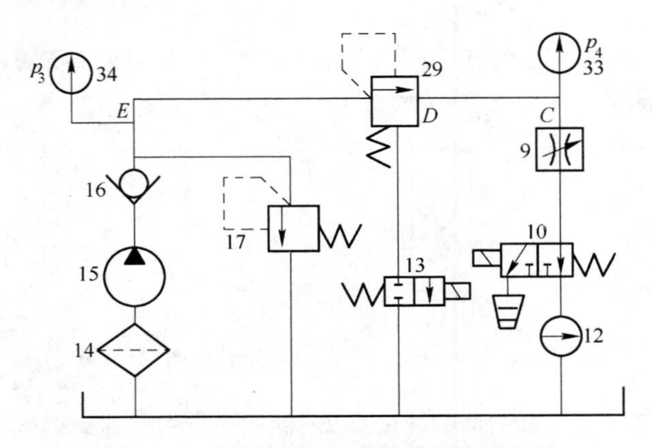

图7-6 溢流阀静、动态性能实验原理图

9—节流阀;12—流量计;17,29—溢流阀;10,13—换向阀;14—滤油器;15—叶片泵;16—单向阀;33,34—压力表

7.5.4 实验方法

7.5.4.1 操作

被试溢流阀29的进口接 E,出口接 C,关闭截止阀18、8,遥控口接 D,节流阀9全开。

7.5.4.2　调压范围及压力稳定性

(1)启动泵15,将溢流阀17调至比被试阀29的最高调节压力高出10%,即7MPa。

(2)将被试阀29的压力调至6.3MPa,测出此时流过该阀的流量,作为实验流量。

(3)调节被试阀29的调压手柄从全开至全闭,再从全闭至全开,通过压力表p_3观察压力上升与下降的情况,如是否均匀,有否突变或滞后、尖叫等现象,并测量调压范围,反复试验不得少于3次。

(4)调节被试阀29至调压范围最高值,用压力表p_3测量压力振摆值。

(5)调节被试阀29至调压范围最高值,用压力表p_3测量1min内的压力偏移值。

7.5.4.3　内泄漏量

调节被试阀29的调压手柄至全闭位置,再调节溢流阀17,使系统压力升至最高,然后调节被试阀29的调压手柄,使被试阀29开启,再完全关闭。电磁阀10通电,用量杯测量内泄漏量。

7.5.4.4　卸荷压力及压力损失

(1)将被试阀29的压力调至调压范围最高值6.3MPa,通过该阀的流量,为试验流量,将电磁阀13通电,被试阀的远程口接油箱,用压力表p_3、p_4测量压差,即卸荷压力。

(2)在试验流量下,调节被试阀29的调压手柄至全开位置,用压力表p_3、p_4测量压差,即压力损失。

7.5.4.5　启闭特性

(1)将被试阀29的压力调至调压范围最高值6.3MPa,并锁紧,通过该阀的流量为试验流量。

(2)调节溢流阀17,从被试阀29不溢流时开始,使系统分级逐渐升压,从被试阀的溢流量呈线流状起记下各级所对应的压力和溢流量,直到被试阀29的调压范围达到最高值6.3MPa。溢流量为试验流量的1%所对应的压力为开启压力。

(3)反向调节溢流阀17,使系统分8~12级逐渐降压,记下到被试阀29各级所对应的压力和溢流量(小流量时用量杯测量),直到溢流量从排油管排出时已不呈线流状即可。溢流量为试验流量的1%所对应的压力为闭合压力。

7.5.4.6　外渗漏

调节节流阀9,达到0.5MPa的背压,观察被试阀29调节旋钮处有无渗漏情况。

溢流阀动态特性测量原理如图7-7所示。

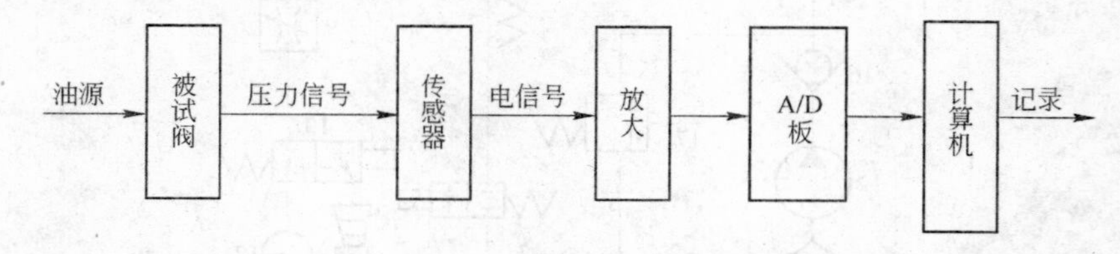

图7-7　动态特性测量原理图

(1)调节溢流阀17为7.5MPa,调节被试阀29,使调压范围达到最高值6.3MPa。

(2)将电磁阀13通电,被试溢流阀29的进油路升压、卸压,观察并记录动态曲线,采集相应的实验数据完成实验报告。

7.5.5　实验要求

(1)根据整理好的实验数据做启闭特性曲线,用公式说明溢流阀启闭特性曲线不对称的原因(见图7-5)。

(2)试回答溢流阀在液压系统中所起的作用和主要用途。

7.6 压力形成实验

7.6.1 实验目的

通过负载对液压缸工作的影响,深入理解液压系统中工作压力的大小取决于外加负载这一重要概念。

7.6.2 实验内容

验证液压缸活塞杆腔外加负载变化对有杆腔工作压力的影响。

7.6.3 实验设备

液压传动CAT综合实验台。压力形成实验原理如图7-8所示,综合实验台原理如图7-2所示。

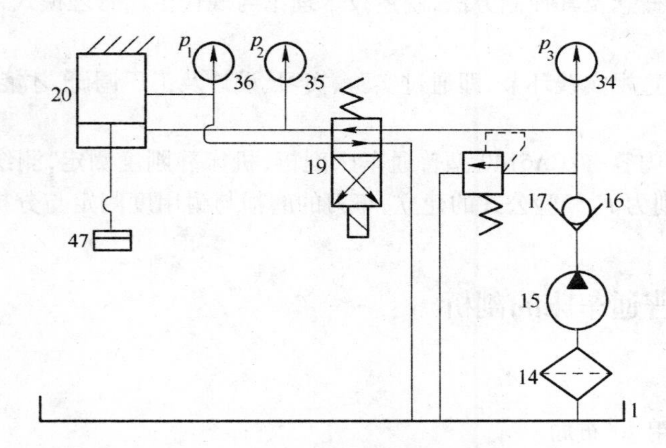

图7-8 压力形成实验原理图

7.6.4 实验方法

(1)松开截止阀18、溢流阀17,形成实验液压回路。

(2)启动油泵15,用溢流阀17调节系统压力$p_3=3.0\text{MPa}$。

(3)使电磁阀19通电、断电,液压缸20上下运动数次,排出缸内空气。

(4)每次加一个砝码($W=10\text{kg}$),使活塞杆上升,逐次加砝码,测出p_1、p_2的数用计算机采样记入表中。

7.6.5 实验要求

(1)根据已知液压缸有杆腔面积画出$p-W$理论曲线(液压缸无杆腔面积$A_1=12.56\text{cm}^2$,液压缸有杆腔面积$A_2=5.50\text{cm}^2$)。

(2)根据实验数据画出p_2-W实际曲线。分析理论曲线与实际曲线有什么不同,哪些因素造成了误差。

(3)试说明液压系统工作时为什么实际工作压力低于调定压力,两个压力是否可以相同,为什么?

8　机械制造技术基础实验

8.1　概述

机械制造技术是使原材料变成产品的一系列技术总称，它支持着机械制造业的健康发展。先进的制造技术使一个国家的制造业乃至国民经济处于有竞争力的地位。忽视制造技术的发展，就会导致经济发展走入歧途。当今信息技术的发展使传统的制造业革新了它原来的面目，但这决不是削弱了它的重要地位。机械制造技术是一个国家科技水平、综合国力的重要体现。

本课程主要介绍机械产品的生产过程及生产活动的组织，机械加工过程及系统，包括金属切削过程及其基本规律，机床、刀具、夹具的基本知识，机械加工和装配工艺规程的设计，机械加工中精度及表面质量的概念及其控制方法，制造技术理论与现代生产管理模式，制造技术发展的前沿与趋势。

学习本课程必须重视实践环节，即通过实验、实习、设计及工厂调研，才能对本课程的内容加深理解。

本章实验的主要内容有：CA6140 型普通车床剖析，机床静刚度测定，测绘制作外圆车刀，切削变形的测定，主切削力 F_Z经验公式的建立，车刀的磨损与耐用度测定与分析、数控车床结构分析及编程实验等。

8.2　CA6140 型普通车床的剖析

8.2.1　实验目的

(1) 了解车床的用途、布局。

(2) 对照传动系统图看懂车床的传动路线。

(3) 了解车床主要零部件的构造和工作原理。

8.2.2　实验内容和步骤

(1) 由指导教师结合机床介绍机床的用途、组成(布局)、各手柄的作用及操作方法，并开车演示。

(2) 揭开主轴箱盖，对照传动系统图和主轴箱展开图看传动和构造。

1) 了解主传动系统的传动路线，观察在几种主轴转速下的传动路线。

2) 观察花键轴、轴上的固定齿轮、滑动齿轮和轴承的构造，结合装配图搞懂轴、轴承与固定齿轮的固定方法及滑动齿轮的操纵方法(要求看懂一个轴部件的构造，如看懂第Ⅱ轴)。

3) 观察主轴、主轴前后轴承、主轴上的齿轮离合器的构造，结合装配图，研究主轴前后轴承的作用及调整方法。

4) 观察六位集中变速操作机构是怎样用一个手柄同时操作两个滑移齿轮的。

5) 观察摩擦片离合器和制动带是怎样联合操纵以保证互锁，为什么要求互锁。

6) 观察主轴箱各传动件的润滑，了解润滑油的流经路径：油箱→粗滤油器→油泵→细滤油器→主轴箱分油器→润滑件。

7)对照传动系统图,搞懂主轴箱上各操纵手柄的作用和所操纵的机件,并看懂标牌符号的意义。

(3)挂轮架:打开机床左侧的门,了解挂轮架的构造和用途。

(4)进给箱:搞懂进给箱上各手柄的作用,对照传动系统图判断各手柄分别操纵哪几个机件? 看懂标牌符号和进给量表。

(5)刀架:刀架共有几层(从床身导轨上算起)? 每层的作用如何?

(6)尾架:观察尾架的构造,了解尾架套筒和主轴同轴度的调整方法以及尾架套筒的夹紧方法。

(7)床身:床身导轨分几组,各组的形状和作用如何? 为什么刀架大拖板和尾架各用一组床身导轨而不共用一组?

以上七项内容在实验室 CA6140 型车床上进行。其中以第二项内容为主。

(8)观察和拆装模型(在模型室进行)。

按下列内容要求进行观察研究拆装,拆装的模型必须按原样装好,不得乱装或丢失零件。在观察模型时,必须知道该模型在机床上处于哪个部位。

1) 卸载皮带轮(拆装):了解卸载带轮的构造,搞懂带轮卸载的原理。如何使皮带的拉力不传给轴而传给箱体。带轮的扭矩是怎样传给轴的(结合装配图)。

2) 摩擦片离合器(拆装):摩擦片离合器的用途、作用原理。仔细了解各主要零件的作用、形状和相互装配关系。离合器是怎样传递扭矩的,控制主轴正、反转的离合器各有几片摩擦片,为什么? 怎样调整所传递的扭矩的大小(结合装配图)。

3) 溜板箱:

①对照传动系统图,观察运动是怎样传给刀架的,怎样操纵纵、横进给离合器,使刀架获得纵向(正、反)进给和横向(正、反)进给。

②观察对开螺母的构造和控制对开螺母的横盘上曲线的形状,怎样操纵对开螺母的开合,如何保证对开螺母合上时使其锁紧而不致松开。

③操纵对开螺母手柄和纵横进给变换手柄,观察二者的互锁,在机构上如何保证它们的互锁,为什么必须要互锁?

④超越离合器和安全离合器的用途和作用原理。

4)刀架(拆装):结合装配图进行拆装,搞懂方刀架的转位过程:放松、拔销、转位、定位(粗定位和精定位)、夹紧。

了解有关零件的构造和作用。

8.3 机床静刚度测定

8.3.1 实验目的与要求

通过实验进一步加深对下列几方面问题的理解:

(1)由机床(包括夹具)—工件—刀具所组成的工艺系统是一个弹性系统。

(2)由于切削力、零部件自重以及惯性力等作用,工艺系统各组成环节会产生弹性变形。

(3)系统中各元件间因其接触有间隙,在外力的作用下会产生位移。

通过实验要求对机床的静刚度进行测量,并据此算出机床的刚度。

8.3.2 实验原理

在车床两个顶尖之间加工一光轴的外圆表面。加工过程中,在切削力的作用下,床头、尾座和工件的变形与刀架的变形方向相反，结果都使加工的工件尺寸增大，此时工艺系统总变形量是它们每个部分变形量的总和。而刀具处于不同加工位置时，工艺系统总变形量也不相同。如图8－1所示的工艺系统总变量为：

$$Y_{系}=Y_{机}+Y_{工}=Y_{头}+(Y_{尾}-Y_{头})\frac{X}{L}+Y_{架}+Y_{工}=\left(1-\frac{X}{L}\right)Y_{头}+\frac{X}{L}Y_{尾}+Y_{架}+Y_{工}$$

式中，$Y_{机}$、$Y_{工}$、$Y_{头}$、$Y_{尾}$及$Y_{架}$分别为机床、工件、床头、尾架及刀架部分在刀具切削加工到X位置时的变形量。

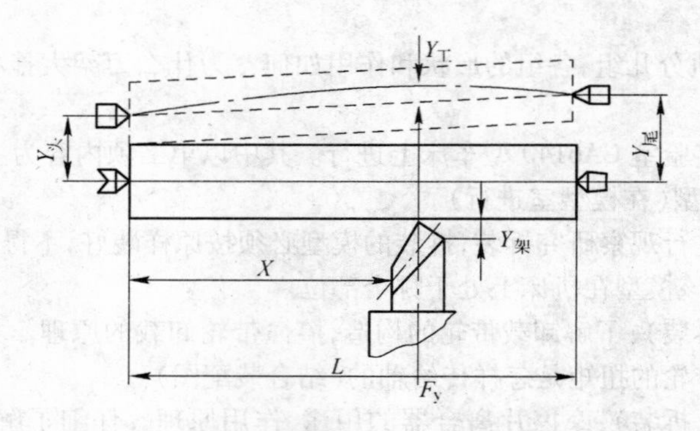

图8－1　工艺系统位移随施力点位置变化情况

由于　$Y_{头}=\frac{F_y}{K_{头}}(1-\frac{X}{L})$

$$Y_{尾}=\frac{F_y}{K_{尾}}\left(\frac{X}{L}\right)$$

$$Y_{架}=\frac{F_y}{K_{架}}$$

$$Y_{工}=\frac{F_yL^3}{3EJ}\left(\frac{X}{L}\right)^2\left(\frac{L-X}{L}\right)^2$$

代入上式化简后得：

$$Y_{系}=\frac{F_y}{K_{头}}\left(1-\frac{X}{L}\right)^2+\frac{F_y}{K_{尾}}\left(\frac{X}{L}\right)^2+\frac{F_y}{K_{架}}+\frac{F_yL^3}{3EF}\left(\frac{X}{L}\right)^2\left(\frac{L-X}{L}\right)^2$$

最后得：

$$K_{系}=1\Big/\left[\frac{1}{K_{头}}\left(1-\frac{X}{L}\right)^2+\frac{1}{K_{尾}}\left(\frac{X}{L}\right)^2+\frac{1}{K_{架}}+\frac{L^3}{3EJ}\left(\frac{X}{L}\right)^2\left(\frac{L-X}{L}\right)^2\right]\qquad(8-1)$$

式中　$K_{头}$，$K_{尾}$，$K_{架}$——分别为床头、尾座及刀架部件的实测刚度值；

F_y——径向力。

本实验用一根刚度很大的光轴代替工件，其受力后变形可以忽略不计，即认为$Y_{工}=0$，所以$Y_{机}=Y_{系}$。

这时由式(8－1)得：

$$K_{机}=K_{系}=1\Big/\left[\frac{1}{K_{头}}\left(1-\frac{X}{L}\right)^2+\frac{1}{K_{尾}}\left(\frac{X}{L}\right)^2+\frac{1}{K_{架}}\right]\qquad(8-2)$$

8.3.3　实验设备和仪器及其使用方法

(1)CA6140型普通车床一台。

(2)千分表及磁性表座各三只。

(3)车床静刚度测力仪一套。

使用方法如图8－2所示。在CA6140车床的前后顶尖之间装一根刚度很大的光轴1,其受力后变形可忽略不计。加力器5固定在刀架上,在加力器与光轴间装一测力圈4,在该圈的内孔中安装着一千分表,当对图示安放的测力圈加外力后,千分表指针就会变动,其变动量与外载荷对应关系可在材料试验机上预先测出。本实验测力圈变形与外载荷对应关系见表8－1。

实验时,用扳手扭转带有方头的螺杆7以施加外载荷(P_y),然后读出靠近床头、尾架和刀架安放的千分表2、3、6的读数,并记录下来,填入实验报告,找出刀架的受力$P_{架}$(即$P_{架}=F_y$),据此可算出床头和尾座的受力$P_{头}$和$P_{座}$。

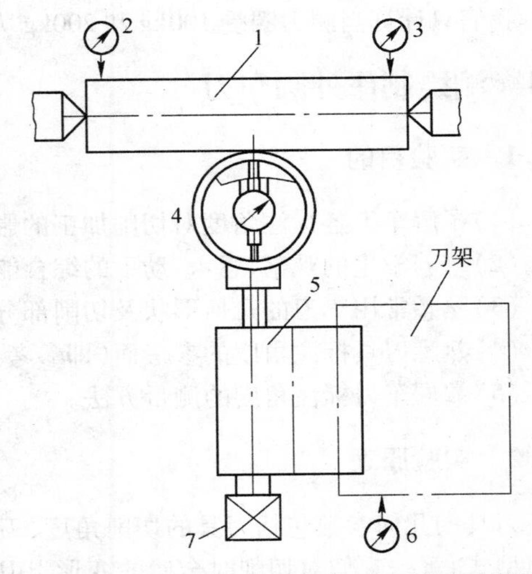

图8－2　车床刀架、头尾架静刚度测量示意图
1—光轴;2,3,6—千分表;4—测力圈;
5—加力器;7—螺杆

表8－1　测力圈变形与外载荷对应关系

测力圈受载/kg	千分表指示数/μm	测力圈受载/kg	千分表指示数/μm
10	7	110	78
20	14	120	86
30	21	130	94
40	28	140	102
50	35	150	110
60	42	160	118
70	49	170	126
80	56	180	134
90	63	190	142
100	71	200	150

为了说明尾架套筒伸出长度对刚度的影响,实验时,将套筒分别伸出5mm和105mm。

8.3.4　机床静刚度的计算

为了计算方便,实验时可将测力圈抵在刚性轴的中点处,这时式(8－2)中的X为$\frac{1}{2}L$,由式(8－2)得:

$$K_{机}=1\Big/\left[\frac{1}{K_{架}}+\frac{1}{4}\left(\frac{1}{K_{头}}+\frac{1}{K_{尾}}\right)\right] \tag{8-3}$$

式中,$K_{头}=\frac{P_{头}}{Y_{头}}$;$K_{架}=\frac{P_{架}}{Y_{架}}$;$K_{尾}=\frac{P_{尾}}{Y_{尾}}$。

我们只计算当测力圈受100kg和200kg力时机床静刚度的具体数值。

8.4　测绘制作外圆车刀

8.4.1　实验目的

(1)了解车刀各标注角度对切削加工的影响。
(2)培养学生的观察、思考、动手的综合能力。
(3)熟悉常用车刀的几何形状及切削部分的构造要素。
(4)熟悉刀具标注角度的参考面(即参考系的坐标平面)。
(5)掌握车刀标注角度的测量方法。

8.4.2　实验原理

刀具的几何参数包括刀具的切削角度,刀面的型式,切削刃的形状,刃区型式(切削刃区的剖面型式)等。它们对切削时金属的变形、切削力、切削温度和刀具磨损都有显著影响,从而影响生产率、刀具寿命、已加工表面质量和加工成本。为充分发挥刀具的切削性能,除应正确选用刀具材料外,还应合理选择刀具几何参数。鉴于学生在课堂中对刀具角度概念掌握不透,在本实验中采取测量刀具角度,了解刀具结构,画出刀具工作图,并制作刀具模型,使学生通过手、脑并用,掌握刀具结构的特点。

8.4.3　实验内容及要求

(1)利用量角器测量已给定外圆车刀的标注角度,并记录所得数据。
(2)用简图表示所测刀具的标注角度,画出刀具工作图。
(3)制作自己测绘的外圆车刀。

8.4.4　车刀量角器的结构

量角器的结构如图8-3和图8-4所示。

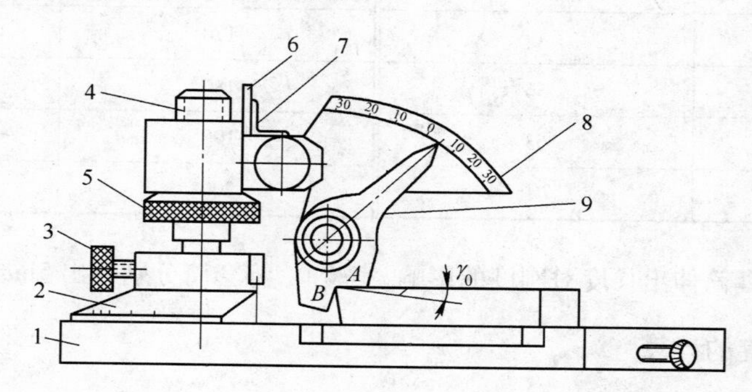

图8-3　测前角(一)
1—底座;2—标尺座;3—螺钉;4—立柱;5—螺母;6—度板;
7—指针;8—刻度板;9—指度板

松开锁紧螺钉10,刻度板8可绕立柱4旋转,用螺母5将其调整到任意高度。松开锁紧螺钉16,指度板9可绕其轴在刻度板8上转动。对准零点时,互相垂直得A、B二平面分别平行和垂直于底座的工作面。

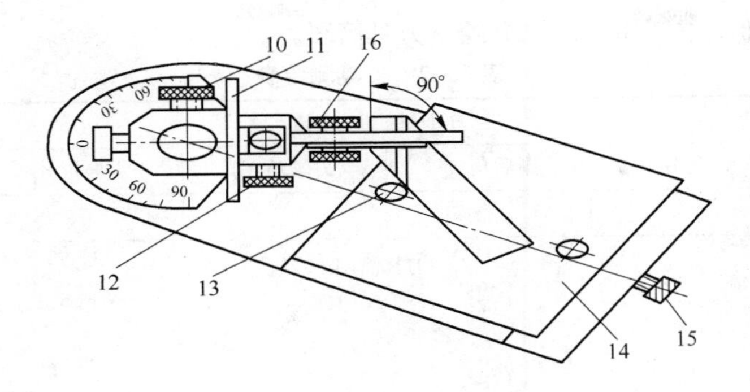

图 8－4 测前角(二)

10,12,15,16—螺钉;11—标尺;13—挡销;14—滑板

松开锁紧螺钉 12,刻度板 8 可绕其水平面轴旋转,旋转度数由指针 7 在度板 6 上指出。

松开锁紧螺钉 3,标尺 11 与标尺座 2 绕立柱 4 旋转,标尺座 2 上之零线与底座之零点(底座的标号是 1)对准时,固定在滑板 14 上的两挡销之中心连线垂直于标尺 11。

松开锁紧螺钉 15,滑板 14 可在底座 1 上作横向滑动,行程 70mm。

8.4.5 使用方法及测量步骤

(1) 在正交平面内测量前角 γ_0和后角 α_0:使指针 7 对准度板 6 之零线,拧紧螺钉 12。

1)测量前角 γ_0(如图 8－3、图 8－4 所示):转动刻度板 8,使指度板 9 所在平面垂直主刀刃在底座工作面上的投影(相当于主刀刃在基面上的投影)。调整指度板 9,使平面 A 与车刀前面吻合,指度板 9 即在刻度板 8 上指出前角 γ_0的数值。

2)测量后角 α_0和副后角 α_0':动作同上,使 B 平面与车刀后面吻合,在刻度板 8 上即可读出后角 α_0的数值。α_0'在副切削刃上,测量方法同 α_0。

(2)在切削平面内测量刃倾角 λ_S:先使刀具主切削刃位于指度板 9 所在的平面内,当平面 A 与主切削刃吻合时,刻度板 8 在指度板 9 所指的位置上示出了刃倾角 λ_S的度数。

(3)在基面内测量主偏角 K_r与副偏角 K_r'(如图 8－5 所示):先旋转螺母 5,升高刻度板 8,并转向一旁不用。将要测量的刀具之侧面紧靠二挡销 13,松开螺钉 3 和 15,转动标尺座 2,同时移动滑板 14,使刀具的主切削刃(或副切削刃)与标尺 11 吻合,底座 1 上之零线所对的标尺座上的刻度值即主偏角 K_r(或副偏角 K_r')的度数。

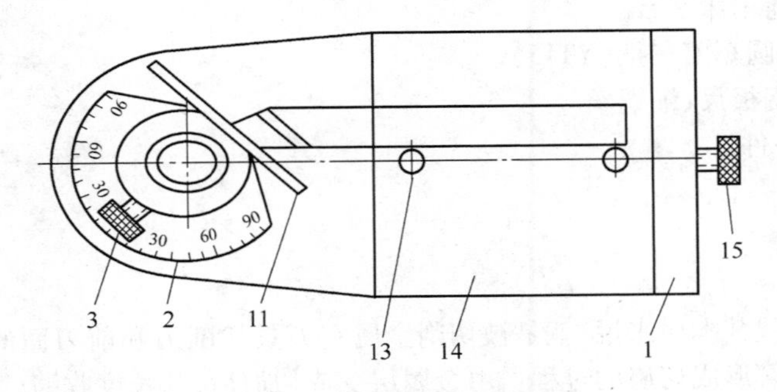

图 8－5 测主偏角

1—底座;2—标尺座;3,15—螺钉;11—标尺;13—挡销;14—滑板

将上述角度数值填入表 8－2 中，并绘制刀具简图。

表 8－2　刀具测绘表

刀具标注角度					
角 γ_0	后角 α_0	副后角 α_0'	刃倾角 λ_S	主偏角 K_r	副偏角 K_r'
刀具简图					

8.4.6　制作所测绘的外圆车刀步骤

（1）首先用橡皮泥做成一长方形。

（2）根据测绘的外圆车刀各角度，制作：前刀面、刃倾角、前角 γ_0；后刀面、后角 α_0；副后刀面、副后角 α_0'。

8.4.7　思考题

用车刀量角器测量车刀角度时，量角器的指度板及台座平面相当于车刀标注角度的什么参考面？

8.5　切削变形的测定分析

8.5.1　实验目的

本实验的目的，是通过对切削变形系数的测定，研究金属切削变形的规律，具体地说，就是研究切削速度，进给量及刀具角度对切削变形系数的影响。观察在上述条件变化的时候，切削类型和切屑卷曲的变化情况以及表面粗糙度的变化情况。另外，要了解研究切削变形所用的设备仪器及方法。

8.5.2　实验设备和工具

（1）CA6140 普通车床一台。

（2）硬质合金外圆车刀三把（YT15）。

（3）游标卡尺、钢板尺、细铜丝。

（4）45 钢试件一件。

（5）粗糙度样板一套。

8.5.3　实验原理

金属切削过程，就其本质来说，就是被切削金属在刀具切削刃和前刀面的作用下，经受挤压而产生剪切滑移变形，形成切屑的过程。由金属层变成切屑后，其长度收缩，厚度增加，切削宽度方向变化不大，可忽略不计。通常以切削层长度变化的大小，即变形系数 ξ 作为衡量切削变形程度的指标。

$$\xi = L_c / L_{ch} \tag{8-4}$$

式中 L_c——切削层长度；

L_{ch}——切屑长度。

8.5.4 实验内容与实验步骤

(1)计算切削层长度 L_c：为了在实验时获得一段段切屑，并能测量出切削层的长度，采用的试件(图8-6)是在圆柱棒料试件上开出四个槽，槽内镶有钢条，这样既能算出 L_c的值，又可减少刀具冲击。量出试件外径 D 和镶条的宽度 B，再确定背吃刀量 a_p后，就可以用下式算出切削层平均长度。

$$L_c = \pi(D - a_p)/4 - B \tag{8-5}$$

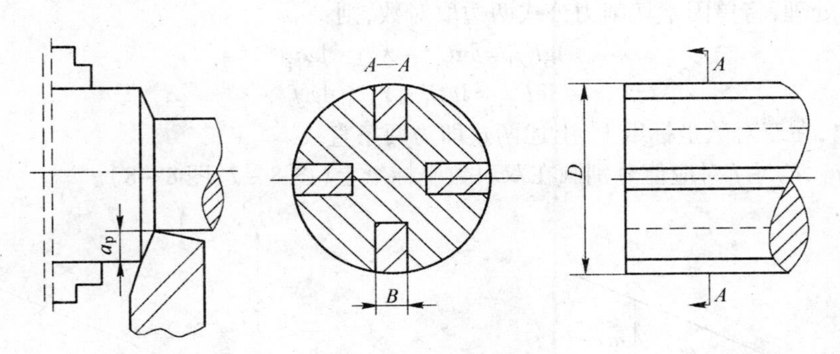

图8-6 切削变形试验用试件

(2)根据实验要求，选取下列参数中的有关数据：

1) 选取所需刀具，并测量各角度值；

2) 选取切削用量：切削速度 v、进给量 f 、背吃刀量 a_p，并把切削速度 v 变成转速 n_s，其公式为：

$$n_s = \frac{1000v}{\pi D} \quad \text{r/min} \tag{8-6}$$

式中 v——切削速度，m/min；

D——试件直径，mm。

(3)调整机床：根据 n_s把主轴箱上的变速手柄放到相应的位置上。

(4)切削变形测定：开始加工试件，即可得到切屑，用铜丝和钢板尺测量出切屑的长度 L_{ch}，铜丝要绕在切屑底层的中部。为了提高测量的准确性，在每次切削条件下，要测出三个切屑的长度，取其平均值，计算变形系数 ξ。最后观察一下切屑的类型和已加工表面的粗糙度情况。

8.6 主切削力 F_Z经验公式的建立

8.6.1 实验目的

了解双平行八角环车削测力仪的工作原理，及应变仪、光线示波器的使用方法。用实验的方法求出切削用量($a_p f$)对切削力的影响规律。掌握实验数据的处理方法，得出主切削力的经验公式：

$$F_Z = C_{F_Z} \cdot a_p^{X_{FZ}} \cdot f^{Y_{FZ}} \tag{8-7}$$

8.6.2　实验原理

很多研究人员对切削力的计算作了大量的理论分析，试图从理论上获得计算切削力的公式。但是，由于切削过程非常复杂，影响因素甚多，至今还未得出与实测结果相吻合的理论公式。因此，仍采用通过实验方法建立的切削力经验公式来计算切削力。

以单因素法建立 F_Z 主切削力经验公式：

（1）先固定其他因素仅改变 a_p，得出相应的主切削力 F_{Z1}，将所得数据填于表 8－3。

$$F_{Z1} = C_{a_p} \cdot a_p^{X_{F_Z}}$$

（2）再固定其他因素仅改变 f，得出相应的 F_{Z2}，将所得数据填于表 8－4。

$$F_{Z2} = C_f \cdot f^{Y_{F_Z}}$$

（3）数据处理：将单因素切削力公式两边取对数，则：

$$\lg F_{Z1} = \lg C_{a_p} + X_{F_Z} \cdot \lg a_p$$

$$\lg F_{Z2} = \lg C_f + Y_{F_Z} \cdot \lg f$$

不难看出，在双对数坐标纸上，上述两式即为两条直线。

把 $F_{Z1} - a_p$、$F_{Z2} - f$ 对应值分别画在双对数坐标纸上（图 8－7、图 8－8）。

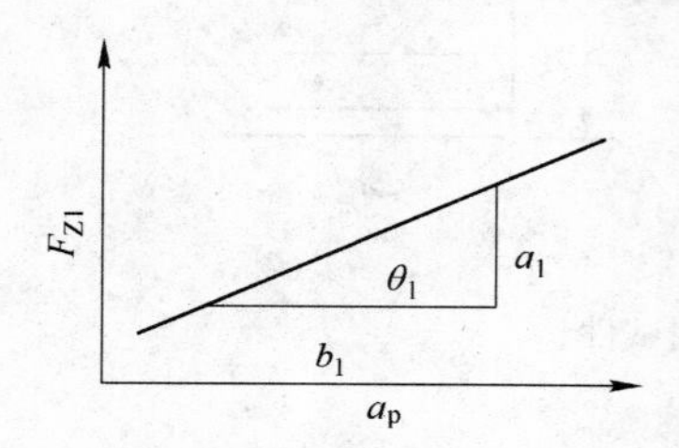

图 8－7　$F_{Z1} - a_p$ 对应关系

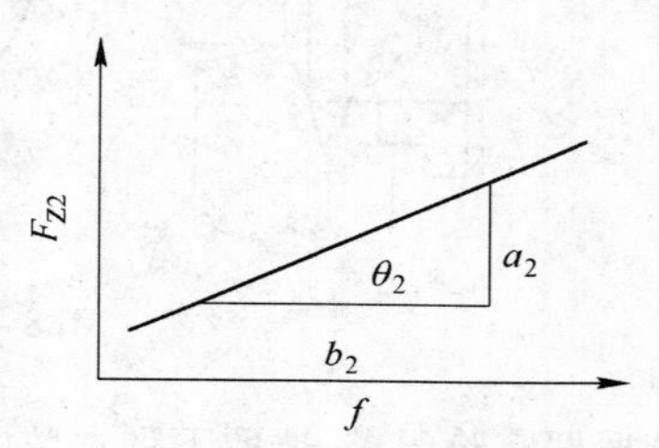

图 8－8　$F_{Z2} - f$ 对应关系

C_{a_p} 和 C_f 分别是 $F_{Z1} - a_p$ 线和 $F_{Z2} - f$ 线在 $a_p = 1\text{mm}$ 和 $f = 1\text{mm/r}$ 时对数坐标上的 F_Z 值。指数 X_{F_Z}、Y_{F_Z} 分别是 $F_{Z1} - a_p$ 线和 $F_{Z2} - f$ 线的斜率。

$$X_{F_Z} = \tan\theta_1 = \frac{a_1}{b_1}, Y_{F_Z} = \tan\theta_2 = \frac{a_2}{b_2}$$

式中，a_1, b_1, a_2, b_2 的长度用钢板尺量出。

分别求出每组数所得系数 $C_{F_{Z1}}$、$C_{F_{Z2}}$，C_{F_Z} 取其平均值：

$$C_{F_Z} = \frac{C_{F_{Z1}} + C_{F_{Z2}}}{2}$$

综合以上单因素公式得：$F_Z = C_{F_Z} \cdot a_p^{X_{F_Z}} \cdot f^{Y_{F_Z}}$

8.6.3　实验设备、仪器及其他

（1）CA6140 普通车床 1 台。

（2）Y6D－34 动态应变仪 1 台。

（3）DY－3 电源供给器 1 台。

（4）SC－16 光线示波器 1 台。

（5）双平行八角环车削测力仪 1 台。

（6）钢板尺 1 把。

(7)游标卡尺1把。

(8)硬质合金外圆车刀1把。

(9)45钢棒料1根。

(10)双对数坐标纸1张。

8.6.4 实验方法

8.6.4.1 测试工作原理

车削测力仪采用双平行八角环作为测力仪的弹性元件,在环内外壁上粘贴电阻应变片,并连接成三个全电桥电路,作为测定切削力的传感器。车削时,车刀所受的切削力传到八角环上,使八角环变形,同时使贴在上面的电阻应变片变形,因而电阻值发生变化,这时电桥失去平衡,产生与应变成正比的电信号,然后再经过动态应变仪放大,由SC-16光线示波器把动态应变仪输出的信号记录在感光纸上。

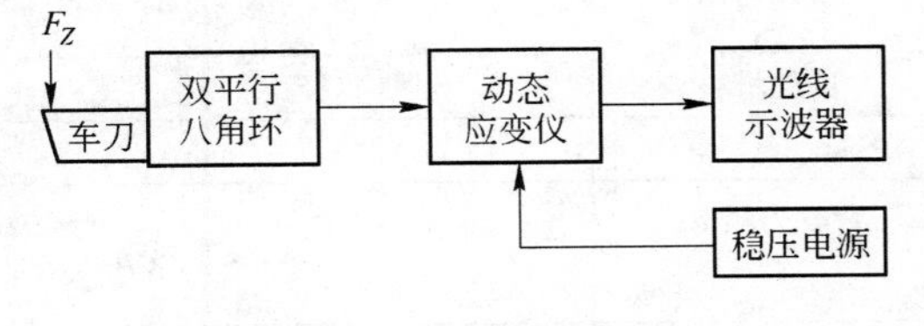

图8-9 测试系统框图

测试系统框图如图8-9所示。

8.6.4.2 标测方法

如图8-10所示,将八角环测力仪装在小刀架上,使标定杆悬伸距离为35mm。把标定架固定好,装上测力环,并通过标定架、测力环给标定杆施加已知力(根据测力环上的千分表的读数,可得知施力的大小)F_{Z1}、F_{Z2}、F_{Z3}、…,在光线示波器的记录纸上可测得相应的微应变$\mu\varepsilon_1$、$\mu\varepsilon_2$、$\mu\varepsilon_3$、…。将(F_{Z1}, $\mu\varepsilon_1$),(F_{Z2}, $\mu\varepsilon_2$),(F_{Z3}, $\mu\varepsilon_3$),…等点分别标在直角坐标纸上,得到一条直线,称为标定线,如图8-11所示。

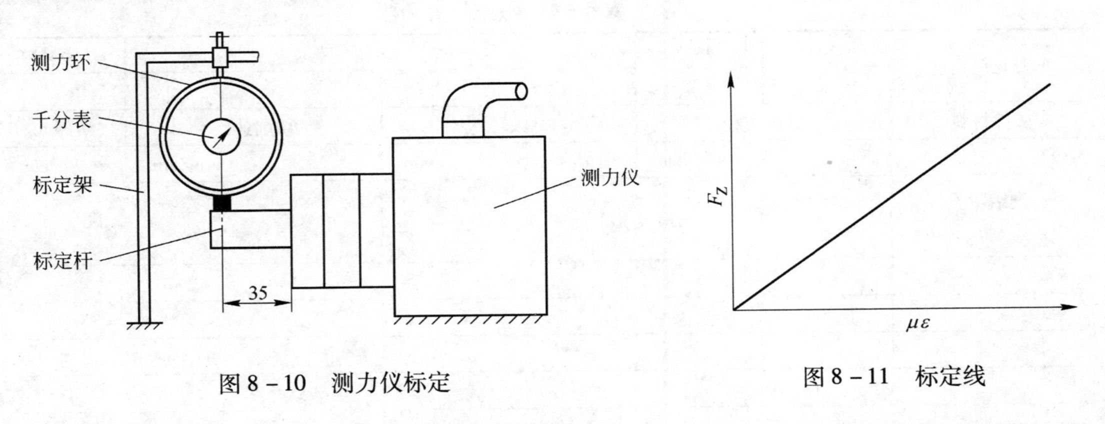

图8-10 测力仪标定

图8-11 标定线

在车削实验时,车刀刀尖伸出同样的长度35mm,在不同的切削用量条件下,在光线示波器的记录纸上测出对应的应变值。可通过标定线查出相应切削力的大小。

8.6.4.3 车削力的测量方法

(1)安装试件和刀具,保证刀具悬伸长度与标定时一致。

(2)将测力仪引线接在动态应变仪的接线盒上,把动态应变仪的对应输出线与光线示波器接好,打开各仪器电源开关。为使测量时数据准确,将仪器预热15min。

(3)调整应变仪,将衰减开关拨在"0"位,用小改锥调整"基零调节"旋钮,使检流计指零。将"输出"旋钮拨到与光线示波器使用的振子的阻值相对应的数值(20Ω)。然后将"标、测"开关打到"标"的位置,进行电标定。标定完后将"标、测"开关搬回到"测"的位置。

(4)调整光线示波器,将示波器振子光点调亮,并调到适当位置(选用1200Hz振子)。

(5)应变仪电标定,将“标定”开关分别拨到0、±30、±100、0,并由光线示波器记录在感光线上,以便在实验时计算应变值。

(6)测量工件直径。固定其切削速度 v 及进给量 f,改变背吃刀量 a_p 将所得应变值填在表8－3中。固定切削速度 v 及切削深度 a_p,改变进给量 f,将所得应变值填在表8－4中。

(7)将应变值 $\mu\varepsilon$ 转换成切削力 F_Z。

根据实验时测得的微应变值 $\mu\varepsilon$,在标定线上查出相应的切削力 F_Z 的值填于表8－3、表8－4中。

表8－3　F_Z-a_p

车刀几何角度	γ_0	α_0	λ_S	K_r	K_r'	α_0'	刀片材料
试件材料	试件直径		机床转速		切削速度		进给量
		mm		r/min		m/min	mm/r
背吃刀量 a_p mm	应变 $\mu\varepsilon$					F_Z kg	

表8－4　F_Z-f

车刀几何角度	γ_0	α_0	λ_S	K_r	K_r'	α_0'	刀片材料
试件材料	试件直径		机床转速		切削速度		切深 a_p
		mm		r/min		m/min	mm
进给量 f mm/r	应变 $\mu\varepsilon$					F_Z kg	

8.7　车刀的磨损与刀具寿命测定

8.7.1　实验目的

(1)掌握测量刀具磨损的一般方法。

(2)观察和了解车刀的磨损过程。

(3)掌握求 $T-V$ 关系式的方法。

8.7.2 实验所用的仪器和设备

(1)CA6140 型车床一台。

(2)外圆车刀一把,油石一块。

(3)无级变速装置一套。

(4)读数显微镜一台。

(5)外径千分尺一把。

8.7.3 实验原理及方法

在切削加工中,刀具磨损可能发生如图 8-12 所示的三种形式。(1)磨损主要发生在前刀面(图 8-12a);(2)磨损同时发生在前刀面和后刀面(图 8-12b);(3)磨损主要发生在后刀面(图 8-12c)。前刀面磨损可以测量月牙洼深度,后刀面磨损可以测量其磨损高度。生产中一般都以后刀面磨损值作为车刀磨钝标准。

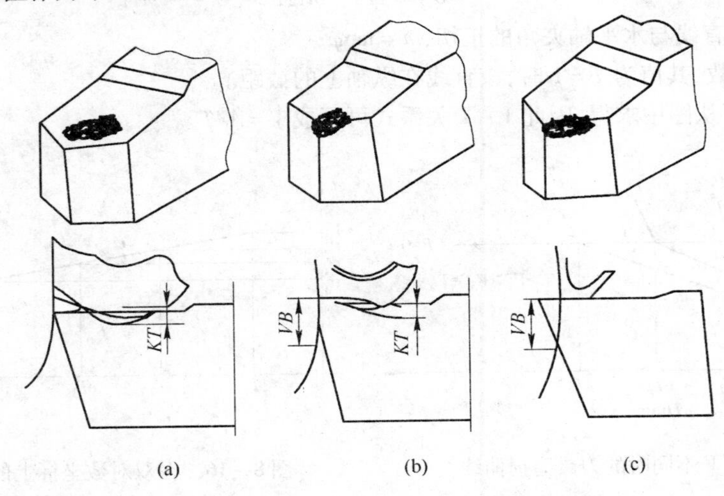

图 8-12 切削刀具的三种典型磨损形式

车刀典型磨损形式为磨损主要发生在后刀面。图 8-13 示出了典型后刀面磨损图形。在主刀刃上,由于车刀有前刀面上的少量磨损,磨损后其刀刃比原来刀刃略有降低,因此在测量后刀面值时,应选用原来的刀刃作为测量基准。一般磨损后,刀刃变成锯齿形。同时磨损的分布也不均匀,测量时应读出参与切削的切削刃中部的数值 VB 作为测量值。

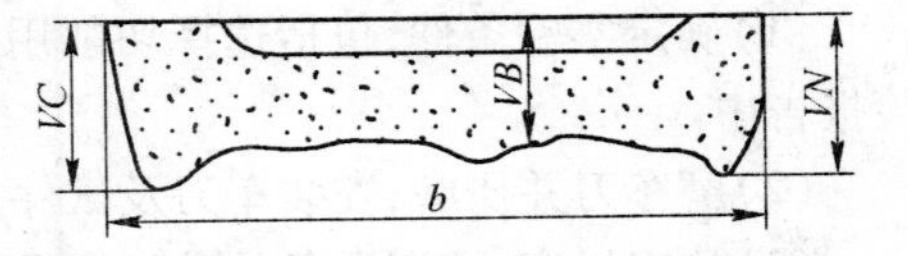

图 8-13 典型后刀面磨损图形

实验时,在切削加工一定时间后,把车刀卸下来,放在读数显微镜上测量车刀后刀面的磨损值 VB,并用秒表或电子表记录下这段切削时间,然后再安装好车刀,继续切削一定时间,如此反复进行下去,到一定阶段,即可以时间 T 为横坐标,以车刀磨损值 VB 为纵坐标,画出 $T-VB$ 磨损曲线。一般较典型的车刀磨损曲线如图

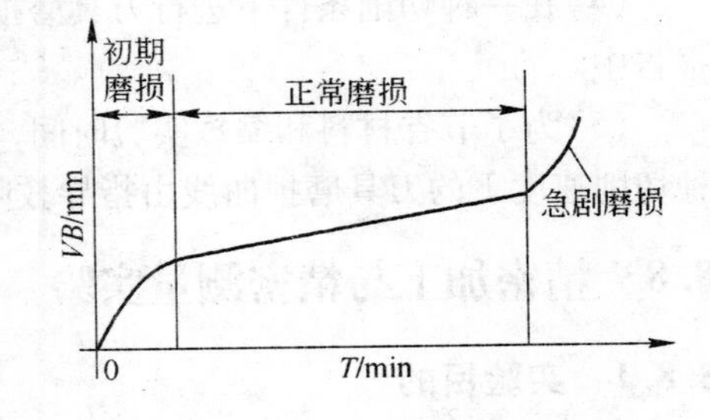

图 8-14 车刀典型磨损曲线

8-14所示。

初期磨损阶段磨损较快，正常磨损阶段磨损较慢，剧烈磨损阶段磨损增加极快。因此，对初期磨损值的测量，时间间隔应该取短些，而正常磨损阶段则可隔较长时间来测量。

8.7.4　刀具寿命经验公式 $V=A/T^m$ 的建立

实验时先选定刀具后刀面的磨钝标准。为了节省材料，同时又能够反映刀具在正常情况下的磨损，一般磨钝标准取 $VB=0.3$mm。选定好磨钝标准后，在固定其他切削条件的情况下，只改变切削速度（如取 $V=V_1$、V_2、V_3、V_4、…）做磨损实验，得出在各种切削速度下的刀具磨损曲线，如图8-15所示。再根据选定的磨钝标准 $VB=0.3$mm 从图8-15中求出在各种切削速度下的刀具寿命 T_1、T_2、T_3、T_4、…。然后在双对数坐标纸上定出 (T_1,V_1)，(T_2,V_2)，(T_3,V_3)，(T_4,V_4)，…点，如图8-16所示。在一定的切削速度范围内，这些点基本上分布在一条直线上，因此，这条在双对数坐标图上的直线可用下列方程表示：

$$\lg V=\lg A-m\lg T \tag{8-8}$$

式中　m——该直线与水平轴夹角的正切，$m=\tan\varphi$；

A——常数，其值为 $T=1$ 时，该直线在纵轴上的截距。

m 及 A 均可从图中求得，因此 $V-T$ 关系式可写成 $V=A/T^m$。

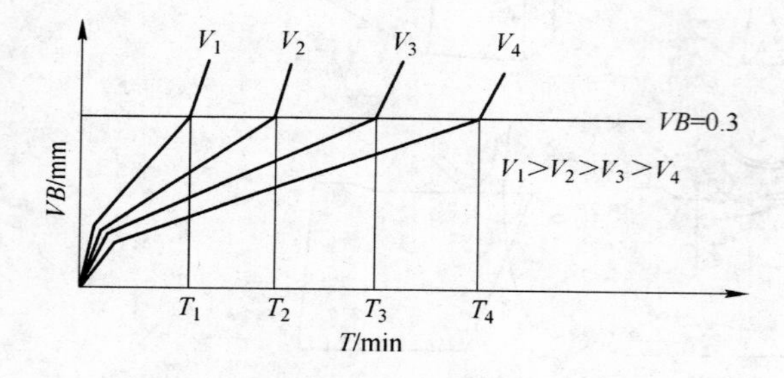

图8-15　V 不同时的刀具磨损曲线

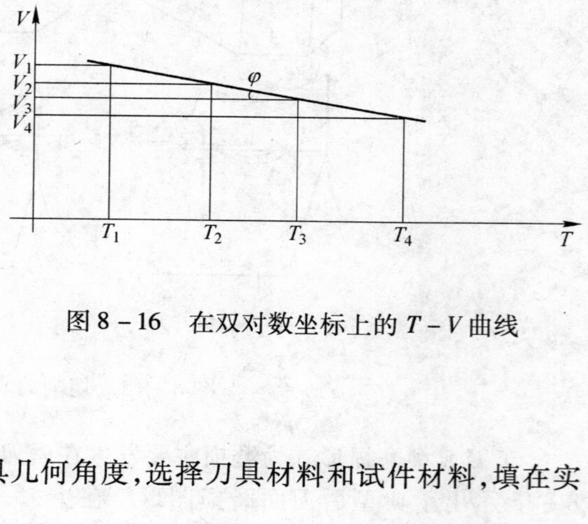

图8-16　在双对数坐标上的 $T-V$ 曲线

8.7.5　实验步骤

（1）确定实验条件，包括选择切削用量和刀具几何角度，选择刀具材料和试件材料，填在实验报告中。

（2）磨车刀并研磨，安装车刀及试件。

（3）检查机床，按润滑条件进行润滑。

（4）在一种切削条件下进行刀具磨损实验，把切削的各段时间及测得的磨损值 VB 填于实验报告中。

（5）为了节省材料和缩短实验时间，学生只进行在一种切削速度下的刀具磨损测量，其他几种切削速度下的刀具磨损曲线由指导教师给出。

8.8　精密加工与精密测量实验

8.8.1　实验目的

了解精密加工和精密测量的设备和方法。

8.8.2 实验原理

8.8.2.1 精密与超精密加工

(1)超精密切削是使用精密的单晶天然金刚石刀具加工金属和非金属,可以直接切出超光滑的加工表面。在符合条件的机床和环境条件下,可以得到超光滑表面,表面粗糙度 *Ra* 0.02 ~ 0.005μm,精度小于0.01μm。

(2)对于黑色金属、硬脆材料等,精密和超精密磨料加工在当前是最重要的精密加工手段。精密砂轮磨削是利用精细修整的粒度为60 ~ 80 号的砂轮进行磨削,其加工精度可达1μm,表面粗糙度可达 *Ra* 0.025μm。超精密砂轮磨削是利用经过仔细修整的粒度为 W40 ~ W5 的砂轮,进行磨削,可以获得加工精度为0.1μm,表面粗糙度 *Ra* 0.025 ~0.008μm 的加工表面。

8.8.2.2 精密测量

(1)圆度测量。YD-200A 台式圆度仪工作原理如下:

该仪器属于转台式圆度仪,其结构形式是测头固定不动,被测件随旋转工作台转动而进行测量。它除测量内外表面的圆度误差之外,还可以测量同一截面的同轴度误差,内、外圆柱对端面的垂直度误差等。仪器的测量极限误差为0.12μm,最大测量直径180mm,共有8个放大倍率;最小100倍,最大2000倍。该仪器工作时传感器本体不动,而被测零件安放在回转工作台上,随工作台一起回转。测量中的理想圆可假设为回转工作台绕一理想回转线旋转而形成的某点轨迹。当仪器的传感测头与被测实际轮廓接触后,轮廓回转过程中的变化可以通过测头接收,将信号输入放大器后由记录反映出来。

(2)表面粗糙度测量。当测量工件表面粗糙度时,将传感器搭在工件被测面上,由传感器探出的极其尖锐的菱形金刚石触针,沿着工件被测表面滑行,此时工件被测表面的粗糙度引起了金刚石测针的位移,该位移使线圈电感量发生变化,经过放大及电平转换之后进入数据采集系统,计算机自动地将其采集的数据进行数字滤波和计算,得出测量结果,测量结果及图形在显示器显示或打印输出。

8.8.3 实验设备

(1)精密机床(车床或磨床);

(2)金刚石车刀或立方氮化硼砂轮;

(3)YD-200A 圆度仪;

(4)2205 型表面粗糙度仪。

8.8.4 实验方法

(1)利用精密机床对工件进行精密切削或精密磨削加工。

(2)使用圆度仪测量被加工工件的圆度、圆柱度等形位公差。

测量步骤如下:

1)按仪器说明书调整仪器,使其各部位都处在测量位置上。

2)接通电源,把被测零件放置在回转工作台上。

3)调整被测件,使其轴线与回转线重合。

4)按传动开关使回转工作台转动,再按记录开关记录笔开始动作。当工作台周边上调节钮转到正前方时,记录盘开始随工作台同步转动,与此同时记录笔以电打火的方式,记录下轮廓图形(即误差曲线),记录一圈后,记录笔自动停止动作。再按传动开关工作台停转。用同样的方法在被测零件上选三个截面,选三个截面最大的误差作为测量误差。

5)取下记录纸,用同心圆样板包容误差曲线,并根据所使用的放大倍率确定圆度误差的大小。

6)切断电源,使仪器处在保管状态。

(3)使用表面粗糙度仪测量被加工工件的表面粗糙度。

1)将传感器可靠地安装在驱动箱上,接好电路的各接插件,然后接上电源。

2)放置好被测工件,将启动手柄拨至左极限挡块位置,同时将传感器带回初始位置。调整驱动箱的升降,使传感器导测针接触工件表面,直到计算机显示测针位移指示处于零点附近(图8－17),或者使电气箱测针位移指示器处于黄灯区域。

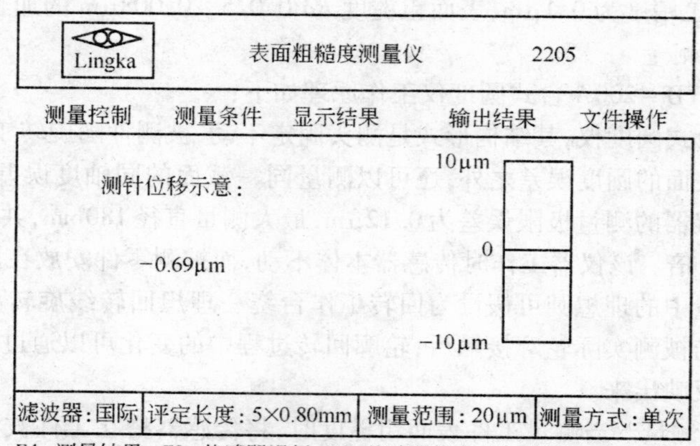

图8－17　主菜单

3)在"测量方法"菜单中,根据要求选择滤波器、测量范围、取样长度、评定长度、测量方法。

4)在"测量控制"菜单中,选择"开始测量"(图8－18),启动测量,并按计算机指示把启动手柄扳到右端。这时,屏幕显示被测对象的表面轮廓,采样完成后,计算机计算并显示出六个常用参数的测量结果。

5)选择"显示结果",显示多个参数测量结果、统计分析、轮廓图形、T_p曲线。

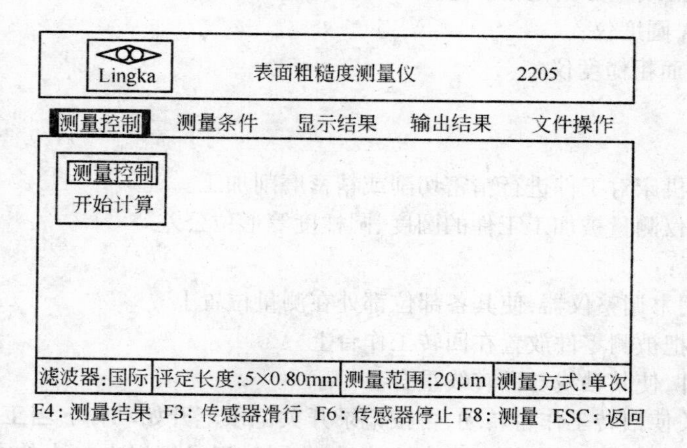

图8－18　测量控制菜单

6)选择“输出结果”,从打印机输出测量结果(图 8 – 19)。

8.8.5　思考题

(1)选择测量条件时,应注意什么问题?

(2)假定表面轮廓曲线的离散数据已知,试编写表面粗糙度参数的计算程序。

$Ra=0.78\mu m$	$R_{\Sigma}=4.488\mu m$	$Sk=-0.18\mu m$
$Ry=7.93\mu m$	$S=104\mu m$	$Sa=118\mu m$
P: 打印	ESC: 返回	D: 删除本次统计数据

图 8 – 19　测量结果

8.9　CG1107 单轴自动车床剖析

8.9.1　实验目的和要求

(1)了解机床的用途,主要技术性能及机床的总布局和工作循环。

(2)对照机床传动系统图,看懂机床的传动路线,分析机床的运动和传动情况。

(3)对照机床机构图了解机床各主要零部件的构造、工作原理,以及它们在工作中的主要传动联系。

(4)通过实例(见表 8 – 5)了解机床调整卡的拟订过程及凸轮的设计方法。

(5)了解机床的调整及操作方法。

8.9.2　实验步骤及内容

(1)由实验指导教师结合现场设备,介绍机床的用途、主要技术性能、布局及操作方法,然后进行空载开车演示。细心观察机床各部分运动情况及相互关系。

(2)观察机床加工工件时的整个过程,分析如何保证加工精度及怎样进行调整。

(3)通过实例了解凸轮的设计方法,观察凸轮如何控制刀架协同动作。

(4)通过观察分析对照传动系统图及结构图重点掌握以下几种结构及工作原理:

1)调整主轴、分配轴、钻铰附件的转速机构。

2)主轴及夹紧棒料机构:分配轴上的控制挡块通过杠杆控制夹紧机构。棒料是通过弹簧夹头、锥套、杠杆等构件夹紧的。

3)主轴箱移动机构。

4)刀架:有三个上刀架和一个天平刀架,如何合理使用各刀架。

5)送料机构:送料机构是由料管、滑轮及重锤等部分组成。

8.9.3　调整计算实例

图 8 – 20 是被加工零件图,图 8 – 21 是加工示意图,表 8 – 5 是机床的调整卡。

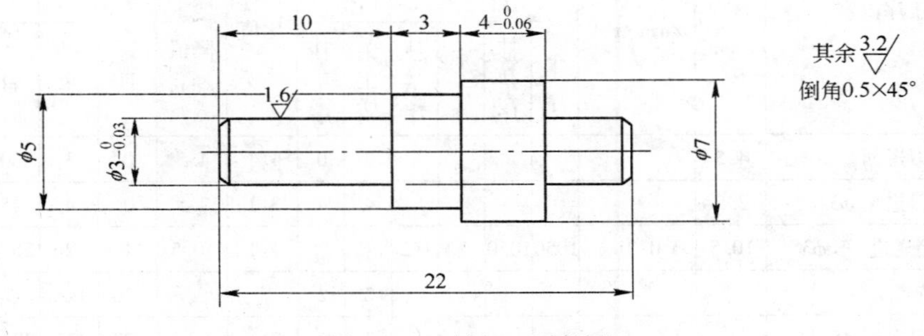

图 8 – 20　被加工零件图

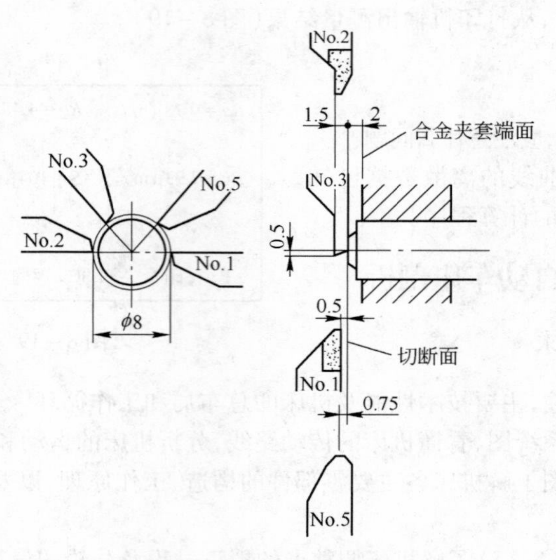

图 8－21　加工示意图

表 8－5　机床调整卡

凸　轮　与　刀　具													
	主轴箱	1 号刀架	2 号刀架	3 号刀架	4 号刀架	5 号刀架							
凸轮	*A*	*B*	*B*	*C*		*E*							
刀具		No. 1	No. 2	No. 3		No. 5							

切削速度 /m · min⁻¹	纵切与切断	40. 6	主轴转速 /r · min⁻¹	主运动	1845	转速系数(超越数)
	钻　孔			钻　孔		
	铰(攻)螺纹			铰(攻)螺纹		

交换皮带轮		皮带位置	交换齿轮		每工件主轴转数	3096
A	*B*	E　I	*a*	*b*	生产率/件 · min⁻¹	0. 551
86	204		32	86	每工件所需时间/s	109

序号	工序内容	刀具行程 /mm	走刀量 /mm · r⁻¹	所需主轴转数		所需角度数				杠杆比值	凸轮上升或下降值 /mm	绘凸轮曲线之数据				凸轮符号
						工作行程		空行程				角度		半径(高度)		
				本工序	计算工序	本工序	计算工序	本工序	计算工序			自	至	自	至	
1	No. 3 刀退回	4. 5						3	0	1:1	4. 5	0	3	60	55. 5	*C*
2	No. 1 刀进至 $\phi3$	2. 5						4	4	3:1	7. 5	0	4	45	37. 5	*B*
3	主轴箱送进，车 $\phi3$	10. 5	0. 01	1050	1050	122	122			1:1	10. 5	4	126	56. 5	67	*A*
4	停　持							2	2			126	128			
5	No. 1 刀退至 $\phi5$	1						3	3	3:1	3	128	131	37. 5	40. 5	*B*

续表 8－5

序号	工序内容	刀具行程/mm	走刀量/mm·r^{-1}	所需主轴转数		所需角度数				杠杆比值	凸轮上升或下降值/mm	绘凸轮曲线之数据				凸轮符号
						工作行程		空行程				角度		半径（高度）		
				本工序	计算工序	本工序	计算工序	本工序	计算工序			自	至	自	至	
6	停　持							2	2			131	133			
7	主轴箱送进，车 ϕ5	3	0.02	150	150	18	18			1∶1	3	133	151	67	70	*A*
8	停　持							2	2			151	153			
9	No.1 刀退回	1.5						5	5	3∶1	4.5	153	158	40.5	45	*B*
10	主轴箱空送进	5						5	5	1∶1	5	158	163	70	75	*A*
11	No.2 刀切入至 ϕ3	2.5	0.006	416	416	48	48			3∶1	7.5	163	211	45	52.5	*B*
12	停　持							2	2			211	213			
13	主轴箱送进，车 ϕ3	5	0.01	500	500	58	58			1∶1	5	213	271	75	80	*A*
14	No.2 刀退回	2.5						4	0	3∶1	7.5	271	275	52.5	45	*B*
15	No.5 刀切至 ϕ1.5，倒角	3.25	0.01	325	0	38	0			2∶1	6.5	271	309	53.5	60	*E*
16	No.5 刀退回	3.25						4	0	2∶1	6.5	309	313	60	53.5	*E*
17	No.3 刀切断	4.5	0.01	450	450	52	52			1∶1	4.5	271	323	55.5	60	*C*
18	弹簧夹头松开							10	10			323	333			
19	主轴箱退回	23.5						12	12	1∶1	23.5	333	345	80	56.5	*A*
20	弹簧夹头夹紧							15	15			345	360			
	合　计				2566		298		62							

9 机电一体化系统实验

9.1 概述

机电一体化是当今世界的发展趋势,我国已将其列为振兴机械工业的必由之路。机电一体化的实质是机械与电子、强电与弱电、软件与硬件、控制与信息等多种技术的有机结合,其产品具有技术先进、结构简单、工作精密度高、易于实现自动化或半自动化操作、调整维修方便、产品更新换代快等特点。

机电一体化产品与传统机械产品的最大差别在于信息检测和控制方式的不同。

在机电一体化系统中,系统首先通过输入设备获取系统运行的各种信息(如运动件的工作位置和速度、工作载荷、温度、压力等)并将它们送至微处理器;然后,由以某种方式存储于微处理器中的系统软件对这些输入信息进行分析,并得出相应的输出信息(可能是控制信息,也可能是一些处理提示);输出信息中的控制信息最终由输出设备输出到受控对象,以实现机电一体化系统控制的目的。对于机电一体化系统,各运动部件之间的运动协调可由机件间的直接连接来保证,也可只由输入/输出信息间的逻辑关系来实现。本章的实验主要包括:机电一体化系统认知和基本操作、机器人认知、交流伺服电机特性、开环系统反向间隙补偿、可编程控制器、二阶系统特征参量对过渡过程的影响等实验。通过这些实验可以对机电一体化系统有进一步的了解。

9.2 机电一体化系统认知和基本操作实验

9.2.1 实验目的

通过对机电一体化系统功能部件的认识和操作,使学生了解典型机电一体化系统组成,并对系统设计内容和流程建立总体的认识,使所学抽象的理论知识与实践结合起来,进而树立机械与电子及相关技术的相互渗透和有机融合观念。

9.2.2 实验原理

9.2.2.1 机电一体化系统的功能部件

完善的机电一体化系统包括以下基本要素,如图 9 - 1 所示:机械部分、动力系统、传感检测部分、执行装置、信息处理及控制系统,各要素和环节之间通过接口相联系。机械部分用于支撑和连接其他要素,并把这些要素合理地结合起来,形成有机的整体,可以像数控工作台和机器人那样实现目标轨迹和动作;执行装置将信息转化为力和能量,以驱动机械部分运动;传感检测部分用于对输出端的机械运动参数进行测量、监控和反馈。信息处理与控制系统是对机电一体化系统的控制信息和来自传感器的反馈信息进行处理,向执行装置发出动作指令。机电一体化系统的主要功能有:(1)变换(加工、处理)功能;(2)传递(移动、输送)功能;(3)储存(保持、积蓄、记录)功能;(4)其他内部功能,即动力功能、检测功能、控制功能、构造功能。

X - Y 工作台是典型的机电一体化设备,主要组成环节如图 9 - 2 所示。信息处理和控制由 PMAC(可编程多轴运动控制器)完成;驱动元件为伺服驱动器,执行装置是与伺服驱动器配套的伺服电机,伺服电机与驱动器组成速度闭环控制系统;机械本体 X - Y 工作台是一典型的控制对

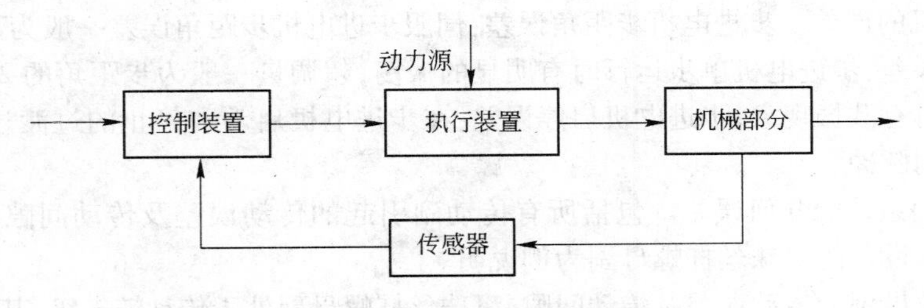

图9-1 机电一体化系统的组成

象,采用滚珠丝杠螺母传动的模块化的十字工作台,用于实现目标轨迹和动作。为记录运动轨迹和动作效果,用笔架和绘图装置代替加工工件的刀具。X-Y工作台也是目前许多数控加工设备的基本部件,如数控车床的纵横向进刀装置、数控铣床和数控钻床的X-Y工作台、激光加工设备工作台等;检测元件用编码器或光栅尺。

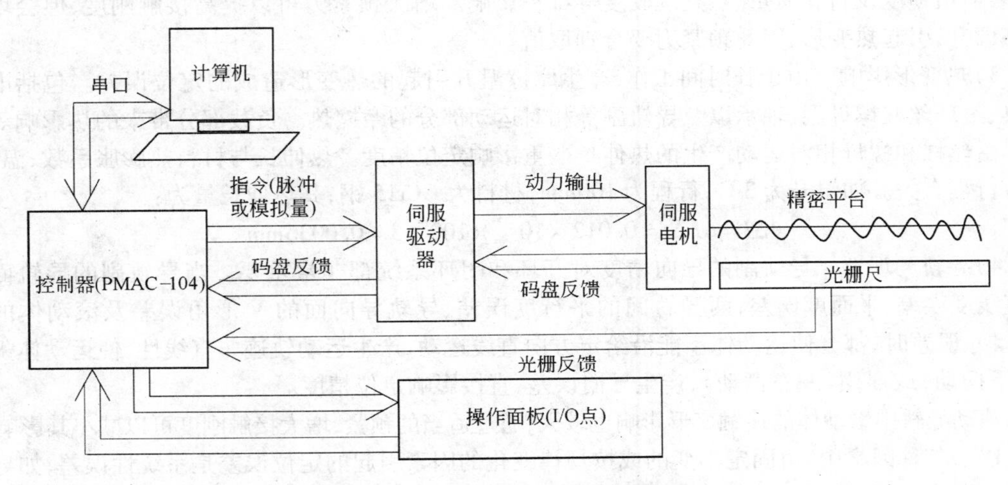

图9-2 X-Y工作台系统构成

9.2.2.2 系统的精度测量及误差补偿

运动系统的精度是机电一体化系统的一个重要指标。运动系统的精度包括运动精度、位置精度,其中位置精度对精密定位系统非常重要,而定位精度对位置精度影响最大。运动部分的定位精度是指运动部件实际位置和目标位置的接近程度。

定位精度对系统性能的影响:例如把平台用作数控机床进给系统,将影响点位、直线控制系统的工件的尺寸精度;对轮廓控制系统,将影响工件轮廓的加工精度,产生轮廓失真。

定位精度的高低用定位误差的大小来衡量。定位误差采用统计检验的方法确定。定位精度受到所有电气控制系统和机械装置精度的综合影响。不同的伺服控制方法对系统的精度影响不同。

A 定位精度分析

(1)开环系统的定位精度。

在开环控制系统中,指令经脉冲分配器、驱动器、步进电机、减速系统、滚珠丝杠螺母副转换为精密定位平台的移动。平台的定位精度受到所有电气、机械装置及元件结构设计和制造精度的综合影响。在使用过程中,定位精度进一步受到振动、热变形、导轨和滚珠丝杠螺母副的磨损以及控制元件特性变化等影响。主要影响因素有:

1)步进电机的误差。步进电机步距角误差:伺服步进电机步距角误差一般为±(10″~30″);步进电机动态误差:步进电机单步运行时有明显的振荡,超调量一般为步距角的20%~30%,在某些频率运行时有共振现象;步进电机启停误差:在步进电机启动和停止的过渡过程中,电机的转动滞后于控制脉冲。

2)机械传动系统的几何误差。包括所有传动副引起的传动误差及传动间隙,如齿轮副、螺旋副等。以教学设备的滚珠丝杠螺母副为例说明。

滚珠丝杠螺母副的传动误差及传动间隙,滚珠丝杠螺母副处于传动链末级,其传动误差直接影响平台的定位精度。当丝杠转动时,螺母随着丝杠的转动做直线运动。螺母的实际运动曲线与理想运动曲线之间的最大差值为其传动误差,主要由螺旋副本身的制造误差如螺距累积误差、螺纹滚道型面误差、直径尺寸误差、螺旋副的装配误差及其在装置上的安装误差等综合形成。其中最主要的是螺距累积误差。

滚珠丝杠螺母副的接触变形比滑动副大,其引起的误差影响传动精度和间隙。润滑、摩擦条件、表面粗糙度及材料质量、热处理硬度等都有影响。增大预紧力可以提高接触刚度,但会增大摩擦温升,引起热变形,因此预紧力要合理取值。

3)热变形影响。由于长时间工作,产生摩擦温升引起的热变形造成的定位误差。包括电机发热、滚珠丝杠螺母副、轴承以及导轨副等相对运动部分的摩擦热。负载部分带来的热影响等。

由丝杠和螺母相对运动产生的热伸长严重影响定位精度。热伸长与材料热膨胀系数、温升、平台行程有关。如温升为3℃,行程为100mm,材料为GCr15钢,其热伸长量为:

$$\Delta l = \alpha L \Delta t = 0.012 \times 10^{-3} \times 100 \times 3 = 0.0036\text{mm}$$

4)导轨的误差。导轨副的导向精度对开环和闭环系统都非常重要。当导轨副的导轨面存在直线度误差、平面度误差、两导轨间的平行度误差、导轨导向面的V形角误差及滚动体的形状、尺寸误差时,都会使运动体不能沿给定方向直线运动,产生运动轨迹非直线性,使运动体颤摆(上下摆动)或摇摆(左右摆动),产生导向误差,直接影响定位精度。

滚动导轨中滚动体的接触变形影响也较大,通过适当的预紧,增大接触刚度可以减小其影响。

以上各种因素中,由固定不变的或按规律变化的因素引起的定位误差是系统性误差,如导轨的形位误差、齿轮分度误差、丝杠的螺距误差等。由不确定的、随机变化的因素引起的误差是随机性误差,如轴承游隙的变化量、摩擦力变化、表面粗糙度不均引起的误差等。机械系统中各种机构间隙、结构弹性变形等综合形成的反向运动时的矢动量(反向间隙),是定位误差中系统性误差的一个组成部分。

(2)闭环系统的定位精度。

闭环系统由于在移动台上安装了位置检测装置,把位移信号反馈到输入端与输入信号进行比较,实现对运动的反馈控制,因而各部分的误差对平台的定位精度没有直接影响。定位误差主要取决于位置检测系统的误差,如分辨率、线性度等,以及由于检测元件的安装调整引起的误差,包括安装倾斜、自重变形、短尺接长等产生的检测误差,及安装中检测元件离被测物体距离太远引起的阿贝误差。

闭环系统中的矢动量虽不直接影响定位精度,但实际上过大的矢动量会造成伺服系统的动态不稳定和振荡,使系统的性能下降。因此,闭环系统对机械系统的精度要求要高,一般轮廓控制的闭环数控机床的矢动量控制在4μm以内。

半闭环系统的定位精度,由于只在电机轴上安装有反馈元件,因此其反馈实现的控制精度只能局限在驱动环路部分,环路之外的丝杠、螺母副、平台本身所有的传动误差、制造误差、热变形等引起的误差不能由环路所矫正。

因此,针对不同系统,可以在机械设计制造过程中和电气控制系统控制中采取相应措施,以提高系统的定位精度。

B 提高定位精度的措施

由于系统性误差在总误差中所占比重较大,必须采取措施减小系统误差来提高系统定位精度。主要采取的两种最基本的方法是:

(1)从误差产生的根源采取措施,如从结构设计和制造及在安装上提高精度。

(2)采用误差补偿的方法,如采用电气补偿或软件补偿的方法进行补偿。

1)定位误差补偿方法。只要实测出各坐标轴的定位误差后,就可以确定误差修正值,对空间或平面任一点的定位误差进行补偿。一般用于补偿系统误差,因为系统误差总是大于随机误差,可以取得显著效果。

2)电气补偿法。在控制系统中设置相应的间隙补偿电路和螺距补偿电路,以达到误差补偿的目的。

3)软件补偿法。利用软件进行计算机辅助补偿的方法消除定位误差,可以包括螺距累积误差补偿、方向间隙误差补偿及热变形误差补偿。还可以根据定期测定的定位误差值,补偿由于磨损等引起的精度损失。灵活性大,补偿量可以方便地改变。

9.2.3 实验设备

(1)X-Y工作台。

(2)计算机。

9.2.4 实验内容及步骤

(1)机械结构:丝杠,导轨,轴承及轴承座,联轴器,底座,笔架等(图9-3)。

(2)电器组成:步进电机,交流、直流伺服电机,各种限位开关,电控箱(驱动器、电源、开关等)。

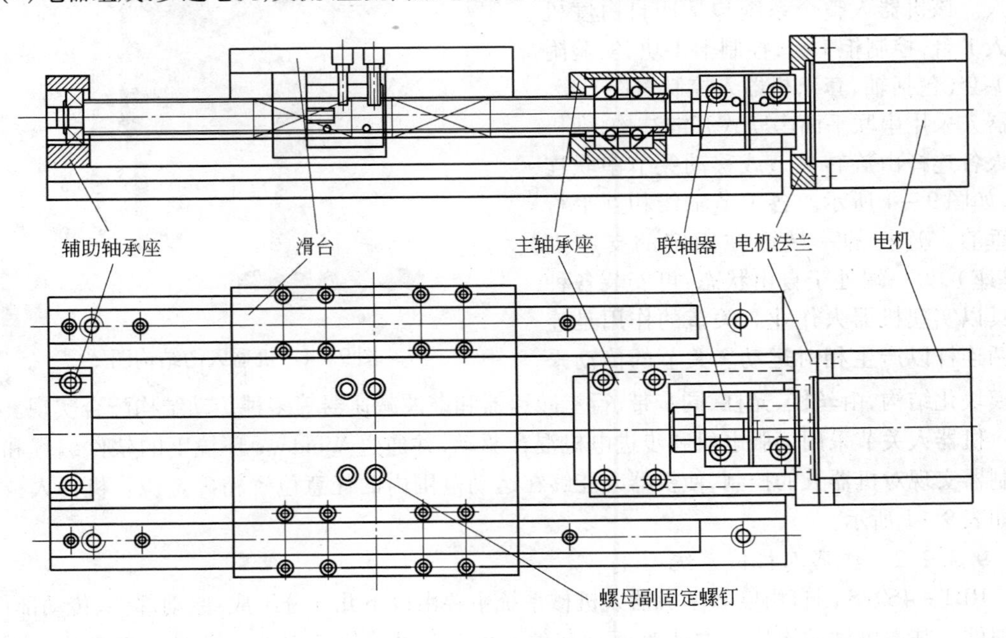

图9-3 X-Y平台机械结构

(3)控制系统组成:运动控制卡及相关部件。

(4)根据实验原理、操作系统,掌握 X－Y 工作台的系统组成及操作方法。

9.2.5　实验报告要求

(1)给出机电一体化系统的规划和设计方法。

(2)说明 X－Y 实验台的机械设计特点。

(3)三种电机在 X－Y 工作台应用时各自的原理及特点。

(4)列举其他机电一体化系统的实例。

9.3　机器人认知实验

9.3.1　实验目的

(1)了解机器人整体结构及组成。

(2)了解机器人机械系统的组成、各部分的原理及作用。

(3)了解机器人控制系统的组成、各部分的控制原理及作用。

(4)实际操作机器人,了解机器人运动过程。

9.3.2　实验原理

9.3.2.1　机器人整体结构组成

机器人是一种复杂的机电一体化设备,同时它也是一种具有高度灵活性的自动化机器。

机器人按技术层次分为:固定程序机器人、示教再现机器人、智能机器人等。本课程所使用的机器人为四自由度示教再现机器人。该机器人整个系统包括四自由度机器人1台,控制柜1台,控制卡1块,实验附件1套(包括轴、套),机器人控制软件1套。机器人采用串联平面串联式开链结构,即机器人各连杆由旋转关节或移动关节串联连接,如图9－4所示。各关节轴线相互平行或垂直。连杆的一端装在固定的支座上(基座),另一端处于自由状态,可安装各种工具以实现机器人作业。关节的作用是连接两连杆以产生相对运动。关节的传动采用模块化结构,由丝杠、光杠、同步带、行星减速器和谐波减速器等多种传动结构配合实现。

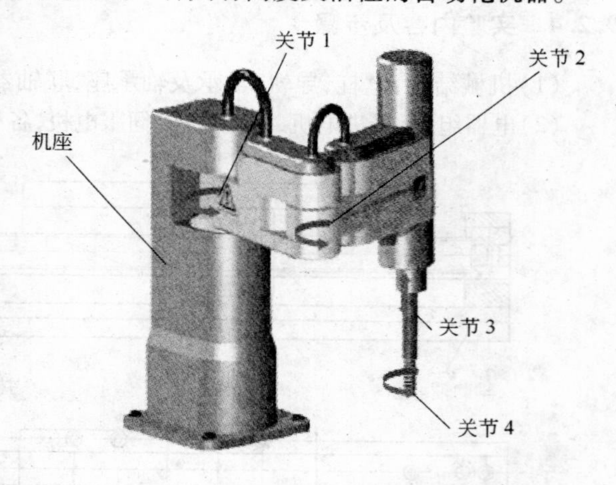

图9－4　机器人的结构图

机器人关节采用伺服电机和步进电机混合驱动,并通过 Windows 环境下的软件编程和运动控制器实现对机器人的控制,使机器人能够在运动范围内的任意位置精确定位。机器人技术参数如表9－1所示。

9.3.2.2　机器人机械系统

RBT－4S01S 四自由度教学机器人机械系统主要由以下几部分组成:原动部件、传动部件、执行部件。基本机械结构连接方式为原动部件—传动部件—执行部件。机器人的传动简图如图9－5所示。

表9－1　机器人技术参数表

项目		参数
机构形态		水平多关节型
自由度		4
可搬质量		1.5kg
动作范围	关节1转动	－90°～＋90°
	关节2转动	－90°～＋90°
	关节3升降	0～100mm
	关节4转动	－180°～＋180°
最大速度	关节1转动	150°/s
	关节2转动	300°/s
	关节3升降	100mm/s
	关节4转动	300°/s
本体质量		40kg
安装环境	温度	0～＋45°
	湿度	20%～80%不结露
	振动	0.5G以下
	其他	避免易燃、腐蚀性气体、液体 勿溅水、油、粉尘等 勿接近电器噪声源
电源容量		1kV·A

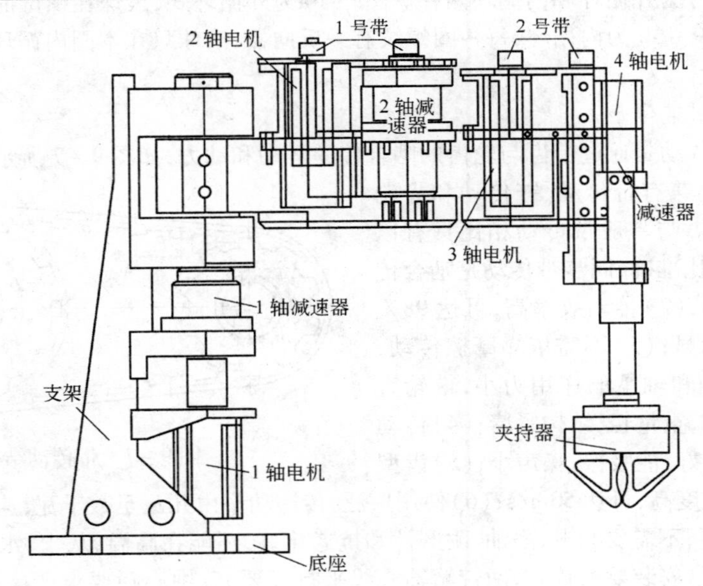

图9－5　机器人传动简图

1轴传动链主要由伺服电机、减速器、轴构成；2轴传动链由伺服电机、同步带、减速器、轴构成；3轴传动链主要由伺服电机、同步带、丝杠构成；4轴传动链主要由步进电机、减速器构成；在机器人末端还有一个气动夹持器。

本机器人中，原动部件包括步进电机和伺服电机两大类，关节1、2、3采用交流伺服电机驱动方式；关节4采用步进电机驱动方式。本机器人中采用了带传动、谐波减速传动、滚珠丝杠传动三种传动方式。执行部件采用了气动手爪机构，以完成抓取作业。

A　滚动螺旋传动（滚珠丝杠）

滚珠丝杠副是由丝杠、螺母、滚珠等零件组成的机械元件，其作用是将旋转运动变为直线运动或将直线运动转变为旋转运动，它是传统滑动丝杠的进一步延伸发展。与传统滑动丝杠相比，它用滚动摩擦代替滑动摩擦，降低了螺旋传动的摩擦，提高了效率，克服了低速运动时的爬行现象。

滚动螺旋传动的结构形式很多，其工作原理如图9－6所示。

(a)　　　　(b)

图9－6　滚动螺旋结构图

当螺杆或螺母传动时，滚珠依次沿螺纹滚道滚动，借助于返回装置使滚珠不断循环。滚珠返回装置的结构可分为外循环和内循环两种。图9－6a为外循环式，滚珠在螺母的外表面经导路返回槽中循环。图9－6b为内循环，每一圈螺纹有一反向器，滚珠只在本圈内循环。外循环加工方便，但径向尺寸大。

B　同步齿型带传动

同步齿型带传动是通过带齿与轮齿的啮合传递运动和动力，如图9－7所示。与摩擦带传动相比，同步带传动兼有带传动、链传动和齿轮传动的一些特点。与一般带传动相比具有以下特点：(1)传动比准确，同步带传动是啮合传动，工作时无滑动；(2)传动效率高，可达98%以上，节能效果明显；(3)不需依靠摩擦传动，预紧张力小，对轴和轴承的作用力小，带轮直径小，所占空间小，重量轻，结构紧凑；(4)传动平稳，动态特性良好，能吸振，噪声小；(5)齿型带较薄，允许线速度高，可达50m/s；(6)使用广泛，传递功率由几瓦至数千瓦，速比可达10左右；(7)使用保养方便，不需要润滑，耐油、耐磨性和抗老化好，还能在高温、灰尘、水及腐蚀介质等恶劣环境中工作；(8)安装要求较高，两带轮轴心线平行度要高，中心距要求严格；(9)带和带轮的制造工艺复杂、成本高。尽管如此，同步带传动不失为一种十分经济的传动装置，现已广泛用于要求精密定位的各种机械传动中。

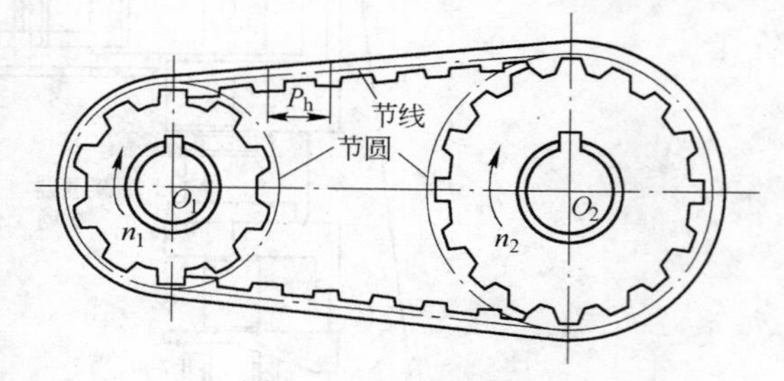

图9－7　带传动结构

C　谐波传动

谐波齿轮传动由三个基本构件组成：

（1）谐波发生器（简称波发生器），是由凸轮（通常为椭圆形）及薄壁轴承组成，随着凸轮传动，薄壁轴承的外环做椭圆形变形运动（弹性范围内）。

（2）刚轮，是刚性的内齿轮。

（3）柔轮，是薄壳形元件，具有弹性的外齿轮。

以上三个构件可以任意固定一个，成为减速传动及增速传动；或者波发生器、刚轮主动，柔轮从动，成为差动机构（即传动的代数合成）。谐波传动工作过程如图9－8所示。

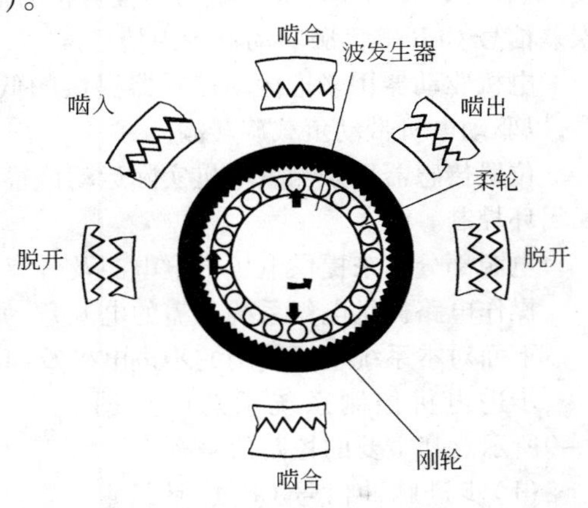

图9－8　谐波工作过程

当波发生器为主动时，凸轮在柔轮内传动，使长轴附近柔轮及薄壁轴承发生变形（可控的弹性变形），这时柔轮的齿就在变形的过程中进入（啮合）或退出（啮合）刚轮的齿间，在波发生器的长轴外处于完全啮合，而短轴方向的齿就处于完全的脱开状态。

波发生器通常为椭圆形的凸轮，凸轮位于薄壁轴承内。薄壁轴承装在柔轮内，此时柔轮由原来的圆形变成椭圆形。椭圆长轴两端的柔轮齿和与之配合的刚轮齿则处于完全啮合状态，即柔轮的外齿与刚轮的内齿沿齿高啮合，这是啮合区，一般有30%左右的齿处在啮合状态；椭圆短轴两端的柔轮齿与刚轮齿处于完全脱开状态，简称脱开。在波发生器长轴和短轴之间的柔轮齿，沿柔轮周长的不同区段内，有的逐渐退出刚轮齿间，处在半脱开状态，称之为啮出；有的逐渐进入刚轮齿间，处在半啮合状态，称之为啮入。

波发生器在柔轮内转动时，迫使柔轮产生连续的弹性变形，此时波发生器的连续转动，就使柔轮齿的啮入—啮合—啮出—脱开这四种状态循环不断地改变各自原来的啮合状态。这种现象称之为错齿运动，正是这一错齿运动，使减速器可以将输入的高速转动变为输出的低速转动。

对于双波发生器的谐波齿轮传动，当波发生器顺时针转动1/8周时，柔轮齿与刚轮齿就由原来的啮入状态变成啮合状态，而原来脱开状态就成为啮入状态。同样道理，啮出变为脱开，啮合变为啮出，这样柔轮相对刚轮转动（角位移）了1/4齿。同理，波发生器再转动1/8周时，重复上述过程，这时柔轮位移一个齿距。以此类推，波发生器相对刚轮转动一周时，柔轮相对刚轮的位移为两个齿距。

柔轮齿和刚轮齿在节圆处的啮合过程，就如同两个纯滚动（无滑动）的圆环一样，两者在任何瞬间，在节圆上转过的弧长必须相等。由于柔轮比刚轮在节圆周长上少了两个齿距，所以柔轮在啮合过程中，就必须相对刚轮转过两个齿距的角位移，这个角位移正是减速器输出轴的转动，从而实现了减速的目的。

波发生器的连续转动，迫使柔轮上的一点不断地改变位置，这时在柔轮节圆的任一点，随着波发生器角位移的过程，形成一个上下左右相对称的和谐波，故称为“谐波”。

9.3.2.3　机器人控制系统

RBT－4S01S型四自由度教学机器人电控系统主要由计算机系统、电机驱动器及电机、传感器、电源、控制柜、操作电路等几部分组成。

计算机系统内安装有运动控制器等硬件和人机交互、机器人控制等软件。

运动控制器由高性能专用微处理器、大规模可编程器件及伺服电机接口器件等组成，用于实现伺服电机的位置、速度、加速度的控制及多个伺服电机的多轴协调控制。其主要功能为：S形、梯形自动加减速度曲线规划；输出控制脉冲到电机驱动器以使电机运动；具有编码器位置反馈信号接口,以监控电机实际运行状态;能利用零位开关、减速开关及编码器Z相信号实现高速高精度原点返回操作;具有伺服驱动器报警信号ALM、伺服运动完成信号INP及清伺服驱动器位置误差信号CLR等伺服驱动器专用信号接口。

电机驱动器用来把运动控制器提供的低功率的脉冲信号放大为能驱动电机的大功率电信号,以驱动电机带动负载旋转。

位置传感器用来测量电机实际运动位置,并传给运动控制器,以监控电机实际运动状态及实现闭环控制。

电源部分用来提供电机供电电源及各驱动器的控制用电源,包括相关保护、滤波器件等。

操作电路提供电气系统所需的电源开、关顺序操作,及保护、报警、状态指示等控制操作。

下面对本系统中所使用的步进电机及伺服电机系统作一简要介绍。

步进电机控制系统示意图如图9-9所示。其主要的控制信号有:

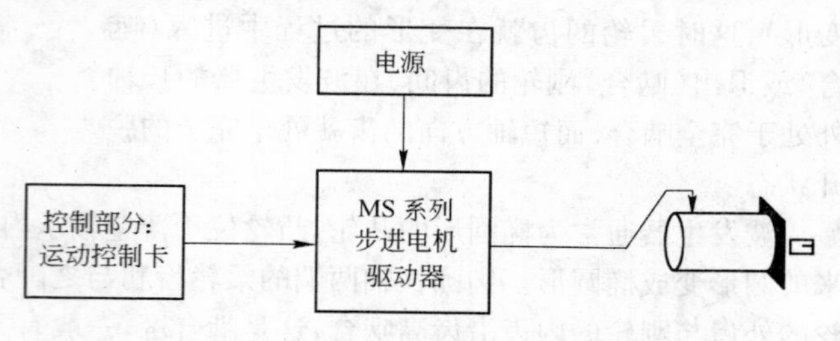

图9-9　步进电机控制系统

(1)步进脉冲信号CP:这是最重要的一路信号,由控制卡发出。用来控制步进电机旋转,驱动器每接收一个脉冲信号CP,就驱动步进电机旋转一步距角,CP的频率和步进电机的转速成正比,CP的脉冲个数决定了步进电机旋转的角度。这样,控制系统通过脉冲信号CP就可以达到控制电机位置和速度的目的。

(2)方向电平信号DIR:此信号由控制卡发出,用来控制电机的旋转方向。例如,此信号为高电平时电机为顺时针旋转,此信号为低电平时电机则为反方向逆时针旋转。

(3)使能信号EN:此信号在不连接时默认为有效状态,这时驱动器正常工作,此信号为选用信号。

交流伺服电机控制系统主要控制信号有:

(1)脉冲信号PULS:此信号由运动控制器发出,驱动器接收此信号,驱动伺服电机旋转。

(2)方向信号SIGN:此信号用来控制电机旋转方向,由运动控制器发出。

(3)原点返回信号ORG和减速信号SD:这两个信号分别由零位开关和减速开关发出。ORG信号可单独用于寻零操作,ORG信号也可与编码器Z相信号配合得到精度更高的寻零操作;SD信号也可与编码器Z相信号配合得到速度更快的寻零操作。

(4)限位信号EL:此信号由限位开关发出。EL+引入电机运行正方向的限位信号,EL-引入电机运行负方向的限位信号,当与电机运行相同方向的EL信号为“ON”状态时,控制卡立即停止发出脉冲,电机自动停止运行。这个信号被锁存,所以即使EL又恢复成“OFF”状态,控制卡也不会再发出脉冲,而解除这一锁存状态,可由指令发出相反方向运动的脉冲链,使电机反方向运动。

(5)驱动器报警信号ALM:此信号由驱动器发出。当驱动器发生故障时,报警信号ALM为“ON”状态,控制卡接收到这个信号后立即停止发出脉冲,电机停止运行。

(6)位置到达信号INP:此信号由驱动器发出。当电机按照控制卡发出的指令脉冲数到达目标位置时,驱动器发出的位置到达信号INP为“ON”状态,控制卡接收到信号后可对PC发出中断信号。

(7)清驱动器误差寄存器信号CLR:此信号由运动控制卡发出。当寻零操作完成时,或EL信号、ALM信号成为“ON”状态时,控制卡将自动发出CLR信号。CLR信号是一个短的脉冲信号

(5ms),用于清除驱动器位置回路误差寄存器中的剩余脉冲,使电机立即停止。

(8)伺服 ON 信号:此信号由运动控制器发出。驱动器接收到此信号后,即处于伺服状态。

(9)编码信号:编码器输出 A、B、C 相信号送到驱动器和运动控制器,以监控电机实际运行状态及实现闭环控制。

9.3.3　实验设备

(1)RBT－4S01S 教学机器人一台。

(2)RBT－4S01S 教学机器人控制系统软件一套。

(3)RBT－4S01S 教学机器人控制柜一台。

(4)装有运动控制卡的计算机一台。

9.3.4　实验内容及步骤

(1)根据老师讲解方法,按正确顺序开启机器人,观察机器人整体结构,了解机器人操作方法,实际操作机器人运行过程,完成机器人预定工作过程。

(2)运动过程中,仔细了解机器人机械系统中原动部分、传动部分以及执行部分的位置,及在机器人系统中的工作状况;观察机器人各关节正反向运动情况。

(3)了解电器系统各组成部分。

(4)了解电控柜各组成部分。

切断为控制柜供电的 AC220V 电源,确保控制柜内无电。打开控制柜柜门。结合控制柜各部件位置平面图(图 9－10～图 9－12)了解各部分原理及作用。

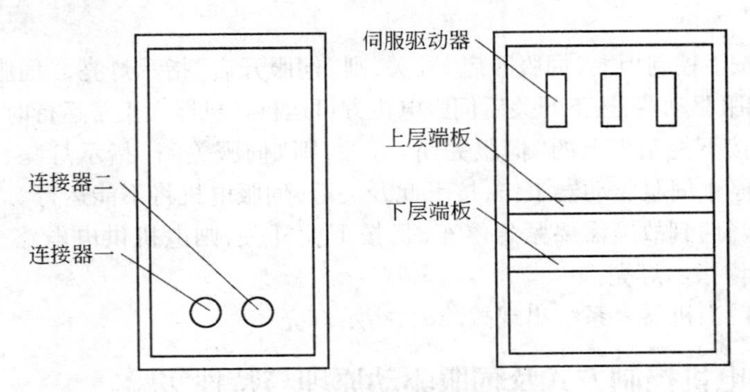

图 9－10　控制柜布置示意图

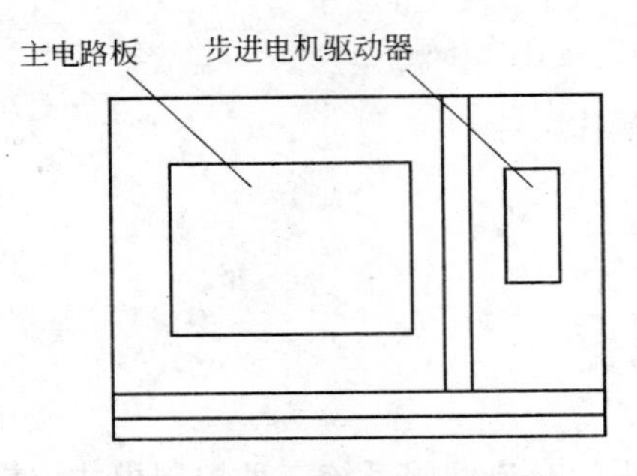

图 9－11　控制柜上端板布置图

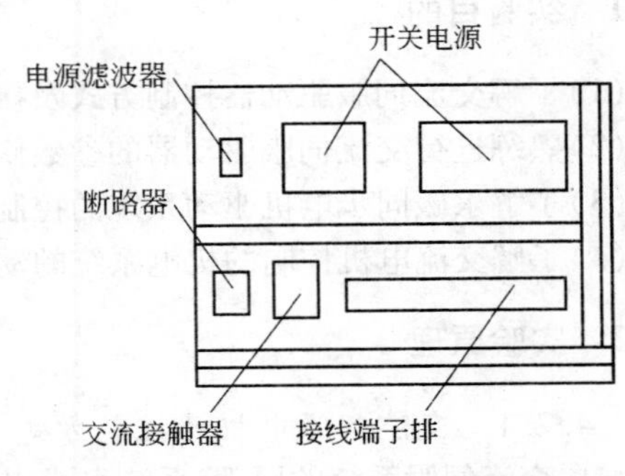

图 9－12　控制柜下端板布置图

1）伺服电机驱动器：本系统采用三菱 MR－J2S－10A 伺服电机驱动器两个，用来驱动第二关节和第三关节伺服电机；MR－J2S－20A 伺服电机驱动器一个，用来控制第一关节伺服电机。

2）步进电机驱动器：四通 SH－20403 步进电机驱动器一台，驱动第四关节步进电机。

3）位置传感器：本系统中伺服电机系统采用自带的光电编码器测量位置，步进电机采用开环控制，没有位置传感器。

4）断路器：用于保护电源线，当它出现过电流时，切断电源回路。

5）电源滤波器：安装电源滤波器可防止来自电源线外部的干扰。

6）交流接触器：打开和关闭伺服电源。

7）主电路板：用于各部件之间的电路连接，伺服报警用继电器，电机制动器用继电器、限位开关连接器等信号处理及转接电路。

8）开关电源：开关电源有两路，一路用来提供步进电机驱动器及控制信号用 DC24V 电源，另一路用来提供电机制动器用 DC24V 电源。

9）连接器一：航空插座，用来连接机器人与控制柜，连接的信号线为各电机编码器信号线、限位开关信号线等。

10）连接器二：航空插座，用来连接机器人与控制柜，连接的信号线为各电机主供电电源线。

（5）熟悉按钮及指示灯：

1）接通控制柜外部电源，闭合控制柜内空气开关，此时各部分电路均处于通电状态，伺服驱动器前面板数码管点亮，步进驱动器电源指示灯、开关电源指示灯、接线板电源指示灯均应点亮。

注意：通电后不得触及控制柜内部分。

2）关闭控制柜柜门，柜门上电源指示灯点亮，“伺服关闭”按钮指示灯亮。说明此时电控柜处于通电状态。

3）伺服开启：按下控制柜上“伺服开启”开关，则“伺服开启”指示灯亮，“伺服关闭”指示灯灭，此开关用来启动伺服驱动器，按下开关后伺服电机方可运行。机器人正常运行时应按下此开关。

4）伺服关闭：按下控制柜上的“伺服关闭”开关，则“伺服关闭”指示灯亮，“伺服开启”指示灯灭，此开关用来停止伺服驱动器工作，按下此开关后，伺服电机将不能运行。

5）急停开关：当遇到故障需要紧急停车时，按下此开关，则电机供电电路全部切断，电机立刻停止，“伺服关闭”指示灯亮。

6）报警指示灯：当机器人系统出现故障时，指示灯亮。

9.4　交流伺服电机控制方式及伺服驱动原理与特性实验

9.4.1　实验目的

（1）了解交流伺服驱动器控制方式及接线。

（2）熟练进行交流伺服驱动器的参数修改及手动操作。

（3）了解永磁同步电机驱动系统的控制原理。

（4）了解交流电机控制的机电系统的动力学特性。

9.4.2　实验原理

9.4.2.1　交流伺服电机的控制方式

掌握交流伺服系统的原理、系统组成以及实验所用的交流伺服系统三种控制模式（速度模式、位置模式和力矩模式）的使用。

目前常用的交流伺服驱动器多为智能型驱动器，即除了电流放大作用外，也存在简单的控制功能。一般的永磁同步伺服电动机，即 AC 伺服电动机有位置(脉冲)控制、速度(模拟量)控制和转矩(模拟量)控制以及复合控制，控制方式的选择取决于系统的要求。它们的主要区别在于控制信号是一个什么指令，以及使用哪一环进行闭环(相对于驱动器，如图 9 - 13 所示)。位置控制时，控制信号是一个位置指令，速度环 2、电流环 3 都是内环；速度控制时，控制信号是一个速度指令，位置环 1 没有接进来；转矩控制时，控制信号是一个转矩(电流)指令，位置环 1 和速度环 2 都未接入。复合控制用于一些特殊场合，或者先位置控制，后速度控制；或者先速度，后转矩控制。由于控制方式不同，控制信号及驱动器参数设置、外部接线都不一样。位置控制信号大都是脉冲加方向信号，而速度和转矩指令大都是模拟电压信号。

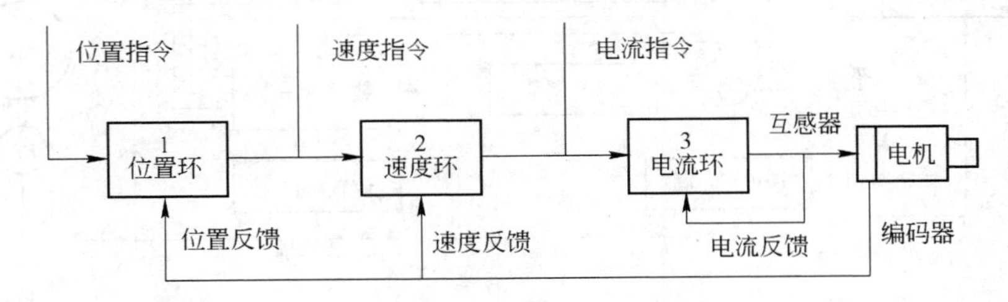

图 9 - 13 交流伺服电机的控制方式

9.4.2.2 交流伺服控制原理

永磁同步电机是由永磁材料制成的转子和通三相交流电源产生旋转磁场的定子构成。目前常用的永磁同步伺服电机驱动的调速主回路，采用矢量变换 SPWM 变频控制方式。矢量变换的基本思路是将定子电流分解成励磁电流和转矩电流，在调速过程中保持转子磁链(即定子的励磁电流分量)不变，此时交流电机的调速原理就和直流电机相同了，这样就可以通过改变供电电源的频率，即 PWM 控制来实现调速了。X - Y 工作台交流伺服系统采用富士交流伺服电动机，驱动器也是采用矢量变换正弦波 PWM 控制方式，由内部微处理器对定子电流进行矢量变换运算，然后进行 PWM 调制来调速。其控制原理方框图如图 9 - 14 所示，控制框图只画出了速度环和电流环部分。光电编码器产生的脉冲信号经速度解码器处理成数字信号直接送到 CPU，在数字调节器中与速度给定信号进行比较运算(PID)后，产生三相交流的电流幅值信号 IM。为了提高速度调节品质，现在的驱动器大都采用了以下两项关键技术：一是在速度解码器中采用 M/T 测速方法，即在电动机高速运转时，通过记录单位时间内的脉冲个数来实现速度测量，而在电动机低速运转时，通过记录两脉冲之间的时间长短来实现速度测量。这样无论是在高速或低速时都能很准确地测定电动机的转速。二是数字调节器算法中采用先进的滑模算法，这种算法根据电动机在高速和低速运行状态上的不同特性，分别给定不同的 PID 调节参数，使各阶段的参数都能得到优化。这样就使电动机在低速运行时平稳性好，高速时跟随误差小，富士伺服驱动器采用了这种算法。

为生成三相交流电，需通过乘法器将电流幅值信号 I_m 与电动机转子位置信号 θ 通过矢量乘法运算来合成(按以下公式)。位置信号 θ 由光电编码器产生的脉冲信号经位置解码器，处理成数字的电动机转子角位置。

$$i_u = I_m \sin\theta$$

$$i_v = I_m \sin(\theta + 120°)$$

$$i_w = I_m \sin(\theta + 240°)$$

当三相电流获得后，送入电流调节器同反馈回来的电流信号进行比较，运算后经 PWM 调制

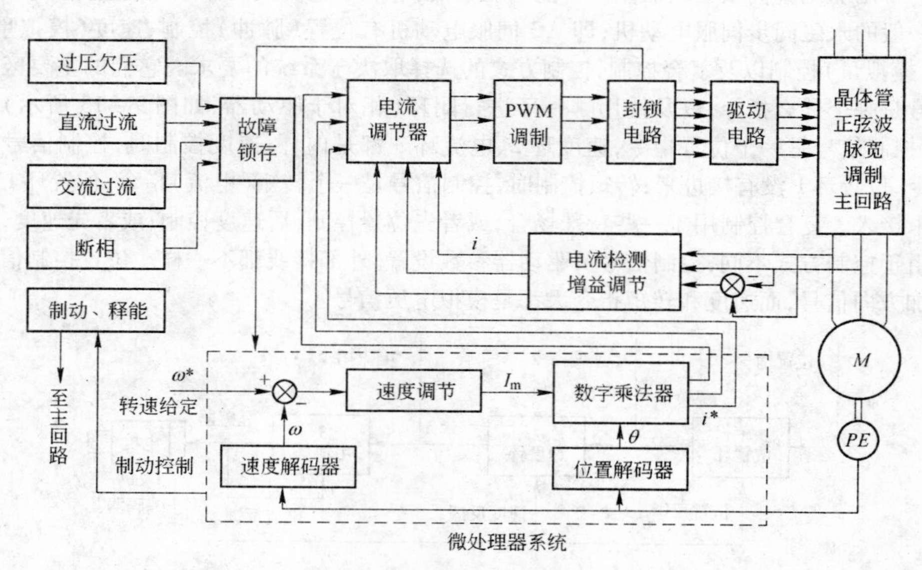

图 9－14　交流伺服控制原理

后传到驱动电路，最后驱动伺服电动机工作。除了这些基本结构外，电路中还加入了故障处理和保护环节，如过压、欠压、过流、断相及电动机过热等硬件检测及保护电路。一旦出现故障将通知CPU并封锁输出。

同步电机转子转速与定子旋转磁场的转速相同，当电源频率不变时，同步电动机的转速为常数，与负载无关。

$$n = n_1 = \frac{60f}{p} \quad (f\text{为电源频率},p\text{为转子磁极极对数})$$

同步电机的转速正比于电源的线电压（在额定速度以内，超出额定速度时由于弱磁控制，电压将被嵌位于定值），这就是永磁同步伺服电机的调节特性，如图 9－15 所示。

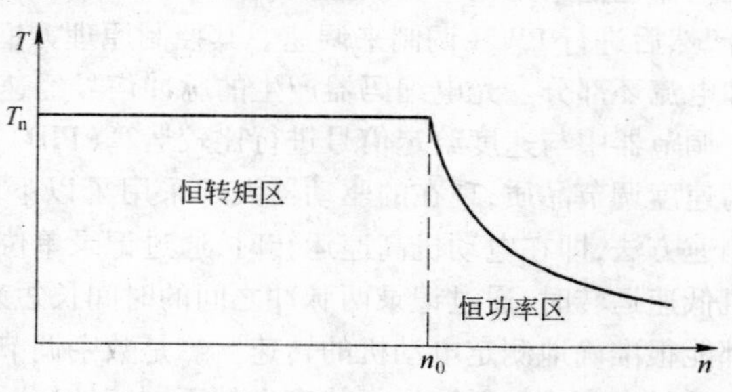

图 9－15　永磁同步电机机械特性曲线

交流永磁同步电机在额定速度以内具有恒转矩的特性，超出额定速度后，由于弱磁控制，具有恒功率的特性。这样在额定速度以内，负载一定时，交流永磁同步伺服电机就不像步进电机、直流伺服电机一样，随着速度的增加，输出转矩下降。这样的特性非常适合于恒转矩类型的负载，比如机床的进给系统。

交流电机的输出功率计算公式为：

$$W_1 = \frac{V \times N}{9.55} \quad [V\text{为转速}(\mathrm{r/min}),N\text{为转矩}(\mathrm{N \cdot m})]$$

由上式可以看出，在负载一定时，伺服电机的输出功率同速度成正比。交流伺服驱动器输入功率计算公式为：

$$W_0 = \sqrt{3} \times U \times I \quad (U\text{为线电压},I\text{为线电流})$$

9.4.2.3 交流电机控制的机电系统动力学特性

一旦机电模型确定后，为了达到稳定、快速、准确的控制效果，所有的闭环控制系统都要对系统进行校正，如果不对系统进行任何校正，很难达到满意的控制效果。现在校正的方法很多，但最普遍的还是 PID 反馈控制 + 前馈控制，PID 校正用于反馈通道上，而前馈控制用于前向通道上。

PID 参数的整定直接影响交流电机控制系统的稳定性与精确性。增大比例系数 P 将加快系统的响应，它的作用在于输出值较快，但不能很好稳定在一个理想的数值，不良结果是虽较能有效地克服扰动的影响，但过大的比例系数会使系统有比较大的超调，并产生振荡，使稳定性变坏。积分能在比例的基础上消除余差，它能对稳定后有累积误差的系统进行误差修整，减小稳态误差。微分具有超前作用，对于具有容量滞后的控制通道，引入微分参与控制，在微分项设置得当的情况下，对于提高系统的动态性能指标，有着显著效果，它可以使系统超调量减小，稳定性增加，动态误差减小。综上所述，P——比例控制系统的响应快速性，快速作用于输出，好比“现在”；I——积分控制系统的准确性，消除过去的累积误差，好比“过去”；D——微分控制系统的稳定性，具有超前作用，好比“未来”。

9.4.3 实验设备

（1）X - Y 工作台。

（2）计算机一台，配备相应软件。

9.4.4 实验内容及步骤

富士交流伺服驱动器接线图如图 9 - 16 所示，由于 X - Y 工作台选用的是单相 200V 的电源供电，所以主电源只需要接 L1、L2，控制端子 CN1 用于接受控制指令以及数字 IO、编码器输出等；控制端子 CN2 用于接受编码器反馈；CN3A、CN3B 为通讯接口（同上位机以及驱动器之间通讯）；CN4 为模拟量监视输出。

9.4.4.1 CN1 主要接口说明

P24、M24：用于为驱动器控制电路提供 DC24V 电源。

CONT1：如果该端子和控制电源地（M24）相连，则伺服驱动器将允许工作；如果断开，则驱动器禁止输出。该信号已做连接，用于急停按钮（此端子功能由伺服驱动器参数定义，缺省定义为伺服 ON）。

CA、*CA、CB、*CB：本端子用于位置控制时的信号输入（脉冲及方向信号）。

Vref、M5：本端子用于速度控制或转矩控制时的信号输入。

FFA、*FFA、FFB、*FFB、FFZ、*FFZ：编码器脉冲输出端，富士伺服驱动器可以将码盘反馈回来的脉冲信号同步地发送给其他的控制器，X - Y 工作台也采用了这种接法，可以将反馈的脉冲同时送到驱动器和 PMAC 控制卡中。

9.4.4.2 CN2 主要接口说明

该端子为富士伺服电机码盘反馈信号输入端，X - Y 工作台中该端子已经连接妥当。

9.4.4.3 交流伺服电动机结构及特性（实验 1）

关机，查看电动机及驱动器铭牌，记录相关型号。

查找伺服驱动器说明，找出该电动机及驱动器型号，记录其主要参数。

分别画出电动机作位置（脉冲加方向方式）、速度、转矩控制时与驱动器连接图，对照原理框图，说明其信号传递过程。

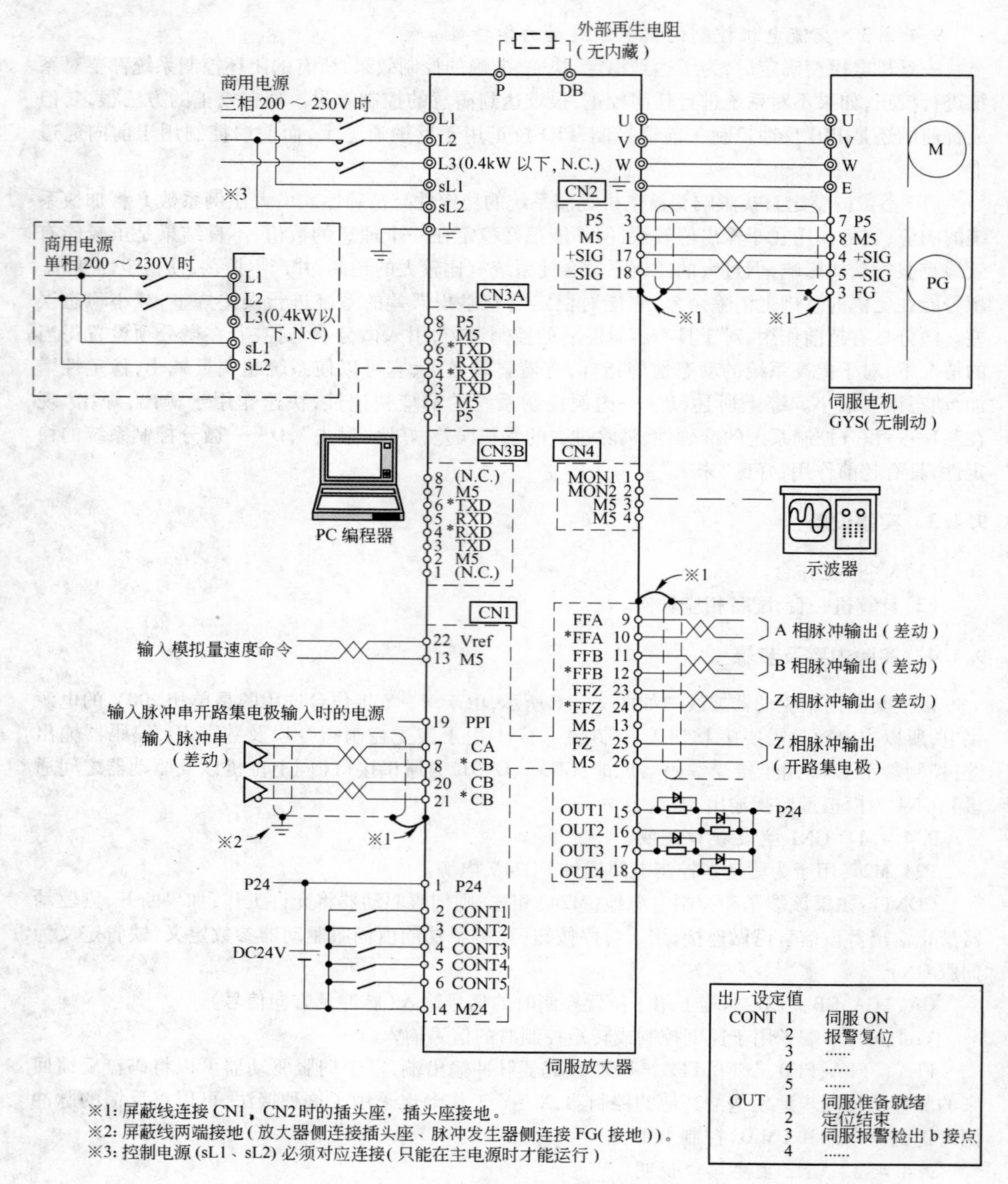

图 9－16　富士交流伺服驱动器接线图

9.4.4.4　伺服驱动器基本操作(实验 2)

首先按照实验指导书交流伺服位置控制的接线图 9－16 接线，按照检测元件应用的实验要求连接好外部的限位回零(机箱同电机之间)、X 轴的编码器以及电源动力线、PMAC 控制器同控制机箱的连线。

接通控制柜电源,观察并调整伺服驱动器的一些重要参数:输入脉冲形式(02 号参数)、控制模式(09 号参数)、手动运行速度(31 号参数)。操作方法:按 MODE/ESC 键至 PN01 参数编辑模式,然后按 ENT 键 1s 以上进入参数列表,按∧、∨键来选择要观察的参数号,找到后再按 ENT 键 1s 以上可以观察当前值并做记录。

手动运行操作如下:先按 MODE/ESC 键退出参数编辑模式,进入 FN01 试运行模式;然后按 ENT 键 1s 以上,进入 JOG 模式,此时伺服使能;之后按∧、∨键进行手动正反转控制。如果需要修改手动速度,请进入参数编辑模式,修改 31 号参数手动速度,再执行手动操作。还可以调整 35、36 号参数来修整伺服电机运行的加减速时间。

9.4.4.5　PID 调节(实验 3)

打开计算机电源,进入 Windows 2000 系统,启动实验软件。

在"设置"页面中,通过手动操作,了解所设置参数的意义和系统控制原理。

进入"测试"页面,改变 PID 参数,可以得到不同的速度阶跃响应曲线。调节 P 参数,点击参数设定后,用手感觉电机输出的刚性(推转联轴器)。逐步加大 P 参数,直到电机发生激烈振荡,运动出错,即断伺服;将 P 参数稍微调小,按操作要求重新上伺服,直到电机不发生颤震;保持 P 参数,用同样的方法调整 I 参数;保持 P、I 参数,用同样的方法调整 D 参数。

9.4.5　实验报告要求

(1)操作时请注意安全,不要造成短路以及接触电源动力线。

(2)详细阅读伺服驱动器操作说明及控制方式的接线参考图(图 9-16)。

(3)熟悉富士交流伺服的相关参数设定。

(4)熟悉富士交流伺服驱动器作位置、速度、转矩控制时的接线以及相关参数设置。

9.4.6　实验特点

交流伺服电机控制方式、伺服驱动原理及特性实验,综合应用了伺服驱动技术、自动控制技术和机械电子技术等多学科的综合知识,通过本实验加深学生对理论知识的理解,并增强动手能力和综合实践能力。在交流伺服电机控制方式实验中,学生可通过改变接线来实现伺服驱动器控制方式的改变,在实际操作中理解伺服驱动器的各种操作模式。通过这些操作(手动正反转及速度调整)理解交流伺服驱动器相关控制参数的设定,掌握伺服驱动器进行位置、速度以及转矩控制时的参数设置。通过伺服驱动控制原理及特性实验了解永磁同步驱动系统的控制原理,进一步加深机电一体化系统中伺服驱动系统知识的理解和实际应用,培养学生综合运用所学知识和实验方法、实验技能,分析、解决问题的能力。因此本实验为综合型实验。

9.5　开环系统反向间隙补偿实验

9.5.1　实验目的

(1)了解开环系统的结构组成。

(2)学习步进电机及其驱动器的使用方法。

(3)掌握反向间隙的测量方法和补偿方法。

9.5.2　实验原理

9.5.2.1　硬件说明

实验系统由工控机、运动控制器、电控箱、单轴工作台和光栅尺等组成。其中,工作台由步进电机、滚珠丝杠、光栅尺、滚动导轨以及限位开关等构成。硬件结构组成如图 9－17 所示。

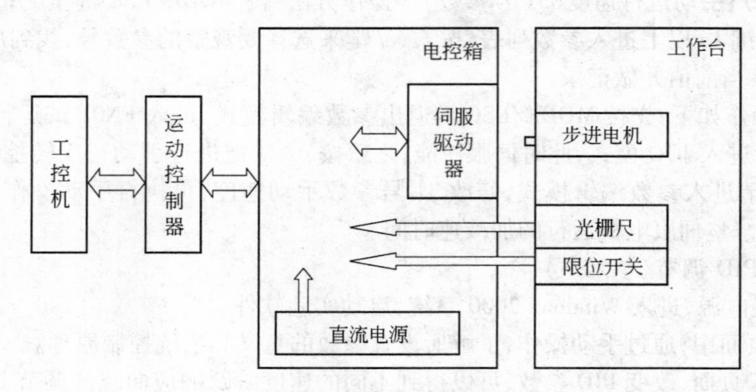

图 9－17　硬件结构框图

9.5.2.2　反向间隙的形成

（1）联轴器的分体结构预留了步进电机反向过程中的间隙形成。

（2）丝杠导轨反向过程中形成的机械间隙（图 9－18）。

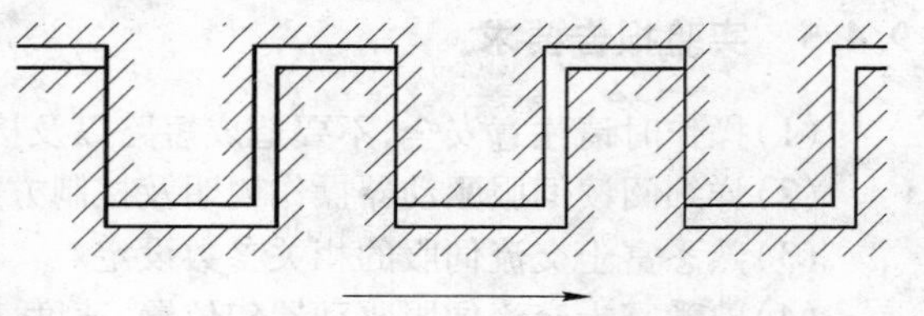

图 9－18　丝杠导轨反向间隙

9.5.2.3　软件说明

步进伺服实验系统软件由参数设置、手动调整、测试三大功能组成（图 9－19）。

（1）参数设置功能是设置与系统结构有关的参数。

“基地址”、“中断号”及“中断周期”参数为设置运动控制器基本参数。

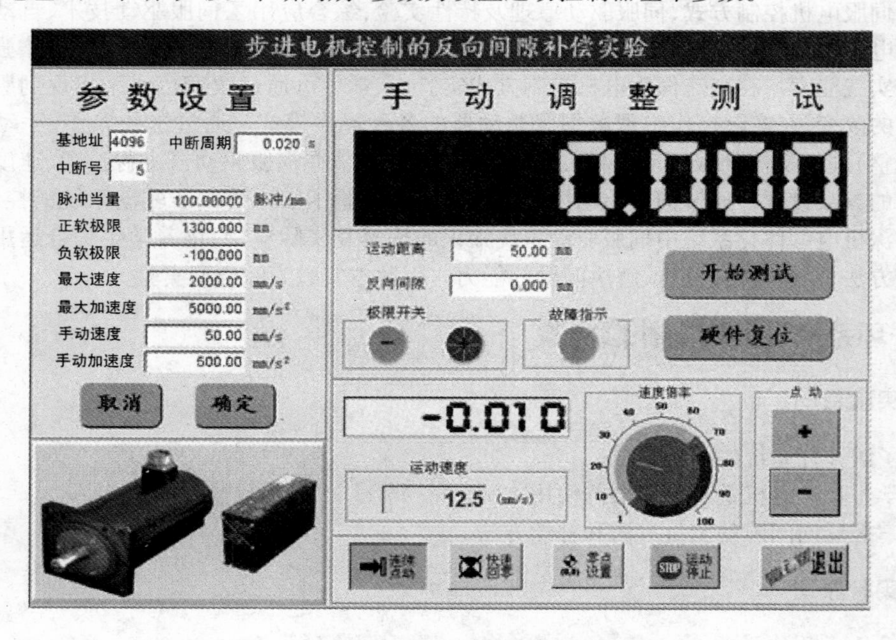

图 9－19　步进电机反向间隙补偿实验效果图

"脉冲当量"即丝杠的分辨率。

"正软极限"、"负软极限"、"最大速度"、"最大加速度"设置系统极限参数,以免操作中系统受到损坏。

"手动速度"和"手动加速度"设置手动调整时工作台的运动参数。

(2)手动调整功能可以方便地实现点动操作、零点设置、回零操作以及速度调节等功能。其中,点动速度等于参数设置中"手动速度"乘以速度倍率。回零速度为"手动速度"。零点设置是把工作台当前位置设置为系统工作原点。

9.5.3 实验设备

(1)X-Y 工作台(包括直线工作台、控制箱和光栅尺)。

(2)计算机及实验软件。

(3)运动控制卡。

9.5.4 实验内容及步骤

(1)通过手动调整使工作台置于合适位置,一般位于工作台负端,并设置为工作原点。

(2)在运动距离输入框中输入需要测试的运动距离,再在反向间隙输入框中输入0,不进行间隙补偿。

(3)按下正向点动按钮,让丝杠朝正方向运动一小段距离(大约10mm),然后点停止运动。

(4)按下测试按钮,系统会自动根据输入的测试距离进行测试,最后将测试的结果显示在右上方的黑色位置。

(5)重复以上动作,多次测试反向间隙,以平均值作为工作台的反向间隙。

(6)在反向间隙输入框中加入反向间隙补偿值,再测量补偿精度。

9.5.5 实验报告要求

(1)测量工作台的反向间隙。

(2)比较加入反向间隙前后的工作台运动精度。

9.5.6 注意事项

(1)为了防止静电损坏运动控制器,请在接触控制器电路或插/拔控制器之前触摸有效接地金属物体(如计算机金属外壳)以释放身体所携带的静电荷。

(2)在拔插控制器或端子板上的导线之前,请确保计算机和电机驱动器的电源应处于关断的状态。

用户常常习惯于在计算机关闭电源的情况下进行拔插和接线操作,往往忽视了关闭驱动器及外部电源,容易导致控制器损坏。

(3)设置正确的运动参数。

附录1 部分实验设备技术参数

(1)步进电机及驱动器:57BYGH13 + XAL35。

(2)光栅尺:KA300-170,量程170mm,分辨率5μm。

(3)工作台:滚珠丝杠公称直径16mm,导程4mm。

(4)运动控制器:MCPP4234-8-8-0-0,12位模拟量输出-10~+10V。

附录 2　光栅尺工作原理

光栅尺的结构和光学原理如图 9 - 20 ~ 图 9 - 22 所示。光栅尺由刻有窄的等间隔线纹标尺光栅和读数头组成,读数头由与标尺光栅光刻密度相同的指示光栅、光路系统和光电元件等组成。标尺光栅和指示光栅以一定间隙平行放置,并且他们的刻度线相互倾斜一个很小的角度 θ,标尺光栅固定不动,指示光栅沿着与线纹相垂直的方向移动,光线照射在标尺光栅上,反射(或透射)在指示光栅上,并发生光的衍射,产生明暗交替的莫尔条纹,光电探测器检测莫尔条纹的变化,并将其转化为光电流输出给控制装置。

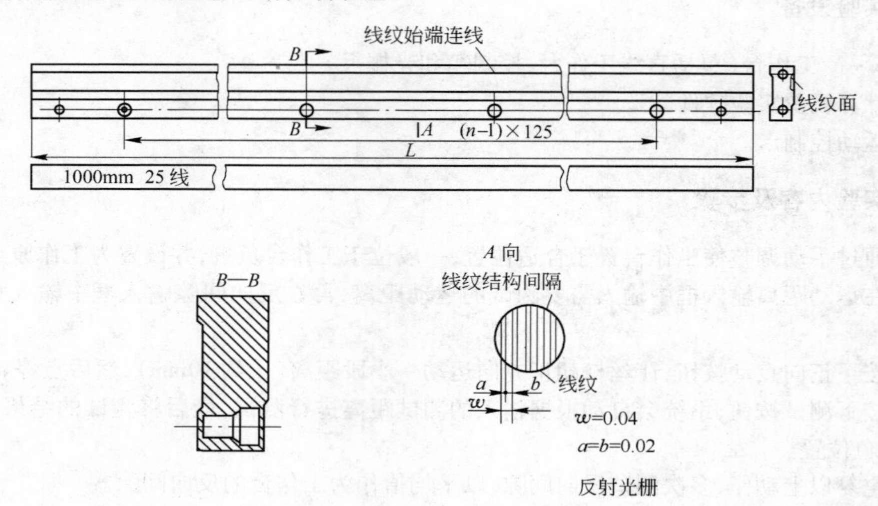

图 9 - 20　光栅尺的结构和光学原理

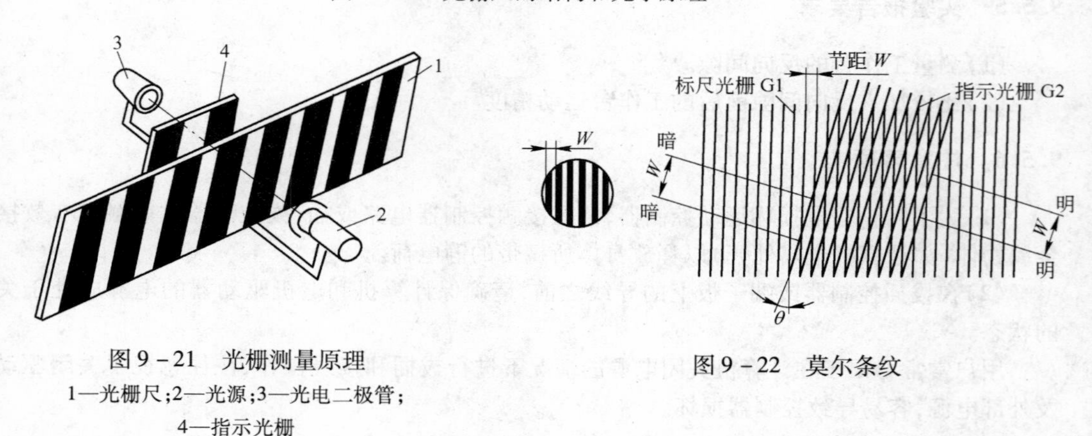

图 9 - 21　光栅测量原理

1—光栅尺;2—光源;3—光电二极管;
4—指示光栅

图 9 - 22　莫尔条纹

9.6　可编程控制器实验

9.6.1　实验目的

(1)通过对编程器的认识与操作,了解程序的输入、运行及监控等操作方式,在理解程序的同时,实时监测可编程控制器内部各继电器的状态和定时器、计数器的工作情况。

(2)对一个具体的控制系统进行可编程控制,学会对可编程控制器的实际应用。

9.6.2　实验原理

(1)与普通微机类似,PLC 也是由硬件和软件两大部分组成。在软件的控制下,PLC 才能正常地工作。软件分为系统软件和应用软件两部分。

PLC 的基本工作过程如下:

1)输入现场信息:在系统软件的控制下,顺次扫描各输入点,读入各输入点的状态。

2)执行程序:顺次扫描用户程序中的各条指令,根据输入状态和指令内容进行逻辑运算。

3)输出控制信号:根据逻辑运算的结果,输出状态寄存器(锁存器)向各输出点并行发出相应的控制信号,实现所需求的逻辑控制功能。

上述过程执行完后,又重新开始,反复地执行。每执行一遍所需的时间称为扫描周期。PLC 的扫描周期通常为几十毫秒。

(2)可编程控制器的外形及各部分功能如图 9－23 所示。

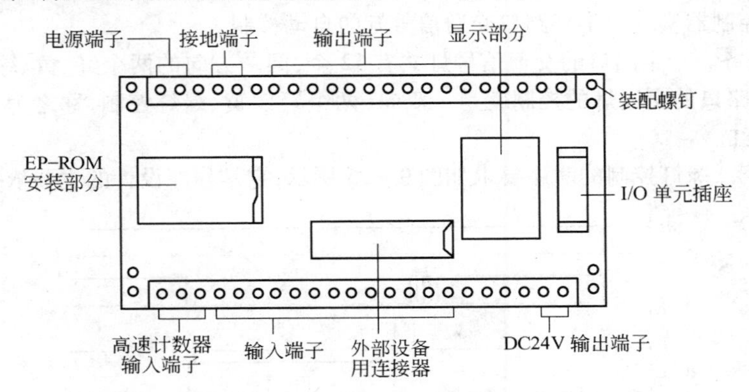

图 9－23　C28P 可编程控制器顶视图

PLC 最上边一排为输出端子,串入输出负载电源后,接输出设备;下边一排为输入端子,通过 PLC 自带 24V 电源后,接输入设备;中部为编程器等外围功能模块接口,右边黑块为输入/输出显示屏,以显示输入(INPUT)/输出(OUTPUT)、电源(POWER)、运转(RUN)、报警/异常(ALARM/ERROR)等状态。

根据 PLC 内部等效电路,PLC 外部接线时,需按图 9－24 所示接线。

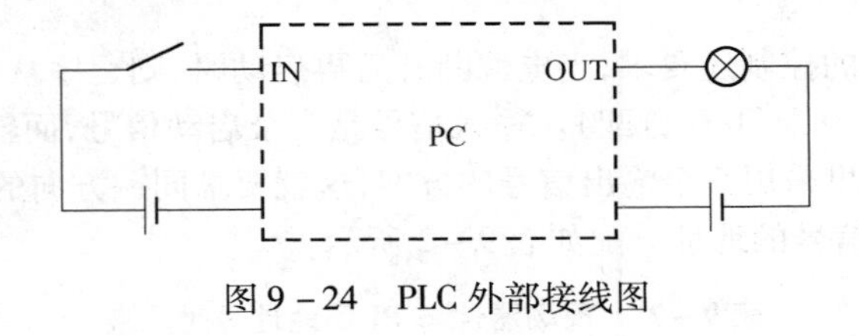

图 9－24　PLC 外部接线图

9.6.3　实验设备

(1)可编程控制器一台。

(2)稳压电源一台。

(3)输入、输出设备控制板一块。

(4)电线及改锥等工具若干。

(5)灯泡十二个。

9.6.4　实验步骤

(1)在设计一个控制系统前,首先要了解生产工艺过程,画出工艺流程图,确定输入、输出点数和形式,以及控制逻辑关系,选择功能和容量满足要求的 PLC。

(2)编制输入、输出的现场代号和 PLC 内部编号的对照表。

(3)根据工艺流程,结合输入、输出对照表画出梯形逻辑图。

(4)按照梯形图编写程序。

(5)将程序通过编程器送入 PLC。

(6)进行系统模拟调试、检查和修改程序,直至正确为止。

(7)模拟调试完成后,可以进行硬件系统安装调试和运行。

9.6.5　实验程序要求

用可编程控制器实现对十字路口交通信号灯的自动控制。

(1)控制任务。十字路口的交通信号灯共有 12 个,同一方向的两个红、黄、绿灯变化规律相同。所以,十字路口的交通灯的控制就是一双向(两组)红、黄、绿灯控制,称之为 1 绿、1 黄、1 红和 2 绿、2 黄、2 红。

对双向红、黄、绿灯控制的时序要求如图 9－25 所示,它是程序设计的主要依据。

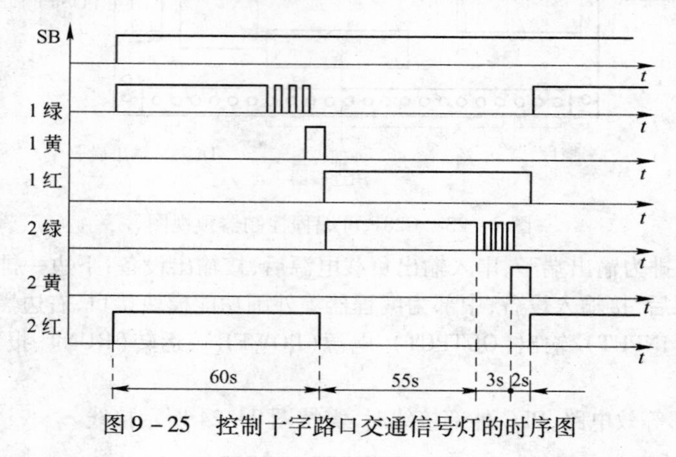

图 9－25　控制十字路口交通信号灯的时序图

对双向红、黄、绿灯的控制还要求,当电源断开后再启动时,则程序从头开始执行。

(2)输入、输出地址分配(I/O 分配)。输入信号是一个启动信号,而输出信号可以是 12 个信号或者是 6 个信号。这里采用 6 个输出信号的方案,这就要求同一方向的两个相同颜色、相同功能的灯并联连接。I/O 信号的地址分配如表 9－2 所示。

表 9－2　现场器件与 PLC 地址号对照表

现场器件		PLC 内部地址号	说明
输入	启动按钮 SB	400	
输出	1 红色灯	530	东西方向
	1 绿色灯	431	
	1 黄色灯	432	

续表 9－2

现场器件		PLC 内部地址号	说　明
输　入	启动按钮 SB	400	
输　出	2 红色灯 2 绿色灯 2 黄色灯	430 531 532	南北方向

9.6.6　思考题

(1)用定时器、移位寄存器实现上述程序,各有何特点?

(2)写出实验程序,并解释工作过程。

9.7　堆垛机仓储系统运动控制实验

9.7.1　实验目的

(1)了解 PLC 与变频器在顺序控制系统的协同连贯动作的控制技术。

(2)分析并掌握堆垛机运动及定位原理。

9.7.2　实验原理

堆垛机仓储系统由悬挂式堆垛机、控制柜、五层八列喷塑货架、两个平移出货台构成。

9.7.2.1　堆垛机结构原理

堆垛机由三个带抱闸制动的电机控制(行走电机、升降电机和叉伸电机)来实现 XYZ 三个方向全方位控制。行走电机和升降电机各由一台西门子 MM420 变频器控制,叉伸电机由继电器切换控制正反转。

堆垛机的定位信号由安装在堆垛机上的五个光电传感器、三个霍尔开关和四个限位开关提供。行走定位由两个光电传感器提供,并安装有前后极限限位,当走到极限位置时切断变频器的使能,强迫行走电机停止运转;升降定位由三个光电传感器提供,并安装有上下极限限位,当走到极限位置时切断变频器的使能,强迫升降电机停止运转。

叉伸定位由三个霍尔开关提供——左限位、右限位、中限位。叉伸运动惯性小,所以没有减速控制。

9.7.2.2　光电信号采集原理

在悬挂式堆垛机运行过程中,第一个光电传感器被认址片挡住后,信号传输到 PLC,再由 PLC 控制变频器减速。当两个光电传感器都被认址片挡住后认址成功,变频器停止输出,电机抱闸制动。光电信号传输到 PLC 后还作为层与排的计数信号。

9.7.2.3　系统总控制台

本实验系统截取工业工程流水控制生产线中的仓储系统完成,通过计算机通讯及各种软件来控制生产线各设备的正常运行。系统组成包括一台主控计算机(含自主编程软件)、主控操作台及各种通讯连接电缆、接口等。

图 9－26 为工业工程流水生产线系统控制网络拓扑图。图 9－27 为堆垛机仓储系统控制原理图。

主控计算机的 PCI 插槽上装有西门子 CP5611 通讯卡;控制柜中的 EM277 模块与 CP5611 通讯卡之间的通信方式为 PROFIBUS－DP 协议;CP5611 通讯卡与上位机软件之间通过 PC Access

软件配置,实现 OPC 通讯方式。

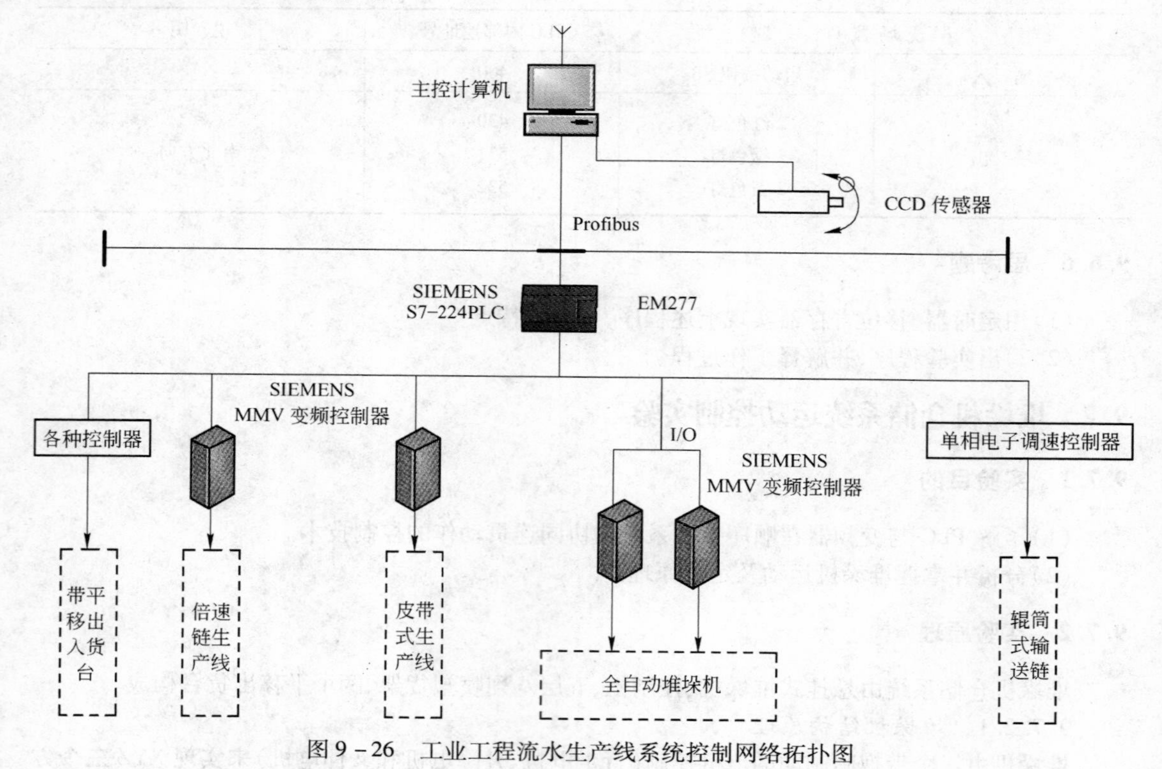

图 9 – 26　工业工程流水生产线系统控制网络拓扑图

9.7.2.4　系统控制柜

采用西门子 S7 – 200PLC 带 Profibus 总线模块、通讯电缆及相应控制软件构成一个工业标准柜,控制整个流水线系统。该控制过程充分展现了 PLC 及其软件对各种不同类型被控对象的信息传输与控制技术。

9.7.2.5　安全设置

整个系统有一个"紧停按钮"(红色,安装在主控台上)。若出现紧急状况,按下此按钮,则整个系统电源被切断;故障排除后再顺时针旋转则可使系统恢复通电。

9.7.3　实验设备

(1)悬挂式堆垛机。
(2)控制柜。
(3)货架。
(4)计算机。

9.7.4　实验内容及步骤

(1)实验教师演示工业工程流水生产线的运动过程,学生认真观察,了解其控制原理。

(2)找出各电机控制对应的变频器,读懂仓储系统控制原理图。

(3)根据悬挂式堆垛机手动运动过程,找出所有传感器及限位开关存在位置,说明堆垛机定位原理。

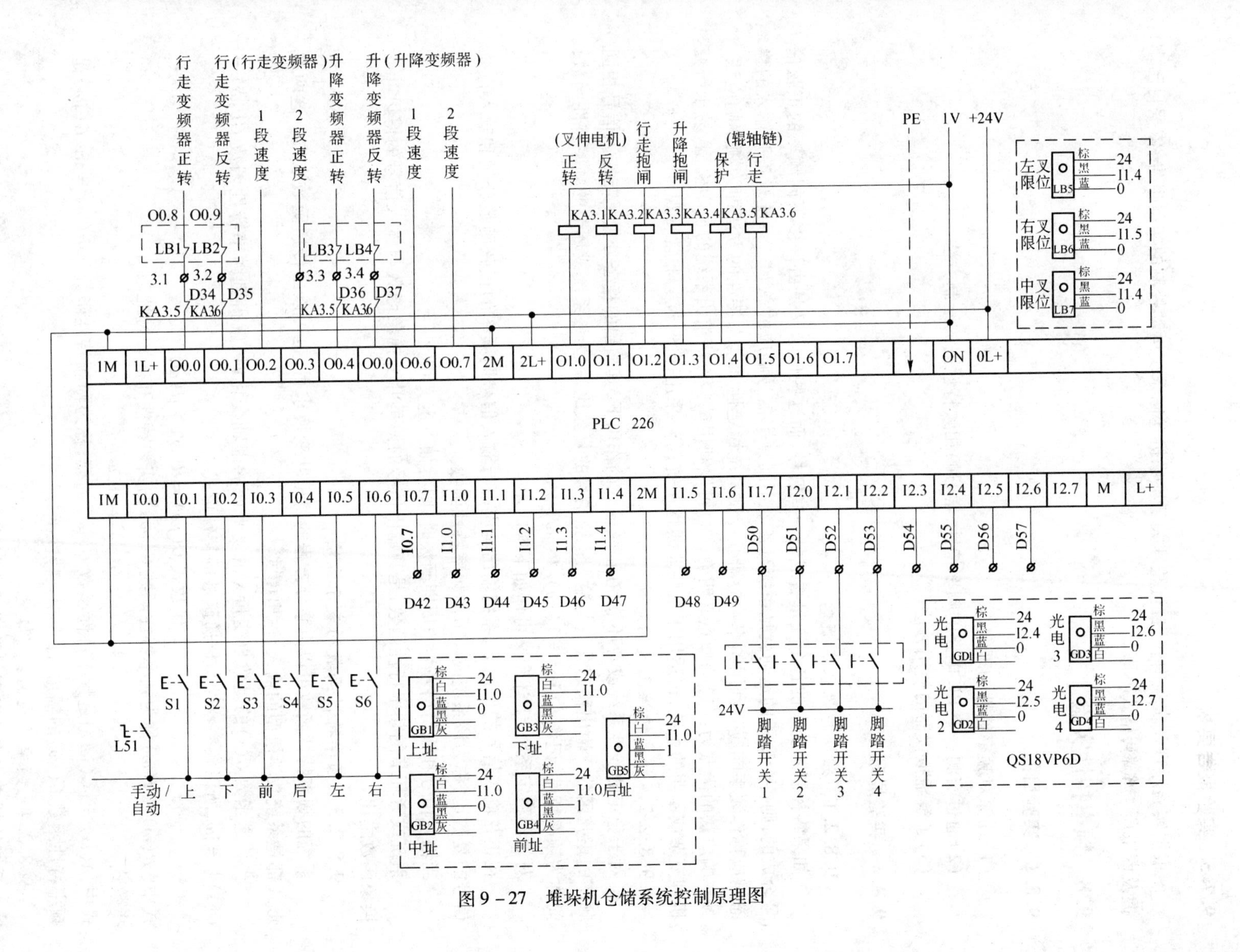

图 9－27　堆垛机仓储系统控制原理图

9.7.5　实验报告要求

根据实验原理及实验内容，自行整理关于堆垛机仓储系统运动控制的实验报告，依据自己掌握及课下所查资料，格式不限。

9.8　频率特性实验

9.8.1　实验目的

(1)加深对频率特性的理解。
(2)通过实测一个 RC 电路的频率特性，学习幅相频特性图的绘制方法。
(3)了解虚拟仪器的使用方法。

9.8.2　实验原理

9.8.2.1　频率特性基本概念

如果将控制系统中的各个变量看成是一些信号，而这些信号又是由许多不同频率的正弦信号合成的，则各个变量的运动就是系统对各个不同频率信号响应的总和。系统对正弦输入的稳态响应称作频率响应。利用频率响应研究控制系统稳定性和动态特性的方法即为频率响应法。频率响应法的优点为：(1)物理意义明确；(2)可以利用试验方法求出系统的数学模型，易于研究机理复杂或不明的系统，也适用于某些非线性系统；(3)采用作图方法，非常直观。

9.8.2.2　频率特性函数的定义

对于稳定的线性系统或者环节，在正弦输入的作用下，其输出的稳态分量是与输入信号相同频率的正弦函数。输出稳态分量与输入正弦信号的复数比，称为该系统或环节的频率特性函数，简称为频率特性，记作 $G(\mathrm{j}\omega)=Y(\mathrm{j}\omega)/R(\mathrm{j}\omega)$。

对于不稳定系统，上述定义可作如下推广：

在正弦输入信号的作用下，系统输出响应中与输入信号同频率的正弦函数分量和输入正弦信号的复数比，称为该系统或环节的频率特性函数。

当输入信号和输出信号为非周期函数时，则有如下定义：

系统或者环节的频率特性函数，是其输出信号的傅里叶变换象函数与输入信号的傅里叶变换象函数之比。

9.8.2.3　频率特性函数的表示方法

系统的频率特性函数可以由微分方程的傅里叶变换求得，也可以由传递函数求得。这两种形式都是系统数学模型的输入、输出模式。

当传递函数 $G(s)$ 的复数自变量 s 沿复平面的虚轴变化时，就得到频率特性函数 $G(\mathrm{j}\omega)=G(s)\big|_{s}=\mathrm{j}\omega$，所以频率特性是传递函数的特殊形式。

代数式 $G(\mathrm{j}\omega)=R(\omega)+\mathrm{j}I(\omega)$

式中，$R(\omega)$ 和 $I(\omega)$ 称为频率特性函数 $G(\mathrm{j}\omega)$ 的实频特性和虚频特性。

指数式
$$G(\mathrm{j}\omega)=A(\omega)\mathrm{e}^{\Phi(\omega)}$$

式中，$A(\omega)=|G(\mathrm{j}\omega)|$ 是频率特性函数 $G(\mathrm{j}\omega)$ 的模，称为幅频特性函数。$\Phi(\omega)=\arg G(\mathrm{j}\omega)$ 是频率特性函数 $G(\mathrm{j}\omega)$ 的幅角，称为相频特性函数。

9.8.2.4　频率响应曲线

系统的频率响应可以用复数形式表示为 $G(\mathrm{j}\omega)$，常用的频率响应表示方法是图形表示法。

根据系统频率响应幅值、相位和频率之间的不同显示形式,有伯德图(Bode)、奈魁斯特图(Nyquist)和尼柯尔斯图(Nichols)。

A 伯德图

伯德图又称对数频率特性图,由对数幅频特性图和相频特性图组成。伯德图的横坐标为角频率 ω,按常对数 $\lg\omega$ 分度。对数复频特性的纵坐标是对数复值。$L(\omega)=20\lg A(\omega)$,单位为分贝(dB),线性分度。对数相频特性的纵坐标为 $\phi(\omega)$,单位为度(°),线性分度。

一般情况下,控制系统开环对数频率特性图的绘制步骤如下:

(1)将开环频率特性按典型环节分解,并写成时间常数形式。

(2)求出各转角频率(交接频率),将其从小到大排列为 $\omega1,\omega2,\omega3,\cdots$,并标注在 ω 轴上。

(3)绘制低频渐近线($\omega1$ 左边的部分),这是一条斜率为 $-20r$dB/decade(r 为系统开环频率特性所含 $1/\mathrm{j}\omega$ 因子的个数)的直线,它或者它的延长线应通过点(1,20,lg$K$)。

(4)各转角频率间的渐近线都是直线,但自最小的转角频率 $\omega1$ 起,渐近线斜率发生变化,斜率变化取决于各转角频率对应的典型环节的频率特性函数。

B 奈魁斯特图

奈魁斯特图又称为极坐标图或者幅相频率特性图。频率特性函数 $G(\mathrm{j}\omega)$ 的奈魁斯特图是角频率 ω 由 0 变化到 ∞ 时,频率特性函数在复平面上的图像。它以 ω 为参变量,以复平面上的向量表示 $G(\mathrm{j}\omega)$ 的一种方法。$G(\mathrm{j}\omega)$ 曲线的每一点都表示与特定 ω 值相应的向量端点,向量的幅值为 $|G(\mathrm{j}\omega)|$,相角为 $\arg G(\mathrm{j}\omega)$;向量在实轴和虚轴上的投影分别为实频特性 $R(\omega)$ 和虚频特性 $I(\omega)$。

一般情况下,系统开环频率特性函数奈魁斯特图的绘制步骤如下:

(1)将系统的开环频率特性写成 $G(\mathrm{j}\omega)=A(\omega)\mathrm{e}^{\Phi(\omega)}$。

(2)确定奈魁斯特图的起点($\omega=0+$)和($\omega\to+\infty$)。起点与系统所包含的积分环节个数(γ)有关,终点的 $A(\omega)$ 与系统开环传递函数分母和分子多项式阶次的差有关。

(3)确定奈魁斯特图与坐标轴的交点。

(4)根据以上的分析,并结合开环频率特性的变化趋势绘制奈魁斯特图。

C 尼柯尔斯图

尼柯尔斯图又称为对数幅频率特性图,它以开环频率特性函数的对数幅值为纵坐标,以相角值为横坐标,以角频率为参变量绘制的频率特性图。采用直角坐标系,纵坐标表示 $20\lg|G(\mathrm{j}\omega)|$,单位是 dB,线性刻度。横坐标表示 $\angle G(\mathrm{j}\omega)$,单位是度,线性分度。在曲线上一般标注角频率 ω 的值作为参变量。通常是先画出伯德图,再根据伯德图绘制尼柯尔斯图。

9.8.3 实验设备

(1)装有 labview 软件平台的计算机。

(2)实验用软件。

9.8.4 实验内容及步骤

将一个正弦信号 $x_i(t)=|x_i|\sin\omega t$ 输入一个线性定常系统(图 9-28),则输出量也是一个正弦信号 $x_0(t)=|x_0|\sin(\omega t+\phi)$。

输出量振幅 $|x_0(t)|$ 与输入量振幅 $|x_i(t)|$ 的比值是随着 ω 变化的,可用 $|G(\mathrm{j}\omega)|$ 表示为:

$$|G(\mathrm{j}\omega)|=\frac{|x_0|}{|x_i|}$$

输出信号与输入信号的相位值 ϕ 也是 ω 的函数。可用 $\angle G(\mathrm{j}\omega)$ 表示。

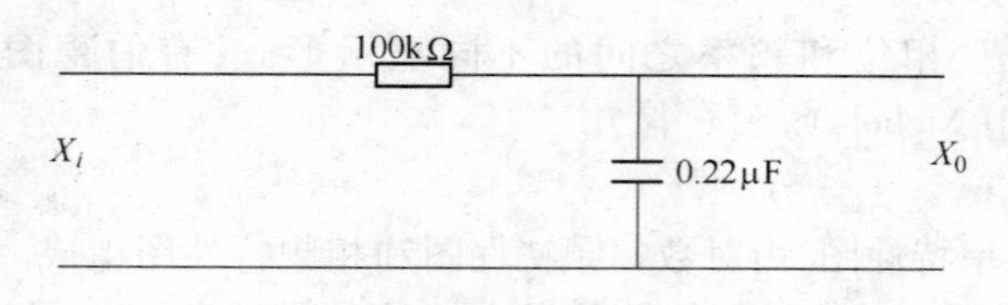

图 9－28　线性系统结构图

应用虚拟频率特性测试仪，可以数字形式直接显示出 x_i 和 x_0 的值，也可用数字表示相位差 ϕ。

因为无论是 $x_i(t)$ 还是 $x_0(t)$ 都是一个复变函数，故仪器也可显示其实部和虚部（用 $A+jB$ 表示）及其所在象限。

详细实验步骤如下：

(1)熟悉虚拟仪器界面设置及操作方法。

(2)接通电源。

(3)按要求设置 RC 电路参数，并将 RC 电路接入系统。

(4)相关器输入选择置于系统挡，坐标选择置于 R/θ 挡。

(5)调节信号发生器的输入电压为5V；

(6)调整信号发生器的频率为0.1Hz，开始测量，记录 R 和 θ 值；

(7)顺序调整发生器频率分别为0.5、1、2、5、8、10、20、50、100Hz，测量其 R 和 θ 值。

9.8.5　实验报告要求

(1)整理数据，按下式计算 $|G(j\omega)|$ 值，将结果记录下来。

$$|G(j\omega)| = \frac{R}{\text{输入电压}}$$

(2)按实验原理中的幅相频特性图的绘制方法，绘制幅相频特性图，并将实验结果与理论计算曲线比较，说明误差原因。

9.9　二阶系统特征参量对过渡过程的影响

9.9.1　实验目的

(1)观察并掌握二阶系统在阶跃信号作用下的动态特性。

(2)了解系统两个重要参数 ξ 和 ω_n 对系统动态特性的影响。

(3)了解虚拟仪器的概念及应用。

9.9.2　实验仪器

(1)装有 LabVIEW 软件平台的计算机。

(2)实验用软件。

9.9.3　实验原理及线路

二阶系统结构见图 9－29。

其特征方程标准式为：

$$s^2 + 2\xi\omega_n s + \omega_n^2 = 0$$

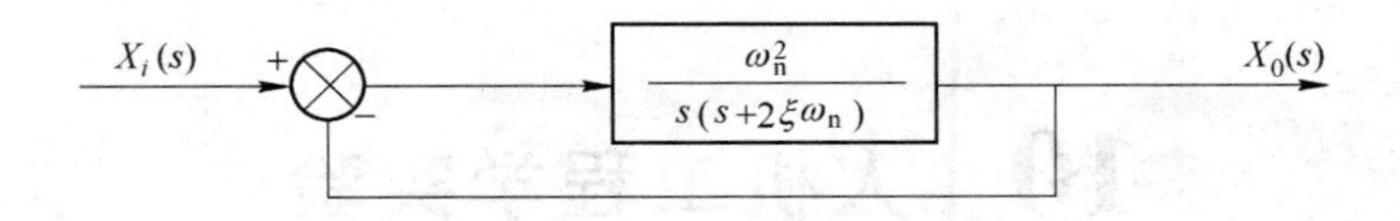

图 9－29　二阶系统结构图

其中，ω_n、ξ 为二阶系统的特征参数。

通过推导传递函数得出：$\omega_n=\frac{1}{R_0C}$，$\xi=\frac{R_0}{2R}$。

二阶系统的单位阶跃响应函数的过渡过程，随着阻尼 ξ 的减小，其振荡特性表现得愈加强烈，但仍为衰减振荡，当 $\xi=0$ 时，达到等幅振荡。在 $\xi=1$ 和 $\xi>1$ 时，二阶系统的过渡过程具有单调上升的特性。从过渡过程的持续时间来看，在无振荡单调上升的曲线中，$\xi=1$ 时的过渡过程时间 t_s 最短。在欠阻尼系统中，当 $\xi=0.4\sim0.8$ 时，不仅其过渡过程时间比 $\xi=1$ 时更短，而且振荡不太严重。因此，一般希望二阶系统在 $\xi=0.4\sim0.8$ 的欠阻尼状态下工作，因为这个工作状态有一个振荡特性适度，而持续时间又较短的过渡过程，而决定过渡过程特性的是瞬态响应部分。选择合适的过渡过程，实际上是选择合适的瞬态响应，也就是选择合适的特征参数 ω_n 与 ξ 值。

对于欠阻尼二阶系统的单位阶跃响应的过渡过程，其特性性能指标为：上升时间 t_r，峰值时间 t_p，最大超调量 M_p，调整时间 t_s，振荡次数 N，二阶系统在单位阶跃输入下的最大超调量为：

$$M_p=\exp\left(\frac{-\xi\pi}{\sqrt{1-\xi^2}}\right)\times100\%$$

调节时间为：$t_s\approx\frac{3}{\xi\omega_n}$　　　　$0<\xi<0.9$

$$t_s\approx\frac{4.75}{\omega_n}\qquad \xi=1$$

$$t_s\approx\frac{3}{\omega_n(\xi-\sqrt{\xi^2-1})}\qquad \xi\geqslant1.2$$

因此，知道了系统的 ξ，可方便地求出系统在单位阶跃输入下的最大超调量 M_p，再知道了 ω_n，便可求出系统的调节时间 t_s；反过来，根据对 t_s 和 M_p 的要求，也能确定二阶系统的特征参数 ω_n 与 ξ 的值。

9.9.4　实验内容及步骤

(1) 将单位阶跃信号输入二阶系统，固定 ω_n，改变 ξ 依次为 0.2、0.7、1、2，分析信号的响应情况。

(2) 固定 ξ 为 0.7，改变时间常数，即 $C=1\mu F$，测量信号响应的指标。

(3) 打开实验程序，了解实验界面，接通虚拟仪器中的电源，打开阶跃信号发生器。

(4) 按要求调整 C 的值，固定 $\omega_n=100$，分别输入 ξ 依次为 0.2、0.7、1、2，读出各项输出值。

(5) 设 $C=1\mu F$，测出 $\xi=0.7$ 时的信号响应指标。

9.9.5　实验报告要求

(1) 列表填入实验测量数据，并计算出每个参数下的理论数值。

(2) 分析实验结果，说明理论值与实测值的误差原因。

10 人机工程学实验

10.1 概述

人机工程学是一门具有现代理念又有其广泛应用领域的边缘学科。该学科有机地融合了各相关学科的理论,它基于人与机械及工作环境之间的研究。人机工程学依据人的行为方式、潜在能力、作业限制等特点,对工具、机械、系统、任务和环境进行合理设计和利用,从而提高工作的安全性、舒适性,以提高工作效率。人机工程学在很大程度上是一门实验科学,它强调“以人为本”,通过人机工程学理念,设计产品,使产品具有理想的操控性及舒适感,以达到提高产品的工作效能。人机工程学实验,主要是检测人的能力和行为相关的信息,以便将研究结果应用于产品。通过反应时间测试、短期记忆测试、环境噪声测量、镜像曲线描绘等实验,了解相关信息的采集、归纳。加强对人机工程学基本理念的理解和掌握,培养严谨的科学方法、创新精神和实事求是的科学态度。

10.2 反应时间测定实验

10.2.1 实验目的

利用反应时分析人的感知觉度、唤醒水平、动作反应、心态等。在实践过程中利用反应时指标,检测人在信息处理过程中的效率和影响因素。

10.2.2 实验仪器

(1)BD－510 型反应时测定仪。

(2)BD－509 多项反应时测试仪。

反应时测定仪功能及技术参数:

(1)反应时间: 0.0001～9.9999s。

(2)选择方式:声响和灯光。

(3)反应错误或过早反应,警告声响并记录错误次数。

(4)预备时间 2s,简单反应时间随机变化 2～7s。

10.2.3 实验内容及原理

反应时间是指被测同学在接受信号刺激至作出动作反应的时间间隔。

“简单反应时”呈现的是一种单一信号。“辨别(选择)反应时”呈现多种彩色灯光信号,要求被测试同学根据不同信号迅速作出应答。

(1)利用实验中“简单”反应时、“辨别”反应时,测试被测试者视觉、听觉的反应速度(时间),并记录数据。

(2)比较简单反应时与辨别反应时的差异。

10.2.4　简单反应时实验方法

(1)按“方式”键,选择声音或红灯。

(2)按下简单反应时键2s后,呈现刺激计时开始。被测试同学迅速作出反应,并按压反应键中的红色键,同组同学记下反应时间填入表10－1。

(3)被测试同学不得提前按压反应键,否则测定仪发出警告,实验无效。

(4)按“打印”键结束,显示平均反应时数,错误次数,将数据填入表10－1。

10.2.5　选择反应时实验方法

(1)实验开始按下选择反应时键,实验仪器随机呈现红、黄、绿、蓝灯光,预备信号灯亮2s,反应光随机呈现。

(2)被试者双手各控制,将红色键放在脚下,当刺激光出现时,脚尖轻按下。

(3)被试者注视刺激光源灯,当感觉到某种颜色的光出现,即按下相应的反应键。反应正确,显示窗计时停止,计时器记下时间,显示平均反应时数、错误次数。将其结果填入表10－1。

(4)四种光呈现10次,随机安排。

(5)被试者如按错反应键,测定仪即发出警告,并记错一次。

表10－1　选择反应时实验

选择形式 / 次数	红灯		声音		任意键(声/光)			
	简单反应时/10^{-5}ms		简单反应时/ 10^{-5}ms		选择反应时/10^{-5}ms			
	左手	右手	左手	右手	红	黄	绿	蓝
1								
2								
3								
4								
5								
6								
7								
8								
9								
10								
平均值								
错误次数								

10.2.6　思考题

(1)根据实验结果说明左右手反应时有无差别及其影响因素。

(2)分析视觉和听觉反应时的差异。

10.3　反应时、运动时实验

10.3.1　实验目的

借助反应时、运动时的测定，了解操作者在接受信息、处理信息（执行各种操作动作）的过程中，其感知能力、决策能力及不同操作者在主观知觉上的差异。

10.3.2　实验仪器

反应时、运动时实验仪。

（1）实验仪由控制器、主试面板、被试敲击面板组成。

（2）主试面板由五个指示灯和四位数码组成。指示灯指示当前数码所显示的内容。例如，反应时灯亮，表明数码显示的是反应时的时间。

（3）功能键：主试面板下方有5个功能键，其中用显示键显示内容，同时也改变数码所显示的内容。

（4）敲击板左、右各三块，中间为起始板，指令信号发现后迅速按规定轮流敲击。

10.3.3　实验内容及原理

反应时、运动时是指被试者在接受声/光刺激，即抬起测笔及测笔触及金属板所用时间。

（1）测定随机反应时完成时间。

（2）测定在规定的时间内（倒计时1min），完成一套编码击打次数和总次数。

10.3.4　简单反应时、运动时实验方法

（1）功能按键“实验Ⅰ”按下，调整敲击板左右距离，选择声/光键。即：按下为光刺激，抬起为声刺激。

（2）敲击棒放在中间的金属板上等待，如选择声刺激，注意蜂鸣器发出的声音；如选择光刺激，注意看金属板上的红色信号灯。

（3）按下启动键测试开始，被试者在接受刺激后即刻抬起测笔敲击旁边的金属板，要求动作又快又准，被试者做完一组实验，数码管显示出反应时间、运动时间。

（4）重复（2）、（3）步骤连续实验。

（5）显示：在第一次按下启动键时，“反应时”指示灯亮，表明数码显示的是反应时的平均值。按下“显示”键此时运动时灯亮，数码显示的是运动时的平均值，逐一按下，分别显示实验总次数、敲击板总次数、…，直到板号为6，再次显示回到原始状态。

（6）将实验数据填入表10－2。

表10－2　反应时、运动时记录表

板号4	反应时时间/10^{-5}ms		运动时时间/10^{-5}ms	
次数	左	右	左	右
1				
2				
3				
4				

续表 10 – 2

板号 4	反应时时间/10^{-5}ms		运动时时间/10^{-5}ms	
次 数	左	右	左	右
5				
6				
7				
8				
9				
10				
累计和				
平均值				

10.3.5 辨别(选择)反应时运动时实验方法

(1)按下互锁键“实验Ⅱ”(或实验Ⅲ)调整左右敲击板的距离。

(2)选择定时:1min;选择刺激形式:声或光。

(3)按指导教师要求的程序进行。例如,规定击打 143526,或是左右任意编码。

(4)将测笔放中央测板上等待,按启动键开始。操作者按规定尽快敲击,直到蜂鸣器报时,工作灯灭停止敲击。

(5)按显示键,显示被敲板号的敲击次数。将实验数据填入表 10 – 3。

表 10 – 3 辨别(选择)反应时、运动时(板块敲击)记录

敲击板块号 143526		1	4	3	5	2	6	总次数
次数	左手							
	右手							

10.3.6 思考题

通过实验你认为影响反应时、运动时的因素有哪些,有何解决的方法?

10.4 曲线形成实验

10.4.1 实验目的

通过镜画仪、曲线调节板绘制图形曲线,测试被试者操作技巧及曲线形成过程。了解人的动作错误概率与训练的关系。

10.4.2 实验内容

(1)用镜画仪、曲线调节板练习曲线形成过程、操作技巧。

(2)统计实验数据,对实验结果进行分析。

10.4.3 实验仪器

(1)镜画仪:由定时计数器、图形板、描绘笔和平面镜组成。

(2)曲线调节板:由定时计数器、图形板、描绘笔组成。

10.4.4 镜画仪实验方法

(1)被试者面对镜画仪坐正,将下颌放在遮板上方,从镜像中观察曲线,准备描绘。

(2)手握绘笔,当笔尖触及图形板下方金属点计时开始。

(3)持绘笔,沿镜像,按一个方向移动绘制图形。

(4)如果绘笔离开图形板与金属板接触,则蜂鸣器鸣示,并记错一次。

(5)被试者用描绘笔沿图形移动一周后,回到起始点位置,实验结束计时停止,定时计数器显示实验所用时间及失败次数。

(6)分别用左、右手进行操作,将实验结果填入表 10-4。

表 10-4 曲线形成实验

练习次数	镜画仪实验作业时间		错误次数	曲线调节实验作业时间	错误次数
	左 手	右 手		双 手 操 作	
1					
2					

10.4.5 曲线调节实验方法

(1)双手握描绘笔,将定时器调至 00 分 00 秒,按下启动键,计时开始。

(2)被试者将双笔沿图形描绘一周后,回到起始点位置,实验结束计时停止,定时计数器显示实验所用时间及失败次数。

(3)如果描绘笔离开图形板与金属板接触,则蜂鸣器鸣示,并记错一次。

(4)被试者用描绘笔沿图形描绘一周后,回到起始点位置,实验结束计时停止。将实验结果填入表 10-4,定时计数器显示实验所用时间及失败次数。

10.4.6 思考题

通过实验试分析人的动作错误概率及其影响因素。

10.5 环境噪声测量实验

10.5.1 实验目的

随着工业、交通的发展,噪声在人类生活的各个领域都将成为一个非常严重的问题。噪声使整个环境不安定,影响人们的休息和健康,影响工作效率和工作质量。通过本次实验使同学们学会使用噪声仪测量噪声的方法以及对环境噪声的测定。

10.5.2 实验内容

噪声泛指一切对人们的生活和工作有妨碍的、使人烦恼的、不愉快的声音。实验内容包括:

(1)机器噪声的测定。

(2)环境噪声的测定。

10.5.3 实验仪器

声级计:主要由电容式传声器、前置放大器、衰减器、频率计权网络及有效值指示表头组成。声级计的工作原理是:由传声器将声音转换成电信号,再由前置放大器变换阻抗,放大器将输出信号加到计权网络,对信号进行频率计权,然后再经衰减器及放大器将信号放大到一定的幅值,送到有效值检波器(或外接电平记录仪),在指示表头上给出噪声声级的数值。

10.5.4 测量方法

(1)两手平握声级计两侧或将其水平放在三脚架上,使传声器指向被测声源。将开关至“A”、“B”或“C”挡,使电表适当偏转(最好在0~10dB之间)。量程旋钮示数+电表示数=被测“A”、“B”或“C”声级数。如:量程在90dB(A),电表示数在5dB(A),则声级为90+5=95(dB)。当表针偏转小,可降低衰减量,而不要降低输入衰减量,以免放大器过载。电表的阻尼根据需要选择“快”或“慢”,一般表针如摆动较大超过4dB(A),应选“慢”阻尼。

(2)如为稳态噪声测量A声级,记为dB(A),如为不稳态噪声,测量等效连续A声级或测量不同A声级下的暴露时间,计算等效连续A声级。测量时使用慢挡,取平均数。

(3)考虑现场反射声对噪声测量的影响,在选点时要把传声器放在远离反射物的地方。还要考虑温度、风向等对测量准确性的影响。

10.5.5 测量要求

(1)测量车间噪声对操作人员的影响时,把测点选在以人耳高度为准的数个点的地方,若车间各处声级差别小于3dB(A)时,只需选择1~2个测点。否则按声级大小将车间划分区域,每个区域选择1~3个测点。

(2)工厂环境的测量:传声器要距地面1.2~1.5m,取多个点进行测量。

(3)环境噪声测量使用快挡,把测点选在距建筑物高约10~20m处为准,取10余个测量点。

(4)对车间噪声测量一般使用慢挡,对于恒定的或随时间变化较小的稳态噪声应在观测时间内取电表指针的平均偏转读数,观测时间取2~5s。

(5)在测量机器噪声的影响时,把测点高度选在机器一半的位置或距地面0.5m的高度。

(6)一般工厂噪声测量以A声级为主,C声级作为参考。

(7)将测试数据填入表10-5、表10-6。

表10-5 仪器名称及被测对象

测量仪器	型号	名称	校准方法		
被测机器	型号	名称	功率	转数	安装方法
车间概况	体积(长宽高)		环境情况		

表10-6 噪声测量数据整理

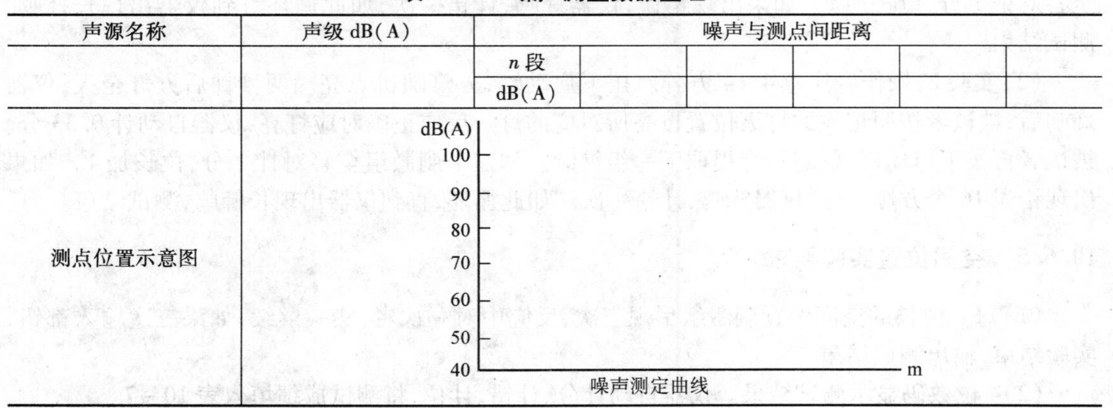

声源名称	声级 dB(A)	噪声与测点间距离					
		*n*段					
		dB(A)					
测点位置示意图		噪声测定曲线					

10.5.6　思考题

(1)根据所用仪器名称和型号、测试位置、测试环境(包括房间大小、机器分布)等,对所测量的数据进行分析、比较。

(2)提出改善环境的设想和措施。

10.6　空间位置与记忆广度测试实验

10.6.1　实验目的

(1)了解记忆广度的基本知识,掌握测试原理。

(2)测试人对空间方位的知觉能力和短时记忆能力。

(3)体验信息在人的"感觉通道"中的传输速率及过滤能力的客观反映。

10.6.2　实验内容及原理

人在感知、思考、记忆某一客观事物的时候,能否表现为高度集中,取决于大脑皮层兴奋水平的高低,即觉醒状态的程度。在这种状态下,对客观事物的反应最清晰、最全面,记忆、思考、看、听某事物最有效。

(1)验证作业者在规定条件下和规定时间内正确完成操作的概率。

(2)验证信息传输中人的记忆能力。

(3)测试被试者通过在空间位置的摆布,显示被试者的空间记忆广度。

(4)测试视觉、记忆、逻辑三者结合的能力。

10.6.3　实验仪器

(1)仪器由主试面板、控制器等部分组成,矩阵灯键。

(2)主试面板有四位数码管显示计分、计错、计位数值,被试面板设有16个灯的方键,排成4×4方阵,随机显示空间位置刺激组。

10.6.4　空间位置记忆广度测试实验方法

(1)实验1:按下启动键,4×4方阵中一组红灯随机闪亮,仪器蜂鸣后,被试者按红灯亮的顺序依次按灭方灯,回答正确,仪器加0.33分;再按启动键,仪器提取下一组红灯,操作者连续三组全答对记1分,位长加1。如果出现错误,仪器蜂鸣,计错一次,如此循环直到仪器出现长蜂鸣,测试结束。

(2)实验2:操作者注意4×4方阵。按下启动键,方灯随机点亮。两秒钟后方灯全灭,仪器蜂鸣后,被试者按照记住的灯灭位置按亮所对应的灯。反应正确对应灯亮,仪器自动计0.33分。被试者再按下启动键,仪器马上提取下一组继续。如三个刺激组全答对计1分,位长加1。如果出现错误16个方灯全亮,仪器蜂鸣,计错一次。如此循环,直到仪器出现长蜂鸣,测试结束。

10.6.5　空间位置实验要求

(1)每一位长的空间位置刺激组呈现三次,反应中对一次者,实验继续,如果三次输入都错,实验结束,输出测试结果。

(2)4位数码显示测试结果。仪器自动计分、计错、计位,将测试成绩填入表10-7。

表10－7　空间位置记忆广度测试记录

项　目	实验1			实验2		
	计分	计位	计错次数	计分	计位	计错次数
数组Ⅰ						
数组Ⅱ						
数组Ⅲ						
数组Ⅳ						
数组Ⅴ						
数组Ⅵ						
数组Ⅶ						
数组Ⅷ						

10.6.6　记忆广度测试实验

记忆广度测试仪：

(1)结构组成：记忆广度测试仪由控制器、主试面板、被试面板键盘输入盒等部分组成，被试面板上装有一位大数码管显示记忆数组，键盘输入回答信息；主试面板装有六位数码管实时显示计分、计错、计位、计时，码1和码2分别可实现两套三位和十六位的数字编码显示。

(2)功能：每按一下键盘上的回车键，仪器自动提取一个数组，被试者回答完毕按回车键，仪器自动提取下一个数组并判别正误。

(3)计分规则：基础分2分，答对一个数组计0.25分。

(4)计位规则：起始位长2位，每测试完一个数组位长加1。

(5)计时规则：复位启动后开始计时，当计满16分或连续8次错时，计时停止。仪器自动计分、计错、计位、计时，随时显示测试结果，答错时仪器自动蜂鸣。

10.6.7　实验方法

(1)按下复位键，码1灯亮、计分灯亮，数码管显示为0202.00，表示基础位长2，基础分02.00分。

(2)按下回车键，仪器自动提取一个三位数组，当回答灯亮时，操作者用键盘按顺序回答所记忆的数字，回答正确灯灭，仪器记0.25分。如答错仪器蜂鸣，计错一次。按回车键提取下一个数组，连续4次计一个位组，全答对计1分，再提取下一个数组……，直到仪器长蜂鸣，测试结束。

(3)仪器自动计分、计错、计时、计位。

10.6.8　实验要求

(1)将测试成绩填入表10－8中。

表10－8　记忆广度测试记录

项　目	计　位	计　分	计错次数
数组Ⅰ			
数组Ⅱ			

续表 10－8

项　目	计　位	计　分	计 错 次 数
数组Ⅲ			
数组Ⅳ			
数组Ⅴ			
数组Ⅵ			
数组Ⅶ			
数组Ⅷ			

（2）被试者记忆广度：

$$F = 2.0 + 0.25x$$

式中　x——测量次数。

10.7　速示反应实验

10.7.1　实验目的

通过速示实验，观测被试者在短时记忆时间内，对学习、记忆、注意、知觉的反应程度。

10.7.2　实验内容及原理

通过速示实验，让操作者在观察或熟悉被测对象时，了解其个别属相和主要特征，以记录在不同状态下的速示时间。

（1）瞬时记忆：幻灯片 10 张（第 30 ~ 39 张），速示时间为 59 ~ 200ms。

（2）数字瞬时记忆广度：幻灯片 20 张（A4 ~ A13、B4 ~ B13），速示时间为 75 ~ 200ms。

（3）短时记忆与再认能力测定：幻灯片 70 张（A1 ~ A10、B1 ~ B10、C1 ~ C10、D1 ~ D10、F1 ~ F14、E1 ~ E16），速示时间为 1 ~ 2ms。

10.7.3　实验仪器

仪器由幻灯机、快门、幻灯片、手控开关、时间控制器组成。

10.7.4　实验方法

（1）操作者按下手控开关，呈现反应图片（幻灯片也可以自动定时进片，但必须按手控开关）。

（2）按下电控快门的手控开关，将进入的每一张幻灯片按照设定的时间依次呈现，操作者记录下其图片内容。将记录的反应时间填入表 10－9。

表 10－9　速示时间记录表

图片 30 ~ 39 瞬时记忆时间										
图片 A4 ~ A13 数字瞬时记忆										
图片 A1 ~ A10 短时记忆时间 F1 ~ F14										

10.7.5 实验要求

根据本次实验内容谈实验心得及体会。

10.8 劳动强度与疲劳测定实验

10.8.1 实验目的

了解劳动过程中,劳动强度、人体能量消耗与生理反应的关系,熟悉测定劳动强度与疲劳的方法,以及了解劳动强度、能量消耗和劳动时间的分配关系,与总体劳动效果的关系,了解模拟负荷的方法,及测试手段的选择。

10.8.2 实验内容

人体在作业过程中需要消耗能量,体内的能量产生、转移和消耗称为能量代谢。用能量消耗划分劳动强度,作业者在生产过程中体力消耗及紧张的程度、劳动强度不同,单位时间内人体所耗的能量也不同。能量代谢速度受肌体及其状态和环境条件等诸多因素的影响而变化。

(1)根据反应时、运动时实验,空间记忆广度实验作为间接了解疲劳程度的检测手段。

(2)测定人在不同作业环境中的疲劳程度。

10.8.3 实验仪器

跑步机、血压计、秒表等。

本实验采用006型跑步机,调整后接通电源;血压计采用C-100型数显式电子血压脉搏仪。

10.8.4 实验要求及操作方法

(1)实验分三组进行,每组选男女各一人为被试者,其余为测试和记录者。

(2)记录被试者的姓名、性别、年龄、身高、体重及身体健康状况。

(3)被试者静坐5min后,测出并记录安静期的心率和血压。

(4)跑步机接通电源,上机前按照规定选择“TIME”、“SPEED”功能键。

(5)被试者在规定的时间内,男生以15km/h的运动速度、女生以10km/h的运动速度在跑步机上完成实验。

(6)被试者在运动完成5min后,测试并记录运动期的心率和血压。

(7)测试记录见表10-10。

表10-10 个人情况及测试记录

<table>
<tr><td>姓 名</td><td>性 别</td><td>年 龄</td><td>身高/cm</td><td>体重/kg</td></tr>
<tr><td></td><td></td><td></td><td></td><td></td></tr>
<tr><td>作业前心率值 A
/beats · min^{-1}</td><td></td><td colspan="2">作业后心率值 B
/beats · min^{-1}</td><td></td></tr>
<tr><td>心率增加值 $C = B - A$</td><td></td><td colspan="2">心率增加率 $C = C/A$</td><td></td></tr>
<tr><td>作业前血压/kPa</td><td></td><td colspan="2">作业后血压/kPa</td><td></td></tr>
<tr><td>负荷条件/km · h^{-1}
速度表指示/km · h^{-1}</td><td colspan="4"></td></tr>
<tr><td>自觉症状</td><td colspan="4"></td></tr>
</table>

10.8.5 思考题

(1)根据本次实验计算出作业者的能量消耗为多少。

$$M = (\mathrm{RMR} + 1.2)B \times 体表面积 \times 作业时间$$

式中 M——能量代谢率；

RMR——相对代谢率；

B——基础代谢率。

(2)根据你所学的知识试说明影响疲劳的因素及改进疲劳的措施。

Ⅲ

机械工程综合实验

11 机械工程综合实验

机械工程综合实验突破原有课程及章节的界限,以机械工程实验方法自身的系统为主线建立实验教学新体系,把实验内容由"单一型"向"综合型"、"整体型"拓展,以培养学生综合利用所学相关专业知识来分析和解决问题的能力。

本章实验内容包括:碳素钢的热处理及硬度测定、齿轮参数的综合测量、机械运动参数的测定、减速器拆装测绘、机械加工精度测量与分析、Y3150E型滚齿机的调整等综合实验。

11.1 碳素钢的热处理及硬度测定综合实验

11.1.1 实验目的

(1)了解碳素钢的基本热处理工艺和主要设备。

(2)了解不同的热处理工艺对钢的性能的影响。

(3)熟悉布氏和洛氏硬度计的结构和使用方法。

11.1.2 实验方法

热处理是充分发挥金属材料性能潜力的重要方法之一。其工艺特点是把钢加热到一定温度,保温一段时间后,以某种速度冷却下来,通过改变钢的内部组织来改善钢的性能;其基本工艺包括退火、正火、淬火和回火等。

(1)退火。亚共析钢加热至A_{C3} +(20~30℃);共析钢、过共析钢加热至A_{C1} +(20~30℃),保温后缓慢地随炉冷却,得到粒状渗碳体,硬度降低,以利于切削加工。

(2)正火。亚共析钢加热至A_{C3} +(30~50℃);共析钢、过共析钢加热至A_{Ccm} +(30~50℃),即加热到奥氏体单相区,保温后在空气中冷却。由于冷却速度稍快,与退火组织相比,所形成的珠光体片层细密,故硬度有所提高。对低碳钢来说,正火后提高硬度可改善其切削加工性能,降低表面粗糙度;对高碳钢来说,可消除网状渗碳体,为球化退火和淬火做准备。

(3)淬火。亚共析钢加热至A_{C3} +(30~50℃);共析钢、过共析钢加热至A_{C1} +(30~50℃),保温后在不同的冷却介质中快速冷却,从而获得马氏体和(或)贝氏体组织。马氏体的硬度和强度都很高,特别适用于有较高耐磨性要求的工模具材料。

(4)回火。回火是把经过淬火后的钢再加热到A_{C1}以下某一温度,保温一段时间,然后冷却到室温的热处理工艺。其主要目的是改善淬火组织(马氏体)的韧性,消除淬火时产生的残余内应力并减小钢件的变形。回火又分低温回火、中温回火和高温回火。淬火加高温回火称调质，它能使材料得到强度、塑性、韧性都较好的综合力学性能。调质处理广泛应用于各种重要的结构零件，如：主轴、连杆、曲轴、齿轮等。

(5)保温时间。保温时间需要考虑多种因素，可参考有关手册。据经验估算，按工件有效厚度在空气介质炉中每毫米碳钢需 1～1.5min。

11.1.3　硬度的测量方法

11.1.3.1　布氏硬度的测量方法

将一定直径的钢球，在规定的负荷作用下和在一定的时间内，压入被测试件(未经淬火钢、铸铁、有色金属)表面，卸去载荷后，用读数显微镜测量试件表面的压痕直径，然后查表或按下式计算出布氏硬度值。

$$HB = \frac{2P}{\pi D(D - \sqrt{D^2 - d^2})}$$

式中　P——通过钢球施加在试样表面上的负荷；

D——钢球直径；

d——压痕直径。

从上式看出，布氏硬度值是以试样上钢球压痕球形面积(图 11－1)所承受的平均压力(kg/mm^2)表示的。

测定布氏硬度所用钢球直径、载荷大小与保荷时间应按表 11－1 选择。

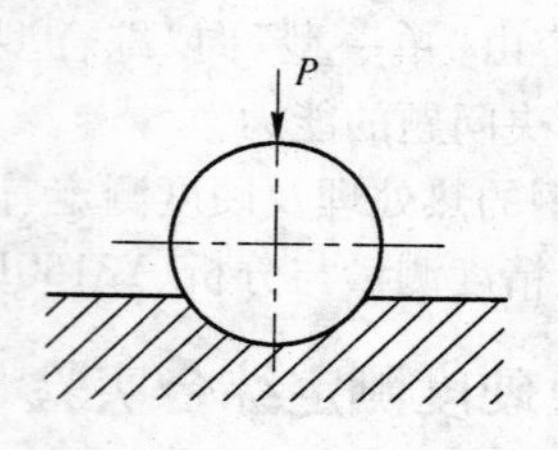

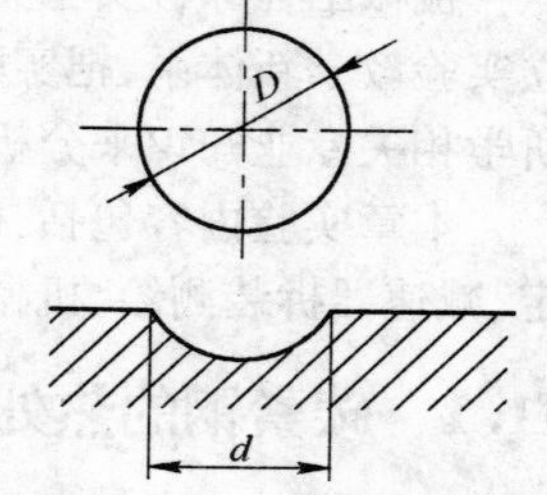

图 11－1　钢球压痕示意图

表 11－1　布氏硬度所用钢球直径、载荷与保荷时间

金属种类	布氏硬度 HB 范围	钢球直径/mm	载荷/kg	保荷时间/s
黑色金属	140～450	2.5	187.5	10
	>450	2.5	62.5	10

11.1.3.2　洛氏硬度的测量法

洛氏硬度测量法是用金刚石压头(或淬火钢球压头)，在先后施加两个载荷(预载荷和总载荷)作用下压入金属表面来进行。总载荷 P 为预载荷 P_0 及主载荷 P_1 之和，即 $P = P_0 + P_1$。洛氏硬度值是施加 P 并卸除 P_1 后，在 P_0 继续作用下，由 P_1 所引起的残余压入深度值 e 来计算。如图 11－2 所示，h_0 表示在预载荷 P_0 作用下，压头压入被测试件的深度。h_1 表示在已施加 P 并卸除 P_1，但仍保留 P_0 时，压头压入被测试件的深度。深度差 $e = h_1 - h_0$。

$$HRC = \frac{k - (h_1 - h_0)}{c}$$

式中　k——常数，采用金刚石压头时为 0.2，采用淬火钢球压头时为 0.26；

c——常数，代表指示器读数盘每一个刻度相当于压头压入被测试件的深度，其值为 0.002mm。

在实际应用中，试件的硬度值可以从硬度计指示器上直接读出，并不需要根据上述公式加以计算。

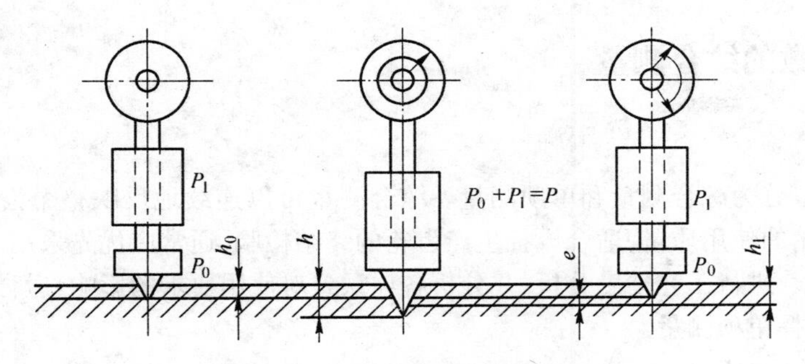

图 11－2　洛氏硬度测量原理图

实验时可按表 11－2 选择所用压头、载荷数值及有效测量范围。

表 11－2　洛氏硬度所用压头、载荷及测量范围

刻度符号	压　头	总载荷/kg	硬度符号	允许测量范围
B	ϕ1.588mm 淬火钢球	100	HRB	30～100
C	120°金刚石圆锥体	150	HRC	20～67
A	120°金刚石圆锥体	60	HRA	>70

11.1.4　实验内容

(1)根据表 11－3 所列项目要求,对试件进行各种热处理。

(2)对热处理过的试件测量其硬度值,并填入表 11－3 中。

(3)分析实验中存在的问题。

表 11－3　碳素钢淬火＋回火工艺表

材　料	45 钢		
淬前组织			
淬前硬度			
淬火温度	860℃		
加热时间			
保温时间			
淬火介质	水		
淬后硬度			
回火温度	200℃	400℃	600℃
保温时间			
回火后硬度			
正火温度	860℃		
正火硬度			
退火温度			
退火后硬度			

11.2　齿轮参数的综合测量

11.2.1　概述

齿轮的测量可分为综合测量和单项测量。综合测量可以连续地反映整个齿轮啮合的误差，较全面地评定齿轮的使用质量，适合成批生产齿轮的终结检验，通常应优先采用。为了揭示工艺过程中的误差因素，进行工艺精度分析，并分析各项误差对使用要求的影响，适合单件、小批量生产的齿轮，通常选择单项测量。

11.2.2　齿轮齿距偏差及齿距累积误差的测量

11.2.2.1　实验目的与要求

(1)了解测量齿距累积误差 ΔF_p 与齿距偏差 ΔF_{pt} 的目的。

(2)掌握 ΔF_p(齿距累积误差)与 ΔF_{pt}(齿距偏差)的测量方法及数据处理方法。

11.2.2.2　测量原理

齿距偏差 ΔF_{pt} 是指在分度圆上，实际齿距与公称齿距之差，可用于评定齿轮的工作平稳性。齿距累积误差 ΔF_p 是指在分度圆上，任意两个同侧齿面间的实际弧长与公称弧长的最大差值。齿距累积误差主要由几何偏心和运动偏心所引起，包含了径向误差和切向误差，能较全面地反映齿轮的运动精度。

ΔF_{pt} 和 ΔF_p 的测量方法有相对测量法和绝对测量法。用相对测量法时，首先以被测齿轮任意两相邻齿之间的实际齿距作为基准齿距调整仪器，然后按顺序测量各相邻的实际齿距相对于基准齿距之差，称为相对齿距差。各相对齿距差与相对齿距差平均值之代数差，即为齿距偏差。取其中绝对值最大者作为被测齿轮的齿距偏差 ΔF_{pt}，将它们逐个累积，即可求得被测齿轮的齿距累积误差 ΔF_p。

11.2.2.3　测量仪器

ΔF_{pt} 和 ΔF_p 可用图 11－3 所示的齿距检测仪(周节仪)进行相对测量。其分度值为 0.005mm，可测量模数为 3～15mm 中等精度的齿轮。测量时，两个定位支脚紧靠齿顶圆定位。活动测量头的位移通过杠杆传给指示表。

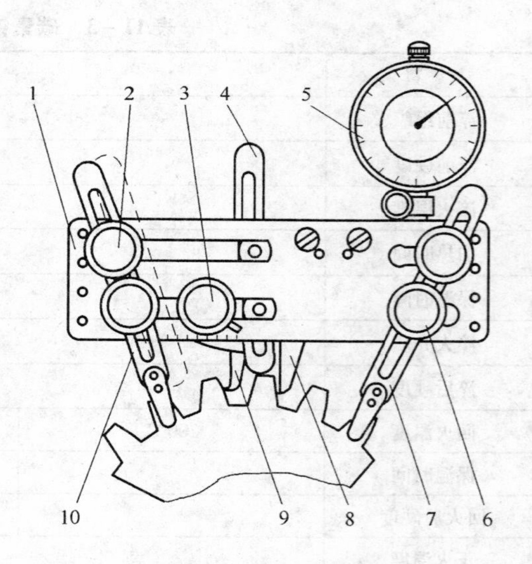

图 11－3　手提式周节仪

1—主体；2,3,6—固定螺钉；4—辅助支持爪；5—指示表；7,10—支持爪；8—活动测头；9—固定测头

11.2.2.4　测量步骤

(1)根据被测齿轮模数，调整齿轮仪的固定测头 9 并用螺钉锁紧。调节定位支脚，使测头 8、9 位于齿高中部的同一圆周上，并与两同侧齿面相接触，且指示表 5 的指针预压约一圈，锁紧螺钉。旋转表壳使指针对零。以此实际齿距作为基准齿距。

(2)逐齿测量各实际齿距相对于基准齿距的偏差，列表记录读数。

11.2.2.5　思考题

(1)测量 ΔF_p 和 ΔF_{pt} 的目的是什么？

(2)用相对法测量 ΔF_p 有哪些优缺点？

11.2.3　用跳动检查仪测量齿轮的齿圈径向跳动

11.2.3.1　实验目的与要求

(1)了解跳动检查仪的工作原理与使用方法。

(2)熟悉齿轮公差标准,判断齿圈径向跳动的合格性。

11.2.3.2　齿圈径向跳动的测量原理与测量方法

齿圈径向跳动 ΔF_r,用齿圈径向跳动检查仪测量如图 11－4 所示。在测量前根据被测齿轮模数的大小选择测头,以确保测头在齿高中部附近与齿面两边接触。被测齿轮借助心轴安装在顶尖座的顶尖上。指示表架可沿立柱升降和转动,测量斜齿轮时,应将指示表架转动一个角度。顶尖座安置在检查仪的支承滑板上,支承滑板借助手轮的转动可沿仪器导轨移动,以调整测头沿齿宽方向上的测量位置(亦可用于直齿轮齿向的测量)。

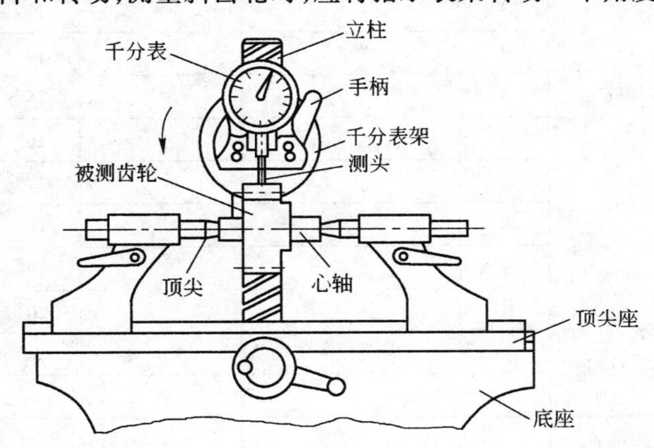

图 11－4　齿圈径向跳动检查仪

调整仪器,如图 11－5 所示状态。注意指示表指针压缩大约在指示范围中间,但不一定要对准零位。测量时,拨动提升手柄使测头从轮齿间抬起退出,转动被测齿轮一个齿,将测头放入另一齿间,此时算完成了一个测量位置。照此逐齿测量一周。记下每次指示表读数,一周中指示表指针最大变动范围即为齿圈径向跳动 ΔF_r。

根据齿圈径向跳动公差 F_r,判断被测齿轮的该项指标是否合格。

合格条件:$\Delta F_r \leq F_r$

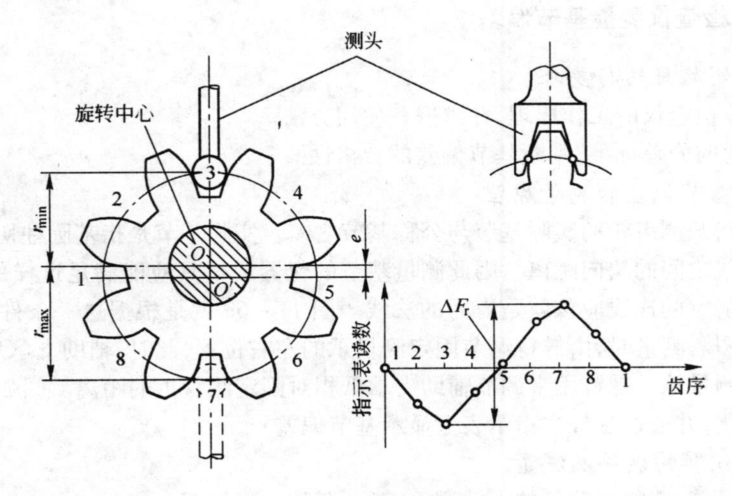

图 11－5　齿跳测量示意图

11.2.3.3　齿圈径向跳动测试报告

将齿圈径向跳动测试结果填入表 11－4 中。

表 11－4　齿圈径向跳动测量报告

量　仪	名　　称			分度值/mm		测量范围/mm
被测齿轮	件号	模数 m	齿数 z	压力角 α		
测量记录	齿序	读数/μm	齿序	读数/μm	齿序	读数/μm
	1		11		21	
	2		12		22	
	3		13		23	
	4		14		24	
	5		15		25	
	6		16		26	
	7		17		27	
	8		18		28	
	9		19		29	
	10		20		30	
测量结果	齿圈径向跳动 ΔF_r		合格性评判		理由	
测量者		日期		审阅者		日期

11.2.3.4　思考题

(1)测量齿圈径向跳动的目的是什么?

(2)如果 $\Delta F_r < F_r$,是否能足以说明被测齿轮的运动精度可满足使用要求?

11.2.4　用基节检查仪测量基节偏差

11.2.4.1　实验目的与要求

(1)了解基节检查仪的工作原理,并掌握其使用方法。

(2)熟悉齿轮的公差标准,判断基节偏差的合格性。

11.2.4.2　基节偏差的测量原理

基节偏差是指被测齿轮的实际基节与公称基节之差。实际基节是指基圆柱切平面所截两相邻同侧齿面的交线之间的法向距离。因此测量基节的仪器或量具应能满足这样的条件,即其测量头两同齿面接触点的连线应该就是齿面的法线。图 11－6a 就是根据这一条件而设计的点线式基节仪的外形图。测量时,由螺钉调节固定测量爪的左右位置,此时,辅助支承爪也一起移动,用螺钉锁紧固定测量爪。螺钉用来调节辅助支承爪相对固定测量爪的距离。圆弧形活动测量爪用以感受尺寸变化,并通过杠杆在指示表上显示基节偏差。

11.2.4.3　仪器的调整及测量

基节偏差测量前,要将基节仪的指针调至零位,调整步骤如下:

(1)计算理论基节:

$$f_{pb} = \pi m \cos\alpha$$

式中　m——被测齿轮模数;

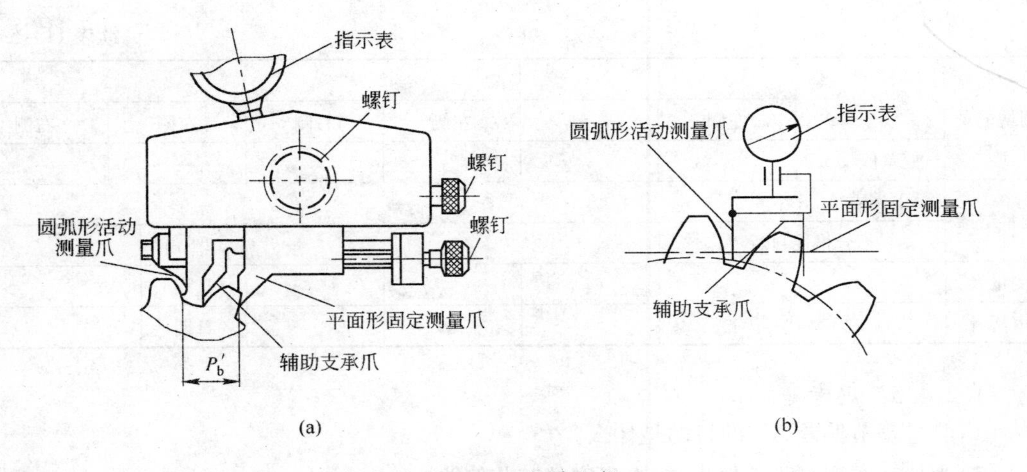

图 11－6　基节检查仪

(a)基节仪外形图;(b)原理图

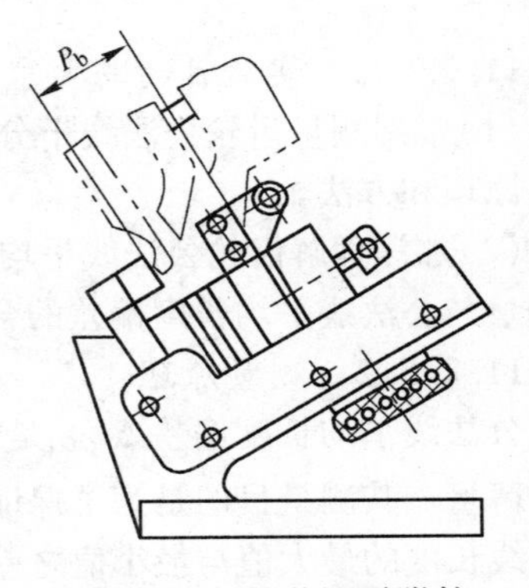

图 11－7　基节调零附件

α——被测齿轮压力角。

(2)按f_{pb}组合一组量块。

(3)将量块组夹在“基节调零附件”上,如图 11－7 所示。

(4)将基节仪放在调零附件上,调节固定测量爪与活动测量爪之间的距离,使之等于公称基节,此时指示表应在示值范围内出现。

(5)基节偏差的测量。如图 11－6b 所示,均匀测量同一齿轮左、右齿面各 5 个基节偏差,并将其填入实验报告中。

测量时应做到:认真调整辅助支承爪至固定测量爪的距离,以保证固定测量爪靠近齿顶部位与齿面相切,活动测量爪靠近齿根部位与齿面接触;为得到齿面间的法向距离,测量过程中要使基节仪绕齿面微微摆动,以获得指针的返回点,此点读数即为基节偏差值。

基节偏差合格性的判定:$-f_{pb} \leqslant \Delta f_{pb} \leqslant +f_{pb}$,即基节偏差在基节极限偏差范围之内为合格(注:生产中要求左、右齿面逐点测量)。

11.2.4.4　基节偏差测试报告

将测试结果填入表 11－5 中。

表 11－5　基节偏差测试报告

<table>
<tr><td rowspan="2">量　仪</td><td colspan="2">名　称</td><td colspan="2">指示表分度值/mm</td><td>测量范围/mm</td></tr>
<tr><td colspan="2"></td><td colspan="2"></td><td></td></tr>
<tr><td rowspan="5">被测齿轮</td><td>件号</td><td>模数 m</td><td>齿数 z</td><td>压力角 α</td><td></td></tr>
<tr><td></td><td></td><td></td><td></td><td></td></tr>
<tr><td colspan="5">基节公称尺寸</td></tr>
<tr><td colspan="5">块规组尺寸</td></tr>
<tr><td colspan="5">基节允许偏差</td></tr>
</table>

续表 11－5

测量记录	测量位置	1		2		3	
		左侧	右侧	左侧	右侧	左侧	右侧
	偏差值/μm						
测量结果	基节偏差 Δf_{pb}						
	合格性判断					理　由	
测量者						日期	
审阅者						日期	

11.2.4.5　思考题

（1）测量基节偏差 Δf_{pb} 的目的是什么？

（2）为什么要测量某一轮齿左、右齿廓的基节偏差？

11.2.5　齿轮公法线平均长度偏差即公法线长度变动的测量

11.2.5.1　实验目的与要求

（1）掌握测量齿轮公法线千分尺的使用方法；了解齿轮公法线长度变动与平均长度偏差的测量原理和方法。

（2）加深理解齿轮公法线平均长度偏差和齿轮公法线长度变动定义。判断齿轮公法线长度变动量与公法线平均长度偏差的合格性。

11.2.5.2　测量原理

公法线平均长度偏差 ΔE_{Wm} 是指在齿轮一周内，公法线长度平均值与公称值之差，它反映齿厚减薄量。其测量目的是为了保证齿侧间隙。公法线长度变动 ΔF_W 是指齿轮一周范围内，实际公法线长度的最大值与最小值之差，反映齿轮加工中切向误差引起的齿距不均匀性，故可用于评定齿轮的运动精度。

测量公法线平均长度偏差时，需先计算被测齿轮公法线长度的公称值 W，然后按 W 值组合量块，用于调整两量爪之间的距离。沿齿圈一周每次跨过一定齿数进行测量，所得读数的平均值与公称值之差，即为 ΔE_{Wm} 值。

11.2.5.3　测量仪器及步骤

测量公法线长度变动时，按选定的跨齿数 n，使两量爪的测量平面分别与第 1 和第 n 齿的异名齿廓相切。调节两量爪的距离使指示表压缩约两圈，并将指针对零。沿齿圈一周，进行测量，所得读数中的最大值与最小值之差，即为 ΔF_W 值。

对于齿形角 $\alpha=20°$ 的直齿圆柱齿轮，公法线长度 W 和跨齿数 n 可用下式计算：

$$W = m[2.952(n-0.5)+0.014z]$$

$$n = 1/9z+0.5 \approx 0.111z+0.5$$

式中　z——齿数；

m——模数，mm。

图 11－8 为用公法线千分尺测量的示意图。

（1）首先按被测齿轮的模数和齿数，计算出公法线长度公称值 W 和跨齿数 n，如图 11－8a 所示。

（2）调整仪器，将调好的仪器置于轮齿上，使固定测头与齿廓相切，如图 11－8b 所示。摆动基节仪，找出最小读数（回转点）。此最小读数即为所测基节相对于公称基节的偏差。将齿轮沿

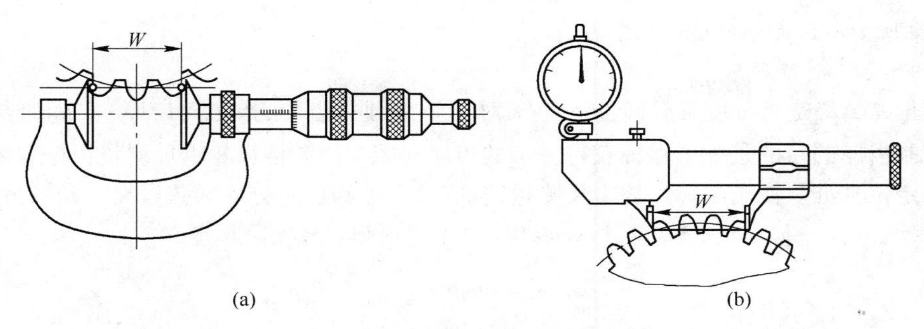

(a)　　　　　(b)

图 11－8　公法线千分尺测量示意图

圆周分成若干等份，分别在每一等份内对某一轮齿左、右齿廓的基节偏差进行测量。

（3）沿被测齿轮整个齿圈逐齿测量公法线长度后，取其测量结果的最大值与最小值之差作为公法线长度变动量 ΔF_W。

（4）齿轮公法线长度变动与公法线平均长度偏差的合格性：

$$\Delta F_W \leqslant F_W \quad \text{（公法线长度变动公差）}$$

（5）填写齿轮公法线长度变动与公法线平均长度偏差的测试报告（见表 11－6）。

表 11－6　齿轮公法线长度变动与平均长度偏差测试报告

<table>
<tr><td rowspan="2">量　仪</td><td colspan="3">名　称</td><td colspan="4">分度值/mm</td><td colspan="3">测量范围/mm</td></tr>
<tr><td colspan="3"></td><td colspan="4"></td><td colspan="3"></td></tr>
<tr><td rowspan="5">被测齿轮</td><td>件　号</td><td colspan="2">模数 m</td><td colspan="2">齿数 z</td><td colspan="2">压力角 α</td><td colspan="3">齿轮公差标注</td></tr>
<tr><td></td><td colspan="2"></td><td colspan="2"></td><td colspan="2"></td><td colspan="3"></td></tr>
<tr><td colspan="10">公法线长度变动公差 F_W</td></tr>
<tr><td colspan="5">跨齿数 n</td><td colspan="5">公法线公称长度 W</td></tr>
<tr><td colspan="5">公法线平均长度的上偏差 F_{Ws}</td><td colspan="5">公法线平均长度的下偏差 F_{Wi}</td></tr>
<tr><td rowspan="2">测量记录</td><td>序　号</td><td>1</td><td>2</td><td>3</td><td></td><td></td><td></td><td></td><td></td><td></td></tr>
<tr><td>公法线
长度/mm</td><td></td><td></td><td></td><td></td><td></td><td></td><td></td><td></td><td></td></tr>
<tr><td rowspan="4">测量结果</td><td colspan="10">公法线长度变动 ΔF_W</td></tr>
<tr><td colspan="10">公法线平均长度 $\overline{W}$</td></tr>
<tr><td colspan="10">公法线平均长度偏差 ΔF_W</td></tr>
<tr><td>合格性判断</td><td colspan="4"></td><td colspan="2">理　由</td><td colspan="3"></td></tr>
<tr><td>测量者</td><td colspan="6"></td><td>日期</td><td colspan="3"></td></tr>
<tr><td>审阅者</td><td colspan="6"></td><td>日期</td><td colspan="3"></td></tr>
</table>

11.2.5.4　思考题

（1）测量 ΔF_W 和 ΔE_{Wm} 的目的是什么？

（2）若 $\Delta F_W < F_W$，是否能足以说明被测齿轮的运动精度已满足使用要求？

11.2.6　用游标齿轮卡尺测量齿轮分度圆齿厚偏差

11.2.6.1　实验目的与要求

（1）了解测量齿厚偏差 ΔE_S 的目的。

(2)掌握齿厚偏差 ΔE_S 的测量方法。

11.2.6.2　测量原理

齿厚偏差 ΔE_S 是指分度圆柱面上,齿厚(对于斜齿圆柱齿轮,指法向齿厚)实际值与公称值之差。控制齿厚的目的是为了保证获得一定的齿侧间隙。用游标齿轮卡尺测量齿厚偏差是以齿顶圆作为定位基准。使用游标齿轮卡尺测量前,应计算被测齿轮分度圆弦齿高 h_f 和弦齿厚 s_f:

$$h_f = m[1 + z/2(1 - \cos 90°/z) + \text{齿顶圆直径实际偏差}/2]$$

$$s_f = zm\sin\frac{90°}{z}$$

式中　m——被测齿轮模数;

　　　z——被测齿轮齿数。

11.2.6.3　仪器使用及测量方法

测量齿轮分度圆齿厚偏差,先将高度尺调节为分度圆弦齿高,并固紧,再将高度尺工作面与轮齿的齿顶接触,移动宽度尺(或水平游标框架)至两量爪与齿面接触为止。此时,宽度尺(或水平游标尺)上的读数为分度圆弦齿厚。

图 11－9 为游标齿轮卡尺示意图。它与普通游标尺的不同点在于多一垂直游标尺。

齿厚偏差 ΔE_s 为分度圆柱面上齿厚的实际值与公称值之差。可对被测齿圈上每隔 90°测量一个齿厚(或按规定点测量),取其中偏差值最大者为齿厚的实际偏差。

由于分度圆齿厚偏差近似等于分度圆齿厚偏差,分度圆齿厚偏差(ΔE_s)为齿厚实际值与公称值之差。

分度圆齿厚偏差合格性判定:

$$E_{si} \leqslant \Delta E_s \leqslant E_{ss}$$

式中　E_{si},E_{ss}——分别为齿厚上、下偏差。

齿轮分度圆齿厚偏差测试报告见表 11－7。

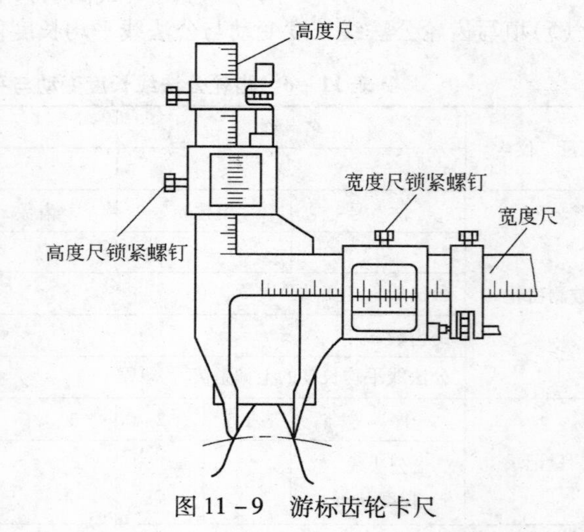

图 11－9　游标齿轮卡尺

表 11－7　齿轮分度圆齿厚偏差测试报告

<table>
<tr><td rowspan="2">量　仪</td><td colspan="2">名　称</td><td colspan="2">分度值/mm</td><td>测量范围/mm</td></tr>
<tr><td colspan="2"></td><td colspan="2"></td><td></td></tr>
<tr><td rowspan="5">被测齿轮</td><td>件　号</td><td>模数 m</td><td>齿数 z</td><td>压力角 α</td><td>齿轮公差标注</td></tr>
<tr><td></td><td></td><td></td><td></td><td></td></tr>
<tr><td colspan="2">齿顶圆公称直径/mm</td><td colspan="2">齿顶圆实际直径/mm</td><td>齿顶圆实际偏差/mm</td></tr>
<tr><td colspan="2"></td><td colspan="2"></td><td></td></tr>
<tr><td colspan="2">测量简图</td><td colspan="2">被测参数计算
h_f
s_f</td><td>齿厚极限偏差/μm
E_{ss}
E_{si}</td></tr>
</table>

续表 11－7

测量记录	序 号	1	2	3	4				
	实测齿厚 s_f/mm 实测齿厚偏差 ΔE_s/mm								
测量结果	合格性判断								
	理 由								
测量者					日期				
审阅者					日期				

11.2.6.4 思考题

(1)测量 ΔE_s的目的是什么？

(2)当齿顶圆存在加工误差时,为什么要修正公式计算 h_f？

11.3 机械运动参数的测定综合实验

11.3.1 实验目的

(1)通过实验,了解位移、速度、加速度的测定方法；角位移、角速度、角加速度的测定方法；转速及回转不匀率的测定方法。

(2)通过实验,初步了解"MEC－B 机械动态参数测试仪"及光电脉冲编码器、同步脉冲发生器(或称角度传感器)的基本原理,并掌握它们的使用方法。

(3)通过比较理论运动线图与实测运动线图的差异,并分析其原因,增加对速度、角速度,特别是加速度、角加速度的感性认识。

(4)比较曲柄导杆滑块机构与曲柄滑块机构的性能差别。

11.3.2 实验设备

本实验的实验系统如图 11－10 所示,它由以下设备组成：

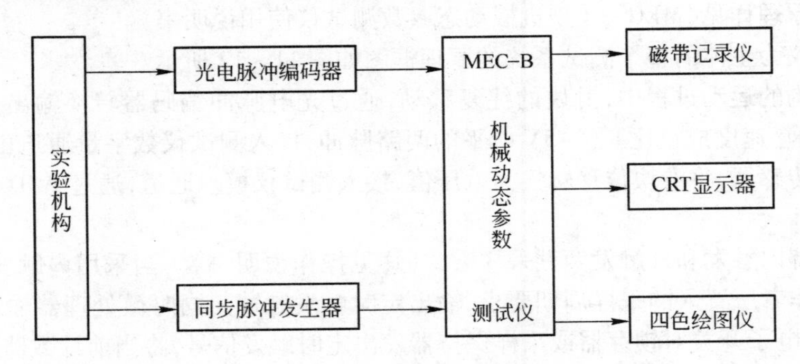

图 11－10 MEC－B 机械动态参数测试实验系统

(1)实验机构；

(2)MEC－B 机械动态参数测试仪；

(3)PP－40 四色绘图仪；

(4)磁带记录仪(普通家用录音机)；

(5)光电脉冲编码器(也可采用其他各种数字式或模拟式传感器);

(6)同步脉冲发生器(或称角度传感器)。

11.3.3 工作原理

11.3.3.1 实验机构

本实验机构为曲柄滑块机构及曲柄导杆滑块机构(也可采用其他各类实验机构),其原动力采用直流调速电机,电机转速可在 0 ~ 3600r/min 范围作无级调速。经蜗杆蜗轮减速器减速,机构的曲柄转速为 0 ~ 120r/min。

图 11 - 11 所示为实验机构的简图,利用往复运动的滑块推动光电脉冲编码器,输出与滑块位移相当的脉冲信号,经测试仪处理后得到滑块的位移、速度及加速度。图 11 - 11a 为曲柄滑块机构的结构形式,图 11 - 11b 为曲柄滑块导杆机构的结构形式,后者是前者经过简单的改装而得到的。在本装置中已配有改装所必备的零件。

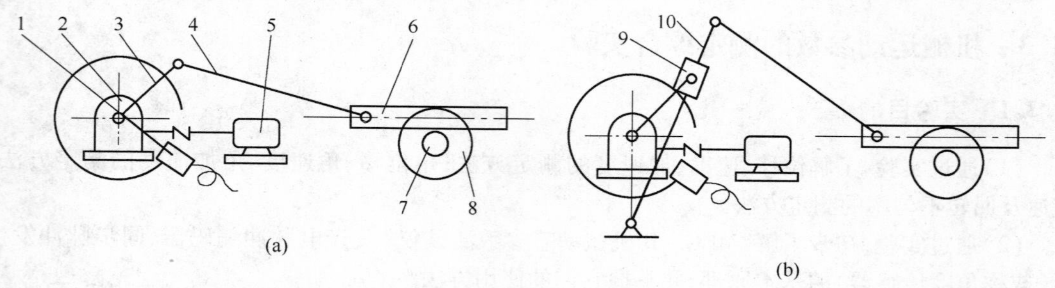

图 11 - 11 实验机构简图

(a)曲柄滑块机构;(b)曲柄滑块导杆机构

1—同步脉冲发生器;2—蜗轮减速器;3—曲柄;4—连杆;5—电机;6,9—滑块;7—齿轮;8—光电脉冲编码器;10—导杆

11.3.3.2 MEC - B 机械动态参数测试仪

MEC - B 型机械动态参数测试仪是以机械运动量的测量为主,具有较强通用性的智能化仪器。其结构和原理详见《MEC - B 型机械动态参数测试仪使用说明书》。

以本测试仪为主体的整个测试系统的原理框图如图 11 - 12 所示。

在实验机构的运动过程中,滑块的往复移动,通过光电脉冲编码器转换输出具有一定频率(频率与滑块往复速度成正比)、0 ~ 5V 电平的两路脉冲,接入测试仪数字量通道由计数器计数。也可采用模拟传感器,将滑块位移转换为电压值,接入测试仪模拟通道,通过 A/D 转换口转变为数字量。

测试仪具有内触发和外触发两种采样方式(详见操作说明书)。当采用内触发方式时,可编程定时器按操作者所置入的采样周期要求,输出定时触发脉冲。同时微处理器输出相应的切换控制信号,通过电子开关对锁存器或采样保持器发出定时触发信号,将当前计数器的计数值或模拟传感器的输出电压值保持。经过一定延时,由可编程并行口或 A/D 转换读入微处理器中,并按一定格式存储在微处理器内 RAM 区中。若采用外触发采样方式,可通过同步脉冲发生器将机构曲柄的角位移(2°、4°、6°、8°、10°)信号转换为相应的触发脉冲,并通过电子开关切换发出采样触发信号。利用测试仪的外触发采样功能,可获得以机构主轴角度变化为横坐标的机构运动线图。

机构的速度、加速度数值由位移经数值微分和数字滤波得到。与传统的 R - C 电路测量法

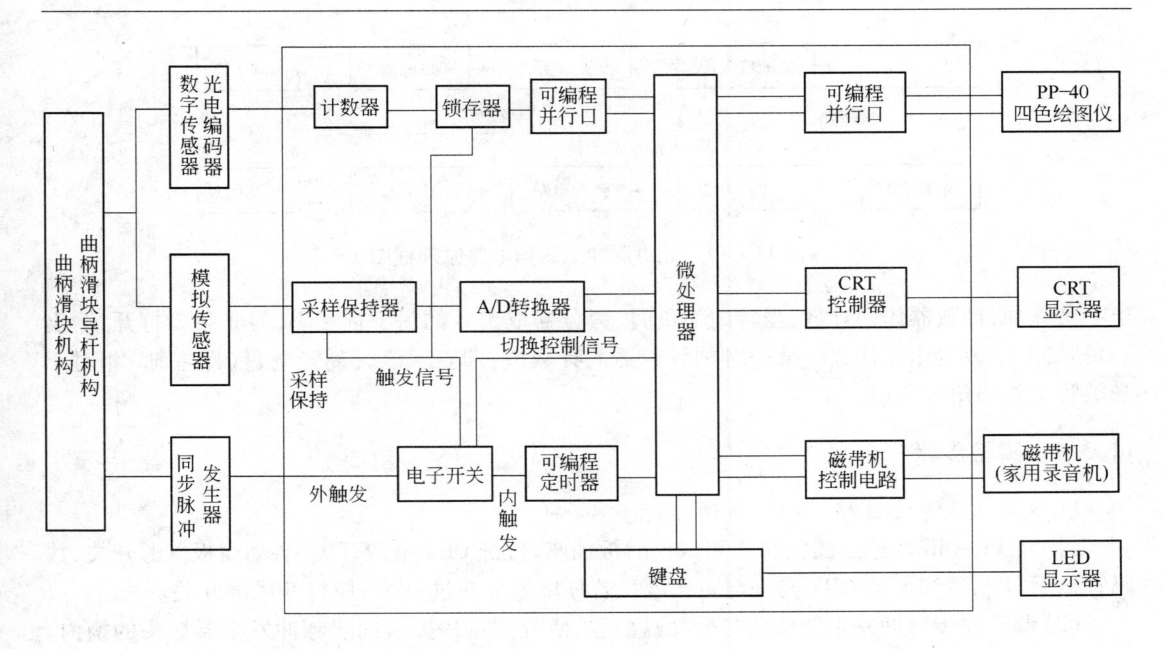

图 11 - 12　测试系统原理图

或分别采用位移、速度、加速度测量仪器的系统相比,具有测试系统简单、性能稳定可靠、附加相位差小、动态响应好等优点。

本测试系统测试结果不但可以以曲线形式输出,还可以直接打印出各点数值,克服了以往测试方法必须对记录曲线进行人工标定和数据处理,而带来较大的幅值误差和相位误差等问题。

MEC - B 测试仪由于采用微处理机及相应的外围设备,因此在数据处理的灵活性和结果显示、记录、打印的便利、清晰、直观等方面明显优于非微机化的同类仪器。另外,操作命令采用代码和专用键相结合,操作灵活方便。

11.3.3.3　光电脉冲编码器

光电脉冲编码器又称增量式光电编码器,它是采用圆光栅通过光电转换将轴转角位移转换成电脉冲信号的器件。它由灯泡、聚光透镜、光电盘、光栏板、光敏管和光电整形放大电路组成,如图 11 - 13 和图 11 - 14 所示。光电盘和光栏板是用玻璃材料经研磨、抛光制成。在光电盘上用照相腐蚀法制成一组径向光栅,他们与光电盘透光条纹的重合性差 1/4 周期。光源发出的光线经聚光透镜聚光后,发出平行光。当主轴带动光电盘一起转动时,光敏管就接收到光线亮、暗变化的信号,引起光敏管所通过的电流发生变化,输出两路相位差 90°的近似正弦波信号,它们经放大、整形得到两路相位差 90°的主波 d 和 d′。d 路信号经微分后加到两个与非门输入端作为触发信号;d′路经反相器反相后得到两个相位相反的方波信号,分别送到与非门,剩下的两个输入端作为门控信号,与非门的输入端即为光电脉冲编码器的输出信号端,可与双时钟可逆计数的加、减触发端相接。当编码器转向为正时(如顺时针),微分器取出 d 的前沿 A,与非门 1 打开,输

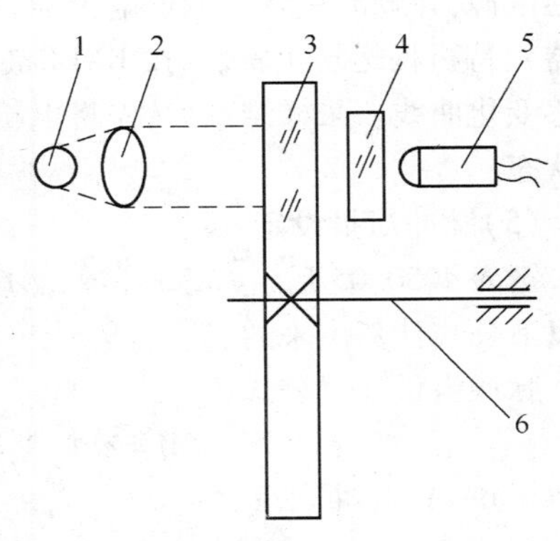

图 11 - 13　光电脉冲编码器结构原理图
1—灯泡;2—聚光透镜;3—光电盘;
4—光栏板;5—光敏管;6—主轴

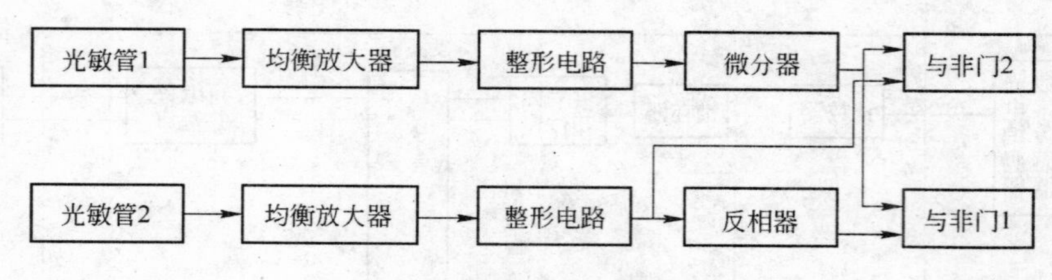

图 11－14　光电脉冲编码器电路原理框图

出一负脉冲，计数器作加计数；当转向为负时，微分器取出 d 的另一前沿 B，与非门 2 打开，输出一负脉冲，计数器作减计数。某一时刻计数器的计数值，即表示该时刻光电盘（即主轴）相对于光敏管位置的角位移量。

11.3.4　实验步骤

11.3.4.1　滑块位移、速度、加速度测量

（1）将 PP－40 四色绘图仪接入测试仪后板插座，打开 CRT 电源开关，启动面板电源开关，数码管显示“P”，适当调整 CRT 亮度与对比度。若环境温度超过 30℃，应打开风扇开关。

（2）调整同步脉冲发生器接头与分度盘位置，使分度盘片插入同步脉冲发生器探头的槽内。拨动联轴器使分度盘转动，每转 2°（即一个光栅），测试仪上的绿色指示灯闪烁一次；每转一圈，红灯闪烁一次。一般第一次调好后即可，不需每次都调。

（3）将光电编码器输出 5 芯插头及同步脉冲发生器输出插头分别插入测试仪 5 通道及 9 通道插座，在 LED 数码显示器上键入 $0055T_1T_2$（$T_1T_2\times0.1$ms 即代表采样周期，T_1T_2 为 01～99 间任一整数）。

若采用外触发（即定角度）采样方式，则键入 $0455T_1$（$T_1=1\sim5$，分别表示触发角为 2°、4°、6°、8°、10°）。

（4）启动机构，在机构电源接通前，应将电机调速电位器逆时针旋转至最低速位置，然后再接通电源，并顺时针转动调速电位器，逐渐增大转速至所需值（否则易烧断保险丝，甚至损坏调速器），待机构运转正常后，按 EXEC 键，仪器进入采样状态。采样结束后，在 CRT 显示屏上显示位移变化曲线。采样结束后，先将电机调速至“零速”，然后再关闭机构电机，按 MON 键退出采样状态。

（5）脉冲当量设定：

键入 4050.05 后，按 EXEC 键，然后按 MON 键。“0.05”为光电脉冲编码器的脉冲当量，它是按以下公式计算出来的。

脉冲当量计算公式：

$$M=\pi\Phi/N=0.05026\text{mm/脉冲（取为 0.05）}$$

式中　M——脉冲当量；

Φ——齿轮分度圆直径（现配齿轮 $\Phi=16$mm）；

N——光电脉冲编码器每周期脉冲数（现配编码器 $N=1000$）。

（6）位移、速度、加速度计算：键入 505n，n 为采样位移曲线周期数，一般为 2～3。按 EXEC 键，仪器对通道已采集的位移数据进行数值微分、滤波、标定等处理，待处理结束后在 CRT 显示屏上显示位移、速度、加速度变化曲线及有关特征值数据。

（7）打印：按 PRINT 键，即可将屏幕内容拷贝到打印机纸上。打印结束后，按 MON 键退出当前状态。

11.3.4.2 角位移、角速度、角加速度测量

本实验以曲柄为测试对象,其步骤如下:

(1)同步脉冲发生器调整方法同上。

(2)将转接线的5芯航空插头接入测试仪第6通道,另一头插入J_1,键入0066T_1T_2(定义同前)后,按EXEC键。

采样结束后CRT显示采样角位移曲线。按MON键退出采样。

注:采用上述方法测曲柄角位移时,无外触发采样功能。

(3)脉冲当量设定:键入4062.0(2.0表示2°)。

(4)角位移、角速度、角加速度计算:

键入506n后按EXEC键。

n的意义同前。此时取值与曲柄转速和采样周期有关,应加以计算后确定。一般可预置一个估计值,计算后看一下角速度变化周期数,然后再重新计算即可。若采样时T_1T_2与滑块运动规律测试时相同,则n值也同样。

(5)打印:同11.3.4.1节。

11.3.4.3 转速及回转不匀率测量

(1)将同步脉冲发生器调整好,并将5芯航空插头插入第9通道。

(2)转速测量:

键入指令300 EXEC;

该指令执行后,在LED显示器上不断间隔显示被测轴当时的平均转速。按RESET键,结束测试过程,返回等待状态"P"。

(3)回转不匀率测量:

键入指令3199T_2 EXEC。

如表11-8所示,若键入$T_2=1$则表示每隔2°触发采样一次转速值,所测各点速度值即为采样瞬时被测轴每转过2°的平均值;若键入$T_2=5$,则表示每转过10°的平均值。显而易见,对同一被测轴,若存在有回转不匀问题,则键入$T_2=1$与$T_2=5$所得结果是有所差别的。被测轴回转越不稳定,它们的差别一般越大。T_2应取多少,由具体情况而定。在允许范围内T_2应尽可能小。

测试结束后,在CRT上显示回转不匀率动态曲线及特征值。

(4)打印:按PRINT键即可。

表11-8 回转不匀率测量对照表

角度代码T_2	1	2	3	4	5
分度角/(°)	2	4	6	8	10
转速范围/$r \cdot min^{-1}$	2~400	3~800	4~1200	6~1600	7~2000

11.3.5 思考题

(1)分析曲柄滑块导杆机构机架长度及滑块偏置尺寸对运动参数的影响。

(2)测绘曲柄滑块机构(或曲柄滑块导杆机构)的简图尺寸,利用计算机求出滑块的运动参数,绘出运动线图,与实测曲线进行对比。

(3)分析曲柄滑块机构及曲柄滑块导杆机构的滑块运动线图的异同点。

11.4 减速器的拆装测绘综合实验

11.4.1 实验目的

(1)了解减速器结构,熟悉装配和拆卸方法。

(2)通过拆装,掌握轴和轴承部件的结构。

(3)了解减速器各个附件的名称、结构、安装位置和作用。

11.4.2 实验设备

单级圆柱齿轮减速器、两级三轴圆柱齿轮减速器、两级圆锥圆柱齿轮减速器、单级蜗杆减速器。

11.4.3 拆装工具和测量工具

活扳手、套筒扳手、榔头、内外卡钳、游标卡尺、钢板尺。

11.4.4 减速器的构造和类型

减速器是一种由封闭在刚性壳体内的齿轮传动、蜗杆传动或齿轮-蜗杆传动等所组成的独立部件,常用在动力机与工作机之间,作为减速的传动装置;在少数场合下也用作增速的传动装置,这时就称为增速器。减速器由于结构紧凑、效率较高、传递运动准确可靠、使用维护简单,并可成批生产,故在现代机械中应用很广。

11.4.4.1 减速器的类型

减速器的种类很多,按照传动和结构特点可分为:齿轮减速器、蜗杆减速器和行星齿轮减速器、摆线针轮减速器和谐波齿轮减速器;按照传动级数不同可分为:单级和多级减速器;按照传动的布置形式又可分为:展开式、分流式和同轴式减速器。

11.4.4.2 减速器构造

减速器的基本结构由轴系部件、箱体及附件三大部分组成。

(1)轴系部件:轴系部件包括传动件、轴和轴承组合。

1)传动件。减速器箱体外部传动件有链轮、带轮等;箱体内部传动件有圆柱齿轮、圆锥齿轮、蜗杆蜗轮等。传动件决定减速器的技术特性,通常根据传动件种类确定减速器类型。其基本类型有圆柱齿轮减速器、圆锥齿轮减速器、蜗杆蜗轮减速器等。

2)轴。传动件装在轴上以实现回转运动和传递功率。通常采用阶梯轴,传动件和轴以平键连接。

3)轴承组合。轴承组合包括轴承、轴承端盖、密封装置以及调整垫片等。

轴承一般都采用滚动轴承。

轴承端盖用来固定轴承,承受轴向力,调整轴承间隙。轴承端盖有嵌入式和凸缘式两种。凸缘式调整轴承间隙方便,密封性能好,用得较多。

密封装置用来防止灰尘等杂质侵入轴承,以及防止润滑剂外漏。

调整垫片用来调整轴承间隙及调整传动件的轴向位置。

(2)箱体:减速器箱体用来支持和固定轴系零件,保证传动件的啮合精度、良好润滑及密封。一般采用铸造箱体,也可以采用焊接箱体,多用于单件、小批生产。

箱体从结构形式上可分为剖分式箱体和整体式箱体。剖分式箱体的剖分面多为水平面,与传动件轴心线平面重合。一般减速器只有一个剖分面。

(3)附件:为了完善减速器的性能及便于搬运、拆装等,需要在减速器箱体上设置某些装置或零件,统称为附件。包括视孔与视孔盖、通气器、油标、放油螺塞、定位销、启盖螺钉、吊运装置、油杯等。

11.4.5　实验内容

(1)了解铸造箱体的结构。

(2)观察了解轴承部件的安装、拆卸、固定、调整对结构的要求。

(3)观察了解减速器附件的作用、结构和安装位置。

(4)了解轴承的润滑方式和密封装置,包括外密封的形式。轴承内侧挡油环、封油环的工作原理及其结构和安装位置。

(5)了解轴承的组合结构以及轴承的拆、装、固定和轴向游隙的调整;测绘高速轴及轴承部件的结构草图。

11.4.6　实验步骤

(1)卸下轴承端盖的螺钉,取下轴承端盖和调整垫片。

(2)卸下上、下箱体连接螺栓及轴承旁连接螺栓,拔出定位销,利用启盖螺钉打开箱体上盖。

(3)观察分析轴系部件的结构,并思考如下问题:对轴向游隙可调的轴承应如何进行调整?轴承是如何进行润滑的?如箱盖的结合面上有油沟,则箱盖应采取怎样的结构才能使飞溅在箱壁上的油流回到箱座上的回油槽中?油槽有几种加工方法?为了使润滑油经油槽进入轴承,轴承盖端面的结构应如何设计?在何种条件下滚动轴承的内侧要用挡油环或封油环?其工作原理、构造和安装位置如何?

(4)测量相关尺寸,填入表11-9。

(5)测绘高速轴及其支撑部件的结构草图。

表11-9　减速器拆装实验数据记录表

名　称	符　号	尺寸/mm
中心高	H	
箱盖凸缘的厚度	b_1	
箱座上凸缘的厚度	b_2	
箱座底凸缘的厚度	b_3	
箱座底凸缘的宽度	b_4	
凸台高度	h	
上筋板厚度	m_1	
下筋板厚度	m_2	
大齿轮端面与箱体内壁的距离	Δ_1	
大齿轮顶圆与箱体内壁之间的距离	Δ_2	
轴承端面至箱内壁之间的距离	C_1	
轴承端面至箱内壁之间的距离	C_2	
轴承端盖外直径	D	
传动比	i	

注意事项：

(1)拆装过程中把零件放到适当的位置，不乱丢。

(2)做完实验后要向老师汇报，老师检查完后才可以离开。

(3)实验完毕将仪器放回原处，把桌椅板凳摆放整齐。

11.4.7　思考题

(1)如何保证箱体支撑具有足够的刚度？

(2)轴承座两侧的上、下箱体连接螺栓应如何布置？

(3)如何减轻箱体的重量和减少箱体加工面积？

(4)各辅助零件有何用途，安装位置有何要求？

11.5　机械加工精度测量与分析综合实验

11.5.1　实验目的

(1)掌握应用统计分析法(包括分布曲线法和点图法)研究机械加工精度。

(2)通过对加工误差的分析，从而将两大类加工误差分开，确定变值系统性误差的数值和随机性误差的范围，从而找出造成加工误差的主要因素，以便采取相应的措施提高零件的加工精度。

11.5.2　实验方法

本实验采用统计分析法，它是以现场与实际测量所得的数据为基础，应用概率论理论和统计学的原理，确定在一定加工条件下，一批零件加工误差的大小及分布情况。这种方法不仅可以指出系统性误差的大小和方向，同时还可以指出各种随机性误差因素对加工精度的综合影响。由于这种方法是建立在对大量实测数据进行统计的基础上，故一般只能用于调整法加工的成批、大量生产之中。

11.5.3　分布曲线法

11.5.3.1　使用的机床和工具

(1)M1020 无心磨床一台；

(2)外径千分尺一把；

(3)用贯穿法磨削 200 个轴类试件，如图 11－15 所示。

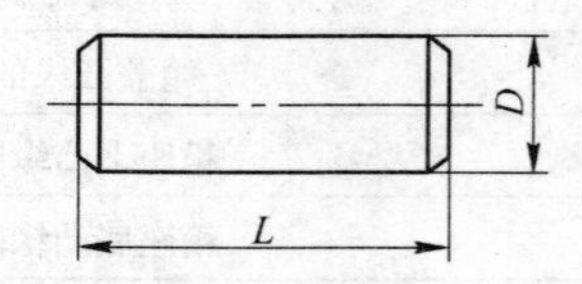

图 11－15　试件图

11.5.3.2　实验原理

在加工过程中，由于随机性误差和变值系统性误差的存在，使一批工件的尺寸各异。通过测量一批工件的加工尺寸，可画出频数直方图。若所取工件数量较大，组距较小，直方图就接近于分布曲线。在没有显著的变值系统性误差的情况下，即工件的误差是由很多相互独立的微小随机因素所组成，则工件的尺寸符合正态分布。正态分布曲线的图形如图 11－16 所示。图中以尺寸分布中心为坐标原点。其方程式为：

$$y=\frac{1}{\sigma\sqrt{2\pi}}e^{-\frac{x^2}{2\sigma^2}} \tag{11-1}$$

式中　y——尺寸分布曲线的分布密度；

x——各零件实测尺寸；

σ——均方根误差：

$$\sigma = \sqrt{\frac{\sum_{i=1}^{n}(x_i - \bar{x})^2}{n}}$$

$\bar{x}$——平均尺寸，$\bar{x} = \frac{1}{n}\sum_{i=1}^{n} x_i$；

n——一批零件总数。

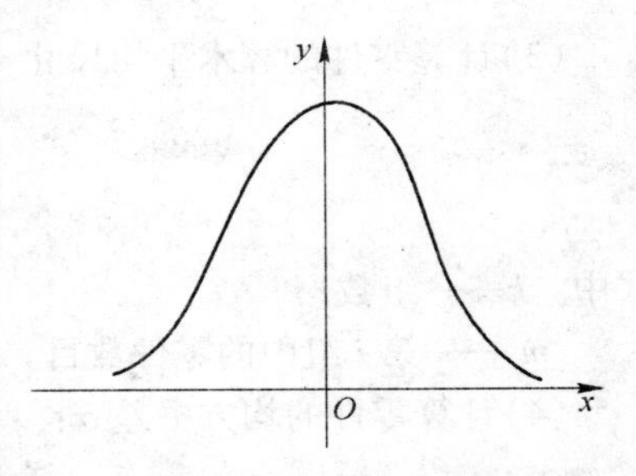

图 11－16 正态分布曲线

欲求任意尺寸范围内所有零件占全部零件的百分比（即频率），可通过相应的定积分求得。例如，求 $\pm(x/\sigma)$ 范围内的面积 A，可积分如下：

$$A = \frac{1}{\sqrt{2\pi}}\int_{-\frac{x}{\sigma}}^{\frac{x}{\sigma}} e^{-\frac{x^2}{2\sigma^2}} d\left(\frac{x}{\sigma}\right) \quad (11-2)$$

各种不同的 x/σ 值时的函数 A 可由表 11－10 查得。

表 11－10 各种不同的 $\frac{x}{\sigma}$ 值的函数 A

x/σ	A	x/σ	A
0.1	0.0796	2.5	0.9876
0.5	0.3830	3	0.9973
1	0.6826	3.5	0.9995
2	0.9544	4	0.9999

由上述部分积分表的数值可知，随机性误差出现在 $x = \pm 3\sigma$ 以外的概率仅占 0.27%，这个数值很小，故可以认为随机性误差的实用分散范围就是 $\pm 3\sigma$。就是说，6σ 的大小代表了某一种加工方法在规定的条件下所能达到的加工精度。

欲画出正态分布曲线，不仅要知道 σ 值，还要求出分布密度的最大值（即 y_{max}）和曲线的两个拐点的坐标。

通过对方程式（11－1）的数学运算可以求得：

$$y_{max} = \frac{1}{\sigma\sqrt{2\pi}} \quad (11-3)$$

拐点坐标为：$x = \pm\sigma$，如图 11－17 所示。则：

$$y = \frac{1}{\sigma\sqrt{2\pi e}} \quad (11-4)$$

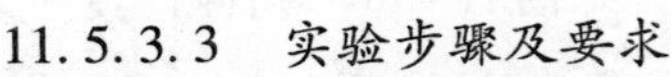

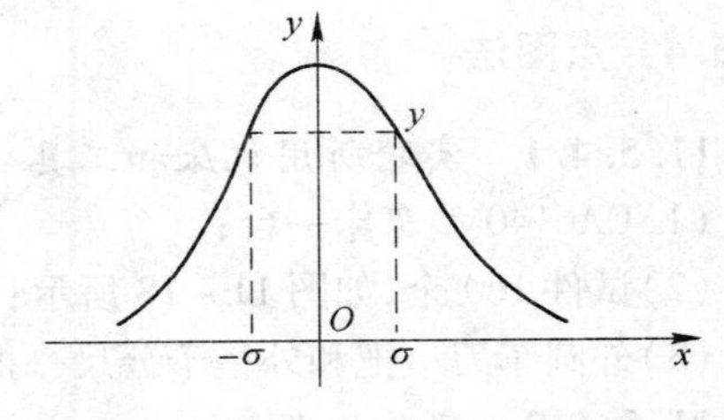

图 11－17 正态分布密度的最大值和拐点

11.5.3.3 实验步骤及要求

（1）在无心磨床上加工 200 个零件。

（2）测量已加工零件的尺寸，把上面所测得全部尺寸范围划分成若干相等的间距，并求出每一间隔的平均尺寸 x_i：

$$x_i = (\text{间隔最大尺寸} + \text{间隔最小尺寸})/2$$

按尺寸间隔将零件分组，并按每一间隔尺寸中零件数目，求出每一间隔尺寸零件出现的频率：

$$\text{频率} = \text{每一间隔尺寸零件数目}/n \ (n = 200)$$

将上面所得数据记入表中（同学自己画此表）。

(3)计算零件的算术平均尺寸 $\bar{x}$：

$$\bar{x} = \frac{\sum_{i=1}^{k} x_i m_i}{n}$$

式中　k——组数；

m_i——第 i 组中的零件数目。

(4)计算零件的均方根差 σ：

$$\sigma = \sqrt{\frac{\sum_{i=1}^{n} (x_i - \bar{x})^2 \cdot m_i}{n}}$$

(5)以零件尺寸为横坐标,某尺寸间隔中零件出现的频率为纵坐标,绘出零件尺寸实际分布曲线。在同一张图上绘出相应的(具有相同的 x 和 σ 值)正态分布曲线,并进行比较。

(6)计算工艺能力系数 C_p:工艺能力是用工艺能力系数 C_p 来表示的,它是工序公差 T 与实际加工误差(分散范围 6σ)之比,即:

$$C_p = T/(6\sigma)$$

根据工艺能力系数 C_p 的大小,可将工艺分为 5 级,见表 11－11。

表 11－11　工艺等级

工艺能力指数	工艺等级	说　明
$C_p > 1.67$	特等工艺	工艺能力过高,允许有异常波动,不一定经济
$1.67 \geq C_p > 1.33$	一级工艺	工艺能力足够,允许有一定的异常波动
$1.33 \geq C_p > 1.00$	二级工艺	工艺能力勉强,必须密切注意
$1.00 \geq C_p > 0.67$	三级工艺	工艺能力不足,可能出少量不合格品
$0.67 \geq C_p$	四级工艺	工艺能力很差,必须加以改进

根据工艺能力系数 C_p 判断工艺能力属于哪种等级。

11.5.4　点图法

11.5.4.1　实验所用机床和工具

(1)CA6140 型车床一台;

(2)试件 160 个,如图 11－18 所示;

(3)外圆车刀一把和外径千分尺一把。

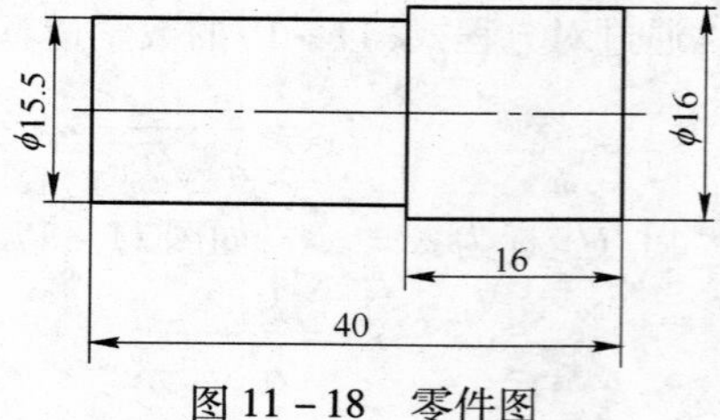

图 11－18　零件图

11.5.4.2　实验原理

用分布曲线法分析研究加工误差时,不能反映出零件加工的先后顺序,因此就不能把按一定规律变化的系统性误差和随机性误差区分开;而且还需在全部零件加工完之后才能绘制出分布曲线,所以也不能在加工进行过程中,提供控制工艺过程资料。点图法就可以克服这些不足。点图法是在一批零件的加工过程中,依次测量每个零件的加工尺寸,并记入以顺次加工的零件号为横坐标,零件加工尺寸为纵坐标的图表中,这样根据一批零件的加工结果便可画成点图。

本实验在车床上采用调整法加工一批($n = 160$)轴颈。由于刀具的磨损而产生了变值系统性误差,为了便于分析和计算,本实验中,在刀具初期磨损阶段所加工的部分零件没有包括在内,只采用了刀具正常磨损阶段所加工的零件($n = 140$)。其点图如图 11－19 所示。从图中可明显地发现刀具磨损的影响。实际上，其随机性误差的分布宽度仅等于$6\sigma'$，它的数值远比6σ要小。实际的随机性误差分布宽度$6\sigma'$的计算方法如下：

由于刀具磨损而产生的变值系统性误差为$\Delta_{变系}=n\tan\alpha$，则各个零件的系统误差为：

$$\Delta_{变系}=c+n'\tan\alpha$$

式中 n'——零件加工先后的序号；

c——常值系统性误差。

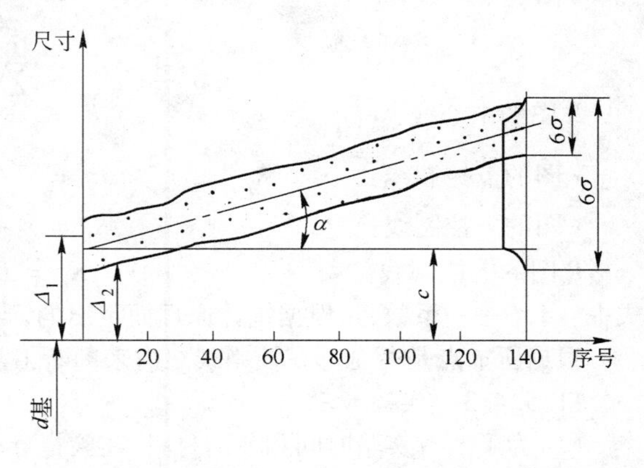

图 11－19 车床上加工 140 个零件的点图

每个零件实际的随机性误差，为各个零件加工后的实际误差（实际尺寸减去基本尺寸）减去各自的系统性误差，即：

$$\left.\begin{aligned}\Delta_{1随}&=\Delta_1-(c+1\cdot\tan\alpha)\\\Delta_{2随}&=\Delta_2-(c+2\cdot\tan\alpha)\\&\cdots\\\Delta_{n随}&=\Delta_n-(c+n\cdot\tan\alpha)\end{aligned}\right\}$$

根据$\Delta_{1随}$、$\Delta_{2随}$、…、$\Delta_{n随}$可求出σ'，从而得出$6\sigma'$（图 11－19）：

$$\sigma'=\sqrt{\frac{\Delta_{1随}^2+\Delta_{2随}^2+\cdots+\Delta_{n随}^2}{n}}$$

用点图法进行工艺验证，以鉴定其工艺能力和工艺的稳定性。

工艺稳定性是根据点图上点子的波动情况来判断。其波动情况有两种：一种是随机性的波动，这种波动的幅度一般不大，即只有随机误差因素在起作用，这种情况称为正常波动，并称该工艺是稳定的；另一种是除此之外还存在某种占优势的误差因素，以致点图有明显的上升或下降的倾向，或出现幅度很大的波动，这种情况称为异常波动，并称该工艺是不稳定的。

验证工艺的稳定性需要应用$\bar{x}$—R两张点图。$\bar{x}_i$是将一批工件依照加工顺序分成m个为一组，第i组的平均值，共j组。把$\bar{x}_i$按顺序画在图上即为$\bar{x}$点图，R_i是第i组的极差（$x_{max}-x_{min}$）。把R_i按顺序画在图上即为R点图。两张图通常是合在一起应用的，故称$\bar{x}-R$图，如图 11－20 所示。$\bar{x}$和R的波动反映了工件平均值的变化趋势是随机误差的分散程度。

为了鉴定工艺是否稳定，需要在$\bar{x}-R$图上各画中心线和控制线，控制线就是判断工艺稳定性的界限线。

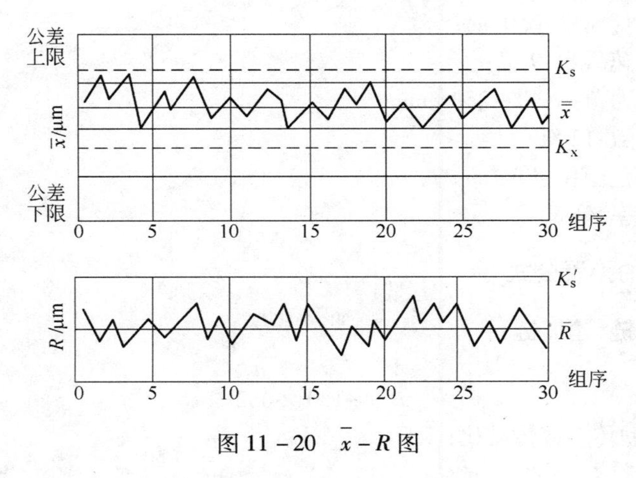

图 11－20 $\bar{x}-R$图

$\bar{x}$ 图的中心线：　$\bar{\bar{x}} = \dfrac{\sum_{i=1}^{j} \bar{x}_i}{j}$

R 图的中心线：　$\bar{R} = \dfrac{\sum_{i=1}^{j} R_i}{j}$

$\bar{x}$ 图的上控制线：　$K_s = \bar{\bar{x}} + A\bar{R}$

$\bar{x}$ 图的下控制线：　$K_x = \bar{\bar{x}} - A\bar{R}$

R 图的上控制线：　$K_s' = D\bar{R}$

式中　A,D——系数，是根据统计原理而定出的，当 $j=5$ 时，$A=0.577$，$D=2.114$。

根据所描点是否全部在控制线之内来判断工艺是否稳定。

11.5.4.3　实验步骤

(1)为了节省实验时间和节约材料，实验指导教师已加工好 140 个试件，实验时指导教师另外加工几个试件，让学生参观。学生要了解加工时的特点、切削用量和产生误差的原因，并了解已加工好的那些试件的加工过程。

(2)测量试件。测量时必须由一个人用同一千分尺，读数应估计到 0.001mm，按顺序把结果记录下来。

(3)根据实验报告要求，进行数字计算和处理。

11.6　Y3150E 型滚齿机的调整

11.6.1　实验目的

(1)了解滚齿机的传动系统和工作原理。

(2)了解滚齿机的性能和结构。

(3)掌握滚切直齿和斜齿圆柱齿轮各传动链挂轮的选择。

(4)熟悉机床的调整方法和调整步骤。

11.6.2　机床的主要技术性能

(1)加工最大工件直径：500mm；

(2)加工最大模数：8mm；

(3)加工最大工件宽度：250mm；

(4)刀具主轴转速级数：9 级；

(5)刀具主轴转速范围：40 ~ 250r/min；

(6)轴向进给级数：12 级；

(7)轴向进给量范围：0.4 ~ 4mm/r；

(8)主电动机功率：4kW。

11.6.3　各传动链的换置公式

(1)主运动传动链(速度链)：

$$u_v = \frac{A}{B} = \frac{n}{130 \times 682 u_{变速箱}}$$

式中　u_v——主运动传动链传动比；

A,B——主运动挂轮；

n——滚刀转速；

$u_{变速箱}$——变速箱传动比，可取$\frac{31}{39}$、$\frac{35}{35}$或$\frac{27}{43}$。

(2)范成运动传动链(分齿链)：

$$u_x=\frac{a}{b}\times\frac{c}{d}=\frac{e}{f}\times\frac{24K}{zu_{合成}}$$

式中 u_x——范成运动传动比；

a,b,c,d——范成运动挂轮；

e,f——结构挂轮；

K——滚刀的线数；

z——工件的齿数；

$u_{合成}$——合成机构(差动机构)的传动比。

当$5\leqslant\frac{z}{K}\leqslant 20$时，$e=48$，$f=24$；

当$21\leqslant\frac{z}{K}\leqslant 142$时，$e=36$，$f=36$；

当$143\leqslant\frac{z}{K}$时，$e=24$，$f=48$。

加工斜齿圆柱齿轮时，使用长齿离合器，这时$u_{合成}=-1$。

(3)轴向进给传动链(进给链)：

$$u_s=\frac{a_1}{b_1}=\frac{S}{0.4608\pi u_{进给箱}}$$

式中 u_s——轴向进给传动比；

a_1,b_1——轴向进给挂轮；

S——当工作台转动一周时，刀架垂直移动的距离；

$u_{进给箱}$——进给箱传动比，可取$\frac{39}{45}$、$\frac{30}{54}$或$\frac{49}{35}$。

(4)差动传动链(差动链)：

在加工斜齿轮时，为了形成齿轮的螺旋线，必须使用机床的差动传动链，以保证在刀架移动被加工斜齿轮的一个导程时，工作台按一定方向多(或少)转一周。

(5)运动平衡方程式为：

$$u_y=\frac{a_2}{b_2}\times\frac{c_2}{d_2}=\pm 9\frac{\sin\beta}{m_{法}K}$$

式中 u_y——差动链传动比；

a_2,b_2,c_2,d_2——差动运动挂轮；

β——齿轮的螺旋角；

$m_{法}$——齿轮的法向模数；

K——滚刀的线数。

11.6.4 确定各传动链挂轮的方法

确定各传动链挂轮的方法有两种：

(1)根据以上推导的置换公式,先算出其速比,然后再根据机床所备有的挂轮(见表 11 - 12)进行选择。

表 11 - 12　机床备有的挂轮

挂轮名称	模数	齿　数
速度挂轮	2	22,33(2 个),44
e, f 挂轮	2	24,36(4 个),48
分齿挂轮 差动挂轮 进给挂轮	2	20(2 个),23,24,25,26,30,32,33,34,35,37,40,41,43,45,46,47,48,50,52,53,55,57,58,59,60(2 个),61,62,65,67,70,71,73,75,79,80,83,85,89,90,92,95,97,98,100

(2)利用滚齿机说明书中的各种图表,确定各传动链挂轮的齿数。为了便于计算,说明书中备有各种图表,利用这些图表,可以很快地确定出各传动链挂轮的齿数。其方法如下:

1)主运动挂轮的确定。主运动挂轮 A、B 是切削速度挂轮,它们可根据滚刀的转速 n 从表 11 - 13 中选取。若计算结果不是本机床 9 级转速中的一级,则应选取与计算结果最接近的一级主轴转速。

$$n = \frac{1000v}{\pi D} \quad \mathrm{r/min}$$

式中　n ——滚刀的转速;

v ——切削速度,根据被切削齿轮的材料、模数、精度和表面粗糙度从切削用量手册中选取。也可从表 11 - 14 中选取;

D ——滚刀直径,是标准值,可根据滚刀模数从表 11 - 15 中选取。

表 11 - 13　主运动挂轮表

$\frac{A}{B}$	$\frac{22}{44}$	$\frac{33}{33}$	$\frac{44}{22}$
n	40	80	160
	63	125	250
	50	100	200

表 11 - 14　高速钢滚刀的切削速度

工　件　材　料	切削速度 v/m · min^{-1}	
	粗走刀	精走刀
铸　铁	<20	20 ~ 25
钢(σ_b < 60kg/mm^2)	<28	30 ~ 35
钢(σ_b > 60kg/mm^2)	<25	25 ~ 30

表 11 - 15　普通高速钢滚刀模数 m 与滚刀直径 D 的关系

m	1	1.25	1.5	1.75	2	2.25	2.5	3
D	50	50	55	55	55	60	65	70

2)范成运动挂轮的确定。范成运动挂轮 a、b、c、d,又称为分齿挂轮,可直接由表 11 - 16 查

得。表 11－16 只列出了加工部分齿轮齿数的挂轮。

表 11－16　分齿挂轮表（$e=36$，$f=36$）

齿数	变换齿轮				齿数	变换齿轮				齿数	变换齿轮			
	a	*b*	*c*	*d*		*a*	*b*	*c*	*d*		*a*	*b*	*c*	*d*
30	40			50	45	48			90	60	40	80	48	60
31	40	50	60	62	46	48			92	61	40	80	48	61
32	45			60	47	45	47	48	90	62	40	80	48	62
33	40			55	48	45			90	63	40	70	50	75
34	24			34	49	48			98	64	30			80
35	40	50	60	70	50	48			100	65	24			65
36	40			60	51	40			85	66	40	55	45	90
37	45	37	48	90	52	30			65	67	24			67
38	48	60	45	57	53	40	80	48	53	68	30			85
39	40			65	54	40			90	69	48	60	40	92
40	45			75	55	40	80	48	55	70	24			70
41	48	41	45	90	56	30			70	71	24			71
42	40			70	57	40			95	72	30			90
43	48	43	45	90	58	40	80	48	58	73	24			73
44	30			55	59	40	80	48	59	74	30	37	24	60

分齿挂轮的搭配如表 11－17 所示，使用右旋滚刀时不加惰轮，使用左旋滚刀时加惰轮。

表 11－17　加工斜齿圆柱齿轮时分齿挂轮的配搭

滚刀旋向	右 旋 滚 刀	左 旋 滚 刀
刀齿挂轮的配搭	*f*　*e*　*b*　*a*　*d*　*c* 挂*a*、*b*、*c*、*d* 四个齿轮	*f*　36　*e*　*b*　36　*a*　*d*　*c* 挂*a*、*b*、*c*、*d* 四个齿轮
	f　*e*　中间轮　*d*　*a* 挂*a*、*d* 两个齿轮	*f*　*e*　36　中间轮　*d*　36　*a* 挂*a*、*d* 两个齿轮
工作台旋转方向	→	←

3）轴向进给挂轮的确定。滚刀轴向（垂直）进给量要根据工件的材料、模数、螺旋角、表面粗糙度和精度等因素来决定。粗滚时选用较大的进给量，精滚时应使用较小的进给量，其具体数值可从切削用量手册中选取。当工件的螺旋角不太大时，可采用与加工直齿轮相同的进给量；当螺

旋角大于30°时，采用加工直齿轮进给量的80%。

进给挂轮 a_1 、b_1 可根据选定的进给量 S 由表 11－18 查得。

表 11－18　轴向进给挂轮表

	逆铣		顺铣	
进给挂轮调整（使用右旋滚刀时）	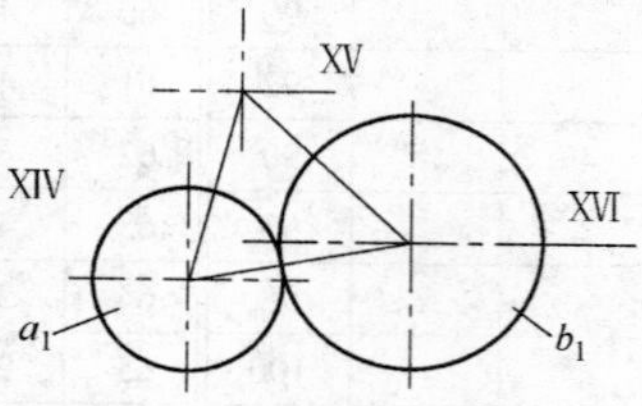 XIV XV XVI a_1 b_1		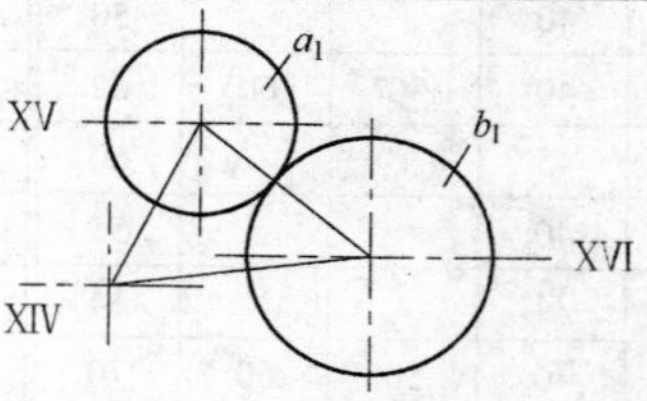 XV XIV XVI a_1 b_1	
S \ $\frac{a_1}{b_1}$ \ 手柄位置	$\frac{26}{52}$	$\frac{32}{46}$	$\frac{46}{32}$	$\frac{52}{26}$
Ⅰ	0.4	0.56	1.16	1.6
Ⅱ	0.63	0.87	1.8	2.5
Ⅲ	1	1.41	2.9	4

注：在轴XIV与XV之间决不能配搭齿轮啮合。

4）差动挂轮的确定。本机床说明书中没有给出差动挂轮表，所以要根据差动传动链的置换公式，自己来确定，换置公式为：

$$\frac{a_2}{b_2} \times \frac{c_2}{d_2} = \pm 9\,\frac{\sin\beta}{m_{法}\,K} \tag{11-5}$$

其正负号按表 11－19 确定，差动挂轮应按表 11－20 配搭。

表 11－19　公式(11－5)中正负号的确定

工件 \ 刀具	右旋	左旋	
右旋	－	+	正号时不加惰轮，负号时要加惰轮
左旋	+	－	

表 11－20　切削斜齿圆柱齿轮时差动挂轮的配搭

工件	右旋		左旋	
滚刀	左旋	右旋	左旋	右旋
差动挂轮的配搭	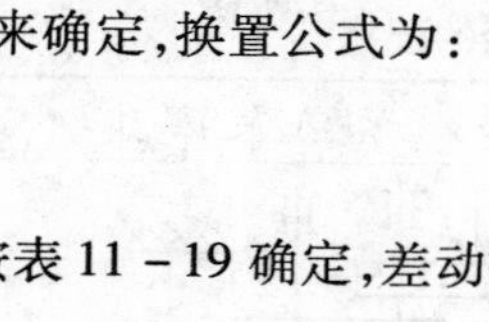 a_2 b_2 c_2 d_2	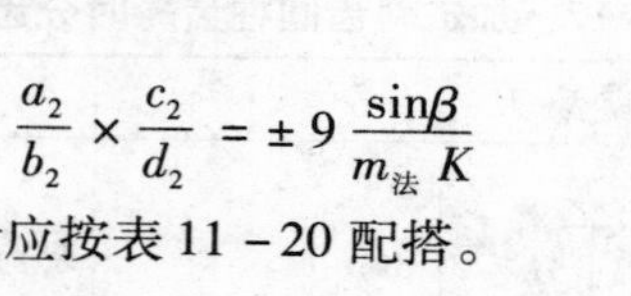 a_2 惰轮 b_2 c_2 d_2		a_2 b_2 c_2 d_2

11.6.5 实验步骤与要求

调整机床必须在切断电源的条件下进行，在调整的过程中一定要注意机床和人身的安全。

(1)了解滚齿机的传动系统，各传动链的挂轮位置与结构；合成机构与刀架的结构，各操作按钮及手柄的功用。

(2)安装滚刀、调整刀架角度。滚刀的安装角度视工件及滚刀的螺旋角大小及螺旋方向相同与否而定，其正确的安装见表11－21。

调整时，先将固定刀架的螺母松开，转动套在刀架体方头上的手柄，根据刀架上的刻度尺及滑板上的副尺，按一定的方向把刀架调整到所要求的角度，然后拧紧固定螺母。

(3)工件的安装。工件的安装是否正确对工件的加工精度影响很大，在安装工件时应注意下列几点事项：

1)夹紧工件的夹具，如工件的垫圈、托盘的支承面应尽量接近切削力的作用处。

2)安装工件前应将所有定心面与支承面擦净。

3)工件必须与工作台同心，为此需要用百分表找正工件，使其径向振摆最小，振动量的允许值由加工精度而定。

4)找正后将工件夹牢固，以免加工时松动。

(4)按置换公式计算出各传动链的挂轮，或根据本指导书中的有关图表选择各传动链的挂轮(差动挂轮必须计算)，然后安装各组挂轮，要注意各挂轮架是否要加惰轮。

(5)将刀具移向工件，使刀刃与工件外圆表面微微接触，试切工件，以便检查机床调整是否正确。

表11－21 切削斜齿圆柱齿轮时刀具的正确安装

工件旋向 滚刀旋向	右	左
右	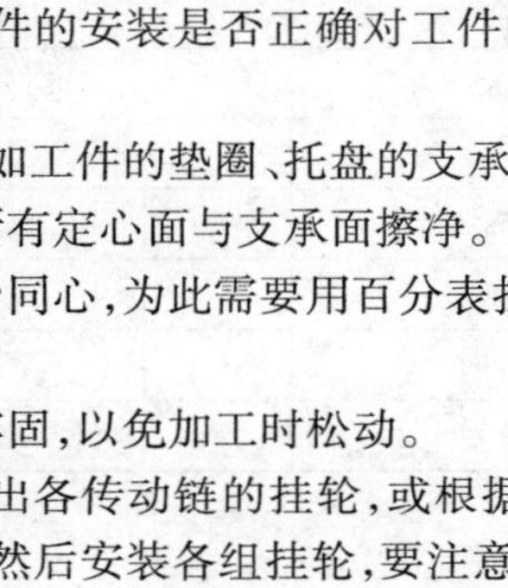 $\beta-\omega$	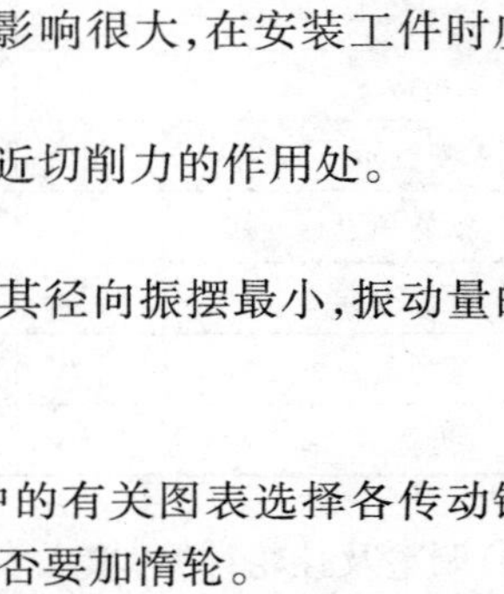 $\beta+\omega$
左	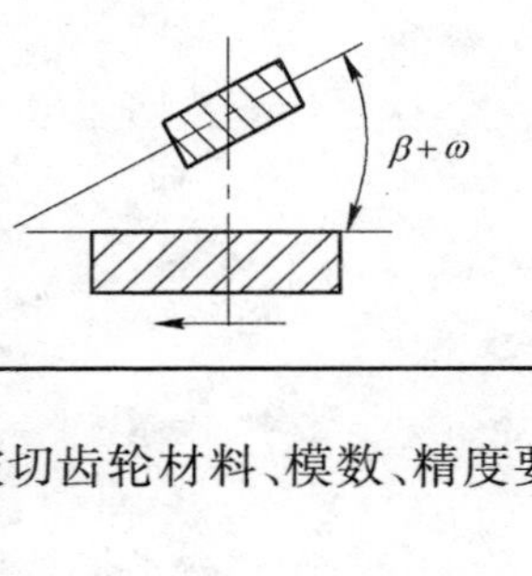 $\beta+\omega$	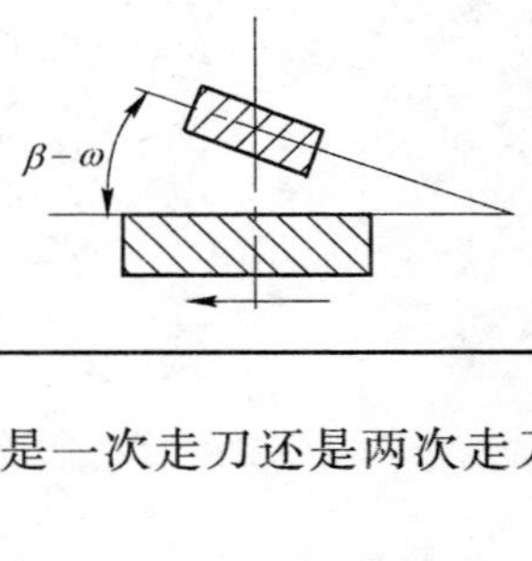 $\beta-\omega$

(6)调整切深。根据被切齿轮材料、模数、精度要求等，决定是一次走刀还是两次走刀或多次走刀，其步骤如下：

1)将工作台移向刀架，使滚刀切削刃和工件表面微微接触，这时将刻度盘调整到“0”点，然后将工作台稍微退后。

2)将刀架提高，使滚刀切削刃离开工件端面大约3～5mm处。

3)将工作台摇回原来的“0”点位置，再按第一次切深要求的尺寸摇进工作台，然后可进行第一次走刀。

4）调整第二次切削深度，进行第二次走刀。应特别注意，在切削过程中，用来接通或断开轴向进给的手柄只能处于接通的位置。

11.6.6　实验报告内容

（1）工件和刀具的参数与实验数据，填入表11－22。

表11－22　实验数据

工　件		滚　刀		切削用量	
材　料		材　料		切削速度/m·min^{-1}	
齿数 z		头数 K		垂直进给量/mm·r^{-1}	
模数 m		直径 D		总切深/mm	
螺旋角 β		模数 m		第一次切深	
螺旋方向		螺旋升角 ω		第二次切深	
压力角 α		螺旋方向		第三次切深	
齿宽 B		压力角 α			

（2）调整及挂轮计算，填入表11－23。

表11－23　计算数据

挂轮名称	挂轮齿数								惰轮
速度挂轮	A		B						
分齿挂轮	a		b		c		d		
进给挂轮	a_1		b_1						
差动挂轮	a_2		b_2		c_2		d_2		
刀架调整角	$\varphi =$				刀架调整方向				

IV

机械工程创新设计实验

12 机械工程创新设计实验

12.1 概述

机械创新设计(Mechanical Creative Design,MCD)是充分发挥设计者的创造力,利用人类已有的相关科学技术成果(理论、方法、技术、原理等),进行创新构思,设计出具有新颖性、创造性及实用性的机构或机械产品(装置)的一种实践活动。它包括两部分:一是改进完善生产或生活中现有机械产品的技术性能、可靠性、经济性、适用性等;二是创造设计出新机器、新产品,以满足新的生产或生活需求。

机械发展的历史是不断创新的历史,从功能原理、原动力、机构、结构、材料、制造工艺、检测试验以及设计理论和方法等方面均不断涌现出创新和发明,推动着机械向更完美的境界发展。

本章实验旨在培养学生的创新意识、创新思维和创新设计能力。现就如何正确认识创新,积极参与创新等问题作一简要介绍。

12.1.1 创新设计的意义

创新是人类文明的原动力,是技术进步、经济发展的源泉。没有科技创新,就无法缩短我们与世界发达国家之间的差距。只有不断创新,才能在瞬息万变的国际市场竞争中占有一席之地。

学习理论知识的目的是为了应用,高分低能的人才已经不能适应时代的发展,所以大学教育提出了融传授知识、培养能力、提高素质为一体的人才培养模式。加强创新能力的培养是时代的呼唤。

12.1.2 正确认识创新

12.1.2.1 创新既神秘又普遍

创新之所以神秘,是因为并不是人人都可以创新出新产品,发明出新专利;之所以普遍,是因为它存在于我们每个人的头脑中,并伴随着人们的思维活动,每个人都有创造的潜能,在创新方面都可以有所作为。

12.1.2.2 创新设计是长期积累、短期成功的过程

创新设计不是简单的模仿或技术改造,而应具有突破性、新颖性、创造性、实用性以及带来的社会效益性。创新不是一朝一夕能完成的事情,要经过长期的思维活动。它以知识为支撑点,经

过一系列的否定再否定，不断改进与完善，最后取得成功，是一个从量变到质变的过程。历史上，瓦特创新设计并制造出蒸汽机花费了13年，奥特改进内燃机花费了11年。因此，设计者在从事创新设计时，要有持之以恒的精神、坚忍不拔的毅力。

12.1.2.3 创新具有冒险成分

创新是一种有冒险成分的探索和有压力的实践，人人要做好战胜自我的准备，具有百折不挠的精神，要不断学习、思考、总结、改进。

12.1.2.4 激发创造力，促使创新的成功

(1)潜创造力的培养。知识就是潜创造力，这里的知识不仅指文化知识，也包括实践经验。一个人的知识主要来源于教育和社会实践。由于受教育的程度和社会实践经验的不同，人的知识深度、广度和知识结构存在很大差异。丰富的知识可开拓思路，扩展联想的范围和内容，知识与想象力相结合，是通向成功的桥梁。知识的积累就是潜创造力的培养过程，知识越丰富，智力越高，潜创造力就越强。

(2)创新的涌动力。存在于人类自身的潜创造力，只有在各种主客观要素构成强大的压力场内才能释放出全部能量，没有压力就没有动力。创新设计离不开周边环境的影响，与自身压力、社会压力、事业心、兴趣等一起构成了创新的涌动力。没有创新动力就不可能有创新成果。

(3)灵感思维。灵感思维是在创新涌动力的作用下，潜创造力的升华。灵感不是凭空出现的，它是思维活动的积累，在一定条件下，就会自然迸发。灵感存在于短暂的一瞬间，稍纵即逝，因此捕捉灵感有助于创新的成功。

上述的潜创造力，创新的涌动力，灵感思维有利于创新的成功。

12.2 机床床头箱的拆装、测绘与反求设计创新实验

掌握机器拆装和测绘的一般技能是机械设计人员应有的基本工程素质，它是进行机械产品反求设计和创新设计，零部件的改进设计或替代设计的一个非常重要的理论与实践基础。

12.2.1 机器的拆装、测绘与反求设计创新的相关知识

12.2.1.1 机器中的相关零件

组成机器的各零件按确定的位置相互连接，或按给定的规律做相对运动。具有装配关系或相互位置关系的两个零件互为相关零件。零件的相关又分为直接相关和间接相关。凡两零件有直接装配关系的称为直接相关；间接相关是指两零件不直接接触，但在相互位置或相对运动上却有要求(如车床刀架的运动轨迹要求平行于主轴中心线，则与刀架相关的床身导轨与主轴轴线必须平行，即要求刀架与主轴之间位置间接运动相关)。

在机器中每个零件至少有一个直接相关的零件，多数零件具有两个或多个以上的直接相关零件。在进行零件的结构设计、改进创新时，需合理选择材料、热处理方法、形状、尺寸、精度和表面质量以满足相关要求，对间接相关条件还需进行尺寸链和精度计算。机器中直接相关零件越多，其结构就越复杂；间接相关零件越多，则其精度要求就越高。

12.2.1.2 测绘的目的和程序

机器测绘的目的一般有以下几种：产品创新设计，产品维修时零部件的修配，产品技术资料存档。

机器的测绘可分为整机测绘、部件测绘和零件测绘。机器的测绘过程不仅需要按实物画图、标注尺寸，还需要确定零件的公差、配合、材料、热处理方式及各种技术要求。

机器测绘的程序视机器测绘的目的和要求的不同而异，常见的程序有以下几种：

零件草图→零件工作图→装配图;零件草图→装配图→零件工作图;装配草图→零件工作图→装配图;装配草图→零件草图→零件工作图→装配图。

12.2.1.3 反求设计创新

反求设计是综合应用现代设计与过程技术对先进产品的实物、资料(产品图纸、文件、图片)进行系统的分析和研究,掌握其中的关键技术,在此基础上对产品进行仿造设计、改进设计或创新设计。反求设计对一个国家的技术进步和经济发展有重要作用,已成为开发新产品的重要设计方法之一。

21世纪是知识经济时代,国际化的生产方式使得产品竞争更激烈,更依赖于技术的进步与创新。应用反求工程是缩短我国产品设计水平与技术先进国家产品设计差距的有效途径。完成技术引进有三个重要环节:技术引进、技术积蓄和技术普及。我国在技术引进方面虽然取得了不少成绩,但为数不少的技术引进仅仅做到了第一步,没能在引进的基础上消化、改良、发展,进而普及它。

反求设计要求深入探索反求对象的设计思想、原理方案,研究产品的结构设计、工艺特点,详细分析零件的公差配合、零件的材料、零件的重要性、产品的工作性能、产品的维护与管理等内容。

12.2.2 机床床头箱的拆装、测绘与反求设计创新实验

12.2.2.1 实验目的和要求

(1)熟悉机器拆装的一般过程和方法。

(2)掌握典型零件的测绘方法。

(3)了解掌握根据实物进行反求分析的过程和方法。

(4)培养初步的反求创新设计能力。

12.2.2.2 实验硬件设施

(1)CA6140机床床头箱组件;

(2)装拆工具、量具及量仪。

12.2.2.3 实验内容

(1)CA6140机床床头箱的分解与装配。

(2)测绘出机床主轴的结构草图。

(3)分析主轴上滚动轴承间隙调整的方法。

(4)分析确定滚动轴承与轴,滚动轴承与轴承孔的配合。

(5)在拆卸前、装配后分别测量主轴的回转精度,分析影响回转精度的主要原因。

(6)确定该主轴的变速范围及各级转速,画出该床头箱的传动方案示意图。

(7)反求设计与创新。

12.2.2.4 实验步骤

(1)详细了解机器的功能和结构特点。在拆卸前,应了解CA6140机床床头箱的功能和特点,查阅有关资料,如产品的说明书、技术指标、图纸等。

(2)了解各零、部件的连接方式。从机器拆装的角度,各零件之间的连接方式可分为以下四种形式:

1)永久性连接:焊接、铆接及过盈量很大的过盈配合连接均属于不可拆连接。

2)半永久性连接:如过盈量较小的过盈连接,具有过盈的过渡配合,该类连接多用在不需经常拆卸的场合。

3)活动连接:活动连接是指相配合的零件之间具有间隙或两者可以相对运动,如滑动轴承

的轴承孔与轴颈的配合、液压缸与活塞之间的配合、机床的导轨与刀架的连接等都属于活动连接。

4)可拆卸连接:连接后零件间无相对运动,但可方便地拆卸。如螺纹连接、键连接、销连接、成形连接等。

(3)确定拆卸的次序。在了解机器的结构特征、连接方式的基础上,确定机器的拆卸步骤,通常是从最后装配上去的那个零件开始拆起。

(4)在拆卸前还应对床头箱的有关性能指标进行测试(考虑实验条件所限,这里只对主轴的回转精度用千分表进行简单的测试)。

(5)在做好上述准备工作后,进行床头箱拆卸分解。

(6)对研究对象进行测绘和反求设计。

(7)按与拆卸相反的顺序完成床头箱的装配和调试,使主轴恢复原有的回转精度。

12.2.2.5　实验注意事项

在装拆标准螺纹连接时,应根据连接件的类型选用相应的装卸工具,对六角头或方头螺母和螺栓最好采用固定扳手,以避免扳动时滑脱损坏螺母或螺栓头。装拆螺栓组连接时,应注意按对称顺序依次拧紧或松开每个螺栓。

对于配合较松的滚动轴承与轴,可用木锤和紫铜棒沿轴承的内圈均匀地敲打,使轴承退出轴颈,该方法虽然简单但易损坏零件;在实际操作中多使用螺旋拆卸器来拆卸轴承。为使配合较紧的轴承容易拆卸,可采用浇热油的方法使轴承被加热,然后再拆卸轴承。

应注意保护零件的重要表面,不要用零件的重要加工表面做放置的支承面;重要零件应尽量平放,以免其因重力的作用而产生变形,丧失原有的精度;拆卸下来的导管、各种通路在清洗后要将管口封住,以免灰尘侵入;对某些配合间隙小,拆卸时易卡住的配合件应在涂渗润滑油后再进行拆卸。

应根据测量机件的尺寸、形状和测量精度要求选择适当的测量工具和量仪。

分解、测绘和装配过程中,应注意分析对零件几何形状、尺寸、精度、材料、加工工艺、零件的连接、功能等的要求及变异。

12.2.2.6　实验报告的内容

(1)实验名称。

(2)主轴的结构草图。

(3)机床床头箱的传动示意图及主轴转速级数的分析和计算。

(4)床头箱拆、装前后的主轴回转精度的测试结果。

(5)分析说明轴承间隙的调整方法及对主轴回转精度的影响。

(6)通过装拆、测绘和反求分析,写出改进设计的建议。

12.3　机构创新设计实验

本实验可分为两个实验进行,即机构的创意组合实验和机构运动方案设计实验。机构的创意组合实验是用不同的构件搭建指定的机构,从而验证相关基本理论知识;机构运动方案设计实验的主要内容是进行机构运动方案的创意设计、分析及验证。

12.3.1　机构创新设计实验的基本知识

12.3.1.1　创新题目的拟定

创新题目要具备一定的经济效益和社会效益,要善于观察周边环境,有助于选择到适宜的创新题目。网络技术的发展,给我们查阅检索国内外的相关信息提供了很大的方便,借助万方数据库、全国中文期刊库、专利等可方便地检索到相关内容,掌握国内外的研究状况。

选题本身也是一个创造性的思维过程,是创新能力培养的重要组成部分。下面列举一部分学生优秀创新设计作品题目,供大家选题时参考。如:滑冰鞋的改进;自行车的改进(如:风力自行车,可双向蹬的自行车,两人同步自行车,对车闸、增力制动器、驱动方式的改进等);无尘黑板擦;手摇式定量售饭器;司机瞌睡报警装置;瓦斯浓度检测与预警装置;乒乓球拾取器;多功能拐杖;多功能健身器;单人播种机;煤(垃圾)车顶部的遮苫装置;防爆、防过载轮胎气嘴;新型海浪发电装置;管道清淤机器人;无脚残疾人上楼梯的轮椅;家用密码识别门铃;多功能防盗窗;自动爬杆机器人;超越式可控单向制动器;废水再利用系统;通电断电报警器等。

12.3.1.2　创新设计方法

由于创造性设计的思维过程复杂,有时发明者本人也说不清楚是用哪种方法获得成功的,但大致可归结出如下几种方法:

(1)群智集中法。这种方法是先把具体创新条件告知每个人,经过一段时间的准备后,大家可不受任何约束地提出自己的新概念、新方法、新思路、新设想,各抒己见,在较短的时间内可获得大量的设想与方案。经分析讨论,去伪存真,由粗到细,进而获得创新的方法与实施方案。这是创新设计中很常用的一种方法。

(2)仿生创新法。仿生创新法是利用生物运动的原理创新设计的一种创造性设计方法,通过对自然界生物机能的分析和类比,创新设计新机器。仿人机械手、仿爬行动物的海底机器人、仿动物的四足机器人等都是仿生设计的产物。

(3)反求设计创新法。反求设计是在引入别人先进产品的基础上,对已有的产品或技术进行分析研究,掌握其工作原理、零部件的设计参数、材料、结构、尺寸、关键技术等指标,再根据现代设计理论与方法,对原产品进行仿造设计、改进设计或创新设计,最终创新设计出新产品的过程。

(4)功能设计创新法。功能设计创新法是传统的设计方法。根据设计要求,确定功能目标后,再拟定实施技术方案,从中择优设计。如设计一个夹紧装置,功能目标可以是机械夹紧、液压夹紧、气动夹紧、电磁夹紧……。不同的功能目标可设计出功能相同,外形、构造、原理完全不同的夹紧装置。

(5)类比求优创新法。类比求优创新法是把同类产品相对比较,研究同类产品的优点,然后集其优点,去其缺点,设计出同类产品中最优良的品种。日本本田摩托车就是集世界上几十种摩托车的优点而设计成功的性能价格比最好的品种。

12.3.1.3　机构的创新途径

机构设计对原理方案的实现起关键作用,机构的创新为产品的创新提供了广阔的舞台。人们研究出平面连杆机构、凸轮机构、齿轮机构、间歇运动机构等基本机构,由于在执行机构和传动机构设计中所涉及的条件和要求是多方面的,有时仅采用简单的常用机构无法满足要求,因此,需要根据实际需求设计创新机构。新机构可通过组合、变异、演绎和再创造等途径获得。同时,随着各学科的交叉与渗透,出现了光、机、点、液综合应用的广义机构。

(1)机构的组合:机构的组合方式可划分为以下四种:串联式机构组合、并联式机构组合、复合式机构组合、叠加式机构组合。

串联式机构组合是将前置机构的输出运动作为后置机构的输入运动,连接点可设在前置机构中作简单运动的连架杆上,也可设置在前置机构中做平面复杂运动的构件(连杆或行星轮)上。可实现力的放大、增加行程、增大速度,获得特殊的运动规律等。

并联式机构组合是指两个或多个基本机构并列布置。可以解决自身的动平衡问题、机构的死点问题、输出运动的可靠性问题,改善机构的受力状态等。

复合式机构组合是将一个具有二自由度的基础机构(如差动轮系、五杆机构等)和一个单自由度附加机构(可为各种基本机构)并接在一起的组合形式。基础机构的两个输入运动,一个来自机构的主动件,另一个来自附加机构。这种机构可实现多种运动规律的输出。

叠加式机构组合是将一个机构安装在另一个机构的某个活动构件上的组合形式。这种组合的运动关系有两种情况:一种是各机构的运动关系是相互独立的,常见于各种机械手;另一种则是各机构之间的运动有一定的影响,如摇头电扇的传动机构。叠加式机构组合的主要功能是实现特殊的输出,完成复杂的工艺动作。

(2)机构的演化与变异:机构的演化与变异是指以某种机构为原始机构,在其基础上对组成机构的各个元素进行各种性质的改变与变换,而形成一种功能不同的新机构。演化与变异的主要方法有:运动副和构件在形状和尺寸上的改变,机构的机架变换,机构的等效变换以及机构结构的仿效等。

通过演化变异,可获得具有更多功能、更好性能的新机构。

12.3.2　机构创新设计实验

12.3.2.1　实验目的

(1)进一步加深对机构的结构组成和运动特性的认识。

(2)将基本机构以不同的方式(串联、并联、复合、叠加)搭接成组合机构,验证机构的组成原理与创新目的。

(3)通过独立自主地、创造性地进行机械系统运动方案的设计,启发培养创造性思维,培养独立确定机械系统运动方案设计与选型的能力。

(4)培养学生的综合设计能力,激发创新意识,提高动手能力、分析和解决问题的能力。

12.3.2.2　实验设备和工具

实验设备:机构创新组装件1套(不同长度的杆件,转动副(铰链),移动副,凸轮、齿轮、齿条、槽轮、带轮、V带,电机、螺栓、螺钉、垫片等常规零部件),固定导路的位置和各构件的长度可无级地调节,构件和机架都是组合式的,可以方便地进行组装和拆卸。

实验工具:扳手、螺丝刀等装拆工具以及钢板尺、卷尺等量具。

12.3.2.3　实验准备和注意事项

(1)实验前应认真阅读实验装置的使用说明书,了解其使用方法。

(2)做“机构的创意组合实验”前,根据指定题目画出机构运动简图,并根据所学知识分析机构的运动特性。

(3)做“机构运动方案设计实验”前,由教师布置或同学自拟为满足一定工作要求而提出的机械系统运动方案设计的题目,学生创造性地进行运动方案的设计与选型。

学生可以小组方式进行活动,但每人要积极思考,发挥各自的主观能动性,大胆创新构思设计方案,可不局限于课本所学知识,大量查阅相关资料,到实践中观察分析相似机构。采用群智集中法、反求设计法等创新方法充分挖掘创造性潜能,设计出满足给定要求的多种方案,并画出机构运动简图,并设计计算出实现各方案所需的构件长度。

在进行机械系统运动方案设计时,在满足功能要求、运动性能要求的前提下,其运动方案越简单越好。

12.3.2.4　实验内容和实验任务

(1)学生到实验室按自己既定的方案进行实物的拼装:按预先绘制的机构运动简图,在零件存放柜中选出所需零部件,在机架上装配出构思的机构,并连接电机、带传动。

(2)调整、检验组装机构的可动性,手动运转无误后方可启动电机,观察机构运动情况,判断是否能实现预期的运动要求。从中发现问题,进行改进,通过定性的分析、运动仿真模拟等,确定最终设计方案,并绘出其工作原理图。

(3)拆卸:将零部件放回存放柜中指定的位置。

12.3.2.5　实验参考题目

(1)机构的创意组合参考题目(见图 12-1)。

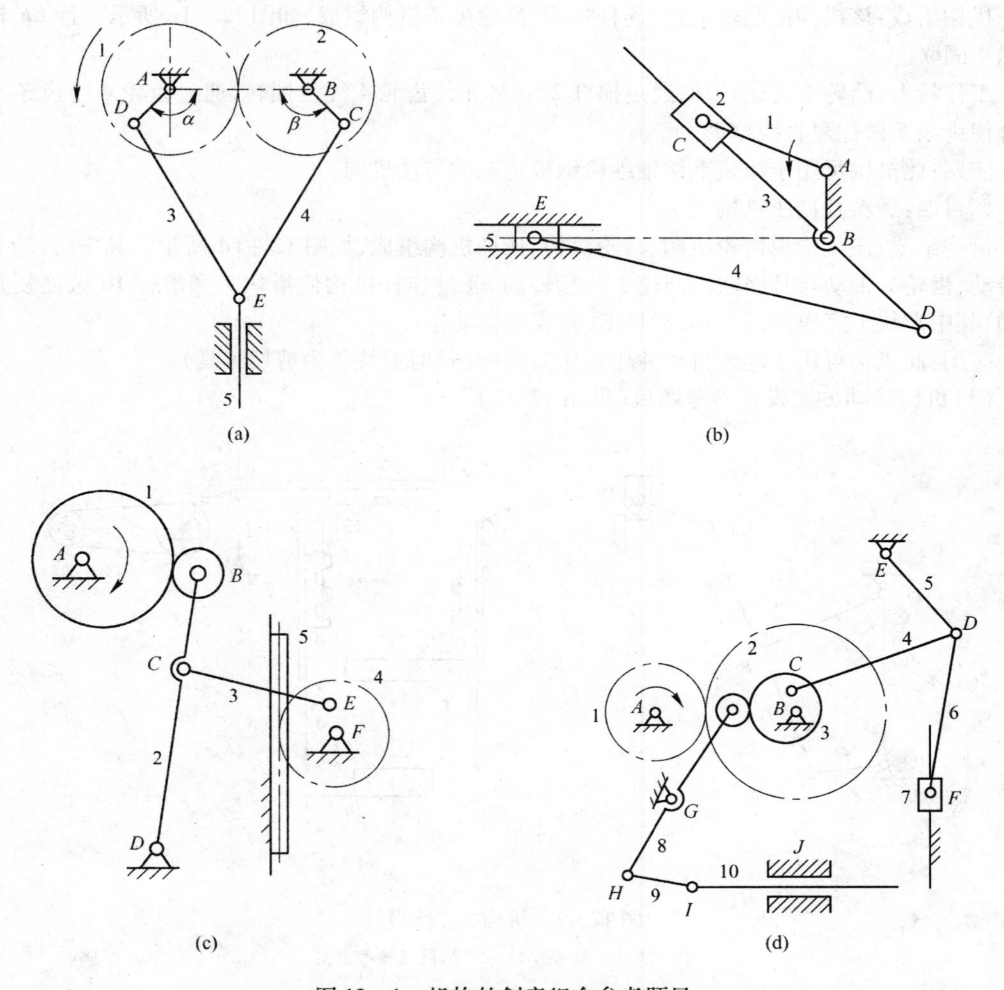

图 12-1　机构的创意组合参考题目

(a)冲压机构;(b)插床机构;(c)凸轮—连杆组合机构;(d)送料及冲压机构

题目一:冲压机构

机构组成:该机构由齿轮机构和对称布置的两套曲柄滑块机构组合而成,如图 12-1a 所示。*AD* 杆与齿轮 1 固联,*BC* 杆与齿轮 2 固联。

组成要求:$Z_1=Z_2$; $L_{AD}=L_{BC}$; $\alpha=\beta$。

工作特点：齿轮 1 匀速转动，带动齿轮 2 反向同速回转，从而通过连杆 3、4 驱动杆 5 上下直线运动，完成预期功能。对称布置的曲柄滑块机构可使滑块运动受力状态好。

应用：此机构可用于冲压机、充气泵、自动送料机械中。

题目二：插床机构

机构组成：该机构由转动导杆机构和对心曲柄滑块机构组成，如图 12－1b 所示。

工作特点：曲柄 1 匀速转动，通过滑块 2 带动导杆 3 绕 *B* 点回转，通过连杆 4 驱动滑块 5 做往复直线移动，滑块 5 具有急回运动。

应用：此机构可用于刨床、插床等机械中。

题目三：凸轮—连杆组合机构

机构组成：该机构由凸轮机构、连杆机构、齿轮齿条机构组成，如图 12－1c 所示。且 *EF* 杆与齿轮 4 固联。

工作特点：凸轮 1 匀速转动，通过摇杆 2、连杆 3 使齿轮 4 往复回转，通过齿轮 4 与齿条 5 的啮合使齿条 5 做往复直线移动。

应用：此机构可用于粗梳毛纺细纱机钢板运动的传动机构。

题目四：送料及冲压机构

机构组成：该机构由齿轮机构、凸轮机构、连杆机构组成，如图 12－1d 所示。其中，齿轮 1 匀速转动，齿轮 2 带动与其固联的凸轮 3 一起转动，通过连杆机构使滑块 7 和滑杆 10 做往复直线移动，其中滑块 7 完成冲压动作，滑杆 10 完成送料动作。

应用：此机构可用于连续自动冲压机床或剪床（这时滑块 7 为剪切工具）。

（2）机构运动方案设计参考题目（见图 12－2）。

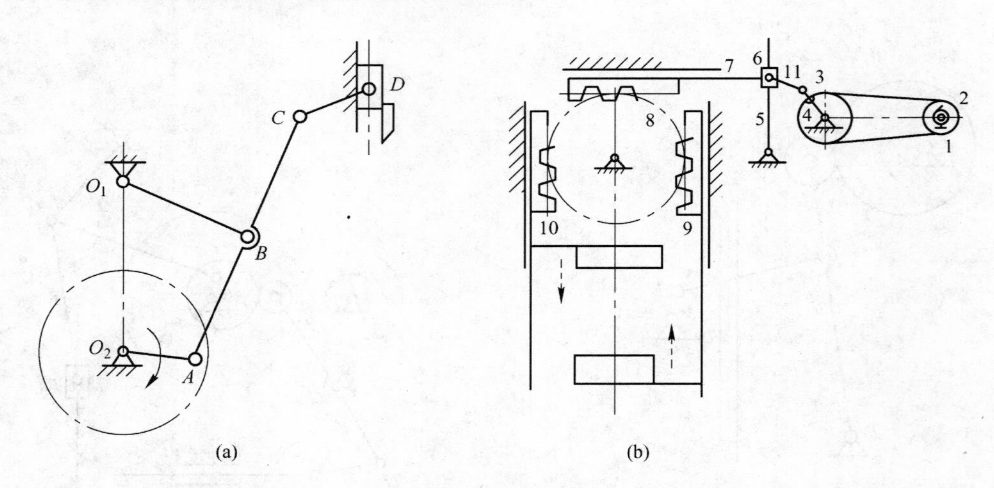

图 12－2　机构的方案设计

（a）题目一参考方案；（b）题目二参考方案

题目一：设计一个插床机构，原动构件作等速回转运动，要求插刀的工作行程做近似等速直线运动，插刀的回程做急速返回直线运动。

提示：参考方案如图 12－2a 所示。为了满足近似匀速运动及急回特性，应考虑使 $AB = O_1B = BC$；可采用其他方案达到同样的目的。

题目二：设计一个打包机中的双向加压机构，要求在紧包时，上、下两个执行构件同步等速直线靠近，即上面的执行构件向下移动，下面的执行构件同时同速向上移动；当打包完成后，上、下两个执行构件反向移动。

提示：参考方案如图12－2b所示。该机构的工作原理是：电动机通过带传动，带动摆杆4转动，通过滑块6带动齿条7往复移动。当齿条7向左移动时，驱使齿轮8逆时针回转，与之啮合的齿条9向上移动，同时齿条10向下移动，以完成打包的动作；当齿条7向右移动时，完成松开的动作。

12.3.2.6　实验报告

每位同学认真书写一份实验报告，内容包括：设计题目，实验过程，各种设计方案及方案比较，最终设计方案的机构运动简图、工作原理说明，实验效果和存在的问题，收获及体会等。

12.4　创意之星模块化机器人创新设计实验

创意之星机器人套件种类繁多，包括数百个结构零件。通常为一个控制器，多个电机、舵机执行器，多种传感器，以及电池、电缆等附件。用这些“积木”可以搭建出各种发挥想象力的机器人模型。基于创意之星的机器人创新设计实验，通过多种典型的机器人构型及其控制系统搭建范例，由浅入深地指引学生搭建机器人结构，并学习传感、执行、控制原理及应用，学习机器人控制算法，发挥创造力，搭建出独特的机器人样机。

12.4.1　熟悉创意之星套件的机械结构

12.4.1.1　创意之星结构部件

“创意之星”机器人套件提供了400多个结构部件，其中包括：I形结构构件、L形结构构件、U形结构构件、V形结构构件、舵机支撑构件、基础构件、机械手组件等。

12.4.1.2　创意之星基本构型

“创意之星”机器人套件中常用的基本构型包括：舵机动力关节、直流电机总成、可转向的轮子总成、机械爪、从动轮等。

12.4.2　四自由度串联式机械手实验

12.4.2.1　实验目的

(1)了解串联式机器人、自由度和空间机构学、机器人运动学的基本概念。

(2)使用配套光盘中提供的动作程序，然后自己给机器人编写动作。

(3)掌握“创意之星”机器人套件的搭建和装配技巧，尤其是如何使用螺栓、螺母进行连接，如何提高组装机器人的结构刚度。

12.4.2.2　实验步骤

(1)结构组装。以腰部为例，其组件与结构(3D模型图、线缆和其他细节没有在图上表示出来)示意图如图12－3所示。

此部分组装完成后，用手旋转橙红色U－3－3－3构件，应该和腰关节舵机的输出轴牢固地连接在一起，不能有松动、晃动或者卡住的现象。

对于其他部分的组装，需要2个基本构型A，1个基本构型B，以及一个基本构型E。各个基本构型之间可以用通用连接件(D8×4、D8×6塞子)连接，也可以用螺栓和螺母连接。需要注意的是，如果用通用连接件连接，最终完成的机械手的刚度会差一些；如果用螺栓和螺母连接，则需要仔细思考连接的先后顺序，不能先把各个基本构型组装出来之后再拼装，否则可能由于空间限制而无法进行拧螺丝等操作。图12－4为组装后的四自由度串联式机械手3D模型。

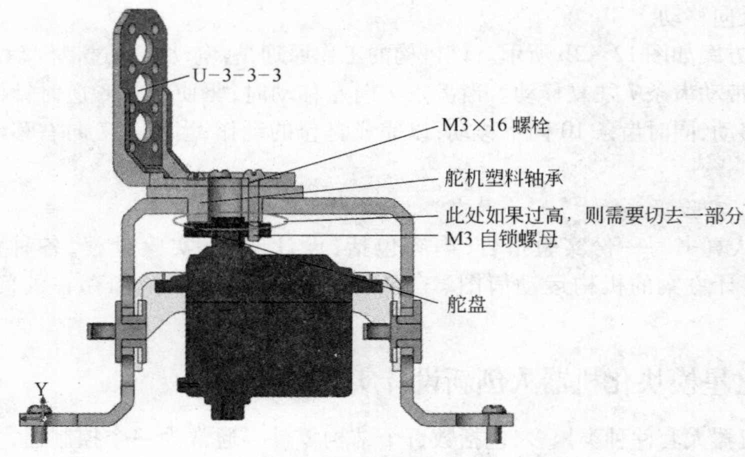

图 12-3　结构示意图

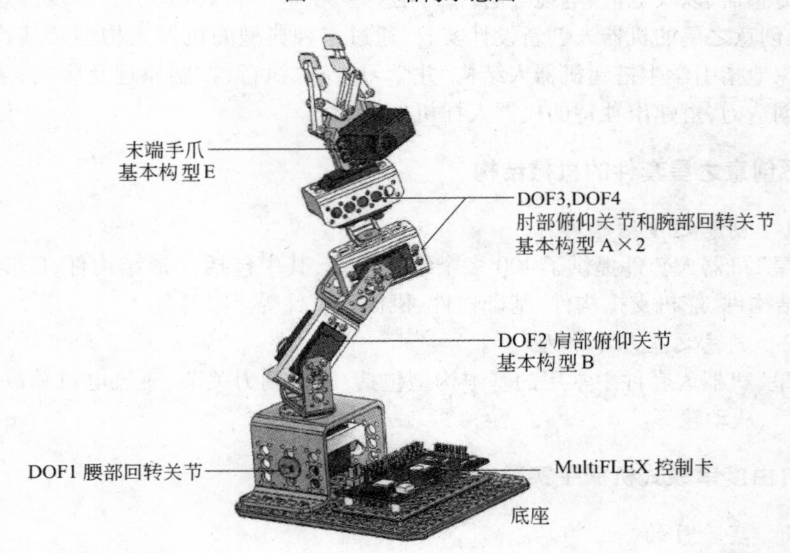

图 12-4　腰部旋转关节剖面图

例如,连接 DOF2 和 DOF3 的两个基本构型的时候,就需要预先把 DOF3 上的 U3-3-3 红色 U 形构件连接到 DOF2 的舵机架上。注意连接各个构件的顺序,这样可以很容易地完成整个机器人的组装。一般情况下,视操作者的熟练程度不同,整个组装过程需要 1~3h。

(2)连接电缆。按表 12-1 所示顺序连接指定关节的舵机的电缆到 MultiFLEX 控制卡上。

表 12-1　连接顺序表

关　节	控制卡舵机通道	控制卡电机通道	说　　明
DOF1	CH0	—	
DOF2	CH1	—	
DOF3	CH2	—	
DOF4	CH3	—	
手　爪	CH4	—	

连接好 MultiFLEX 控制卡的电源、通讯电缆。在计算机上打开 UP－MRcommander 软件，选择正确的 COM 端口号，并打开端口。

(3)调整初始姿态。打开控制卡的电源，我们会发现机器手开始运动到初始姿势之后，会锁定该姿势。为了使用配套光盘中附带的动作程序，我们需要手动调整每个关节的姿势。调整完毕后应如图 12－5 所示。

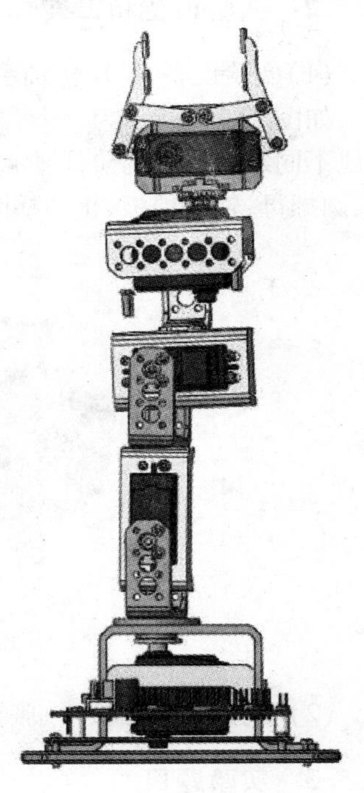

图 12－5　初始姿态

(4)写入动作程序。调整完后，再次打开电源。我们应该看到组装完成的机械手保持如图 12－5 所示的状态。此时在 UP－MRcommander 软件中调入“UP－MRcommander\机械臂\机械臂 . mra”这个动作文件，并下载执行。机械臂就可以运动起来了。

注意：组装完毕后，调整各个关节处舵机的初始位置是一个非常重要的环节。因为配套光盘中的动作程序(＊. mra)都是按照事先设计的初始位置来设计的，这个位置被称为“舵机中位”。如果初始位置(舵机中位)不对，在运动的过程中可能产生位置干涉、碰撞，长时间的干涉和碰撞会损坏舵机，甚至损坏结构部件。当你使用配套光盘的动作程序的时候，务必保证组装完成后，将所有关节的中位调整到图 12－5 所示的位置。

(5)建立自己的程序。动作程序的编写过程就是建立一个个的动作，并设计每个动作的姿态，以及持续时间。该步中我们的目标是编写一个机械手的程序，它可以让机械手把一个烟盒从他的左侧夹起，放到右侧，并如此重复。

12.4.2.3　实验报告要求

这只是一个最原始的机器人，只有 5 个自由度(包括末端手爪)，并且不具备传感器，无法根据工作情况来调整自己的反应。从这个意义上来说，它甚至不应该被称为“机器人”。但是我们还要继续组装这样的各种构型的机器人。我们的目的是通过这些组装和学习，掌握“创意之星”套件的使用，从而能够灵活地发挥自己的想象力，最终用这个套件设计和组装出自己的机器人。

12.4.3　创新拓展

“创意之星”套件不仅能完成上述实验，还能创造出“简易四足机器人”、“挖掘作业机器人”、“三足步行机器人”、“简易双足步行机器人”、“仿生蛇形机器人”、“全向运动作业机器人”和“仿生机器爬虫”。其实验方法参照“四自由度串联式机械手实验”。

12.5　轴系结构创新设计实验

机构的结构设计是机械产品设计过程中涉及问题最多、工作量最大的一个环节，结构设计的结果直接关系整机的性能、质量、可靠性及产品的成本。本实验以轴系为例，进行结构创新设计训练。

12.5.1　实验目的

(1)巩固和掌握轴的结构设计和轴承组合设计的基本要求和设计方法。

(2)了解轴系固定的结构和应用场合。

(3)培养创新意识,提高工程实践能力。

12.5.2　实验设备和工具

(1)实验设备:模块化轴系结构设计实验箱。

如图 12－6 所示为一个轴系结构设计实验箱中的部分零部件。其中包括:模块化轴段(可组装成不同结构形状的阶梯轴);轴上零件:齿轮、蜗杆、带轮、联轴器、轴承、轴承座、端盖、套杯、套筒、圆螺母、轴端挡板、止动垫圈、轴用弹性挡圈、孔用弹性挡圈、螺钉、螺母等。

图 12－6　轴系结构设计实验箱中的部分零部件

(2)实验工具:活扳手、胀钳等装拆工具;直尺、游标卡尺等测量工具;绘图工具(学生自备)。

12.5.3　实验题目

该实验能用较少的模块实现多种结构形式的阶梯轴和轴承组合结构设计方案,可设计出单级圆柱齿轮减速器输入轴、二级圆柱齿轮减速器输入轴、蜗杆减速器输入轴、二级圆柱齿轮减速器中间轴、圆锥齿轮减速器输入轴五种基本类型,如图 12－7 所示。每种基本类型又可以采用不同的轴系支点轴向固定结构形式、轴承代号、轴端传动件等。

图 12－7　待设计组装的五种基本类型的轴系

表 12－2 给出了轴系结构实验设计方案及每个方案的指定设计条件,每人从中选择一种设计方案进行设计、组装。表 12－3 为传动件的结构及相关尺寸。

表 12－2 轴系结构实验设计方案及指定设计条件

方案类型	序号	方案号	设计条件				
			轴系布置简图	轴承固定方式	轴承代号	l/mm	传动件
单级齿轮减速器输入轴	01	1－1	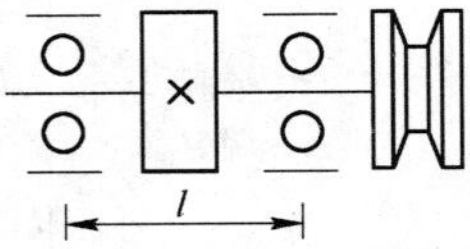	两端固定	6206	95	齿轮 A 带轮 A
	02	1－2	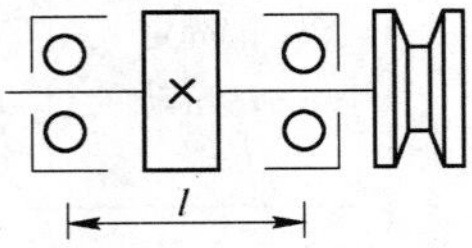	两端固定	7206C	95	齿轮 A 带轮 B
	03	1－3	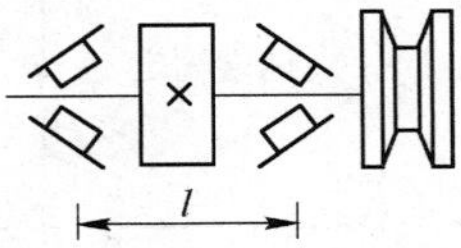	两端固定	30206	95	齿轮 A 带轮 B
二级齿轮减速器输入轴	04	2－1	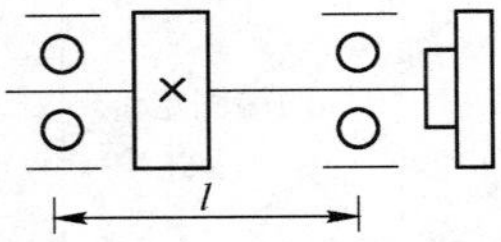	两端固定	6206	125	齿轮 B 联轴器 A
	05	2－2	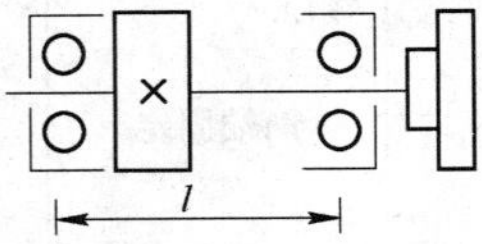	两端固定	7206C	145	齿轮 B 联轴器 B
	06	2－3	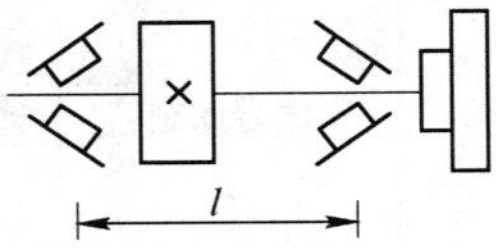	两端固定	30206	145	齿轮 B 联轴器 C
蜗杆减速器输入轴	07	3－1	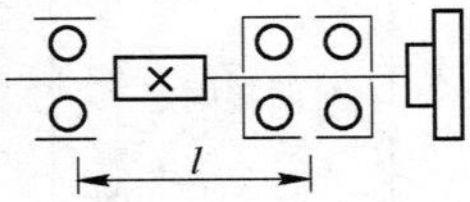	一端固定 一端游动	固定端 7206C 游动端 6306	168	蜗杆 联轴器 A
	08	3－2	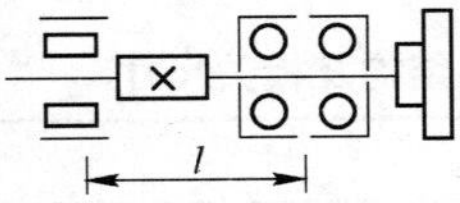	一端固定 一端游动	固定端 7206C 游动端 N306	168	蜗杆 联轴器 A
	09	3－3	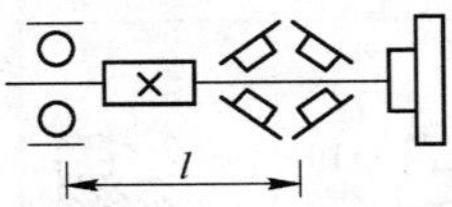	一端固定 一端游动	固定端 30206 游动端 6306	168	蜗杆 联轴器 C
	10	3－4	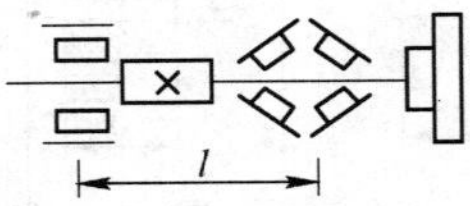	一端固定 一端游动	固定端 30206 游动端 N306	168	蜗杆 联轴器 B

续表 12－2

方案类型	序号	方案号	设计条件				
			轴系布置简图	轴承固定方式	轴承代号	l/mm	传动件
蜗杆减速器输入轴	11	3－5		一端固定 一端游动	固定端 6206 游动端 6206	157	蜗杆 联轴器 A
	12	3－6		一端固定 一端游动	固定端 6206 游动端 N206	157	蜗杆 联轴器 C
二级齿轮减速器中间轴	13	4－1		两端固定	6206	135	齿轮 B 齿轮 C
	14	4－2		两端固定	30206	135	齿轮 B 齿轮 C
锥齿轮减速器输入轴	15	5－1		两端固定	6306	120	锥齿轮 联轴器 A
	16	5－2		两端固定	30206 正装	120	锥齿轮 联轴器 A
	17	5－3		两端固定	30206 反装	130	锥齿轮 联轴器 A

表 12－3　传动件结构及相关尺寸

圆柱齿轮			带轮		联轴器		
A	B	C	A	B	A	B	C
φ34; 50	φ34; 45	φ34; 42	φ20; 28	φ24.5; 1:10; 28	φ22; 38	φ27.7; 1:10; 38	φ22; 38

续表 12-3

蜗 杆	锥 齿 轮
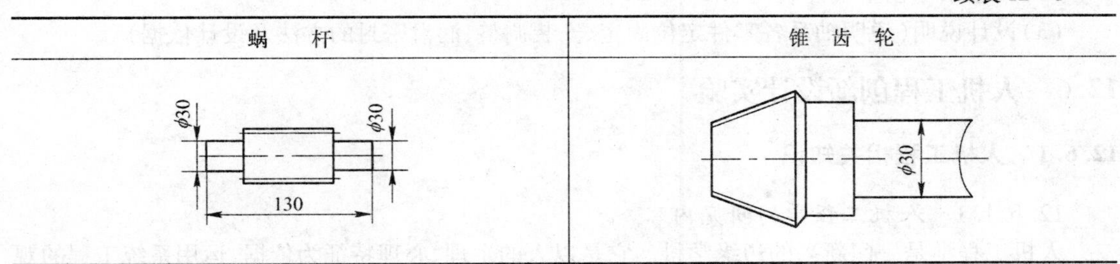	

12.5.4 实验准备

实验前需做好下列准备工作:

(1)按选定的设计方案号,根据实验方案规定的设计条件确定需要的轴上零件。

(2)参考教材,绘出轴系结构设计装配草图,标出各段轴的直径和长度。设计时应注意满足轴的结构设计、轴承组合设计的基本要求:

1)轴上零件在轴向和周向应可靠固定。

2)轴上零件应便于装拆,尤其是轴承的装拆问题。

3)轴的加工工艺性良好。

4)锥齿轮和蜗杆的轴向位置应能够调整,圆锥滚子轴承和角接触球轴承的间隙应能够调整。

12.5.5 实验步骤

(1)利用模块化轴段组装阶梯轴,该轴应与装配草图中轴的结构尺寸一致或尽可能相近。

(2)根据轴系结构设计草图,选择相应的零件实物,按装配工艺要求依次装到轴上,完成轴系的组装。

(3)详细检查轴系结构设计是否合理,并对不合理的结构进行修改。因实验条件的限制,本实验忽略过盈配合的松紧程度、轴肩过渡圆角及润滑问题。

(4)测绘各零件的实际结构尺寸(底板不测绘,轴承座只测量轴向宽度)。

(5)组装方案经实验指导教师认可后,细心拆卸轴系各零部件,放回箱内并排列整齐,将工具擦拭干净放回原处。

(6)在实验报告上按 1:1 比例完成轴系结构设计装配图,要符合制图标准,标出各轴段的直径和长度,标注主要的配合尺寸,零件序号和标题栏可省略。

12.5.6 设计时应思考的问题

(1)为什么轴常做成中间粗两头细的阶梯形状?如何确定轴上的轴颈、轴头的尺寸?

(2)轴系轴向固定方式有几种,各适应什么场合?

(3)怎样调整锥齿轮的轴向位置?怎样调整圆锥滚子轴承和角接触球轴承的轴承间隙?

(4)该实验的阶梯轴和主要零件按模块化原理设计,有什么好处,对你有何启发?

12.5.7 实验报告

每人编写实验报告一份,格式自定,内容包括:

(1)实验目的、实验方案号、已知条件。

(2)轴系结构创新设计装配图。

(3)设计说明(说明轴系各零件定位固定、安装调整、润滑密封的方法及设计依据)。

12.6　人机工程创新设计实验

12.6.1　人机工程相关知识

12.6.1.1　人机工程学的研究内容

人机工程学是一门新兴的边缘学科。它是以人的生理、心理特征为依据,运用系统工程的观点,分析研究人与机械、人与环境以及机械与环境之间的相互作用,为设计操作简便省力、安全舒适、人—机—环境的配合达到最佳状态的工作系统,提供理论和方法的科学。人机工程学研究的主要内容有:

(1)人的生理、心理特征和能力限度。从工程设计角度出发,研究人的生理、心理特征和能力限度。其内容包括人体尺寸、人体力量和能耐受的压力、人体活动范围、人的感知特性、人的反应特性以及人在劳动中的心理特性。研究的目的是为在机械设备、工具、用品、作业场所以及人—机—环境系统的设计中提供有关人的数据和要求,使其适应于人。

(2)人机功能的合理分配。在人机系统中,人与机有各自的特点和优势,合理分配人、机功能,使其发挥各自的特长,取长补短,以取得系统功能的最优。

(3)人机相互作用和人机界面设计。人机的相互作用是通过显示器和控制器来完成的。显示器向人传递信息,控制器则接受人发出的指令。显示器研究的内容包括:视觉显示器、听觉显示器、触觉显示器等各类显示器的设计以及显示器的布置和组合等问题;控制器的研究则包括各类操纵装置的设计。显示器的设计应使其能与人的感觉特性相匹配,控制器的设计则应与人的效应器官的特性相匹配,以保证人机之间的信息能准确、迅速地交互。

(4)环境的改善。研究温度、照明、噪声、振动、尘埃以及有害物质等环境因素与人的作业活动和健康的关系。研究控制、改善环境的方法。

(5)人的可靠性与安全。人机工程学研究影响人的可靠性的因素,寻求减少人为差错、防止人为事故发生的途径和方法。随着更高速、更精密、更复杂机器设备的不断问世,研究人的可靠性对于确保机器设备的正常运转具有重要意义。

(6)作业及其改善。研究体力活动、智力活动等因素引起的生理负荷和心理负荷,确定作业时的合理负荷以及合理的作业和休息制度。此外,还研究作业分析和动作经济原则,寻求最经济、最省力、最有效的标准工作方法和标准作业时间。

12.6.1.2　人机工程学的研究方法

(1)观察法。通过直接或间接的观察,记录自然环境中被调查对象的行为表现和活动规律。在此基础上进行分析,获得结论。操作动作的分析、功能分析和工艺流程分析等常采用观察法。

(2)实测法。借助于仪器设备进行实际测量的方法。例如对人体动、静态参数的测量,对人体生理参数的测量、作业环境参数的测量等。

(3)实验法。在人为设计的环境中测试实验对象的行为或反应的一种研究方法。如对各种不同显示仪表的认读速度、差错率、观测距离、观测者的疲劳程度的实验研究。

(4)模拟和模型试验法。模拟方法包括各种技术和装置的模拟,如操作训练器、机械的模型以及各种人体模型。通过这类模拟方法可以对某些操作系统进行仿真的试验,得到从实验室研究外推所需的更符合实际的数据。在进行人机系统研究时,常采用这种方法,相对真实系统试验而言,模拟试验的成本较低廉。

(5)分析法。分析法是在上述各种方法中,获得了一定的资料和数据后,采用的一种研究方法。目前常用的方法有:瞬间操作分析法、知觉与运动信息分析法、动作负荷分析法、频率分析法、危象分析法和相关分析法。

(6)调查研究法。通过调查研究方法来抽样分析操作者或使用者的意见和建议。这种方法涵盖从简单的访问、专项调查直到精确的分析、判断、评分、间接意见和建议分析。

12.6.1.3 人机系统设计

人机系统设计的对象是十分广泛的,可以说,凡是包含人和机械相结合的设计,小至开关、按钮、手工工具,大到复杂的机器设备(如载人航天飞行器)、现代化的生产过程,都会遇到人机系统设计的问题。

人机系统设计的目标是:根据人的特性,设计出最符合人操作的机械、最方便使用的控制器、最醒目的显示器、最舒适的工作姿态和操作流程、最经济有效的作业方法以及最舒适的工作环境等。

人机系统设计是现代产品设计中不可或缺的内容。在进行机械产品设计时,以前人们较多地从机械原理、机械设计、机械加工方法等技术方面去考虑,而对人的因素,人机关系考虑得很少,结果使设计出的机械设备在实际使用中往往存在缺陷、弊端甚至隐患。

在设计的初始阶段就考虑人机关系,将人与机组成一个系统来考虑,对于提升产品设计水平、创新设计和提高产品的市场竞争力具有十分重要的作用。

对人机系统的设计要求主要有:

(1)达到预定目标,完成预定的任务。

(2)在人机系统中,人与机械都能充分发挥各自的作用和协调的工作。

(3)人机系统接受输入/输出的功能必须符合设计的能力。

(4)人机系统不仅要处理好人与机器的关系,还要考虑环境因素的影响。

(5)人机系统应具备完善的反馈闭环回路,输入的比率可以调整,也可调整输出来适应输入的变化。

12.6.2 人机工程实验

12.6.2.1 实验目的和要求

(1)通过机器操作实验实践,领会人机工程创新设计的内涵和意义。

(2)了解对人机系统进行简单分析的过程、方法。

(3)初步培养按人机系统设计进行机械产品创新设计的能力。

12.6.2.2 实验硬件设施

(1)经改制的 ZXJ7016 台式铣钻床 1 台;

(2)高度可调的铣钻床台架 1 台;

(3)长度尺寸系列为 100 ~ 400mm 的手柄杆 1 套;

(4)直径尺寸系列为 50 ~ 400mm 的手轮 1 套;

(5)不同形状、类型的按钮开关、旋钮开关各 1 套;

(6)工量具 1 套。

12.6.2.3 实验内容与步骤

在该机床上完成一批外形尺寸为 120mm × 80mm × 70mm 铸铁件的粗加工和半精加工(铣、钻),铸件生产批量大,采用立姿作业,通过实验完成以下内容:

(1)通过实测法确定铣钻床台架的高度以及机床在台架上的位置,使操作者获得舒适作业位置。

(2)通过实验法比较主轴的移动操作采用手柄还是手轮更合理。

(3)比较工作台的移动操作应采用手柄还是手轮。

(4)通过分析法选取适当长度(直径)的手柄(手轮)。

(5)用分析法选定适合用作该机床电源开关的类型和形状。

(6)分析确定电源开关应安装的位置。

(7)分析整机对显示与控制、安全性、可靠性、宜人性以及环境等要求。

12.6.2.4　实验报告的内容

(1)实验名称。

(2)确定铣钻床台架的高度以及机床在台架上的位置,并简述理由。

(3)确定主轴、工作台移动操纵件的类型和尺寸,并简述理由。

(4)确定机床电源开关的类型和位置,并做简单的分析说明。

(5)从人机系统设计的角度对该机床的设计提出若干改进建议或创意,并加以简单的分析说明。

12.7　汽油发动机的拆装实验

12.7.1　实验目的与要求

(1)通过对发动机总成的拆装、调整和启动运转,对发动机的总体构造有一个全面的认识,深入理解其中的曲柄滑块机构、齿轮机构、凸轮机构、蜗轮增压器、飞轮等的工作原理和所起作用。

(2)掌握汽油发动机各零部件及其相互间的连接关系、拆装方法。明确主要传动件的定位方法、润滑方法,掌握螺栓连接的预紧及预紧力控制方法。

(3)熟悉零部件拆装后的正确放置、分类及清洗方法,培养良好的工作和生产习惯。

(4)培养和锻炼反求创新设计能力。

(5)了解安全操作常识,学习正确使用拆装设备、工具、量具的方法。

12.7.2　实验工具

(1)实验用汽油发动机;

(2)装拆工具、量具及量仪。

12.7.3　实验内容

(1)拆卸发动机气缸组件。放出油底壳机油,拆卸机油滤清器、机油泵链轮和机油泵。

(2)拆卸发动机活塞连杆组。观察曲柄滑块机构的组成和安装形式。

(3)拆卸发动机曲轴飞轮组。认识曲轴及各种轴承,观察连杆大头处的滑动轴承,了解滑动轴承和滚动轴承的特点和应用场合,分析推力轴承的定位和安装方向。

(4)在拆卸前、装配后分别测量曲轴的回转精度,分析影响回转精度的主要原因。

(5)反求设计与创新。

12.7.4　实验步骤、方法及注意事项

(1)详细了解机器的功能和结构特点。在拆卸前,应了解汽油发动机的功能和特点,查阅有

关资料，如产品的说明书、技术指标、图纸等。

(2)确定各零、部件间的连接方式，它们分别属于永久性连接、半永久性连接、活动连接或可拆卸连接中的哪一种。

(3)发动机的解体：

1)放出发动机内的润滑油和冷却水。按顺序拆掉发动机附件，将所拆下的总成及其紧固螺栓放在一起。

2)发动机的拆卸。按次序分别拆下发动机的气缸组件，拆卸发动机活塞连杆组件，拆卸发动机曲轴飞轮组件等。

拆卸时必须牢记或标记各零部件的安装位置和先后顺序，摩擦副、运动副等组件的配对关系，以便按原位置装配。

(4)观察曲柄滑块机构的组成和结构形式，分析曲柄滑块机构的死点位置及避免死点的途径；观察连杆、曲轴、凸轮轴的结构及润滑油油道；观察曲轴、凸轮轴的轴向定位；观察正时齿轮的结构类型及如何实现正时；观察进、排气凸轮的安装方位及如何控制进气、排气过程；观察各轴承类型，分析推力轴承的定位和安装方向；观察高压油泵、机油泵、输油泵的驱动形式；观察废气蜗轮增压器的润滑方式等。

(5)发动机的总体安装：

1)发动机各零部件清洗后，按与拆卸相反的顺序完成汽油发动机的装配和调试，保证曲轴、凸轮轴、曲柄滑块机构等原有的回转或运动精度。

2)装配过程中应注意正反方向及零部件上的记号，注意事项如下：

①安装活塞连杆组件和曲轴飞轮组件时，应特别注意互相配合运动表面的高度清洁，并于装配时，在相互配合的运动表面上涂抹机油。

②各配对的零部件不能相互调换，安装方向要正确。

③各螺纹连接部件应按规定力矩和方法拧紧，并且按两到三次拧紧。

④活塞连杆组件装入气缸前，应使用专用工具将活塞环夹紧，再用锤子木柄将活塞组件推入气缸。

⑤安装正时齿轮时，应注意使曲轴正时齿形带轮的位置与机体记号对齐，并与凸轮轴正时齿形带轮的位置配合正确。

(6)对研究对象进行测绘和反求设计。

12.7.5 实验报告的内容

(1)实验名称。

(2)汽油发动机的机构运动简图，并详细说明各常用机构的工作原理及作用。

(3)曲柄滑块机构及曲轴的结构草图。

(4)汽油发动机拆、装前后的曲轴回转精度的测试结果。

(5)分析说明曲轴、凸轮轴的轴向定位方法。

(6)通过装拆、测绘和反求分析，写出改进设计的建议。

参考文献

[1] 陈秀宁. 现代机械工程基础实验教程[M]. 北京:高等教育出版社,2002.
[2] 袁哲俊. 金属切削实验技术[M]. 北京:机械工业出版社,1990.
[3] 杨景惠,陆玉,唐蓉城. 机械设计[M]. 北京:机械工业出版社,1996.
[4] 许福玲,陈尧明. 液压与液压传动[M]. 北京:机械工业出版社,1997.
[5] 王恒毅. 工效学[M]. 北京:机械工业出版社,1994.
[6] 张万昌. 热加工工艺基础[M]. 北京:高等教育出版社,1991.
[7] 孔庆华,刘传绍. 极限配合与测量技术基础[M]. 上海:同济大学出版社,2002.
[8] 傅水根. 机械制造工艺基础[M]. 北京:清华大学出版社,1998.
[9] 申永胜. 机械原理教程[M]. 北京:清华大学出版社,1999.
[10] 邱宣怀. 机械设计[M]. 北京:高等教育出版社,1997.
[11] 张春林. 机械创新设计[M]. 北京:机械工业出版社,2001.
[12] 卢文祥. 工程测试与信息处理[M]. 武汉:华中理工大学出版社,1997.
[13] 梁景凯. 机电一体化技术与系统[M]. 北京:机械工业出版社,1999.
[14] 邓星钟,周祖德,邓坚. 机电传动控制[M]. 武汉:华中理工大学出版社,2001.

冶金工业出版社部分图书推荐

书　　名	作　者	定价(元)
机械安装实用技术手册	樊兆馥	159.00
采矿手册(第5卷)矿山运输和设备	编委会	135.00
轧制工程学(本科教材)	康永林	32.00
机械优化设计方法(第3版)	陈立周	29.00
现代机械设计方法(本科教材)	臧　勇	22.00
炼铁机械(第2版)(本科教材)	严允进	38.00
炼钢机械(第2版)(本科教材)	罗振才	32.00
轧钢机械(第3版)(本科教材)	邹家祥	42.00
机械制图(本科教材)	田绿竹	30.00
机械制图习题集(本科教材)	王　新	28.00
机械制造工艺及专用夹具设计指导(第2版)(本科教材)	孙丽媛	20.00
炼钢设备及车间设计(第2版)(本科教材)	王令福	25.00
炼铁设备及车间设计(第2版)(本科教材)	万　新	29.00
冶金设备(本科教材)	朱　云	49.80
工业设计概论(本科教材)	刘　涛	26.00
工业产品造型设计(本科教材)	刘　涛	25.00
计算机辅助建筑设计(本科教材)	刘声远	25.00
机械振动学(本科教材)	闻邦椿	25.00
液压传动(本科教材)	刘春荣	20.00
液压传动与气压传动(本科教材)	朱新才	39.00
液压与气压传动实验教程(本科教材)	韩学军	25.00
机械电子工程实验教程(本科教材)	宋伟刚	29.00
采掘机械(高职高专)	苑忠国	38.00
机械设备维修基础(高职高专)	闫嘉琪	28.00
铁合金生产工艺与设备(高职高专)	刘　卫	39.00
冶金通用机械与冶炼设备(职业技术学院教材)	王庆春	45.00
冶炼设备维护与检修(职业技术学院教材)	时彦林	49.00
干熄焦生产操作与设备维护(职业技术学院教材)	罗时政	70.00
环保机械设备设计	江　晶	55.00